高等学校专业教材

食品安全与质量控制

（第二版）

尤玉如　主编
龚金炎　肖海龙　副主编

中国轻工业出版社

图书在版编目(CIP)数据

食品安全与质量控制/尤玉如主编.—2版.—北京:中国轻工业出版社,2022.7

普通高等教育"十二五"规划教材

ISBN 978-7-5184-0489-6

Ⅰ.①食… Ⅱ.①尤… Ⅲ.①食品安全—高等学校—教材 ②食品安全—质量控制—高等学校—教材 Ⅳ.①TS201.6 ②TS207.7

中国版本图书馆CIP数据核字(2015)第138148号

责任编辑:马 妍　　责任终审:张乃柬　　封面设计:锋尚设计
版式设计:宋振全　　责任校对:晋 洁　　责任监印:张 可

出版发行:中国轻工业出版社(北京东长安街6号,邮编:100740)
印　　刷:三河市万龙印装有限公司
经　　销:各地新华书店
版　　次:2022年7月第2版第8次印刷
开　　本:787×1092　1/16　印张:22
字　　数:500千字
书　　号:ISBN 978-7-5184-0489-6　　定价:43.00元
邮购电话:010-65241695
发行电话:010-85119835　传真:85113293
网　　址:http://www.chlip.com.cn
Email:club@chlip.com.cn
如发现图书残缺请与我社邮购联系调换
220831J1C208ZBW

本书编委会

主　　编　尤玉如　浙江科技学院

副 主 编　龚金炎　浙江科技学院

肖海龙　杭州市食品药品检验研究院

参编人员　（以姓氏笔画为序）

丁玉庭　浙江工业大学

叶兴乾　浙江大学

刘士旺　浙江科技学院

吕建敏　浙江中医药大学

吴元锋　浙江科技学院

李　斌　贝因美婴童食品股份有限公司

肖功年　浙江科技学院

张拥军　中国计量学院

周　蒂　贝因美婴童食品股份有限公司

金建昌　浙江树人大学

范丽华　贝因美婴童食品股份有限公司

袁　清　浙江省标准化研究院

袁海娜　浙江科技学院

楼　坚　浙江科技学院

魏培莲　浙江科技学院

第二版前言

食品工业既是国民经济的支柱产业，也是保障民生的基础产业。多年来，我国食品工业持续高速增长，满足了人民日益增长的生产和生活需求。食品安全是关系群众切身利益的重要民生问题，也是国家安定、社会发展的根本要求。为此，我们组织生物学、微生物学、食品化学、食品加工和食品质量管理等相关领域的专家，于2008年编写了高等学校专业教材《食品安全与质量控制》，出版后受到相关高校和企业的欢迎。

然而，2008年后我国和全世界的食品安全形势发生了很大的变化。一些影响重大的食品安全事件引起了国家的高度重视，2010年国家对食品企业生产许可QS进行了重新定义和要求，加大了管控力度；2013年国务院重组了国家食品药品监督管理总局，加强了对食品生产经营活动的统一监管；国务院卫生行政部门近年来也已制、修订了一系列的食品安全国家标准；特别是2015年4月全国人大常委会通过了对《食品安全法》的重大修改。

另外，随着我国食品消费习惯的变化和食品产业的发展，微生物安全风险将逐步成为我国食品安全的主要风险因子之一，人畜共患传染病对人的危害呈上升趋势，环境污染导致食品的源头农作物中持久性环境污染物超标也已成为威胁我国食品安全的重要因素。

这一系列的时效性内容突显了2008年出版的教材中部分内容已不符合时代要求，一些新内容需要及时地更新和补充。因此，本次修订对每章的内容都作了较大修改，除更新时效性内容外，着重增加或修订了食品安全最新检测技术、QS、食品安全标准等章节，还以近期的食品安全事故为案例进行分析，既有利于理解和学习，又有较强的实用性。如第一章增加了天然过敏物质、食品安全认证体系和食品安全社会信用体系；第二章增加了常见的植物性食物中毒；第三章增加了人畜共患传染菌和病毒；第四章增加了兽药残留限量、兽药残留分析、典型食品有机污染物和辐照食品标识管理；第六章增加了转基因食品安全性评价；第七章增加了食品包装的标签要求；第八章增加了微生物检验技术和化学滴定检测技术；第十章增加了QS基本内容、我国实施QS的起因和依据，名称修订为“良好生产规范（GMP）、食品生产许可（QS）和卫生标准操作程序（SSOP）”；第十二章增加了食品安全标准内容，名称修订为“食品安全相关法律法规与标准”。

本教材从教学、科研和生产实际出发，对参编人员也进行了调整，在有着丰富理论知识水平的教授和博士基础上，着重吸收来自生产一线的企业高级专业技术人员和食品安全管理体系（FSMS）国家注册审核员参与编写，增加了实际应用案例，强调理论与实际相结合。全书十二章，第一章由龚金炎、尤玉如和李斌修订编写；第二章由袁海娜、吴元锋和魏培莲修订编写；第三章由魏培莲和吕建敏修订编写；第四章由龚金炎、尤玉如和金建昌修订编写；第五章由吴元锋、张拥军和尤玉如修订编写；第六章由楼坚、叶兴乾和刘士旺修订编写；第七章由周蒂、龚金炎和肖功年修订编写；第八章由范丽华、肖海龙和刘士旺修订编写；第九章由吕建敏和魏培莲修订编写；第十章由肖海龙、尤玉如和丁玉庭修订编写；第十一章由龚金炎、肖功年和袁清修订编写；第十二章由肖功年、袁海娜和尤玉如修订编写。尤玉如负责对全书的统稿、审稿和定稿。本书编写过程中，得到了中国计量学院蒋家新教授的悉心指导，也得到了浙江科技学院王文超和刘梦云的帮助，在此表示感谢！

相比较于上一版，本教材修订后最突出的特点是理论性和实用性并重。既有较全面的食品安全影响因素的理论分析，又有很典型的食品质量管理案例的实用示范，理论与实际结合更加紧密。适合农业类学科、食品科学与工程、食品安全、质量管理等相关专业的高年级本科生、研究生，或有关大专院校作为授课教材，也可供从事食品生产、加工、贸易和质量管理的人员参考。

食品安全问题涉及面广，内容和要求变化快，加之编写者个人水平有限，书中难免会有疏漏和不足之处，恳请广大读者批评指正，谢谢！

编者

2015 年 8 月

第一版前言

食品是人类赖以生存和发展的物质基础。历史上我国一直为解决粮食食品的供给数量而努力，但对食品质量安全的重视程度不足，食品生产全过程的安全管理和科技投入不够。经过 20 多年的改革开放，我国的食品生产和供应能力实现了根本性的跨越，但食品生产市场上出现的令人堪忧的食品安全和卫生问题，给食品行业带来了严重的负面影响，这已引起了有关部门的高度重视。

目前，全球每年都发生数以万计的食品中毒事件，欧盟、美国和日本等发达国家和地区先后遇到了疯牛病、二噁英、大肠杆菌 O157∶H7 和禽流感等全球性恶性事件，这些国家逐步建立和形成了食品生产、加工和营销全过程的质量控制和管理体系。中国作为发展中国家，近年来加大了食品安全和质量控制的投入，使食品安全水平得到了很大的提高。然而相比世界发达国家仍有较大的差距，尤其是近期国际上“中国食品不安全”的谬论较为盛行，有些国家为此加大了对我国出口农产品和食品的限制性技术要求，使我国的出口贸易和国际声誉受到了严重的影响。要打破国际食品安全技术壁垒的封锁，建立我国食品安全的新形象，我们就需要认真学习和研究国际有关食品安全的新规则和发达国家的先进经验和技术，结合我国国情，进一步加强食品安全分析和质量控制技术的研究，从我做起，从现在做起，扎扎实实学好食品安全基础知识，认认真真做好质量控制，切实提高我国的食品安全水平。为此，我们组织了生物学、微生物学、食品化学、食品加工和食品质量管理等相关领域的专家编写了本教材。

本教材从教学、科研和生产实际出发，在重点分析天然有毒物质、生物危害、化学和物理危害、环境污染、转基因技术和食品加工技术等因素对食品安全影响的基础上，着重论述了包括最新食品安全检测技术、食品安全性评价方法，以及 GMP、SSOP 和 HACCP 等先进的质量管理体系等在内的食品质量控制技术。尤其是通过实际的典型案例，重点对 GMP 和 HACCP 在食品安全和质量管理中的运用进行了讨论，同时对如何加强食品安全法规和标准的建设也进行了论述和讨论。

本教材最大的特点是理论与实际相结合，既有较全面的食品安全影响因素的理论分析，又有很典型的食品质量管理案例的实用示范，理论性和实用性都较强，较适合农业类学科、食品科学与工程、食品安全与质量管理等相关专业的高年级本科生、研究生，或有关大专院校作为授课教材，也可供从事食品生产、加工、贸易以及质量管理的人员参考。

本教材参编人员均为在各专业学科一线工作，有着丰富理论与实践经验的教授、博士和食品安全管理体系（FSMS）国家注册审核员。全书分十二章，其中第一章由尤玉如和刘士旺编写；第四、七章由尤玉如和肖功年编写；第二、六章由吴元锋、刘士旺和叶兴乾编写；第三、九章由魏培莲、尤玉如和刘士旺编写；第五、十章由张拥军、尤玉如和丁玉庭编写；第八章由刘士旺和傅丽芳编写；第十一章由肖功年和鲁华编写；第十二章由袁海娜和袁秋萍编写。尤玉如负责对全书统稿、审稿和定稿。本书编写过程中，得到了中国计量学院蒋家新教授的悉心指导，感谢他对大纲和书稿内容提出了很多宝贵意见。

食品安全问题涉及面广，内容和要求变化快，加之编写者个人水平有限，书中难免会有疏漏和不足之处，恳请广大读者批评指正，谢谢!

编者

目　录

食品安全篇

质量控制篇

食品安全篇

第一章 绪 论

食品是人类赖以生存和发展的物质基础。我国国民经济持续增长，农业实现了主要农产品供需基本平衡、年年有余的历史性转变。目前，我国粮食的年均生产能力达到5亿t，人均粮食占有量达到400kg以上。随着经济的发展和农产品原料供给的充裕，我国的食品加工业也发展快速，形成了比较完备、能够基本满足人民生活需要的加工工业体系。2010年，全国食品工业实现工业总产值6.1万亿元，从业人员达700万人，食品工业总产值占工业总产值的8.8%。随着经济的发展、文化的进步、生活水平的提高，百姓已越来越注重自身的饮食和健康，食品安全问题也日渐凸显，人们的观念已经从吃得饱转变为如何吃得好、吃得安全。

虽然我国的食品安全工作已取得了明显的进步，但与发达国家相比，仍有许多待改进和提高之处。我国的食品生产和供给中还存在着食品制成品的合格率不高，食物中毒及食源性疾患控制不到位，一些中小食品生产经营企业工艺和设备落后、技术水平较低，检验手段不齐，法律意识不够，执行食品安全相关法规、条例、标准的自觉性和力度不够，食品安全监督执法队伍力量与所担负的工作量相比还很不足，执法水平还需提高等情况。这些问题在某些方面还比较严重，成为我国目前食品不安全的诱因。近年来，食品安全日益成为社会、政府关注的焦点之一。

目前，不论是发达国家还是发展中国家，不论食品安全监管制度完善与否，都会面临食品安全问题。而且在WTO规则下，各国之间关税壁垒已逐渐淡化，以食品安全问题为主线的非关税技术壁垒已成为各国贸易保护和市场垄断的“合法武器”，因此，食品安全问题已成为当今世界各国着重关注的焦点。

第一节 食品安全基本概念

食品安全（Food Safety）是指食品及食品相关产品不存在对人体健康造成现实的或潜

在的侵害的一种状态，也指为确保此种状态所采取的各种管理方法和措施。食品安全的概念常常与食品卫生、食品质量的概念交织在一起，因此，阐述食品安全的含义离不开对食品卫生、食品质量概念的理解。

一、食品在法律上的含义

食品作为人类生命活动的物质基础之一，必须具备以下条件：一是具有一定的营养成分与营养价值；二是在正常摄食条件下，不应对人体发生有害影响；三是具有良好的感官性状，即色、香、味、外形及硬度等，符合人们长期形成的概念。我国《食品安全法》第150条规定："食品，指各种供人食用或者饮用的成品和原料以及按照传统既是食品又是中药材的物品，但是不包括以治疗为目的的物品。"

二、食品安全在法律上的含义

我国《食品安全法》第150条规定："食品安全，指食品无毒、无害，符合应当有的营养要求，对人体健康不造成任何急性、亚急性或者慢性危害。"依据《食品安全法》，对食品安全的理解，至少有三层含义：第一层含义是食物数量足够，指食物数量满足人民的基本需求；第二层含义是食品质量安全，指食品中有害物质含量对人体不会造成危害；第三层含义是食物满足人类营养与健康的需要，指从食物中摄取足够的热量、蛋白质、脂肪以及其他营养物质（纤维素、维生素、矿物质等）。这三个层次反映了随着生产力的发展和人们生活水平的提高，人类对食品安全的需求从量到质的深化。因此食品安全不仅是个法律上的概念，更是一个经济、技术上的概念。

迄今为止，学术界对食品安全尚缺乏一个明确的、统一的定义，连世界卫生组织（WHO）在此问题上也无所适从。如世界卫生组织1984年曾在题为《食品安全在卫生和发展中的作用》的文件中，把"食品安全"等同于"食品卫生"，定义为："生产、加工、储存、分配和制作食品过程中确保食品安全可靠，有益于健康并且适合人消费的种种必要条件和措施"。但1996年在《加强国家级食品安全性计划指南》中则把食品安全与食品卫生作为两个不同含义的用语加以区别。其中食品安全被解释为"对食品按其原定用途进行生产和/或食用时不会对消费者造成损害的一种担保"，食品卫生则指"为确保食品安全性和适合性在食物链的所有阶段必须采取的一切条件和措施"，前者是目标，后者是达到目标的保障。

我国学术界在食品安全的认识上主要有三种观点：第一种是食品安全是指食品中不应含有可能损害或威胁人体健康的有毒、有害物质或因素，从而导致消费者急性或慢性毒害或感染疾病，或产生危及消费者及其后代健康的隐患。第二种是食品安全应区分为绝对安全与相对安全两种不同的层次。绝对安全被认为是确保不可能因食用某种食品而危及健康或造成伤害的一种承诺；相对安全为一种食物或成分在合理食用方式和正常食量的情况下不会导致对健康的损害。第三种是食品安全是指生产者所生产的产品符合消费者对食品安全的需要，并经权威部门认定，在合理食用方式和正常食用量的情况下不会导致对健康的损害。这三种观点的共同特点都只是论述了第三层次的食品安全——质的安全，而忽视了第一、二层次的量的安全以及营养与健康。实际上，由于减肥过度、酗酒、自然灾害等有意或无意的原因，导致食品摄入量的不足或过量、膳食营养素失衡等，从而影响人体健康，甚至出现人身安全的案例已不在少数。但现实中这两层因素往往被忽略，不被认为是影响食品安全的因素，只有食品中的有害物质才是影响食品安全的因素，也就是第三层含义的食品质量安全。人的认识受限于自身所处的历史阶段，这样的观点也正好反映了我国目前的生产力水平和生活水平。

第二节 影响食品安全的主要因素

“民以食为天”，每天只要打开电视、翻开报纸或走在街上，到处都可见到各种各样的食品广告，食品已成为人们生活中不可缺少的一部分。然而百姓健康受到食品安全方面威胁的报道日渐增多，食品安全目前已成为世界各国的重点关注问题。经分析和研究影响食品安全的主要因素，是来自食品中的天然有毒物质以及生物性、化学性和物理性危害。国家食品安全风险评估中心研究员陈君石院士认为，我国食品安全的三大“敌人”依次是微生物引起的食源性疾病、农兽药残留等化学性污染以及非法使用食品添加剂。

一、天然有毒物质

天然有毒物质指有些动植物中存在的某种对人体健康有害的非营养性天然成分，或因储存方法不当在一定条件下产生的某种有毒成分。由于含有毒物质的动植物外形和色泽与无毒的品种相似，因此在日常生活和食品加工中往往较难区别。2014 年 8 月 22 日，德清农民工下班回家发现路边有许多野蘑菇，他认为只有漂亮的野蘑菇才有毒，该野蘑菇不属此类，因此就将其采回去，并炒成菜下酒吃，结果造成 5 人中毒，其中 1 人抢救无效死亡。

天然有毒物质按食物来源可分为植物毒素和动物毒素，分别来自植物体和动物体中。

(1) 植物毒素 植物中含有的天然有毒物质种类很多，如氰苷（杏仁、桃仁、枇杷仁、亚麻仁、李子仁和木薯中的有毒成分）、龙葵素（发芽马铃薯）、红细胞凝集素（大豆、菜豆等）、棉酚（粗制棉籽油）、皂素、植物血凝素、秋水仙碱（鲜黄花菜）、银杏酚（白果）等。另外，毒蕈（俗称“毒蘑菇”）中所含有的有毒成分很复杂，一种毒蕈可含有几种毒素，而一种毒素又可存在于数种毒蕈之中。

(2) 动物毒素 动物中的天然毒素主要有动物肝脏中的毒素、甲状腺素、河豚毒素、动物组织分解腐败产生的组胺、海洋贝类带有的雪卡毒素等。

二、天然过敏物质

食品过敏是指食物中的某些物质（食品过敏原，通常是蛋白质）进入了体内，被体内的免疫系统当成入侵的病原，发生了免疫反应，对人体造成不良影响。在正常情况下，身体会产生抗体来保护身体不受疾病的侵害，这就是所谓的免疫系统。但一些过敏者的身体却会将正常无害的物质误认为是有害的东西，产生抗体，这种物质就成为一种过敏原，能引起免疫系统一连串的反应，包括抗体的释放，而这些抗体又引起人体内一些化学物质的释放，如组胺会引起皮肤发痒、流鼻涕、咳嗽或者呼吸困难，甚至会导致死亡。

据美国食品药品管理局（FDA）统计，目前有 160 多种食品含有可导致过敏反应的过敏原，常见的主要是八类食物，即蛋类、牛奶、花生、黄豆、小麦、树木坚果、鱼类和甲壳类食品，90%的过敏都是由这八类食物引起的。欧盟已确定了14种过敏原，除食品法典委员会所确定的八类过敏原物质及10mg/kg以上的亚硫酸盐外，还包括芹菜、羽扇豆、软体动物、芥末、芝麻。

食品过敏原产生的过敏反应包括呼吸系统、肠胃系统、中枢神经系统、皮肤、肌肉和骨骼等不同形式的临床症状，通常可分为即时型和迟延型两类，前者摄取食物后1h之内，一般在15min就会出现过敏症状；而后者摄取后经过1~2h以后才出现过敏症状，有时长达24~48h。

三、生物性危害

公元1000年以前，人们几乎不认识食物中毒和食物腐败。第一个意识到并发现微生物可引起食品腐败的是法国人巴斯德（Pasteur，解决了啤酒变酸问题），他提出了著名的巴氏杀菌理论。19世纪末起，人们先后发现了肠炎沙门菌、肉毒梭状芽孢杆菌（肉毒杆菌）等食源性致病菌。1937年，人们又新确认了生物代谢物毒素引起的中毒——贝类麻痹中毒、肉毒杆菌毒素、肠毒素等。生物性危害主要是指生物（尤其是微生物）自身及其代谢过程、代谢产物（如毒素）对食品形成污染，造成对人类或动物的危害。

1. 微生物危害

（1）细菌性危害　是指细菌及其毒素产生的危害。细菌性危害涉及面最广、影响最大、问题最多。控制食品的细菌性危害是目前食品安全性问题的主要内容。细菌不仅会引起食物腐败变质，更重要的是能引起食物中毒的发生。一般常见的引起食物中毒的细菌有：沙门菌、副溶血性弧菌、葡萄球菌、变形杆菌、肉毒梭状芽孢杆菌、蜡样芽孢杆菌、致病性大肠杆菌和志贺菌等。

（2）真菌性危害　主要包括霉菌及其毒素对食品造成的危害。部分霉菌在一定条件下引起食品霉变或造成人体的真菌感染；由于真菌侵染而引起的中毒常见的还有霉变甘蔗中毒、赤霉病麦中毒、霉变甘薯中毒和麦角中毒等。

致病性霉菌产生的霉菌毒素通常致病性更强，并伴有致畸、致癌性，是引起食物中毒的一种严重生物危害，其中最重要的是黄曲霉毒素。

（3）病毒性危害　病毒最早发现于大肠杆菌中，为生物大分子，自身不能繁殖，只有在活细胞中才能复制，起病毒性作用。病毒有专一性、寄生性，虽不能在食品中繁殖，但食品为病毒提供了很好的生存条件，因而可在食品中残存很长时间。

目前报道的主要有甲型肝炎病毒、乙型肝炎病毒、戊型肝炎病毒、埃博拉病毒、克雅病毒（疯牛病BSE）、SARS（非典）病毒、禽流感病毒、西尼罗病毒、星状病毒、口蹄疫病毒等。这些病毒直接或间接污染食品及水源，人经口感染可导致肠道传染病的发生或导致家畜传染病的流行。

2. 寄生虫危害

寄生虫危害主要是寄生在动物体内的有害生物，通过食物进入人体后，引起人类患病的一种危害。

寄生虫可能有囊虫、旋毛虫、弓形体、华枝睾吸虫、姜片虫、蛔虫、阿米巴原虫等。寄生虫及其虫卵直接污染食品或通过病人、病畜的粪便污染水体或土壤后，再污染食品，人经口摄入而发生食源性寄生虫病。寄生虫在其寄生宿主内生存，通过争夺营养、机械损伤、栓塞脉管及分泌毒素给宿主造成伤害。

3. 昆虫危害

昆虫对食品安全的影响，一是昆虫可以作为病原体和中间寄主，再者，多数昆虫可以四处活动，携带其他病原微生物，尤其是能够引起食源性疾病的微生物。可以传播疾病的昆虫包括蝇类、蟑螂、蚤，贮藏食品中的螨类包括粉螨、肉食螨、革螨，还有一些是作为某些疾病的媒介。

四、化学性危害

食品中的化学危害包括食品原料中的农药残留、兽药残留，食品加工过程中的重金属污染等，添加或化学反应产生的各种有害化学物质。

1. 农药残留及化肥污染

食品中农药残留危害是指由于对农作物施用农药、环境污染、食物链和生物富集作用，以及贮运过程中食品原料与农药混放等造成的直接或间接的农药污染。

我国不仅农药产量大，而且单位面积农田用药量也高，因此污染食品并由此引起急慢性中毒的问题受到全社会的关注。农药有熏蒸剂、杀虫剂、除草剂、杀菌剂等，这些农药若使用不当或使用过量就会使食品受到污染或在食品中有一定残留。化肥污染主要表现在过量的氮肥投入，引起蔬菜中硝酸盐和亚硝酸盐含量过高和地下水污染。

2. 兽药及饲料添加剂残留

为了预防和治疗畜禽与鱼贝类等动物疾病，直接用药或在饲料中添加大量药物，造成药物残留于动物组织中，随食物链对人体与环境造成危害。

兽药按用途可分为抗微生物药物（抗生素类和合成抗生素类）、生长促进剂（激素类药物）、抗寄生虫药物、杀虫剂等。长期、超剂量用药，且不按规定停药，可导致动物中毒或致癌、致畸、致突变，人食用后会严重危害人体健康。另外，随意在饲料中添加药物添加剂，如“瘦肉精”等违禁药物，引起残留，人食用后可引起中毒甚至死亡。

3. 重金属超标

环境中的金属可以通过饮食与饮水进入人体，在这些金属中有的金属在少量摄入后即使人体呈现出毒性作用，这些称为有毒金属，如铅、砷、镉、汞、铬等。由于这些有毒金属大多密度较大，因而又被称为重金属。

重金属主要通过空气和水等环境污染、含金属化学物质的使用、食品加工设备和容器等途径对食品的污染，造成重金属超标而影响人类健康。

4. 添加剂滥用或非法使用

（1）违规添加　食品添加剂是为改善食品的品质、色、香、味、保藏性能以及加工工艺的需要，加入食品中的化学合成或天然物质。在标准规定下使用食品添加剂，安全性是有保证的。但实际生产中却存在着不按添加剂的使用规定，滥用食品添加剂的违规现象，如上海染色馒头事件，主要表现为食品添加剂的超范围、超剂量使用等。

（2）非法添加　目前，食品安全事件大多是由于在食品中添加了非法添加物，严重威胁着居民的健康。非法添加物一般都是非食用物质，对人体产生不同程度的毒害作用。判定一种物质是否属于非法添加物，可以参考以下原则：不属于传统上认为是食品原料的；不属于批准使用的新资源食品的；不属于卫生部门公布的食药两用或作为普通食品管理物质的；未列入各国食品添加剂的和其他法律法规允许使用的物质。食品中常见的非法添加物有吊白块、瘦肉精、苏丹红、三聚氰胺、塑化剂等。由此造成对人体的慢性毒害，包括致畸、致突变、致癌等危害。这些毒性的共同特点是要经历较长时间才能显露出来，即对人体产生潜在的毒害。我国2015年修订的《食品安全法》第123条规定："用非食品原料生产食品或者在食品中添加食品添加剂以外的化学物质和其他可能危害人体健康的物质，或者用回收食品作为原料生产食品，或者经营上述食品"，尚不构成犯罪的，由县级以上人民政府食品药品监督管理部门没收违法所得和违法生产经营的食品，并可以没收用于违法生产经营的工具、设备、原料等物品；违法生产经营的食品货值金额不足一万元的，并处十万元以上十五万元以下罚款；货值金额一万元以上的，并处货值金额十五倍以上三十倍以下罚款；情节严重的，吊销许可证，并可以由公安机关对其直接负责的主管人员和其他直接责任人员处五日以上十五日以下拘留"。同时第149条明确规定："违反本法规定，构成犯罪的，依法追究刑事责任"。

5. 其他化学性危害

指由原料带来或在加工过程中形成的一些其他有害物质，如由于原料受环境污染或加工方法不当带来的多环芳烃类化合物，这是一类非常重要的环境污染物和化学致癌物，试验中观察到的多环芳烃对动物的慢性损伤是引起动物肿瘤，在人类虽未见多环芳烃致癌的直接证据，但许多流行病学资料表明，多环芳烃可能和人类的癌症有关；由环境污染、生物链进入食品原料中的二噁英等，其对人类的危害主要是摄入痕量时引起的慢性伤害；在植物生产上大量使用氮肥以及蔬菜储存和腌制所引起的亚硝酸盐含量的增高，亚硝酸盐和食品中的胺类物质在一定条件下形成*N*－亚硝基化合物，该物质可能和人类癌症的发生有关；高温油炸薯条等食品产生的丙烯酰胺等；由于辐照或吸附外来放射性物质造成食品的污染等，对人类健康会造成危害。

五、物理性危害

物理性危害包括各种可以称为外来物质的、在食品消费过程中可能使人致病或致伤的、任何非正常的杂质，它们会产生物理性危害，大多是由原材料、包装材料以及在加工过程中由于设备、操作人员等原因带来的一些外来物质，包括杂质和放射性物质等。

1. 杂质

杂质是指食品生产加工过程中混入食品中的杂质超过规定的含量，或混入直接会对人体造成伤害的玻璃碴、针头、金属碎片、石头、塑料、木屑等。

2. 放射性物质

放射性物质不仅对直接受污染的食品造成危害，而且会沿着食物链继续产生影响，最终对人体造成损害。因此，食品的放射性污染必须作为重要危害的因素进行控制。此外，随着辐照保藏技术在延长食品保存期中的应用，放射剂量和残留等问题也应该作为重要的控制因素。

第三节　国内外食品安全概况

食品安全之所以在全球范围内受到密切和广泛关注，与近20年来国际上食品安全恶性事件连续不断发生有关。继牛海绵状脑病（疯牛病）（1986 年，英国）后，又出现了大肠杆菌 O157∶H7（1996 年，日本）、二噁英（1999 年，欧洲）、李斯特菌（1999 年，美国；2000 年，法国）、金黄色葡萄球菌肠毒素（2000 年，日本雪印）、肠出血性大肠杆菌（2011 年，德国），以及我国 SARS（非典，2003 年）、三鹿奶粉“三聚氰胺”事件（2008 年）、台湾塑化剂事件（2011 年）等影响食品安全的全球性重大事件。其中，有的引起众多消费者急性发病乃至死亡，如 20 世纪 90 年代中期大肠杆菌 O157∶H7 在日本引起近万人食物中毒；有的引起的病例虽然不多，但病死率高、社会影响大，如疯牛病引起人克－雅氏病；也有的化学污染物造成广泛的食品污染，对人体健康具有长期和严重的潜在健康危害，如二噁英、农药和兽药残留的污染等。

当前国际食品贸易纠纷中的主要争端问题大多与食品安全有关，如欧盟与美国和加拿大的激素牛肉案和澳大利亚与加拿大关于鲑鱼寄生虫感染案。这些进入 WTO 争端解决机制的案例造成争端双方在资源、经济和名誉方面的重大损失。1999 年二噁英风波中比利时内阁全体倒台以及 2002 年德国由于发生疯牛病而导致卫生、农业部长引咎辞职，是食品安全涉及政治领域的典型例子。由此可见，食品安全问题的发生不仅影响健康和经济，还可以影响到消费者对政府的信任，乃至威胁社会稳定和国家安全。

一、国外食品安全概况

食品安全问题，已经成为全世界共同关注的问题。为了防止食品污染，保障消费者的健康权益，许多国家都通过立法来加强对现代食品的监督管理，如美国于 1890 年就制定了国家肉品监督法，1939 年制定了联邦食品药品法。英国于 1955 年制定食品法，欧洲其他国家多在 20 世纪 50～60 年代制定了食品法。日本《食品卫生法》规定，食品、食品添加剂、器具以及容器包装，按政令规定的职权划分，分别接受厚生省大臣、都道府县知事或者厚生省大臣指定的人员检查。

1. 美国的食品安全质量保证体系

美国在“21 世纪食品工业发展计划”中将食品安全研究放到了首位，1998 年美国用于食品的微生物快速检测技术研究上的专项经费是 4.3 亿美元。美国食品堪称是世界上最安全的，但由于食品工业发展迅猛及食品生产、加工、包装工艺的复杂性和目前美国食品依靠进口的比例也越来越大，故美国仍面临着食品安全问题，包括生物致病菌、毒素、农药残留、有害金属、食品变质等。

美国建立的食品安全系统有较完备的法律及强大的企业支持，可将政府职能与各企业食品安全体系紧密结合，政府方面主要由人类与健康服务部（DHHS）、美国食品药品管理局（FDA）、美国农业部（USDA）、食品安全与监测服务部（FSIS）、动植物健康监测服务部（APHIS）、环境保护机构（EPA）等部门组成，同时海关定期检查、留样监测进口食品。此外，还有其他如疾病控制预防中心（CDC）、国家健康研究所（NIH）、农业研究服务部（ARS）、国家研究教育及服务中心、农业市场服务部、经济研究服务部、监测包装及畜牧管理局、美国法典办公室、国家水产品服务中心等部门也负有研究、教育、预防、监测、制定标准、对突发事件做出应急对策等责任。FSIS 主管肉、家禽、蛋制品的安全；FDA 则负责 FSIS 职责之外的食品掺假、存在不安全因素隐患、标签夸大宣传等的监管工作。

在美国，若某种食物中的食品添加剂或药物残留未经 FDA 审查通过，则该食品不准上市销售；EPA 主要维护公众及环境健康，以避免农药造成的危害，加强对宠物的管理；APHIS 主要保护动植物免受害虫和疾病的威胁。由此可见，FDA、APHIS、FSIS 和 EPA 等运用食品安全法律法规维护食品的安全，从而保护了消费者的身体健康。

2. 欧盟的食品安全质量保证体系

欧盟委员会发表的一份长达 60 页的《食品安全白皮书》，推出了一个庞大的保证安全计划，努力解决食品安全问题，恢复消费者因担心疯牛病缺乏对欧洲食品的信心。这一计划要求有关方面保证食品生产和销售情况的透明度与安全性，要求对诸如转基因等有争议的食品贴标识，让消费者自由选择；对动物饲料的生产也做出了明确规定，以防有害饲料危害禽畜，殃及人类；还强调了加强食品研究和检验部门的作用，以便及时发现问题，确保食品安全。与此同时，欧盟委员会还决定成立一个名为“欧洲食品权力机构”的组织，统一管理欧盟内所有与食品安全有关的事务，负责与消费者就食品安全问题直接对话和建立成员国间食品卫生和科研机构的合作网络。这一权力机构下属若干专家委员会，直接就食品安全问题对欧盟委员会提出决策性意见。

同时，欧盟委员会提出建议，拟对维持了 25 年之久的欧盟食品安全卫生制度进行根本性的改革，对原 17 项法令进行合并、简化和协调统一，力求制定一项统一的、透明的安全卫生条例。新的安全卫生条例将适用于从农场到餐桌的所有食品以及所有的食品经营者，同时还将建立有效的执法机构加强对食品安全问题的监管，以及有效应对未来食品链中可能出现的食品危机。新政策的核心是在建立食品安全战略目标的同时，给商家以选择采取何种安全措施的自由，而不是给他们制定过多的繁文缛节。新规则主要有以下几方面的改进，一是引入了从农场到餐桌的概念，二是确立了食品生产经营商对食品安全负首要责任。这一原则加大了生产经营者的安全卫生责任。生产经营商主要依靠自我核查机制及对有害物的现代监控技术来确保食品安全卫生。

3. 日本的食品安全质量保证体系

日本于 1995 年 5 月通过了食品卫生法的修正而重新公布了《综合卫生管理制造过程》，即在食品的制造、加工及其管理方法基础上，为防止食品卫生危害，特别加强预防性措施的综合制造加工过程，工厂均应积极施行危害分析与关键控制点（HACCP）的管理制度。厚生省通告屠宰场、食肉加工厂等从业者必须彻底实施 HACCP 管理制度，以防止食品中毒案件再度发生。

4. 加拿大的食品安全质量保证体系

加拿大的渔业海洋部自 1992 年 2 月推行水产食品的登录制度，规定申请登录的必备条件为水产品工厂应执行以 HACCP 为基础的品质管理计划。关于乳、肉卫生方面，农业部依据强化食品安全计划（Food Safety Enhancement Program），自 1996 年起推动屠宰场、食肉制品、乳制品等的 HACCP 管理制度。

二、国内食品安全概况

我国是世界上人口最多的发展中国家，又是世界贸易大国，食品安全状况与国际食品安全状况密切相关。传统的食品污染问题，如农兽药残留、致病菌、重金属和天然毒素的污染，在我国均存在。工业废水、废气、废渣和一些有害的城市生活垃圾导致土壤、水域和食品出现新的污染。发达国家出现的一系列新的食品污染问题在我国也有发生。2004 年年初，随着越南、日本、韩国等亚洲国家暴发的禽流感，我国也有16个省份相继出现了49起H5N1型禽流感疫情。

我国食品加工业还存在严重违法生产的现象，一些无照企业、个体工商户及家庭式作坊等不法制造商，受利益驱使，以假充真、以次充好，滥用食品添加剂，甚至不惜掺杂有毒、有害化学品。例如，浙江发现掺吊白块（化工原料甲醛次硫酸氢钠）的粉丝，重庆查出用“毛发水”兑制的有毒酱油，2006年12月央视焦点访谈报道河南农民在豆制品中添加工业黄色素，还有瘦肉精肉、回收的地沟油等情况时有发生。

食品中毒事件有趋于严重的倾向。根据卫生部公布的全国食物中毒情况，仅2000年，全国发生重大中毒事件150起，中毒6273人，死亡150人。到2003年，全国重大食物中毒事件达379起，中毒12876人，死亡323人，分别增加了196.1%、80.7%、134.1%。究其原因大部分是致病微生物引起。

食品安全问题严重影响我国食品出口贸易，食品安全问题将成为国际贸易中的技术壁垒。《国际食品法典》对176种农药在375种食品中规定了2439条农药最高残留标准，而我国只对104种农药在粮食、水果、蔬菜、食用油、肉、蛋、水产品等45种食品中规定了允许残留量，共含291个指标。在农药残留方面，我国规定了62种农药在食品中的最高残留限量，而美国规定了115种，日本、加拿大分别有96种、87种。

影响我国食品安全众多因素中最为突出的还是市场监管乏力，虽从2013年起国家层面上食品安全的监管归到食品药品监督管理总局，但整个监督体系尚未完全理顺，职责或分工还不清晰，执法能力有待提高，推诿扯皮现象依然存在。市场监管中对食品安全定义模糊，只要出现的事情与食品有关，有些只是产品质量波动的控制问题，也上升到食品安全问题，这样很容易造成消费者的思想混乱和市场恐慌。虽然问题依然较多，但中国食品安全整体状况已经得到很大改善，据国家有关部门统计数据显示，1982年全国抽检的食品合格率仅有61.5%，但截至2003年已达90%，2014年国家食品药品监督管理总局公布了2014年第一阶段20类食品及食品添加剂的监督抽检显示：蔬菜及其制品、水果及其制品、饮料、薯类及膨化食品、糖果及可可制品、冷冻饮品和罐头食品共抽检1567批次，未发现不合格样品；1379批次粮食及其制品，合格样品1374批次，样品合格率为99.6%；774批次食用油和油脂及其制品，合格样品759批次，样品合格率为98.1%；1255批次肉及肉制品，合格样品1200批次，样品合格率为95.6%；185批次蛋及蛋制品，合格样品183批次，样品合格率为98.9%；444批次乳制品，合格样品440批次，样品合格率为99.1%。

不过食品安全工程是一项长期的工作，保证食品安全，需要政府、企业和消费者的共同努力。政府部门必须建立有效的食品安全规划，目标是促进安全和营养的食品生产，减少食品损失和保护消费者不受腐败变质食品的危害。政府监督部门不是一出现问题以一罚或一禁了之，而应加强市场的正面引导和宣传教育，悍卫食品安全任重而道远。

三、国内外主要食品安全事件

1. 国外主要食品安全事件

（1）1986年英国疯牛病　英国自1986年公布发生疯牛病后，1996年3月20日，英国政府首次承认食用疯牛肉有可能传染给人类，导致一种脑衰竭的绝症，迄今英国已发生

10 起这种病症，其中 8 人死亡。从发现“疯牛病”起的十年里，整个英国约有 15 万头牛受感染，英国政府焚烧了 40 万头牛，直接损失 60 亿美元，支付农民赔偿费 200 亿英镑。“疯牛病”事件在英国和全球引起恐慌，英国 660 家麦当劳连锁店当即决定停止用英国牛肉，欧盟各国、澳大利亚、新西兰、新加坡、日本和南非等 30 多个国家相继宣布禁止进口英国牛肉，疯牛病风波严重损害了英国经济。

（2）1996 年日本大肠杆菌 O157 : H7 中毒事件　1996 年 5 ~ 8 月，日本几十所中学和幼儿园相继发生集体大肠杆菌 O157 : H7 中毒事件，中毒者超过万人，死亡 11 人，波及 44 个都府县，一些食品快餐公司为此倒闭。

（3）1999 年比利时等国二噁英事件　1999 年 1 月 15 日，比利时 Verkest 公司的饲料中发现了含有被二噁英污染的动物脂肪，5000 个养鸡场中有 900 个养鸡场使用了 Verkest 公司的饲料，波及法国、德国、荷兰的鸡、猪、牛，致使几十个国家抵制上述国家的有关产品，造成的直接损失达 3.55 亿欧元。

二噁英是多氯甲苯、多氯乙苯等有毒化学品的俗称，一向被称为“毒中之毒”，被世界卫生组织列为与杀虫剂 DDT（“滴滴涕”）毒性相当的有毒化学品，环保组织更是将其视为危害环境的大敌之一。由于二噁英同脂肪具有较强的亲和力，进入生物体后一般在脂肪层、脏器堆积，或是进入富含脂肪的禽畜产品，如牛奶及蛋黄。当人食用被二噁英污染的禽畜肉、蛋、乳及其制成品，如黄油、奶酪、香肠、火腿等，二噁英也就进入了人体，同样在人体的脂肪层或脏器中堆积起来，并几乎不可能通过消化系统被排泄出去。当人体内的二噁英堆积达到一定数量时，就会导致其沉积的组织发生癌变。为此，国际癌症研究中心将二噁英列为人类一级致癌物。除了致癌之外，还发现二噁英对人体健康有许多其他害处。

（4）2000 年法国李斯特菌污染　2000 年 1 月 7 日，法国卫生部宣布，法国共发现 9 人因食用熟肉制品而感染李斯特菌，其中两人已死亡。经调查，法国卫生部门发现本国古德雷食品公司生产的熟肉酱和猪舌是引发这次食品污染事件的罪魁祸首。

（5）2000 年日本雪印牌牛乳污染　2000 年 6 月 27 日，日本关西等地区发生特大食品中毒事件，1.3 万多名消费者饮用了雪印乳业公司大阪工厂生产的低脂肪牛乳后出现呕吐和腹泻等中毒症状，有 153 人住院治疗，雪印乳业公司大阪工厂被迫宣布收回近期生产的 30 万盒牛乳，21 家分厂停业整顿。经大阪府公共卫生研究所证实，金黄色葡萄球菌导致的 A 型肠毒素中毒可造成饮用者腹泻、呕吐及全身不适。这是战后日本发生的规模最大的一起食品中毒事件。

（6）2001 年欧洲暴发口蹄疫　2001 年上半年英国卫生部官员宣布，动物口蹄疫在“沉寂”20 年后，再次降临英国，他们在英格兰东南部布伦特伍德一个屠宰场发现 27 头有口蹄疫症状的病猪。英国卫生部在该屠宰场和两个向其供应生猪的农场周围 8km 设置了隔离区，防止口蹄疫外传。英国最近一次发现口蹄疫是在 1981 年，最后一次大规模暴发口蹄疫是在 1967 年，那次有 44.2 万头牲畜被屠宰，损失达 1.5 亿英镑。口蹄疫被国际兽疫局（OIE）列为第一位 A 类烈性传染病。

（7）2003—2004 年亚洲禽流感　2003 年在越南、日本、韩国等国家暴发了禽流感。2003 年 12 月至 2004 年 3 月，韩国全国 10 个市、郡的 19 所农场曾出现大规模禽流感疫情，共有 530 万只家禽被扑杀。据世界卫生组织统计，自从禽流感疫情 2003 年在亚洲重现以来，全球已有约 50 个国家和地区暴发了该疫情。截至 2005 年 12 月 13 日，全球已有

258 例人感染 H5N1 型禽流感病毒的病例，其中 153 人死亡。世界卫生组织于 2003 年 1 月 14 日发布警告说，禽流感对亚洲的威胁可能比 SARS 更为严重。

（8）2011 年德国的肠出血性大肠杆菌　毒黄瓜是指受到肠出血性大肠杆菌（EHEC）“污染”的黄瓜。2011 年 5 月中旬，食用毒黄瓜引起的疫病在德国开始出现。截至 6 月 1 日，德国至少 15 人死亡，超过 1400 人确诊或疑似；瑞典 1 人死亡，41 人确诊；法国 3 人疑似；丹麦 14 人确诊，26 人疑似；西班牙 1 人疑似；英国、荷兰、瑞士等国发现相关病例。

（9）美国火鸡肉受沙门菌污染　2011 年 8 月美国农业部和卡吉尔公司宣布召回阿肯色州斯普林代尔加工厂于 2 月 20 日至 8 月 2 日期间生产的全部 1.63 万 t 冷冻和新鲜火鸡肉制品。火鸡肉可能使 26 个州 77 人感染沙门菌，1 人死亡，是美国迄今最大规模的肉制品召回事件。

（10）美国香瓜感染单增李斯特菌　2011 年 9 ~ 11 月，美国 28 个州暴发单增李斯特菌引起食源性疾病事件，经查与食用科罗拉多州简森农场种植的香瓜相关。共报告病例 146 例，死亡 30 例，是美国 10 多年来最严重的一起食源性疾病暴发事件。

2. 国内食品质量安全重大事件

（1）1988 年上海甲肝暴发流行事件　1988 年 1 ~ 3 月，上海市发生了历史上罕见的甲型肝炎暴发流行事件，日发病量高达 19013 例。流行期间的 1 月 30 日至 2 月 14 日，每天发病人数均超过 10000 例。据统计，至当年 5 月 13 日，共有 310746 人发病，31 人直接死于本病。本次甲肝暴发流行的特点是：来势凶猛，发病急；病人症状明显，大多数患者 SGPT 在 1000 单位以上，90% 以上的病人出现黄疸，85% 以上的病人抗 HA 试验阳性；发病主要集中在市区，人群分布以青壮年为主，20 ~ 39 岁的占 83.5%；80% 以上的病人有食用毛蚶史。

（2）1996 年云南散装白酒甲醇中毒事件　1996 年 6 月 27 日至 7 月 21 日，云南省曲靖地区发生了建国以来最严重的制售假散装白酒导致恶性甲醇中毒的事件，中毒人数高达 192 人，其中死亡 35 人，6 人致残，给人民群众健康和生命财产造成了巨大损失。这是一起违反食品卫生法，用非食品原料加工食品，造成恶性食物中毒的案件。

（3）1997 年香港禽流感　禽流感最早于 1997 年 4 月在香港新界地区发生，当时造成 4000 只鸡死亡，因未感染人体，故没有引人注意。同年 5 月，从香港新界东区一名 3 岁男童被发现感染禽流感至同年 12 月，共发生 18 起 H5N1 禽流感（香港地区称为甲类禽流感，中国内地称为高病原性家禽流行性感冒，简称禽流感），造成 6 人死亡。为此香港政府下令扑杀了所有在养鸡只（种禽除外），约 150 万只，并动员人力、物力做消毒、掩埋等工作。经过一个多月的努力，禽流感才被控制。

（4）2001 年江苏、安徽等地大肠杆菌 O157 : H7 中毒事件　2001 年在江苏、安徽等地暴发的肠出血性大肠杆菌 O157 : H7 食物中毒，造成 177 人死亡，中毒人数超过 2 万人。

自 1982 年美国首次发现肠出血性大肠杆菌（EHEC）O157 : H7 致病性血清型后，全球六大洲的许多国家相继发生多起由该菌引起的食物中毒。大肠杆菌 O157 : H7 能引起一系列人类疾病，如腹泻、出血性肠炎（HC）和溶血性尿毒综合征（HUS）等。

（5）2003 年安徽阜阳劣质奶粉事件　2003 年 4 月安徽阜阳的七个县区，都发现了“大头娃娃”。这些孩子四肢短小，身体瘦弱，脑袋偏大，经当地医院诊断均为“重度营养不良综合征”。一部分孩子已经死亡。4 月 19 日，由国家食品药品监督管理局、国家质检总局、国家工商总局、卫生部组成的专项调查组奔赴阜阳。经查，这一事件共涉及 10 个省、区、市的 40 家企业，55 种奶粉，造成 12 名婴儿死亡，而劣质奶粉中蛋白质等营养素全面低下，是造成婴儿患病和死亡的重要原因。

（6）2003 年“非典”（SARS）事件　2003 年，震惊全国乃至全世界的“非典”（SARS）事件，使全球包括中国在内，有 8000 多人感染了 SARS，其中 800 多人失去了生命。而 SARS 已经被确认是在人食用果子狸时传染给人的。

（7）三鹿奶粉“三聚氰胺”事件　2008 年 9 月，中央电视台报道了石家庄三鹿集团股份有限公司等企业违法向婴儿奶粉中添加“三聚氰胺”，导致全国数万婴儿患儿住院，数十人死亡。在当时全国 109 家婴幼儿奶粉生产企业中有 22 家的产品检出了含量不同的三聚氰胺，被国务院认定为重大食品安全事故。

（8）2011 年河南双汇“瘦肉精”事件　中央电视台 2011 年 3·15 晚会曝光，年销售额达 500 亿、国内最大的肉制品生产企业，河南双汇集团下属的分公司济源双汇食品有限公司在食品生产中使用“瘦肉精”猪肉。公司深埋处理肉制品 3769t，损失约 6200 万元。

（9）2011 年台湾塑化剂事件　2011 年 5 月在台湾发生的塑化剂事件（传媒称为塑化剂/塑毒风波、塑化剂/塑毒风暴等）是一系列食品安全事件，起因为市面上部分食品检出含有塑化剂，进而被发现部分上游原料供应商在常见的合法食品添加剂“起云剂”中，使用廉价的工业用塑化剂（非食用添加物）来降低成本，至今已达 30 年之久。除了最初被披露的饮料商品之外，影响范围也扩展到糕点、面包和药品等。

（10）2013 年禽流感事件　甲型 H7N9 流感病毒是一个通常只在鸟类中传播的病毒亚型，从未出现过人感染情况，但 2013 年 3 月月底全球首次在上海和安徽两地发现 H7N9 感染人的疫情。截至 2013 年 5 月 29 日，全国已确诊 131 人，37 人死亡，76 人痊愈。世界卫生组织（WHO）2014 年 4 月 8 日统计报告显示，包括中国以及东南亚总计有 375 人感染 H7N9 流感病毒，115 人死亡，病死率高达 30%。此事件后长三角各省规定城市农贸市场停止供应和宰杀活禽。

从上述国内外典型食品安全重大事件中可清醒地看到，无论是国内，还是国外；无论是顶级大公司，还是中小企业，都有可能出现食品安全问题，无非是概率大小的问题。但出了问题如何对待？是隐瞒不报，暗箱处理，甚至穷尽理由百般抵赖；还是坦然面对，立即查明原因，即时通报，告知如何采取措施和防范风险，以最短时间、最大限度消除恐慌，得到消费者理解。答案是肯定的，因为纸是包不住火的，能躲一时，躲不了一世，否则待到身败名裂时，方恨晚。食品工程是良心工程，企业家要有更多的社会责任感和主动担当精神。例如，2013 年新西兰恒天然肉毒杆菌污染乌龙事件，其“宁可信其有”的主动披露机制，内部检出，主动报告或曝光，不怕揭短，敢于承担，第一时间道歉，整个过程透明、严谨，认真负责坦诚公开的做法，赢得多数人的理解，值得中国企业学习。恒天然乌龙事件还告诉我们，中国人的消费心理和素质已发生了很大变化，也成熟了许多。企业不会因主动曝光、召回、发布风险预警或告知潜在危害原因等而受到鄙视，反而会被认为企业有责任，敢担当，既然敢于公开，就有能力、也有办法解决好。有诚意自然就会得到理解和信任。

食品安全问题说到底是关系人民生命财产的重大问题。从政府监管部门到食品生产加工企业和销售者，从媒体到社会大众，大家都以一种积极的态度去对待，采取积极的预防措施，防患于未然，才能将食品安全问题降低到最小，这样餐桌上的食品才会越来越安全。

第四节 食品安全体系建设与展望

随着中国加入世界贸易组织以及我国对外贸易的不断扩大，国内消费市场的进一步发展和完善，依靠科技和政策解决食品安全问题已经成为政府部门的共识。食品安全体系建设，发展食品安全方面的科学与技术，已是国家中长期科技发展战略的重要内容之一。加强食品安全控制，应对食品安全事故和预防食品安全隐患，保护消费者健康，实现食品安全从被动应付型向主动保障型的战略转变，为人民群众的生命安全、社会政治稳定和国民经济持续健康发展提供可靠的食品安全科学技术保障。未来食品安全科技主要有以下发展趋势。

一、政府对食品安全科技投入逐年加大

食品安全问题已成为广大消费者及社会关注度最高的问题之一，对此我国政府非常重视食品安全科技的投入，在“十五”国家重大科技专项“食品安全关键技术”的研究基础上，2006 年国家又投入 2. 68 亿元启动“十一五”国家科技支撑计划重大项目“食品安全关键技术”，研究开发食品安全检测技术与相关设备，建立食品安全监测与评价体系，积累食品安全标准的技术基础数据和发展生产与流通过程中的控制技术等，力争突破风险评估、检测、溯源与预警等一批关键技术瓶颈。

食品安全问题是个永久的课题，不是一朝一夕就能解决的。国家已将食品安全列入科技发展中长期规划，对食品安全科学技术领域的科研投入和支持力度已逐年加大，特别是“十一五”以来，在先后推出的科技支撑、高新技术研究与产业化发展计划（“863”计划）和国家自然科学基金等项目中，食品安全及其相关学科研究项目增加，经费强度提高。2012 年食品生物危害物精准检测与控制技术等一批国家“十二五”“863”计划和科技支撑计划启动，直接与安全相关的项目资助额度超过 1. 5 亿元。

二、食品安全技术监控手段更加先进

提高食品安全领域的科技水平，重点从关键检测技术、危险性评估技术、关键控制技术等方面进行攻关研究。未来食品安全检测技术在检测对象及检测方法上都将有新的突破。在建立和完善适合我国国情、符合国际惯例的检测技术体系的同时，应积极引进国际上先进的检验检疫和检测技术，建立一批我国监督执法工作中迫切需要并拥有原创性的快速筛选方法。将大力发展食品安全监控中急需的现场快速检测技术和相关设备，研究有关安全限量标准中对应重要技术指标所缺乏的分析检测技术和方法，建立分析检测过程中的通用前处理技术等平台技术等。未来的检测技术研究主要集中在以下几个方面。

（1）规范实验室的管理和测试过程，建立食品安全检测实验室质量控制规范，提高实验室的管理水平和技术能力。

（2）食品中多种农药、兽药残留的一次检测技术、快速检测技术及专用检测技术等，尤其是研究生物技术在食品安全检测中的应用，完善检测方法和进行相关设备的研制。

（3）重要有机污染物如二噁英、多氯联苯、氯丙醇和其他持久性污染物的痕量与超痕

量检测技术。

（4）完善食品添加剂、饲料添加剂与违禁化学品检验技术。

（5）建立食品中新发现的重要人兽共患疾病病原体检测技术。

三、食品安全监管体系日趋完善

近年来，国际组织和各国政府都在加强食品安全管理，在管理体制上走兼并、垂直、高效的精兵简政之路。如欧盟于2000年成立了欧盟食品局；法国设立了食品安全评价中心；英国食品局负责制定食品安全法规、标准和实施从农田到餐桌全程监控；美国1998年成立了由多部门参与的总统食品安全委员会，直接或间接参与食品安全管理的机构有3个。与此同时，各国也强化和调整政策法规，增加食品安全科技投入，如从1995年到1998年，美国联邦政府食品安全方面的投资达到34.6亿美元。我国将在充分利用现有各部门及地方已经建立的监测网络的基础上，通过条块结合的方式实现中央机构与地方机构之间、中央各部门机构之间、国内和进出口食品安全检验检疫机构之间的有效配合。学习先进国家的经验，针对目前多部门分割的实际情况，加强有关部门的分工协调，明确职责；强化企业自律和行业协会的作用，充分利用已经建立的各种网络，实现优势互补，形成统一高效的食品安全检验监测体系。

2009年6月1日起，我国正式开始实施了《中华人民共和国食品安全法》（2015年进行了修订，以下简称《食品安全法》），促使《食品安全法》诞生的原因有两个：一是经济全球化与入世对农业和食品加工业带来的压力主要不是体现在对进出口数量和价格的冲击下，而是体现在对食品安全标准、检验检疫等对进出口食品的要求也越来越高；二是我国经济持续高速增长和社会全面发展，公众的食品安全意识大大增强，食品安全发展的形势迫使政府加强并调整食品安全监管体系。

2013年3月，国务院决定组建国家食品药品监督管理总局，主要对生产、流通、消费环节的食品药品的安全性、有效性实施统一监督管理等，将有关的食品安全监督管理队伍和检验检测机构划转食品药品监督管理部门，具体工作由食品药品监管总局承担，不再保留食品药品监管局和单设的食品安全办。现在食品安全监管形成了由管源头的农业部、管生产流通和终端的食药部门，负责风险评估与标准制定的卫生部门三家组成的新架构，趋向于一体化的监管体制。

不过农业、食药和卫生部门职能承载的专业性不同，在食品安全监管链中划清职责权限的难度较大。在2013年重新组建国家监管体系前就曾出现过国家6个部委局没有管好一头猪（瘦肉精）的情况。总之新组建的食品安全国家监管体系能否有效实施，还需一个过程。

四、食品安全管理法律法规体系不断完善

法律、法规是食品安全的重要保证。近年来同美国、日本等发达国家一样，我国也十分注重有关食品安全的法律、法规体系的制、修定和不断完善工作。政府、行业主管部门、监督检验部门等在食品生产、加工和供给体系发展过程中，均注重食品质量的控制。国务院以及地方政府都将食品安全作为一个利国利民的系统工程来抓，相继出台政策，采取措施，改善食品的质量安全卫生状况。初步建立了一系列有关食品的法律、规范和标准体系，该体系按其法律地位、重要性和实施范围分四个层次。

第一，食品安全法律。地位最高的法律是《中华人民共和国食品安全法》，《商检法》《进出境动植物检疫法》《中华人民共和国产品质量法》等专门法律，地位比《食品安全法》次之，其内容不能与之相矛盾。国家法律须由全国人大通过，并颁布实施。

第二，法规。如《商检法实施条例》《进出境动植物检疫法实施条例》《婴幼儿配方乳粉生产许可审查细则（2013 版）》等，由国务院行政部门制定发布，是相应法律的补充。各地方政府也可以制定各自的地方法规。

第三，规章。涉及多个方面的规章，包括以下内容。

（1）食品及食品原料管理规章，如《食品添加剂卫生管理办法》《转基因食品卫生管理办法》等。食品生产经营过程管理规章，如《消毒管理办法》《餐饮业食品卫生管理办法》等。

（2）食品容器、包装材料和食品用工具与设备管理规章，如《食品用塑料制品及原材料卫生管理办法》等。

（3）食品卫生监督管理与行政处罚规章，如《食品卫生行政处罚办法》《食物中毒事故处理办法》等。

（4）食品卫生检验单位规范，如《食品卫生检验单位管理办法》等。

（5）在出口管理方面的规定，如《出口食品生产企业卫生注册登记管理规定》等，常以局令的形式发布。

（6）各地方政府也可以制定各自的地方规章。

第四，规范性文件。如各种红头文件，包括通知等。如国家质量监督检验检疫总局令第 75 号（2005）《定量包装商品计量监督管理办法》；国家质量监督检验检疫总局令第 102 号（2007）《食品标识管理规定》等。

各级食药、卫生、农业和环境等部门已经建立起了相适应的食品安全监督管理和检测体系；各有关部门在各自的职责范围内本着对人民健康负责、对企业负责、对消费者负责的态度，认真履行法律、法规赋予的职责，开展了大量食品安全监督执法工作，使我国食品质量卫生安全水平不断提高，有力地促进了人民群众健康状况的改善，对我国食品工业和食品贸易的发展产生了积极的影响。

五、食品安全标准与国际接轨

世界各国都十分重视标准的研究与制定工作，尤其是美国把基于健康保护为目的的食品安全标准作为标准化战略的重点领域，政府每年以 7 亿美元的经费支持标准的研究与制定；日本也一样，1999 年 6 月至 2001 年 9 月投资数亿日元，历时 2 年 3 个月完成了日本标准化发展战略的制定任务。我国虽然制定了一系列有关食品安全的标准，但许多标准标龄过长，缺乏科学性与可操作性，在技术内容方面与 WTO 有关协定和 CAC 标准存在较大差距。

建立完善的食品安全标准体系，制定（修订）生产和贸易中急需和重要的食品安全标准，如食品添加剂允许量，污染物、农药和兽药残留最高限量，动物饲养、生产规范等；在食品安全标准制定、修订过程中充分开展风险评估的研究，建立标准、法规的通报、咨询体系；最终建立我国食品安全标准支撑体系，保护我国消费者健康和利益的措施体系。

我国将进一步加强食品质量安全标准体系建设，积累食品安全标准的技术基础数据。将制定或完善食品中重点有害物质的残留限量标准，建立起一套完整的、与国际接轨的残留标准体系；进一步加大食品安全通用基础标准与综合管理标准建设；针对食品生产过程的不同阶段及其特征，研究与制定种植产品安全控制标准、养殖产品安全控制标准、食品加工安全控制标准和餐饮业食品安全控制标准4个方面的食品安全控制技术标准；将组织跨学科、跨领域的众多专家联合攻关，进行我国食品市场流通安全标准的制定。

六、食品安全认证体系

2013年新国家食品药品监督管理总局组建后第一件事就是按照药品管理方式对《婴幼儿配方乳粉生产许可审查细则》（QS）进行修订，被称为史上最严厉的QS。同时对《食品安全法》也进行了修订，《食品安全法》2015年修订本已于2015年4月24日获全国人大常委会通过，并于2015年10月1日起施行。

为了提高食品安全水平，应积极推广和鼓励食品生产经营企业实施和进行ISO9000、ISO14000、ISO22000（HACCP）体系和GMP、无公害食品、绿色食品、有机食品等食品安全认证体系的认证，尤其要加大食品安全（QS）市场准入制和食品生产许可证的执行范围和力度，以及不安全食品的强制召回制度。

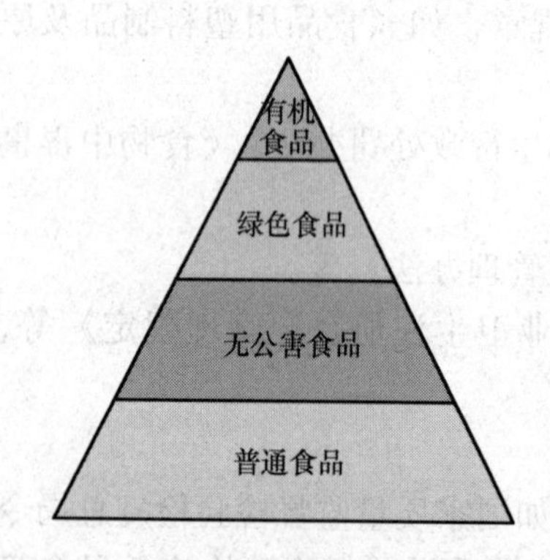

图1-1　食品产品安全认证关系图

食品安全认证总体上可分为产品认证和体系认证两种，从认证属性上可划分为强制性认证和自愿性认证。食品产品安全认证关系如图1-1所示。

1. 强制性认证和自愿性认证

（1）强制性认证制度（又称官方验证）　QS食品质量安全认证，所有上市产品的生产企业须经官方验证（产品和体系认证）许可，并在产品包装上印有QS标志，否则不可生产上市，其中婴幼儿食品生产许可证申请审批认证最为严格。ISO22000（HACCP）体系认证，我国有6大类产品的出口食品企业须经官方人员评审其HACCP体系。

（2）自愿性认证（又称第三方认证）　自愿性认证包括质量体系认证和非安全性产品质量认证，是由与企业和企业的顾客均无利益关系的第三方进行认证，通常是国家认可的认证机构（如杭州万泰认证公司、浙江方圆认证公司等）。我国目前开展的自愿性体系认证有ISO 9001质量管理体系、ISO 14001环境管理体系、GB/T 18001职业健康安全管理体系和HACCP（GB/T 22000）食品安全管理体系认证。

2. 产品认证和体系认证

产品认证是以产品标准技术为依据，对认证企业的产品实物进行检测，证明食品符合某一特定产品标准，如有机食品、绿色食品、无公害农产品。体系认证是以特定的准则或规范为依据，判定企业建立的管理体系是否符合准则或规范的要求，如食品安全管理体系（HACCP，国家标准为GB/T 22000）、ISO 9000质量管理体系、ISO 14000环境管理体系、绿色市场认证等。我国认可认证工作的主管部门是国家认证认可监督管理委员会。

七、食品安全社会信用体系

政府今后应增加食品市场的安全管理与监督力度，通过多部门联合行政执法，从产地、生产、流通、销售各环节控制食品的污染；加大对涉及食品安全事件责任企业和责任人的惩罚和打击力度。相对来说，食品安全工程是个“良心”工程，从实际情况看，这些食品安全案件主要并不是因为这些企业的生产技术条件落后所造成的，而是少数生产经营者丧尽天良，见利忘义，造假售假所致。要从根本上解决食品安全问题，必须从最基础的、最根本的建设抓起，在严厉打击的同时，应建立食品安全社会信用体系，加强食品安全的正面引导与宣传教育，要让食品生产经营者对食品安全违法或违规的事不敢做、不能做，直至不想做，要努力确保为消费者提供的食品是优质、健康、营养和安全的。食品安全信用体系建设是食品安全的治本之策和长效机制。

国务院在2007年8月17日首次发表的《中国的食品质量安全状况》白皮书中指出，现全国共有44.8万家食品加工企业，近年来，中国政府对食品实行以抽查为主要方式的监督检查制度，重点抽查了乳制品、肉制品、茶叶、饮料、粮油等日常消费的主要食品，尤其是作坊式小企业。对抽查中发现有问题的产品和生产企业，加大了整改和处罚的力度，该整改的整改、该停产整顿的就停产整顿、该公开曝光的就曝光。政府还加强了食品质量安全诚信体系的建设，初步建立了企业食品安全诚信档案，建立了食品生产加工企业红黑榜制度，对违规企业名单上网公布，到2007年上半年已有55家企业上了这一“黑名单”。

希望各级政府能将食品质量安全诚信体系和食品生产加工企业红黑榜制度真正建立起来，并发挥真正的作用，真正做到“老鼠过街，人人喊打”。

思考题

1. 什么是食品安全?
2. 什么是食品卫生？WHO和我国《食品安全法》对食品安全是如何定义的?
3. 简述影响食品安全的主要因素有哪些?
4. 谈谈食品安全生物性危害的主要内容。
5. 我国食品安全的状况如何?
6. 试述三件国内发生的重大食品安全事件。
7. 如何提高我国食品安全的总体水平?
8. 谈谈食品安全科技的发展趋势。
9. 若你是食品企业的负责人，当企业出现了食品安全事件时，你将如何应对?
10. 无公害食品、绿色食品、有机食品属于什么认证，请说明它们的定义和相互关系。

参考文献

1. 中国科学技术协会．食品科学技术学科发展报告（2012—2013）．北京：中国科学技术出版社，2014

2. 金莹，房保海．食品过敏原的分类及安全管理．食品安全质量检测学报，2012，3（4）：240~244

3. 汤慧民，胡小静，杨爱民．影响食品安全的因素分析．中国食物与营养，2009，8：14~16

4. 高胜普，杨艳，宋林．欧盟食品安全技术法规体系的产生、发展现状及展望．对外经济贸易大学学报，2007（3）：94~97

5. 包大跃．食品安全危害与控制．北京：化学工业出版社，2006

6. 郑丰杰．我国食品安全现状及其对策．黄冈师范学院学报，2006（6）：73～76

7. 孟凡乔．食品安全性．北京：中国农业大学出版社，2005

8. 钟耀广．食品安全学．北京：化学工业出版社，2005

9. 王竹天，杨大进．食品安全与健康．北京：化学工业出版社，2005

10. 中国食品发酵工业研究院，江南大学等．食品工程全书（第三卷）食品工业工程．北京：中国轻工业出版社，2005

11. 田惠光．食品安全控制关键技术．北京：科学出版社，2004

12. 陈锡文，邓楠．中国食品安全战略研究．北京：化学工业出版社，2004

13. 张丽，黄桂英，刘自杰．中国食品安全的现状及其与国外的差距．中国食物与营养，2003（3）：11～14

14. 陈炳卿等．食品污染与健康．北京：化学工业出版社，2002

15. 江汉湖等．食品安全性与质量控制．北京：中国轻工业出版社，2002

第二章　动植物中的天然有毒物质

第一节　概　述

自然界的植物和动物种类繁多，人类在生存斗争的长期实践中，了解了不少植物和动物可供食用。然而也不是所有的动植物都可食用，有些对人体是有毒性的，误食或食用未经过适当加工的有毒植物和动物后，就会产生不同程度的中毒。但也不是含有毒物质的食物就不能吃。16 世纪德国著名医生帕拉塞尔萨斯说：“只有剂量形成毒物”。对大多数和食品有关的毒物而言，有安全剂量也有中毒剂量，其作用的严重性与服用量、服用时间的长短（某些毒物有积累性）以及患者的年龄和身体状况有关。例如，马铃薯中含有龙葵碱毒素，美国人每人每年平均吃马铃薯 54kg，相当于摄入 9. 7g 龙葵碱，这个剂量足以杀死一匹马，但实际并未使人死亡，因为一次吃不了那么多。

人类的生存离不开动植物，然而有些动植物中含有天然的有毒物质。动植物天然有毒物质是指有些动植物中存在的某种对人体健康有害的非营养性天然物质成分，或因储存方法不当在一定条件下产生的某种有毒成分。由于含有毒物质的动植物外形和色泽与无毒的品种相似，因此在日常生活和食品加工中往往较难区别。

随着科学技术的发展，人们对各种有毒食物及其毒素的认识越来越清楚。食物中的毒素品种较多，按食物来源可分为植物毒素和动物毒素。动、植物毒素依化学结构可以分为以下几类。

1. 生物碱类毒素

生物碱是一类含氮的有机化合物，绝大多数存在于植物中，少数存在于动物中，有类似碱的性质，以有机酸盐、无机酸盐、游离状态、酯、苷等形式存在。大部分生物碱具有复杂的环状结构。

生物碱的种类很多，已发现的就有 2000 种以上，分布于 100 多个科的植物中，如罂粟科、茄科、豆科、夹竹桃科等植物中都含有生物碱。其生理作用差别很大，引起的中毒症状也不同。大部分生物碱为无色、苦味的结晶形固体，小部分为有色或为液体。游离的生物碱一般不溶于水或难溶于水，易溶于醇、醚、氯仿等有机溶剂。生物碱的盐类极性较大，大多易溶于水及醇，不溶或难溶于苯、氯仿、乙醚等有机溶剂，其溶解性与游离生物碱恰好相反。烟草的茎、叶中含有十余种生物碱，其中主要成分为烟碱。烟碱为强毒性生物碱，皮肤和黏膜易吸收，也可由消化道、呼吸道吸收引起中毒。

2. 苷类植物毒素

在植物中，糖分子中环状半缩醛形式的羟基和非糖类化合物分子中的羟基脱水缩合形成具有环状缩醛结构的化合物称为苷。苷类一般味苦，可溶于水及醇中，极易被酸或共同存在于植物中的酶水解，水解最终产物为糖及苷元。苷元是苷中非糖部分，由于苷元化学结构类型不同，所生成苷的生理活性也不相同，据此可将苷分成多种类型，如黄酮苷、皂苷、氰苷等。皂苷和氰苷常引起食物中毒。

（1）氰苷　氰苷在植物中分布较广，禾本科、豆科和一些果树的种子、幼枝、花、叶等部位均含有氰苷。氰苷是化学结构中有氰基的苷类，水解后生成氢氰酸（HCN），能对呼吸中枢有镇静作用，所以有镇咳作用，但摄入过量可引起中毒，从而对人体造成危害，因此，有人将氰苷称为生氰糖苷。生氰糖苷由糖和含氮物质（主要为氨基酸）缩合而成，能够合成生氰糖苷的植物体内含有特殊的糖苷水解酶，将生氰糖苷水解产生氢氰酸。因氢氰酸对中枢神经先兴奋后抑制，能与细胞色素氧化酶结合，阻断细胞呼吸时氧化与还原的电子传递，使细胞代谢停止，导致呼吸麻痹致死。

（2）皂苷　含有皂苷的植物有豆科、五加科、蔷薇科、菊科、葫芦科和苋科植物。皂苷是一类比较复杂的苷类，为无定型粉末或结晶，由于其水溶液振摇时能产生大量泡沫，似肥皂，故名皂苷，又称皂素。皂苷对黏膜，尤其对鼻黏膜的刺激较大，内服量过大可伤害肠胃，引起呕吐，并可导致中毒。观赏植物夹竹桃的枝、叶、树皮和花中都含有夹竹桃苷，误食其叶片或在花期中的花下进食，受花粉、花瓣污染均可引起中毒。

3. 有毒蛋白或复合蛋白

蛋白质是生物体内最复杂、也是最重要的物质之一。异体蛋白质注入人体组织可引起过敏反应，内服某些蛋白质也可产生各种毒性。由于蛋白质的相对分子质量大，在水中呈胶体溶液，加热处理可使其凝结而产生各种毒性。植物中的胰蛋白酶抑制剂、红血球凝集素、蓖麻毒素、巴豆毒素、刺槐毒素等都属于有毒蛋白质。动物中鲶鱼、鳇鱼等鱼类卵中含有的鱼卵毒素也属有毒蛋白。

4. 酚及其衍生物类毒素

酚及其衍生物类毒素主要包括简单酚类、鞣质、黄酮、异黄酮、香豆素等多种类型化合物，是植物中最常见的成分。如棉花的叶、茎、种子中所含有的棉子酚（也称棉酚），是一种细胞原浆毒，对心、肝、肾及神经、血管等均有毒性。

5. 酶

蕨类植物（蕨菜的幼苗、蕨叶）中的硫胺素酶可破坏动植物体内的硫胺素，引起人和动物的维生素 B_1 缺乏症。大豆中存在破坏胡萝卜素的脂肪氧化酶，食入未经热处理的大豆可使人体的血液和肝脏内维生素 A 的含量降低。

6. 非蛋白类神经毒素

河豚毒素、贝类毒素等，大多分布于河豚、蛤类、螺类、蚌类、贻贝类等水生动物中。水生动物本身无毒可食用，但因直接摄取了海洋浮游生物中的有毒藻类（如甲藻、蓝藻）通过食物链（有毒藻类→小鱼→大鱼）间接将毒素积累和浓缩于体内。

7. 动物中的其他有毒物质

动物体内的某些腺体、脏器或分泌物，如摄食过量或误食，可扰乱人体正常代谢，甚至引起食物中毒。

动植物天然有毒物质引起食物中毒的途径是，经过口服后经消化道黏膜吸收入人体内。一部分毒物可被胃酸、消化液及肠道菌破坏，完全不溶的毒物甚至可穿肠而过，随粪便排出。毒物从入口到开始吸收要有一段时间，因此有一定的治疗时间。毒物在体内经肠进入静脉首先要通过肝脏，在肝细胞中经过转化，转化其产物一般毒性降低且水溶性大增。大多数毒物经肾排出，故保持尿液畅流是治疗的一个重点。

第二节　植 物 毒 素

植物是许多动物赖以生存的饲料来源，也是人类粮食、蔬菜、水果的来源，世界上有30多万种植物，可用作人类主要食品的不过数百种，这是由于植物体内的毒素限制了它们的应用。目前，中国有毒植物约1300种，分属140科。植物的毒性主要取决于其所含的有害化学成分，如毒素或致癌的化学物质。它们虽量少，但却严重影响了食品的安全性。

一、生 物 碱 类

生物碱（Alkaloids）是一种含氮的有机化合物，主要存在于植物中，食用植物中的生物碱主要为龙葵碱（Solanine）、秋水仙碱（Colchicine）及吡啶烷生物碱，其他常见的有毒的生物碱有烟碱、吗啡碱、罂粟碱、麻黄碱、黄连碱和颠茄碱（阿托品与可卡因）等。生物碱分子中具有含氮的杂环，如吡啶、吲哚、喹啉、嘌呤等。简单的生物碱中含有碳、氢、氮等元素，复杂的生物碱中还含有氧。生物碱大多数为无色味苦的结晶形固体，少数为有色或为液体。游离的生物碱难溶于水，而易溶于乙醇、乙醚、氯仿等有机溶剂中。生物碱具有明显的生理作用，在医药中常有独特的药理活性，如镇痛、镇痉、镇静、镇咳、收缩血管、兴奋中枢、兴奋心肌、散瞳和缩瞳等作用。有时有毒植物和药用植物之间的界限很难区分，它们只是用量的差别，一般有毒植物多半都是药用植物。

1. 龙葵碱

龙葵碱又称龙葵素或茄碱，最早从龙葵（*Solanum nigrum*）中分离出来，是一类胆甾烷类生物碱，广泛存在于马铃薯、番茄及茄子等茄科植物中。马铃薯中的龙葵碱主要集中在芽眼、皮的绿色部分，其中芽眼部位约占生物碱总量的40%。马铃薯中龙葵碱的安全标准是20mg/100g，但发芽、表皮变青和光照均可使马铃薯中龙葵碱的含量增加数十倍，高达5000mg/kg，大大超过安全标准，食用这种马铃薯是非常危险的。

龙葵碱有较强的毒性，主要通过抑制胆碱酯酶的活性引起中毒反应，胆碱酯酶是可将乙酰胆碱水解为乙酸盐和胆碱的酶。乙酰胆碱存在于触突的末端囊泡中，是重要的神经传递物质。龙葵碱对胃肠道黏膜有较强的刺激作用，对呼吸中枢有麻痹作用，并能引起脑水肿、充血，进入血液后有溶血作用。此外，龙葵碱的结构与人类的甾体激素如雄激素、雌激素、孕激素等性激素相类似，孕妇若长期大量食用含生物碱量较高的马铃薯，蓄积在体内会产生致畸效应。

2. 秋水仙碱

秋水仙碱是不含杂环的生物碱，主要存在于鲜黄花菜等植物中，为灰黄色针状结晶体，易溶于水，对热稳定，煮沸10～15min可充分被破坏，是黄花菜致毒的主要化学物质。

秋水仙碱本身并无毒性，但当它进入人体并在组织间被氧化后，迅速生成毒性较大的二秋水仙碱，这是一种剧毒物质，对人体胃肠道、泌尿系统具有毒性并产生强烈刺激作用，引起中毒。成年人如果一次食入0.1～0.2mg秋水仙碱（相当于50～100g鲜黄花菜）即可引起中毒，一次摄入3～20mg可导致死亡。

3. 其他生物碱

（1）毒蝇碱　主要存在于丝盖伞属和杯伞属蕈类中，在某些毒伞属（如毒蝇伞、豹斑毒伞）等中也存在，本身为简单的胺，溶于酒精及水，不溶于乙醚。

毒蝇碱的几种异构体中，以 L（+）－毒蝇碱活性最大，主要作用于副交感神经，一般在食用后 15～30min 出现症状，最突出的表现是大量出汗，严重者恶心、呕吐、腹痛，并流涎、流泪、脉搏缓慢、瞳孔缩小和呼吸急促，有时出现幻觉。重病例和死亡较少。

（2）光盖伞素和脱磷酸光盖伞素　存在于某些光盖伞属、花褶伞属、灰斑褶伞属和裸伞属的蕈类中，经口摄入 4～8mg 光盖伞素或约 20g 鲜蕈或 2g 干蕈即可引起紧张感、焦虑感或头晕目眩，也可有恶心、腹部不适、呕吐、腹泻，症状可持续数小时。花褶伞属在我国各地都有分布，生于粪堆上，故称为粪菌，因误食后能引起幻觉，又称笑菌或舞菌。

（3）马鞍菌素　存在于某些马鞍菌属蕈类中，易溶于热水和乙醇，熔点 5℃，低温易挥发，易氧化，对碱不稳定。马鞍菌素中毒潜伏期为 8～10h，中毒时出现脉搏不齐、呼吸困难、惊厥等症状。

二、苷　类

某些植物性食品中常含有一些毒苷，主要有氰苷、硫苷和皂苷三大类。

1. 氰苷类

生氰糖苷是由氰醇衍生物的羟基和 D－葡萄糖缩合形成的糖苷，广泛存在于豆科、蔷薇科、稻科等约 1000 种植物中。生氰糖苷可水解生成高毒性的氢氰酸，从而对人体造成危害。在植物氰苷中与食物中毒有关的化合物主要有苦杏仁苷、亚麻仁苦苷。含有生氰糖苷的食源性植物有苦杏仁、苦桃仁、木薯、枇杷和豆类等，玉米和高粱的幼苗中所含生氰糖苷的毒性也较大。食物中常见的氰苷见表 2－1。

表 2－1　常见食用植物中的氰苷

苷类	存在植物	水解产物
苦杏仁苷	蔷薇科植物，包括杏仁、苹果、梨、桃、杏、樱桃、李子等	龙胆二糖 + HCN + 苯甲酸
洋李苷	蔷薇科植物	葡萄糖 + HCN + 苯甲酸
荚豆	野豌豆属植物	荚豆二糖 + HCN + 苯甲酸
蜀黍苷	高粱属植物	D－葡萄糖 + HCN + 对羟基苯甲醛
亚麻仁苦苷	菜豆、木薯、白三叶草等	D－葡萄糖 + HCN + 丙酮

生氰糖苷的毒性很强，对人的致死剂量为 18mg/kg 体重。生氰糖苷引起的慢性氰化物中毒现象比较常见，在一些以木薯为主食的非洲和南美地区，就存在慢性氰化物中毒引起的疾病。虽然含氰苷植物的毒性主要决定于氰苷含量的高低，但还与摄食速度、植物中催化氰苷水解酶的活力以及人体对氢氰酸的解毒能力大小有关。急性氰化物中毒症状主要是心智紊乱、肌肉麻痹和呼吸窘迫。氰苷所形成的氢氰酸被吸收后，随血液循环进入组织细胞，并透过细胞膜进入线粒体，与线粒体中细胞色素氧化酶的铁离子结合，导致细胞的呼吸链中断，组织缺氧，体内的二氧化碳和乳酸量增高，机体因而处于窒息状态。氢氰酸的最小致死口服剂量为 0.5～3.5mg/kg 体重。

2. 硫苷类

硫代葡萄糖苷（硫苷）是具有抗甲状腺作用的含硫葡萄糖苷，存在于十字花科的植物中，食品中最重要的代表是芥属。含有此类糖苷的食品的典型例子是卷心菜、花茎甘蓝、萝卜、芜菁甘蓝和芥菜；含硫葡萄糖苷除了有抗甲状腺功能之外，它在水解后使这些植物具有刺激性气味。

各种天然含硫糖苷中已被鉴定的大约有 70 种，它们都与一种酶或多种酶同时存在，这种酶能将其水解成糖苷配基、葡萄糖和亚硫酸盐。然而，这种酶在完整的组织中是没有活性的，只有将组织破坏，例如，将湿的、未经加热的组织压碎等，它才能被激活。又如，烧熟或煮沸过的卷心菜含有完整的芥子苷。

对于长期低剂量食用硫代葡萄糖苷及其分解产物所造成的影响，目前知道得还较少。最近的体内试验表明，一种黑芥子苷（芥菜中的硫代葡萄糖苷）的水解产物异硫氰酸烯丙酯对大鼠有致癌作用。异氰酸酯及异硫氰酸酯是烷化剂，环硫化物也是烷化剂，它们的作用与环氧化物相似，特别是在弱酸条件下更是如此。酯类分解产物也有毒。硫氰酸酯抑制碘吸收，因此，具有抗甲状腺作用，如油菜籽中的 α－羟基丁烯－［2］－葡萄糖芥苷经水解生成 α－羟基丁烯－［2］－异硫氰酸，再经环构化成 5－乙烯基－［1，3］－氧氮戊环硫酮，这是一种致甲状腺肿素。

反应式见图 2－1。

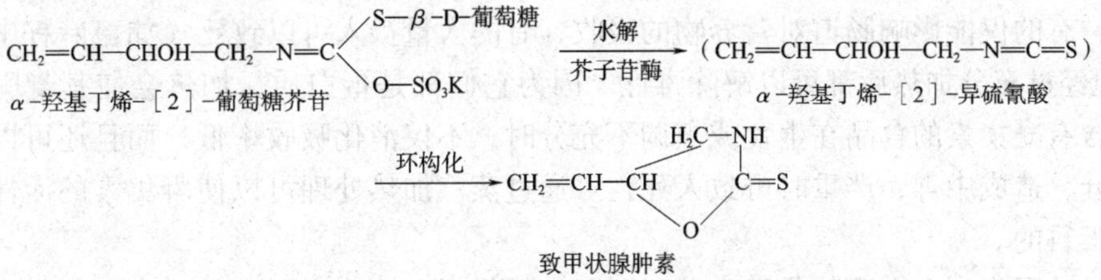

$CH_2{=}CH{-}CHOH{-}CH_2{-}N{=}C\langle^{S-\beta-D-葡萄糖}_{O-SO_3K}$ $\xrightarrow[芥子苷酶]{水解}$ $(CH_2{=}CH{-}CHOH{-}CH_2{-}N{=}C{=}S)$

α－羟基丁烯－［2］－葡萄糖芥苷　　α－羟基丁烯－［2］－异硫氰酸

$\xrightarrow{环构化}$ $CH_2{=}CH{-}CH$（环：$H_2C{-}NH$，$C{=}S$，O）

致甲状腺肿素

图 2－1　α－羟基丁烯－［2］－葡萄糖芥苷的生物降解过程

甘蓝属植物如油菜、卷心菜、菜花、西蓝花和芥菜等是世界范围内广泛食用的蔬菜，一般不会引起甲状腺肿大。但在其种子中致甲状腺肿素（硫苷类物质）的含量较高，是茎、叶部的 20 倍以上。这些蔬菜种子被用作动物饲料时，会对动物生长产生不利的影响。在综合利用油菜籽饼（粕），开发油菜籽蛋白资源或以油菜籽饼（粕）做饲料时，必须除去致甲状腺肿素，除去的方法如下。

（1）强蒸汽流高温湿热处理　这种方法由于处理时间长，设备利用率低，能耗大，氨基酸受损，抗营养因子降解甚微，适口性改善不大等，因而缺陷较大。

（2）采用微生物发酵法去除有毒物质　这是目前研究较多且比较提倡的方法，寻找和培育能降解硫苷的菌株，通过发酵破坏菜籽饼中的硫苷而不破坏其他营养成分。目前已经用于饲料生产的菌株有根霉属的华根霉菌、毛霉属的总状毛霉等。

（3）选育不含或仅含微量硫苷的油菜品种　目前已选育出不含或仅含微量硫苷的油菜品种，此品种的菜籽饼不仅可以直接作为畜禽的精饲料，而且可以作为人类食品的添加剂。

3. 皂苷类

皂苷类物质可溶于水，生成胶体溶液，搅动时会产生泡沫，它们广泛存在于植物界。皂苷在试管中有破坏红血球的溶血作用，对冷血动物有极大的毒性。但食品中的皂苷口服时对人畜多数没有毒性（如大豆皂苷等），仅少数有剧毒（如茄苷）。皂苷按苷配基的不同分三萜烯类苷、螺固醇类苷和固醇生物碱类苷三类。大豆皂苷属于三萜烯类苷，薯芋皂苷属于螺固醇类苷，马铃薯、茄子等茄属植物中含有的茄苷（即龙葵碱）、茄解苷属于固醇生物碱类苷。

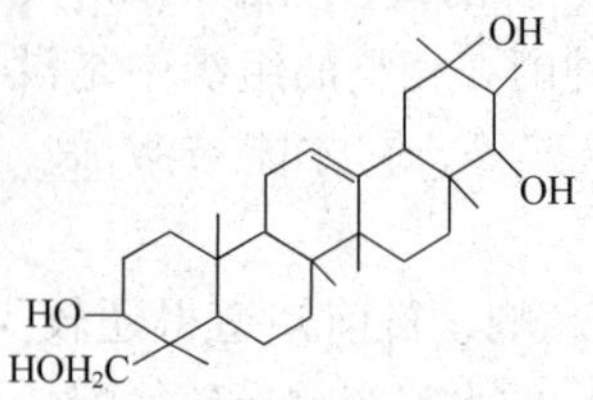

大豆中的皂苷已知有5种，其苷配基称为大豆皂苷配基醇，有A、B、C、D、E 5种同系物。大豆皂苷的成苷糖类有木糖、阿拉伯糖、半乳糖、葡萄糖、鼠李糖及葡萄糖醛酸等，大多数经口摄入后不呈现毒性。大豆皂苷配基醇A的结构式见图2－2。

图2－2　大豆皂苷配基醇A

三、毒蛋白类和有毒氨基酸类

1. 外源凝集素

外源凝集素是豆类和某些植物的种子（如蓖麻）中含有的一种有毒蛋白质。因其在体外有凝集红血球的作用，故名外源凝集素，又称植物性红细胞凝集素。凝集素普遍存在于各种豆类（如大豆、菜豆、蚕豆、豌豆、刀豆等）和蓖麻籽中。不同植物中的凝集素其毒性不同，有的仅能影响肠道对营养物的吸收，有的大量摄入可以致死（如蓖麻籽中的毒蛋白）。但经过充分加热后都可以解除毒性．因为它们都是蛋白质，加热会使其凝固而失去毒性。含有凝集素的食品在生食或烹调不充分时，不仅消化吸收率低，而且还可以使人恶心、呕吐，造成中毒，严重时可致人死亡。通过蒸汽加热处理可以使凝集素的活性钝化而达到去毒目的。

常见的凝集素有大豆凝集素、菜豆属豆类凝集素和蓖麻毒蛋白等。大豆凝集素是一种相对分子质量为110000的糖蛋白，对大白鼠有毒性，但毒性较小；菜豆属豆类凝集素毒性较大，在大白鼠饲料内添加0.5%的菜豆属凝集素时，可明显抑制其生长，剂量高时可致死亡；蓖麻毒蛋白毒性极大，比其他豆类凝集素大1000倍。蓖麻毒素是一种毒性很强的毒性蛋白质，能被高温破坏，经煮沸2h以上就可消除毒性。蓖麻毒素难溶于水和有机溶剂，也不溶于蓖麻油中。蓖麻毒素中毒的潜伏期较长，一般为1～3d，多在食用后18～24h发病。病人首先感到喉咙强烈刺激及灼热感，严重者可出现便血、昏迷、血压下降，最后因肝、肾、心力衰竭而死亡。蓖麻毒素致死量为7～30mg，成人误食10余粒蓖麻籽就可致死。

外源凝集素不耐热，受热很快失活，因此豆类在食用前一定要彻底加热，以去除其毒性。例如，扁豆或菜豆加工时要注意翻炒均匀、煮熟焖透，使扁豆失去原有的生绿色和豆腥味；吃凉拌豆角时要先切成丝，放在开水中浸泡10min，然后再食用；豆浆应煮沸后继续加热数分钟才可食用；用蓖麻作动物饲料时，必须严格加热，以去除饲料中的蓖麻凝集素。

中毒症状轻者不需治疗，症状可自行消失；重者应对症治疗。吐、泻严重者，可静脉注射葡萄糖盐水和维生素C，以纠正水和电解质紊乱，并促进毒物的排泄。有凝血现象时，可给予低分子右旋糖苷、肝素等。

2. 酶抑制剂

蛋白质性质的酶抑制剂常存在于豆类、谷类、马铃薯等食品中，比较重要的有胰蛋白酶抑制剂和淀粉酶抑制剂两类。前者在豆类和马铃薯块茎中较多，后者见于小麦、菜豆、芋头和生香蕉、芒果等食物中。其他食物如茄子、洋葱等也含有此类物质。这类物质实质上是植物为繁衍后代、防止动物啃食的防御性物质。

目前，已从多种豆类（大豆、菜豆和花生等）及蔬菜种子中纯化出各种胰蛋白酶及胰凝乳蛋白酶的抑制剂。多数豆类种子的蛋白酶抑制剂占其蛋白总量的8%～10%，占可溶性蛋白量的15%～25%。胰蛋白酶抑制剂根据氨基酸序列同源性分为Kunitz和Bowman－Birk抑制剂（KTI与BBTI）两类。其中，BBTI同时也是胰凝乳蛋白酶的抑制剂。大豆和菜豆的胰蛋白酶和胰凝乳蛋白酶的抑制剂活性分别为0.15～4.6U/mg和0.4～0.8U/mg。

胰蛋白酶抑制剂是一种分布很广的蛋白酶抑制剂，它可以与胰蛋白酶或胰凝乳蛋白酶结合，因而抑制了酶水解蛋白质的活性，使胃肠消化蛋白质的能力下降；而且，它又可以促使胰脏大量地制造胰蛋白酶，造成胰脏肿大，严重影响健康。用含有胰蛋白酶抑制剂的生大豆脱脂粉喂饲实验动物可导致其明显的生长停滞。给小鼠及其他动物喂饲具有胰蛋白酶抑制活性的植物蛋白可明显抑制其生长，并导致胰腺肥大、增生及胰腺瘤的发生。

淀粉酶抑制剂可以使淀粉酶的活性钝化，影响人体对糖类的消化作用，从而引起消化不良等症状。

蛋白质性质的酶抑制剂是一种有毒蛋白质，所以可通过加热处理去毒。但是BBTI蛋白酶抑制剂热稳定性较高，在80℃加热温度下仍残存80%以上的活性，延长保温时间，并不能降低其活性。但是采用100℃处理20min或120℃处理3min的方法，可使胰蛋白酶抑制剂丧失90%的活性。例如，大豆食品加工中可利用加热和保温处理，达到使大豆胰蛋白酶抑制剂失活的目的。

3. 其他毒蛋白

巴豆中的有毒成分主要是巴豆素，它是一种毒性球蛋白，对胃肠黏膜具有强烈的刺激、腐蚀作用，可引起恶心、呕吐与腹痛。服巴豆油1/4滴即有强烈的腹泻，内服20滴即可致死。巴豆毒素耐热性差，遇热后即失去毒性。

相思豆的叶、根和种子均含有毒素，以种子最毒。种子含相思子毒蛋白（红豆毒素），这种毒蛋白在非常低的浓度（1∶1000000）时，即可使细胞发生凝聚反应。中毒后的症状为恶心、呕吐、肠绞痛，严重者昏迷、呼吸与循环衰竭及急性肾功能衰竭而致死。

4. 毒肽

毒肽多存在于鹅膏菌毒素和鬼笔菌毒素等蕈类毒素当中，易误食而中毒。

鹅膏菌毒素是环辛肽，有6种同系物；鬼笔菌毒素是环庚肽，有5种同系物。它们的毒性机制基本相同，前者作用于肝细胞核，后者作用于肝细胞微粒体。从毒性作用的大小上来讲，前者的毒性大于后者。在鹅膏菌中，两种毒肽的含量大致相等，每100g鲜蕈中两种毒肽的含量为10～23mg，质量约50g的毒蕈所含的毒素足可杀死1个成年人。

5. 有毒氨基酸及其衍生物

有毒氨基酸及其衍生物主要有β－氰基丙氨酸、刀豆氨酸和L－3，4－二羟基苯丙氨酸等，它们分别存在于刀豆和青蚕豆等中。

（1）刀豆氨酸　这种物质能阻抗体内的精氨酸代谢，加热14～45min可破坏大部分刀豆氨酸。

（2）L－3，4－二羟基苯丙氨酸　这种物质存在于蚕豆等植物中，能引起急性溶血性贫血症。食后5～24h发病，急性发作期可长达24～48h，人们过多地摄食青蚕豆（无论煮熟或是去皮与否）都可能导致中毒。

（3）β－氰基丙氨酸　存在于蚕豆中，是一种神经毒素。

四、酚　类

1. 棉酚

毒酚以棉籽中的棉酚为代表。棉酚是棉籽中的一种芳香酚，存在于棉花的叶、茎、根和种子中，其中棉籽含游离棉酚0.15%～2.8%。

棉籽油的毒性取决于游离棉酚的含量，游离棉酚对大白鼠经口LD_{50}为2510mg/kg体重。当棉籽油中含有0.02%游离棉酚时对动物的健康是无害的，0.05%时对动物有害，而高于0.15%时则可引起动物严重中毒。

棉酚有毒，可使生殖系统受损而影响生育能力，使男性睾丸受损，多数病人精液中无精子或精子减少；女性闭经，子宫萎缩，并导致不育症。食用含棉酚较多的毛棉油后会引起中毒，患者皮肤潮红，有难以忍受的灼烧感，并伴有心慌、气喘、头晕、无力等症状，但是棉酚具体致毒机制尚不十分清楚。

急性中毒潜伏期，短者1～4h，一般2～4d，长者6～7d。慢性中毒初期主要表现为皮肤潮红干燥，日光照射后更明显。女性和青壮年发病率高，治疗不及时可引起死亡。

治疗棉酚中毒无特效解毒药，因此有效的预防及控制措施应是，加强宣传教育，做好预防工作；在产棉区要宣传生棉籽油的毒性，勿食毛棉油；榨油前，必须将棉籽粉碎，经蒸炒加热脱毒后再榨油；榨出的毛油再加碱精炼，则可使棉酚逐渐分解破坏；生产厂家的质检部门应对棉籽油中的游离棉酚进行严格检验，产品符合GB 2716—2010《食用植物油卫生标准》规定方可出厂。GB 2716—2010规定棉籽油中游离棉酚含量不得超过0.02%，棉酚超标的棉籽油严禁出售和食用。

2. 大麻酚

大麻酚是从大麻叶中提取的一种酚类衍生物，分子式为$C_{21}H_{26}O_2$。大麻叶中含有多种大麻酚类衍生物，目前已能分离出15种以上，较重要的有大麻酚、大麻二酚、四氢大麻酚、大麻酚酸、大麻二酚酸、四氢大麻酚酸。

大麻酚及其衍生物都属麻醉药品，并且毒性较强。吸食大麻使人的脑功能失调、记忆力消退、健忘、注意力很难集中。吸食大麻还可破坏男女的生育能力，而且由于大麻中焦油含量高，其致癌率也较高。

五、其　他

1. 血管活性胺

一些植物如香蕉和鲜梨，本身含有天然的生物活性胺，如多巴胺（Dopamine）和酪胺（Tyramine），这些外源多胺对动物血管系统有明显的影响，故称血管活性胺。表2－2中列出了一些植物中的生物活性胺的含量。

表 2－2　一些植物中的生物活性胺含量

食品	5－羟基色胺	酪胺	多巴胺	去甲肾上腺素
香蕉果泥	28	7	8	2
番茄	12	4	0	0
鳄梨	10	23	4～5	0
马铃薯	0	2	0	0.1～0.2
菠菜	0	1	0	0
柑橘	0	10	0	0.1

多巴胺是重要的肾上腺素型神经细胞释放的神经递质。该物质可直接收缩动脉血管，明显提高血压，故又称增压胺。酪胺是哺乳动物的异常代谢产物，它可通过调节神经细胞的多巴胺水平间接提高血压。酪胺可将多巴胺从贮存颗粒中解离出来，使之重新参与血压的升高调节。

一般而言，外源血管活性胺对人的血压无影响，因为它可被人体内的单胺氧化酶和其他酶迅速代谢。单胺氧化酶是一种广泛分布于动物体内的酶，它对作用于血管的活性胺水平起严格的调节作用。当单胺氧化酶被抑制时，外源血管活性胺可使人出现严重的高血压反应，包括高血压发作和偏头痛，严重者可导致颅内出血和死亡。这种情况可能出现在服用单胺氧化酶抑制性药物的精神压抑患者身上。此外，啤酒中也含有较多的酪胺，糖尿病、高血压、胃溃疡和肾病患者往往因为饮用啤酒而导致高血压的急性发作。其他含有酪胺的植物性食品也可引起相似的反应。

2　甘草酸和甘草次酸

甘草（*Glycyrrhize glabra* L.）是常见的药食两用食品。甘草提取物作为天然的甜味剂广泛用于糖果和罐头食品。甘草的甜味来自于甘草酸（Glycyrrhizic Acid）和甘草次酸（Glycyrrhetinic Acid）。前者是一类由麦芽糖和类固醇以 3 位糖苷键结合而成的三萜皂苷，约占甘草根干重的4%～5%，甜度为蔗糖的 50 倍。甘草酸水解脱去糖酸链就形成了甘草次酸，甜度为蔗糖的 250 倍。甘草次酸具有细胞毒性，长时间大量食用甘草糖（100g/d）可导致严重的高血压和心脏肥大，临床症状表现为钠离子贮留和钾离子的排出，严重者可导致极度虚弱和心室纤颤。

近年的研究表明，甘草酸和甘草次酸均有一定的防癌和抗癌作用。甘草次酸可抑制原癌细胞的信息传递和基因表达。甘草酸对多种致病物诱导的试验动物恶性肿瘤均有抑制作用。甘草次酸还具有抗病毒感染的作用，对致癌性的病毒如肝炎病毒和艾滋病毒的感染均有抑制作用。

3. 硝酸盐和亚硝酸盐

叶菜类蔬菜中含有较多的硝酸盐和极少量的亚硝酸盐。一般来说，蔬菜能主动从土壤中富集硝酸盐，其硝酸盐的含量高于粮谷类，尤其是叶菜类的蔬菜含量更高。人体摄入的 NO_3^- 中 80% 以上来自所吃的蔬菜，蔬菜中的硝酸盐在一定条件下可还原成亚硝酸盐，当其蓄积到较高浓度时，食用后就能引起中毒。

4. 草酸和草酸盐

草酸在人体内可与钙结合形成不溶性的草酸钙，不溶性的草酸钙可在不同的组织中沉积，尤其在肾脏，人食用过多的草酸也有一定的毒性。常见的含草酸多的植物主要有菠菜等。

六、常见的植物性食物中毒

1. 豆类（扁豆、大豆）毒素中毒

豆科植物中存在蛋白酶抑制剂、植物红细胞凝集素、致甲状腺肿素、抗维生素因子、多种苷类和酮类物质等物质，可直接或潜在地对人类产生危害。如蛋白酶抑制剂能抑制胰蛋白酶、糜蛋白酶、胃蛋白酶等某些蛋白质水解酶；植物红细胞凝集素能凝集人和动物红细胞，影响动物的生长；致甲状腺肿素能导致甲状腺肿大；大豆中有抗维生素 D，扁豆中有抗维生素 E 等因子；豆类中的氰苷水解时可产生氢化氰。造成这些危害唯一的原因是加热不彻底，毒素未被破坏。

食用未熟透豆类的中毒症状为：发病快，潜伏期 0.5 ~ 1h，最快 3 ~ 5min，表现为恶心、呕吐、腹胀、腹泻、腹痛、头晕和乏力等症状。

解决办法就是，不论大豆、扁豆，还是四季豆、荷兰豆都须熟透后方可食用。

2. 发芽马铃薯毒素中毒

马铃薯块茎一般含有少量的龙葵素，不会引起食物中毒。但因储藏不当导致马铃薯发芽时，薯皮颜色变成青紫，龙葵素的含量就大大增加。吃了这种马铃薯，就会引起中毒。潜伏期多为 2 ~ 4h。开始为咽喉抓痒感及灼烧感，并伴有上腹部灼烧感或疼痛，其后出现胃肠炎症状，如恶心、呕吐、呼吸困难、急促，伴随全身虚弱和衰竭，腹泻导致脱水、电解质紊乱和血压下降。轻者 1 ~ 2d 自愈，重症者可因心脏衰竭、呼吸麻痹而致死。3mg/kg 体重的摄入量可嗜睡、颈部瘙痒、敏感性提高和潮式呼吸，更大剂量可导致腹痛、呕吐、腹泻等胃肠炎症状。

预防及救治措施：将马铃薯存放于阴凉通风、干燥处或辐照处理，以防止马铃薯发芽。发芽较多或皮肉变黑绿色者不能食用，发芽少者可剔除芽与芽基部，去皮后浸泡 30 ~ 60min，烹调时加少许醋煮透，以破坏残余的毒素。目前，对发芽马铃薯中毒尚无特效解毒剂，发现病人后须立即采用吐根糖浆催吐，用 4% 鞣酸溶液、浓茶水或 0.02% 高锰酸钾溶液洗胃，停止食用并销毁剩余的有毒食品。对重症病人积极采取输液等对症治疗措施。

3. 木薯亚麻仁苦苷毒素中毒

木薯在一些国家是膳食中摄取碳水化合物的主要来源之一，热带神经性共济失调症在西非一些以木薯为主食的地区多有发现，该病表现为视力萎缩、共济失调和思维紊乱。热带性弱视疾病也流行于以木薯为主食的人群中，该病病症为视神经萎缩并导致失明。长期以致死剂量的氰化物喂饲动物，也可使这些动物的视神经组织受损。木薯中毒原因是生食或食入未煮熟透的木薯或喝煮木薯的汤，一般食用 150 ~ 300g 生木薯即能引起严重中毒或死亡。尽管木薯的块根富含淀粉，但其全株各部位，包括根、茎、叶都含有毒物质，且新鲜块根毒性较大。因此，在食用木薯块根时一定要注意。木薯含有的有毒物质为亚麻仁苦苷，亚麻仁苦苷经胃酸水解后产生游离的氢氰酸，从而使人体中毒。早期症状为胃肠炎，严重者出现呼吸困难、躁动不安、瞳孔散大，甚至昏迷，最后可因抽搐、缺氧、休克或呼吸衰竭而死亡。

预防及救治措施：要防止木薯中毒，可在食用木薯前去皮，用清水浸薯肉，使氰苷溶解。一般泡6d左右就可去除70%的氰苷，再加热煮熟，即可食用。生氰糖苷有较好的水溶性，水浸可去除产生氢氰酸食物的大部分毒性。将木薯切片，用流水研磨可除去大部分的生氰糖苷和氢氰酸。理论上讲，加热可灭活糖苷酶，使之不能将生氰糖苷转化为有毒的氢氰酸。但事实上，经高温处理过的木薯粉对人和动物仍有不同程度的毒性，而且生氰糖苷在人的唾液和胃液中很稳定，另外食用煮熟的利马豆和木薯仍可造成急性氰化物中毒，说明人的胃肠道中存在某种微生物，可分解生氰糖苷并产生氢氰酸。

食物中的某些成分可避免慢性氰化物产毒。如膳食中有足够的碘，由氰化物引起的甲状腺肿大就不会出现；食物中的含硫化合物可将氰化物转化为硫氰化物，若膳食中缺乏硫可导致动物对氰化物去毒能力的下降。具体措施如下。

（1）选用产量高而含亚麻仁苦苷低的木薯品种，并改良种植方法。

木薯必须加工去毒后方可食用。在加工木薯时应去皮（亚麻仁苦苷90%存在于皮内）。

（2）水浸木薯肉，可溶解亚麻仁苦苷。如将其浸泡6d可去除70%以上的亚麻仁苦苷，再经加热煮熟时，将锅盖打开，使氢氰酸逸出，方可食用。

（3）木薯加工方法有切片水浸晒干法（鲜薯去皮、切片、水浸3～6d、沥干、晒干）、熟薯水浸法（去皮、切片、水浸48h、沥干、蒸熟），以及干片水浸法（木薯片水浸3d、沥干、蒸熟），去毒效果较好。

（4）除严禁生食木薯外，应注意勿喝煮木薯的汤，不空腹食木薯，一次也不宜多食，否则均有中毒的危险。

4. 苦杏仁苷毒素中毒

生食含有苦杏仁苷的水果核仁，特别是苦杏仁和苦桃仁可引起中毒。儿童吃6粒苦杏仁即可中毒，也有自用苦杏仁治疗小儿咳嗽（祛痰止咳）引起中毒的例子。有报道有些地区的居民死于苦杏仁苷中毒，原因是食用了高粱糖浆和野生黑樱桃的叶子或其他部位。中毒症状主要是口中苦涩、流涎、头晕、头痛、恶心、呕吐、心悸、脉频及四肢乏力等，重症者胸闷、呼吸困难，严重者意识不清、昏迷、四肢冰冷，最后因呼吸麻痹或心跳停止而死亡。

预防及控制措施：不要让儿童生食各种核仁，尤其是苦杏仁与苦桃仁。用杏仁加工食品时，应反复用水浸泡，炒熟或煮透，充分加热，并敞开锅盖充分挥发而除去毒性。切勿食用干炒的苦杏仁，否则会引起中毒。杏仁茶是将杏仁磨成浆煮熟而制成的，因其加热可使食物中的氢氰酸充分蒸发掉，故杏仁茶不会引起中毒。一旦出现食物中毒，应采取以下措施。

（1）急救治疗　发现病例应进行抢救，可用5%硫代硫酸钠、0.05%高锰酸钾溶液洗胃。洗胃的同时，立即使用4－二甲氨基吡啶（4－DMAP）或对氨基苯丙酮（PAPP）等高铁血红蛋白生成剂，应用此类药品者严禁再使用亚硝酸类药物，防止高铁血红蛋白过度形成出现紫绀症。

（2）给中毒病人立即吸入亚硝酸异戊酯，可用数次，然后用3%亚硝酸钠液静脉缓慢注射，再静脉注射新配制的50%硫代硫酸钠。两种药用完后，如中毒症状仍未减轻，可在30～60min后再按上述减量重复给药一次。

（3）对症及支持治疗　吸氧，当呼吸极度困难或完全停止时，必须不断地进行人工呼吸，直至呼吸恢复为止。肌肉注射或缓慢静脉注射洛贝林，静脉注射50%葡萄糖溶液，静脉滴注氢化可的松。重症病人可用细胞色素C、三磷酸腺苷、辅酶A等。

5. 霉变甘蔗神经毒素中毒

霉变甘蔗中毒主要是霉菌，如甘蔗节菱孢霉菌，大量繁殖引起甘蔗霉变，并产生3-硝基丙酸毒素，它是一种神经毒素，主要损害中枢神经系统。霉变的甘蔗质地较软，外皮失去光泽，并可见各种霉菌生长，内瓤呈浅色或深褐色，闻有霉味或酒糟味，人食用这种甘蔗可导致中毒。

霉变甘蔗中毒表现为中毒潜伏期短的10min，长的十几个小时，一般潜伏期越短其症状越重。中毒轻者有头晕、头疼、恶心、呕吐、腹泻，重症者常留有后遗症，如痉挛性瘫痪、语言障碍、吞咽困难、眼睛同向偏视、身体蜷曲状、四肢强直等，恢复较慢。

6. 霉变甘薯黑斑病毒素中毒

甘薯又称白薯、地瓜，甘薯中毒是由于甘薯黑斑病引起的，在甘薯的伤口、破皮、裂口处有甘薯长缘壳菌或茄病镰刀菌，被侵染部位呈淡黄色，与空气接触变为褐色或黑色，病变部位较坚硬，表面有凹陷，食用味苦，食用后可引起中毒。

霉变甘薯中毒表现为潜伏期1~24h，头晕、头痛、恶心、呕吐、腹痛、腹泻。重者除上述症状外，同时会有肌肉震颤及痉挛、瞳孔散大、嗜睡、昏迷，最后死亡。

7. 鲜黄花菜秋水仙碱毒素中毒

黄花菜又称萱草、金针菇，采用未经处理的鲜黄花菜煮汤或大锅炒食，虽然其味道鲜美，但食后极易引起中毒。鲜黄花菜中毒大多发生在六七月份黄花菜成熟的季节。中毒原因是由于鲜黄花菜中含有有毒成分秋水仙碱，人口服致死量按体重计为8~65mg/kg，食用100g鲜黄花菜即可引起中毒，食用烹调不当的鲜黄花菜，未经水焯、浸泡，且急火快炒，会造成食后中毒。鲜黄花菜在干制过程中其所含的秋水仙碱已被破坏，因此食用干黄花菜不会引起中毒。

进食鲜黄花菜后，一般在4h内出现中毒症状，轻者口渴、喉干、心慌、胸闷、头痛、呕吐、腹痛、腹泻（水样便）；重者出现血尿、血便、尿闭与昏迷等。

预防及控制措施：①不吃腐烂变质的鲜黄花菜，最好食用干制品，用水浸泡发胀后食用，以保证安全。②食用鲜黄花菜时需做烹调前的处理。先去掉长柄，用沸水烫，再用清水浸泡2~3h（中间需换一次水）。制作鲜黄花菜必须加热至熟透再食用。烫泡过鲜黄花菜的水不能做汤，必须弃掉。③烹调时与其他蔬菜或肉食搭配制作，且要控制摄入量，避免食入过多引起中毒。④一旦发生鲜黄花菜中毒，立即用4%鞣酸或浓茶水洗胃，口服蛋清牛乳，并对症治疗。

8. 白果氢氰酸毒素中毒

白果又称银杏果，是去除外皮的干燥种子。白果的肉质外皮含白果酸，核仁含有白果二酚和白果酸（氢氰酸毒素）。生食或食用未经加工熟透的白果就会引起中毒，一般中毒剂量为10~50粒。当人体皮肤接触种仁或肉质外皮后可引起皮炎、皮肤红肿。经皮肤吸收或食入白果的有毒部位后，毒素作用于中枢神经系统和胃肠道，其临床表现为恶心、呕吐，继有腹痛、腹泻、食欲不振等消化系统症状。

9. 毒蘑菇中毒

蘑菇又称蕈类，具有很高的食用价值，有的还能药用，在我国资源很丰富，属于真菌植物。但也有些蘑菇，尤其是野生蘑菇，含有毒素，误食易引起中毒。

全世界已知的毒蘑菇有百余种，目前在我国已发现 80 余种，各种毒蘑菇所含的毒素不尽相同，其中含有剧毒可致死的不到 10 种，分别是：褐鳞环柄菇、肉褐麟环柄菇、白毒伞、鳞柄白毒伞、毒伞、秋生盔孢伞、鹿花菌、包脚黑褶伞、毒粉褶菌、残托斑毒伞等。毒蘑菇所含有的有毒成分很复杂，一种毒蘑菇可含有几种毒素，而一种毒素又可存在于数种毒蘑菇之中。毒蘑菇引起中毒的临床表现也各异，但起病时多有吐泻症状，常易被误诊为肠胃炎、菌痢或一般食物中毒等，故遇到此类症状的病人时，尤其在夏秋季节呈一户或数户同时发病时，应考虑到毒蘑菇中毒的可能性。

第三节　动 物 毒 素

有毒的动物性食品几乎都属于水产品。已知 1000 种以上的海洋生物是有毒的或能分泌毒液的，其中许多是可食用的或能进入食物链的。动物中常见的有毒物质有河豚毒素、贝类毒素、鱼体组胺、蟾蜍毒素等。

一、河 豚 毒 素

河豚鱼是一种肉味鲜美、内脏和血液有剧毒的鱼类，品种甚多，盛产于我国沿海及长江下游一带。河豚中的有毒物质称为河豚毒素，雌河豚的毒素含量高于雄河豚。河豚毒素也因部位及季节不同而有差异。一般认为，河豚的肝脏和卵巢有剧毒（绝对不可割破），其次是肾脏、血液、眼睛、鳃和皮肤。大多数肌肉可认为无毒，但如鱼死后较久，内脏毒素溶于体液则能逐渐渗入到肌肉中，仍不可忽视。每年春季为卵巢发育期，毒性很强，6～7 月产卵退化，毒性减弱，肝脏亦以春季产卵期毒性最强。河豚毒素对产生神经冲动所必需的钠离子向神经或肌肉细胞的流动具有专一性的堵塞作用，使人神经中枢和神经末梢发生麻痹，最后因呼吸中枢和血管运动中枢麻痹而死亡。因此无毒的河豚极少，有毒的河豚内脏绝对不可食。

河豚毒素的分子式为 $C_{11}H_{17}N_3O_8$，相对分子质量 319。纯品为无色棱柱体，稍溶于水，易溶于稀乙酸，不溶于无水乙醇和其他溶剂；对日晒、30% 盐腌毒性稳定；在 pH 7 以上及 pH 3 以下不稳定，分解成河豚酸，但毒性并不消失；极耐高温，经过油炸、炖、烧、煮等加工，毒性也不能完全消失，100℃ 加热 4h，115℃ 加热 3h，120℃ 加热 20～60min，200℃ 以上加热 10min 方可使毒素全部破坏。河豚毒素在 pH > 7 的碱性条件下却不稳定。河豚毒素的结构式见图 2－3。

河豚中毒至今还没有特效药，也不能免疫，所以必须预防为主。河豚毒素中毒的预防措施如下。

（1）加强监督管理，水产品收购、加工、供销等部门应严格把关，禁止鲜河豚进入市场或混进其他水产品中销售。

（2）新鲜河豚鱼必须统一收购、集中加工。加工时应去净内脏、皮、头，洗净血污，制成干制品，或制成罐头，经鉴定合格后方可食用。

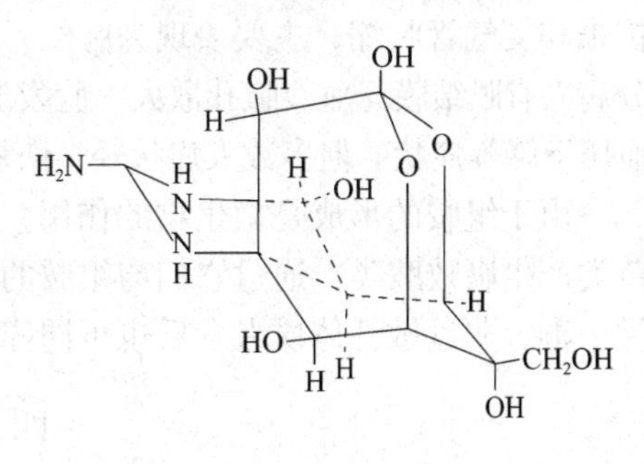

图 2－3　河豚毒素的结构式

（3）加强卫生宣传，使消费者会识别河豚，防止误食。

（4）新鲜河豚去掉内脏、头和皮后，肌肉经反复冲洗，加入2%碳酸钠处理2~4h，然后用清水洗净，可使其毒性降至对人无害的程度。

日本对河豚中毒的预防方法：在做成食品之前，必须从图鉴调查确认鱼种，然后再进行加工；卵巢及肝脏等有毒部分绝对不可割破，去除完全最为重要。去除皮及头部，只加工肌肉部位，将肉做成生鱼片生食时，要用大量的水洗涤（流动水清洗3h以上），并将汁榨出后再食；经过油炸、炖、烧、煮等加工，毒性也不能完全消失，但是用重碳酸钠煮时，毒性就会消失。食用河豚时最好是在政府准许开业的河豚料理专门店食用。

二、贝类毒素

海产贝类毒素中毒虽然是由于摄食贝类而引起，但此类毒素本质上并非贝类代谢物，而是贝类食物涡鞭毛藻中的毒性成分岩藻毒素（又称石房蛤毒素），分子式为$C_{10}H_{17}N_7O_4 \cdot 2HCl$。贝类由于摄食了含有岩藻毒素的涡鞭毛藻，对该毒素产生了富集作用。当海洋局部条件适合涡鞭毛藻生长而超过正常数量时，海水被称为“赤潮”，在这种环境中生长的贝壳类生物往往有毒。甚至“赤潮”期间在海滨散步的人吸入一点水滴也可能引起中毒。

岩藻毒素白色，易溶于水，耐热，易被胃肠道吸收，炒煮温度下不能分解。据测定，经110℃加热的罐头，仍有50%以上的毒素未被去除。但染毒的贝类在清水中放养1~3周后可将毒素排净。岩藻毒素是一种神经毒素，摄食后数分钟至数小时后发病，开始时唇、舌和指尖麻木，继而脑、臂和颈部麻木，然后全身运动失调。患者可伴有头痛、头晕、恶心和呕吐。严重者呼吸困难，2~24h内死亡，死亡率为5%~18%。

三、鱼体组胺

组胺是鱼体中的游离组氨酸在组氨酸脱羧酶的催化下，发生脱羧反应而形成的。食用组胺含量高的鱼类可引起人体中毒。

鱼体组胺的形成与鱼的种类和微生物有关。容易形成组胺的鱼类有鲍鱼、金枪鱼、扁舵鲣、竹夹鱼和沙丁鱼等，这些鱼活动能力强，皮下肌肉血管发达，血红蛋白高，有“青皮红肉”的特点。死后在常温下放置较长时间易受到含有组氨酸脱羧酶的微生物污染而形成组胺。当鱼体不新鲜或腐败时，组胺含量更高。

组胺中毒发病快，潜伏期一般为0.5~1h，长则可至4h。组胺的中毒机理是其使血管扩张和支气管收缩，主要表现为脸红、头晕、头疼、心跳、脉快、胸闷和呼吸促迫等。部分病人有眼结膜充血、瞳孔散大、脸发胀、唇水肿、口舌及四肢发麻、荨麻疹、全身潮红、血压下降等症状。但多数人症状轻、恢复快，患者一般1~2d内可恢复，死亡者较少。

由于组胺的形成是微生物的作用，所以最有效的防治措施是防止鱼类腐败，而且腐败鱼类产生腐败胺类，通过它们与组胺的协同作用可使毒性大为增强，不仅过敏性体质者容易中毒，非过敏性体质者食后也可同样发生中毒。

四、蟾蜍毒素

蟾蜍分泌的毒液成分复杂，有30多种，主要的是蟾蜍毒素。蟾蜍毒素水解可生成蟾蜍配质、辛二酸及精氨酸。蟾蜍配质主要作用于心脏，其作用机理是通过迷走神经中枢或末梢，或直接作用于心肌。蟾蜍毒素排泄迅速，无蓄积作用。此外，蟾蜍毒素尚有催吐、升压、刺激胃肠道及对皮肤黏膜的麻醉作用。

误食蟾蜍毒素后，一般在食后0.5～4h发病，有多方面的症状表现，在消化系统方面是胃肠道症状，在循环系统方面有胸部胀闷、心悸、脉缓，重者休克、心房颤动。神经系统的症状是头昏头痛，唇舌或四肢麻木，重者抽搐不能言语和昏迷，可在短时间内心跳剧烈、呼吸停止而死亡。

蟾蜍毒素中毒的死亡率较高，而且无特效的治疗方法，所以主要是预防。严格讲以不食蟾蜍为佳，如用于治病，应遵医嘱，用量不宜过大。

思考题

1. 食物中存在哪些毒素？举例说明这些毒素对人体会造成哪些危害？
2. 简述引起豆类食物中毒或过敏反应的毒素的类型、危害及其预防和控制措施。
3. 举例说明为什么烹调或食用方法不当容易导致食物中毒的发生？
4. 请谈谈如何防止河豚毒素中毒事件？
5. 请举出3个例子说明有害动植物的危害。

参 考 文 献

1. 钟耀广. 食品安全学. 第2版. 北京：化学工业出版社，2011
2. 任列花，张登福. 对食用植物中天然毒素的初探. 农产品加工·学刊，2010，8：85～88
3. 陈志成. 食品安全之植物性食物中的天然有害物质. 大众科技，2009，7：107～108
4. 钟耀广，刘长江. 含天然有毒物质的植物研究进展. 现代农业科技，2008，22：262～264
5. 钱建亚，熊强. 食品安全概论. 南京：东南大学出版社，2006
6. 王竹天，杨大进. 食品安全与健康. 北京：化学工业出版社，2005
7. 孟凡乔. 食品安全性. 北京：中国农业大学出版社，2005
8. 王奇欣. 我国海捕河豚鱼的加工管理现状与思路. 中国水产，2005（6）：16～17
9. O. R. 菲尼马著. 王璋译. 食品化学. 第3版. 北京：中国轻工业出版社，2003
10. 何红平，刘复初. 秋水仙碱类化学成分的研究概况. 天然产物研究与开发，2000（12）：87～94
11. 林启寿. 中草药成分化学. 北京：科学出版社，1977
12. 徐幼卿，杨百梅，俞一夫. 食品化学. 北京：中国商业出版社，1996
13. 刘用成. 食品化学. 北京：中国轻工业出版社，1996

第三章 生物因素对食品安全性的影响

第一节 概 述

食品在种植、生产、加工、包装、储运、销售、烹饪的各个环节中，都可能被外来的生物性有害物质混入、残留或产生新的生物有害物质，对人体健康产生危害，此称为生物性食品安全危害。生物性食品安全危害的主要问题是导致食源性疾病（Foodborne Disease）。凡是通过摄食而进入人体的病原体，使人患的感染性或中毒性疾病，统称为食源性疾病。中国2011年食源性疾病主动监测显示，我国平均6.5人中就有1人次罹患食源性疾病。美国疾控中心统计显示，美国每年有1/6人口，约4800万患有食源性疾病。2011年美国因食源性疾病造成3037人死亡。引起食源性疾病暴发的因素主要有微生物、化学物、动植物等，大多数食源性疾病是由细菌、病毒、蠕虫和真菌引起的。

食物中毒的种类很多，按引起中毒的原因可分为感染型食物中毒、毒素型食物中毒、混合型食物中毒和过敏型食物中毒。感染型食物中毒是由于人们食用含大量病原菌的食物引起消化道感染而造成的中毒；毒素型食物中毒是由于人们食用因细菌大量繁殖而产生毒素的食物所造成的中毒；混合型食物中毒是由毒素型和感染型两种协同作用引起的中毒；过敏型食物中毒是由于食入细菌分解组氨酸产生的组胺而引起的中毒，这类中毒一般需具备两个条件：第一，食物中必须有组氨酸存在；第二，食物中存在能分解组氨酸而产生组胺的细菌，如莫根变形杆菌（*Proteus morganli*）。食物中毒根据症状可分为：胃肠型和神经型。胃肠型食物中毒在临床上较常见，其特点是潜伏期短，集体发病，大多数伴有恶心、呕吐、腹痛、腹泻等急性胃肠炎症状。引起胃肠型食物中毒的细菌很多，常见的有沙门菌属、副溶血性弧菌、变形杆菌、致病性大肠杆菌、蜡样芽孢杆菌、李斯特菌、空肠弯曲杆菌及金黄色葡萄球菌等。神经型食物中毒主要是肉毒梭菌毒素中毒，能引起眼肌或咽部肌肉麻痹，重症者还可影响颅神经，若抢救不及时，可引起死亡且死亡率很高。

第二节 细 菌

细菌是污染食品和引起食品腐败变质的主要微生物类群，因此多数食品卫生的微生物学标准都是针对细菌制定的。食品中细菌来自内源和外源的污染，而食品中存活的细菌只是自然界细菌中的一部分。这部分在食品中常见的细菌，在食品卫生学上被称为食品细菌。食品细菌包括致病菌、相对致病菌和非致病菌，有些致病菌还是引起食物中毒的原因。它们既是评价食品卫生质量的重要指标，也是食品腐败变质的主要原因之一，细菌性食物中毒占食物中毒的70%以上。

一、沙门菌属

沙门菌属是引起沙门菌食物中毒的病原菌。沙门菌属种类繁多。

1. 生物学和病原学特点

沙门菌属（*Salmonella*），属于肠杆菌科，为革兰阴性无芽孢直杆菌，大小为（0.5～0.8）μm×（3～4）μm，需氧或兼性厌氧，最适生长温度为35～37℃，绝大部分具有周生鞭毛，能运动。该属菌能发酵葡萄糖产酸产气，不分解乳糖，产生H_2S。根据细胞表面抗原和鞭毛抗原的不同，国际上已经发现有2300个以上的血清型，我国已发现200多个。不同血清型的致病力及侵染对象不尽相同，其中致病性最强的是猪霍乱沙门菌（*S. cholerae*），其次是鼠伤寒沙门菌（*S. typhimurium*）和肠炎沙门菌（*S. enteritidis*）。典型的菌种是肠炎沙门菌。沙门菌的革兰染色见图3－1，典型形态见图3－2。

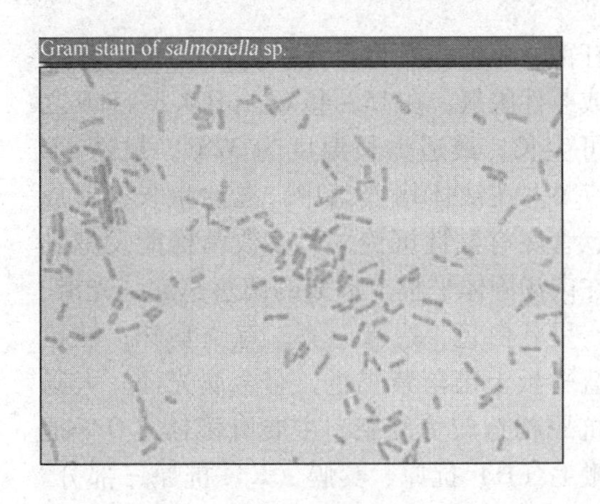

图3－1　沙门菌的革兰染色

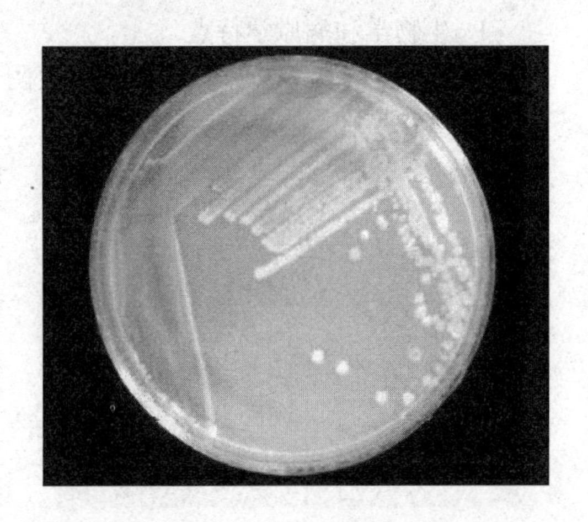

图3－2　沙门菌的典型形态

沙门菌在外界的生活能力较强，在普通水中虽不易繁殖，但可生存2～3周，在粪便中可生存1～2个月，在土壤中可过冬，在咸肉、鸡肉和鸭肉中也可以存活很长时间。水经氯化物处理5min可杀灭其中的沙门菌。相对而言，沙门菌属不耐热，55℃、1h或60℃、15～30min即可被杀死。此外，沙门菌属细菌不分解蛋白质，不产生靛基质，污染食物后无感官性状的明显变化，易被忽视而引起食物中毒。

2. 致病性和临床表现

沙门菌属食物中毒的临床表现有五种类型：胃肠炎型、类霍乱型、类伤寒型、类感冒型、败血症型。以急性胃肠炎型为最多，潜伏期一般在12h左右，中毒初期表现为恶心、头痛、发冷、无力、痉挛性腹痛，以后出现呕吐、腹痛、体温升高、腹泻等症状，粪便呈水样，黄绿色、恶臭、少数带有脓血和黏液，体温可达38～40℃，重症病人可出现惊厥、全身痉挛、脉搏频数微弱。病程一般为3～7d，发病后2～4d体温下降，重症病人处理不及时可因心脏衰竭、无尿症和剧烈痉挛导致死亡，平均死亡率为4%～5%。

3. 食品安全危害

引起沙门菌食物中毒的食品主要为家畜肉、蛋类、家禽肉和乳类及其制品。鲜乳及其制品如果消毒不彻底，也可引起沙门菌食物中毒。烹调后的熟食如熟肉、煎蛋、熏鸡等，如果再次受到污染，且在较高温度下存放，食前又不重新加热，中毒的危险性更大。

世界上最大的一起沙门菌食物中毒是1955年发生在瑞典的因食用污染猪肉所引起的鼠伤寒沙门杆菌食物中毒，中毒7717人，死亡90人。在我国最大的沙门菌食物中毒，是发生在广西南宁市的因食用污染鸡肉而发生的猪霍乱沙门菌食物中毒，中毒1061人。2011年2月20日～8月2日美国卡吉尔公司阿肯色州斯普林代尔加工厂生产的1.63万t冷冻和新鲜火鸡肉制品感染沙门菌，使美国的26个州77人中毒，1人死亡，是美国迄今最大规模的肉制品召回事件。

二、大肠杆菌

大肠杆菌广泛存在于人和动物的肠道中，部分菌株对人有致病性，又称致病性大肠杆菌或致泻性大肠杆菌，是重要的食源性疾病病原菌。

1. 生物学和病原学特点

大肠杆菌（*Escherichia coli*）是革兰阴性短杆菌，不产生芽孢，有微荚膜，周生鞭毛，好氧或兼性厌氧，在15～45℃、pH 4.3～5.0之间均可生长，最适生长温度为37℃，最适pH 7.4～7.6。在液体培养基中，混浊生长，形成菌膜，管底有黏性沉淀，大多数菌株能发酵乳糖。在肉汤固体平板上形成的菌落丛起、光滑、湿润，呈乳白色，边缘整齐，有粪臭味；在伊红美蓝平板上菌落紫黑色，有金属光泽。大肠杆菌抗原构造较为复杂，主要有菌体（O）抗原、鞭毛（H）抗原、荚膜（K）抗原三部分。大肠杆菌的革兰染色见图3－3，在EMB培养基上的菌落形态见图3－4，在细菌培养基上的菌落形态见图3－5。

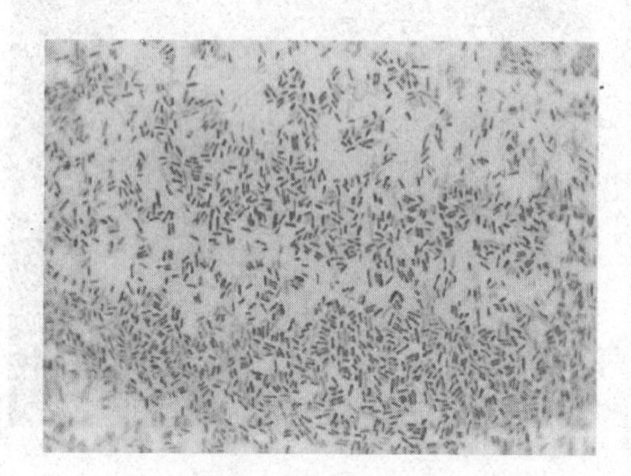

图3－3 大肠杆菌的革兰染色

图3－4 大肠杆菌在EMB培养基上的菌落形态

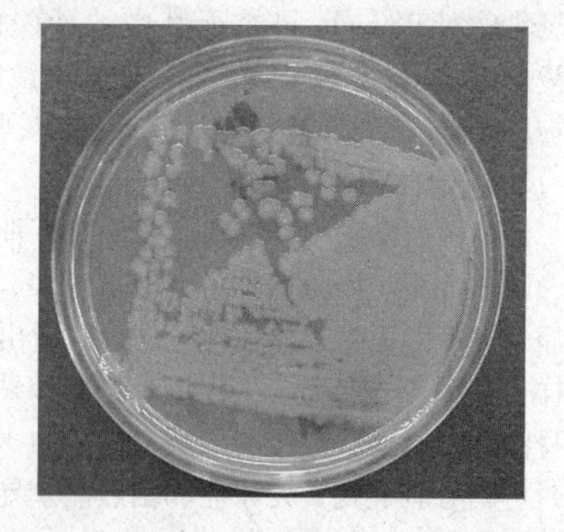

图3－5 大肠杆菌在细菌培养基上的菌落形态

根据血清型、毒力和所致临床症状，致泻性大肠杆菌可分为5种类型：产肠毒素大肠杆菌（ETEC）、肠道侵袭性大肠杆菌（EIEC）、肠道致病性大肠杆菌（EPEC）、肠道出血性大肠杆菌（EHEC）、肠集聚性黏附大肠杆菌（EAGGEC）。ETEC是致婴幼儿和旅游者腹泻的病原菌，产耐热和不耐热的肠毒素；EPEC是引起流行性婴儿腹泻的病原菌，不产生肠毒素，不具有与致病性有关的菌毛，但能产生与痢疾志贺大肠杆菌类似的毒素；EIEC 较少见，主要侵染儿童和成人，所致疾病很像志贺菌引起的细菌性痢疾，因此又称志贺大肠杆菌；EHEC 不产生耐热或热敏肠毒素，不具有黏附因子，不具有侵入细胞的能力，但可产生志贺样毒素，有极强的致病性。

2. 致病性和临床表现

致泻性大肠杆菌能使人类致病，临床表现主要为严重腹泻及败血症，但不同种类则有不同的致病机制及不一的临床表现。肠产毒性大肠杆菌、肠出血性大肠杆菌引起毒素型食物中毒，其潜伏期为 10～15h，临床症状为水样腹泻、腹痛、恶心，重者便血，发热 38～40℃；或为出血性结肠炎，表现为剧烈的腹痛和便血，重者出现溶血性尿毒症。肠侵袭性大肠杆菌和肠致病性大肠杆菌可引起感染型食物中毒，主要表现为胃肠炎，腹部痉挛性疼痛、水样腹泻，重者出现血性腹泻，酷似痢疾，发烧，体温为 38～40℃。

3. 食品安全危害

致病性大肠杆菌存在于人畜肠道中，随粪便污染水源、土壤。受污染的水、土壤、带菌者的手、污染的餐具等均可污染或交叉污染食物。大肠杆菌 O157 : H7（*E. coli* O157 : H7）血清型在 1982 年被发现，很快成为引起大肠杆菌中毒的主要祸首。许多食物都可能被致病性大肠杆菌污染，如牛肉、乳、苜蓿芽、果汁、某些蔬菜、干酪、面包等。此病全年可发生，以 5～10 月多见。1996 年，在日本发生大规模肠出血性大肠杆菌流行造成的食物中毒案例，中毒人数达 9451 人，死亡 12 人，主要由 1 所小学午餐中的白萝卜引起，之后通过粪便污染、交叉感染传播开来，迅速扩展至全日本，震惊全世界。2001 年在中国江苏、安徽等地暴发了肠出血性大肠杆菌 O157 : H7 食物中毒事件，是至今发生在我国最大的此类食物中毒事件，造成 177 人死亡，中毒人数超过 2 万人。2011 年 5 月中旬德国下萨克森芽苗菜工厂生产的豆芽发生肠出血性大肠杆菌（EHEC，O104：H4）污染事件，蔓延至整个欧洲，导致德国至少 15 人死亡，超过 1400 人确诊或疑似；瑞典 1 人死亡，41 人确诊；法国 3 人疑似；丹麦 14 人确诊，26 人疑似；西班牙 1 人疑似；英国、荷兰、瑞士等国发现相关病例。2014 年 8 月 9 日日本静冈市政府宣布，发生大规模肠出血性大肠杆菌 O157：H7 食物中毒事件，患者已达 449 人。

三、葡萄球菌

葡萄球菌属（*Staphylococcus*）是一群革兰阳性球菌，绝大多数对人不致病，少数可引起人或动物的化脓性感染，属于人畜共患病原菌。在葡萄球菌属中，根据生理生化特性及细胞结构成分的不同可分为三种：金黄色葡萄球菌（*S. aureus*）、表皮葡萄球菌（*S. epedermidis*）和腐生葡萄球菌（*S. saprophyticus*）。其中金黄色葡萄球菌具有致病性，一些溶血性菌株能产生引起急性胃肠炎的肠毒素，引起食物中毒。

1. 生物学和病原学特点

葡萄球菌菌体呈球形，直径 0.4～1.2μm，菌体分裂时分裂面不规则，分裂后许多菌体无规则地堆积在一起，呈葡萄串状。无芽孢，无鞭毛，一般不形成荚膜。需氧或兼性厌氧，少数专性厌氧。28～38℃ 均能生长，致病菌最适温度 37℃，pH 4.5～9.8，最适为 7.4。耐盐性强，在含有 10%～15% 的氯化钠培养基中能生长，在含有 20%～30% CO_2 的

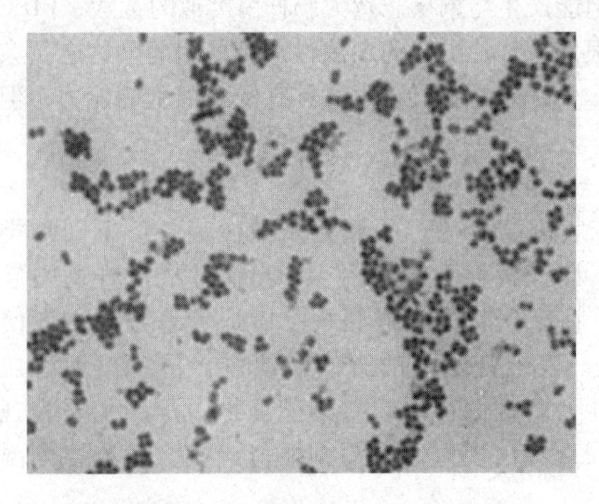

图3-6 金黄色葡萄球菌的革兰染色

环境中培养，可产生大量毒素。多数菌株可分解葡萄糖、麦芽糖和蔗糖，产酸不产气，致病性菌株可分解甘露糖。金黄色葡萄球菌的革兰染色见图3-6。

在一般的非芽孢细菌中，葡萄球菌对冷、干燥等外环境的耐受力较强，在干燥衣物上可存活3~6个月，在干燥的脓汁、血液以及食品中可存活数月。在80℃的加热温度下，30min才能杀死，煮沸可使其迅速死亡。金黄色葡萄球菌竞争能力弱，食品中若有其他腐生菌存在，葡萄球菌的生长会受到抑制，肠毒素也难以形成，比如食品中存在乳酸菌，即使数量很少，也会影响肠毒素A的产生。

2. 致病性和临床表现

在葡萄球菌中金黄色葡萄球菌致病性最强，致病的物质基础是其产生的多种毒素和酶，如肠毒素（Enterotoxin）、血浆凝固酶（Coagulase）、耐热核酸酶（Heat-stablenuclease），其他还有杀白细胞素、表皮剥脱毒素、毒性休克综合征毒素Ⅱ等，均能对机体造成损伤。如果摄食了被葡萄球菌肠毒素污染的食品便可引起食物中毒，潜伏期2~4h，可呈散发或暴发，主要症状为恶心、反复剧烈呕吐，呕吐物中常有胆汁、黏液和血，伴有腹部痉挛性疼痛，腹泻物为水样便。一般不发烧，由于剧烈呕吐，导致严重失水和休克。病程短，1~2d即可恢复。

3. 食品安全危害

葡萄球菌是常见的化脓球菌之一，广泛分布于空气、土壤、水以及物品上，健康人带菌达20%~30%，上呼吸道感染者的鼻腔带菌率可高达80%，人和动物的化脓部位易使食品污染，如母畜患有金黄色葡萄球菌感染的乳腺炎，则可污染乳，进而污染乳制品。金黄色葡萄球菌的产肠毒素菌株污染食品可产生肠毒素，引起食物中毒。口、呼吸道、密切接触等均为该菌的传播途径，另外也可因机体抵抗力下降造成自身感染。全年皆可发生，多见于夏秋季，发病率达90%以上。

适宜于葡萄球菌繁殖和产生毒素的食品主要为乳及乳制品、腌制肉、鸡、蛋及蛋制品、各类熟肉制品和含有淀粉的食品等。病原菌在乳中很容易繁殖，已污染的食品经过消毒或食用前再煮沸可杀灭其中的病原菌，但不能破坏其毒素。被葡萄球菌污染后的食品在较高温度下保存时间过长，如在25~30℃环境中放置5~10h，就能产生足以引起食物中毒的葡萄球菌肠毒素。典型例子是2000年6月日本雪印乳业公司金黄色葡萄球菌食物中毒事件，1.3万多名消费者出现呕吐和腹泻等中毒症状，153人住院治疗，这是战后日本发生的规模最大的一起食品中毒事件。2011年11月我国也发生速冻米面“金黄色葡萄球菌”事件，尽管最终被证实是媒体误读，但已使国内冷冻行业严重受创，在国际上影响也很大。

四、副溶血性弧菌

副溶血性弧菌又称致病性嗜盐菌（*Vibrio parahaemolyticus*），也是常见的引起食物中毒的病原菌。

1. 生物学和病原学特点

副溶血性弧菌是革兰阴性杆菌，呈弧状、杆状、丝状等多种形态，无芽孢，有单鞭毛，能运动。嗜盐畏酸，在含盐3%～4%的培养基中生长最为旺盛，低于0.5%或高于8%盐水中停止生长；在液体培养基中呈混浊生长，表面有菌膜；在选择性培养基琼脂平板上，因该菌不分解蔗糖，故指示剂不变色，菌落呈蓝绿色。最适温度为30～37℃，但对冷冻有一定耐受性，有实验表明－34℃条件下在鱼体中能存活12d。副溶血性弧菌抵抗力较弱，56℃、30min，75℃、5min或90℃、1min可被杀灭；对醋酸敏感，1%食醋处理5min即可灭活，在1%盐酸中5min死亡；在海水中可存活近50d，在淡水中存活不超过2d。副溶血性弧菌的革兰染色见图3－7，在TCBS上的典型菌落见图3－8。

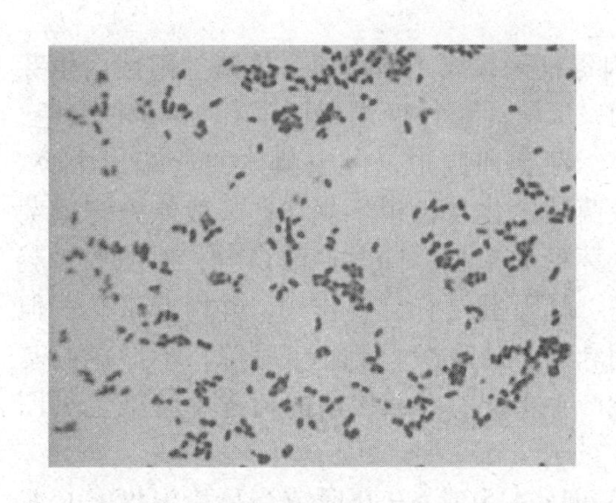

图3－7　副溶血性弧菌的革兰染色

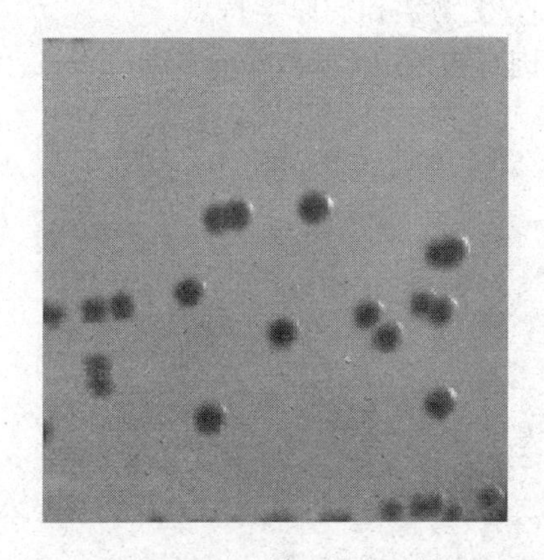

图3－8　副溶血性弧菌在TCBS上的典型菌落

副溶血性弧菌在沿海国家和地区分布较为广泛，是引起食物中毒的重要病原菌。副溶血性弧菌广泛存在于温热带地区的近海海水、海底沉积物和鱼贝类等海产品中。由此菌引起的食物中毒的季节性很强，大多发生于夏秋季节。

2. 致病性及临床表现

副溶血性弧菌食物中毒发生的机制主要为大量副溶血性弧菌的活菌侵入肠道所致，少数由副溶血性弧菌产生的溶血性毒素引起。

副溶血性弧菌食物中毒潜伏期为2～40h，多为14～20h。主要症状表现为腹痛、腹泻、呕吐、发热。腹痛多在脐部附近，呈阵发性胀痛或绞痛；腹泻每日几次或十几次，粪便多为水样或糊状，约15%有血水样，少数有黏液样；呕吐多为胃内容物，次数不多，持续时间较短；病人可能发烧，温度在38～40℃，重者出现脱水、虚脱、血压下降。病程一般1～3d，预后良好。近年来，国内报道的副溶血弧菌食物中毒可呈胃肠炎型、菌痢型、中毒性休克型或少见的慢性肠炎型。

3. 食品安全危害

食品中副溶血性弧菌主要来自于近海海水及海底沉积物对海产品及海域附近塘、河水的污染，使该区域生活的淡水产品也受到污染；沿海地区的渔民、饮食从业人员、健康人群都有一定的带菌率，有肠道病史的带菌率可达32% ~35%。带菌人群可污染各类食品；加工食物的工具生熟不分，常引起交叉污染的发生。

易受副溶血性弧菌污染的食品，主要是海产品或盐腌渍品，如蟹类、乌贼、墨鱼、带鱼、黄鱼、海虾、海蜇、梭子蟹、章鱼、黄泥螺、毛蚶、腌肉、咸菜等，其中章鱼和乌贼是最容易受副溶血性弧菌污染的食品，其带菌率可高达90%以上；其次为蛋品、肉类或蔬菜，多因食物容器或砧板污染引起；海港及鱼店附近的蝇类带菌率也很高。引起中毒的食物主要是海产食品和盐渍食品，如海产鱼、虾、蟹、贝、咸肉、禽、蛋类以及咸菜或凉拌菜等。据报道，海产鱼虾的平均带菌率为45% ~49%，夏季高达90%以上。2010年10月四川省卫生厅通报，因红烧甲鱼和琴鹤香辣蟹未彻底加热煮熟煮透引起的副溶血性弧菌食物中毒事件，疑似中毒396人，确诊中毒48人。

五、肉毒梭菌

1. 生物学和病原学特点

肉毒梭菌（*Clostridium botulinum*），也称肉毒杆菌，属于梭菌属，为革兰阳性内生芽孢杆菌，厌氧。菌体两端略圆，有4 ~6根鞭毛，无荚膜，芽孢卵圆形，位于菌体的近端或中央。肉毒梭菌的生化特性很不规律，一般能分解葡萄糖、麦芽糖和果糖，同时产酸产气；对明胶、凝固血清、凝固蛋白有分解作用，并引起液化；但不利用乳糖、甘露醇，不产生吲哚，不形成靛基质，能产生H_2S。肉毒梭菌的芽孢革兰染色见图3 -9。

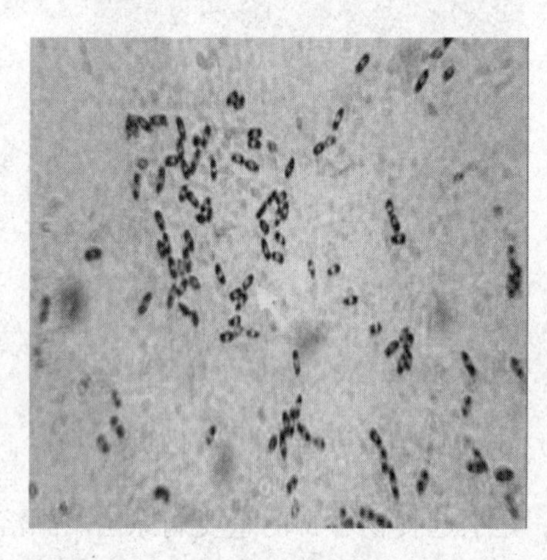

图3 -9　肉毒梭菌的芽孢革兰染色

当pH < 4.5或 > 9.0时或当环境温度 < 15℃或 > 55℃时，肉毒梭菌芽孢不能繁殖，也不能产生毒素。食盐能抑制肉毒梭菌芽孢的形成和毒素的产生，但不能破坏已形成的毒素。提高食品中的酸度也能抑制肉毒梭菌的生长和毒素的形成。肉毒梭菌的芽孢抵抗力强，需经干热180℃、5 ~15min，或高压蒸汽121℃、30min，或湿热100℃、5h方可致死。

2. 致病性及中毒表现

肉毒梭菌食物中毒是由肉毒梭菌产生的毒素即肉毒毒素引起的。肉毒毒素是一种神经毒素，是目前已知的化学毒物和神经毒物中毒性最强的一种，对人的致死量为10^{-9}mg/kg体重，该毒素对消化酶、酸和低温稳定，但易被碱和热破坏而失去毒性。肉毒毒素食物中毒的潜伏期主要取决于食入毒素的量，一般为24 ~48h，最短6h，最长60h。中毒症状初期表现为胃肠病，如恶心、呕吐、腹胀、腹痛、腹泻等，随后出现全身无力，头晕、头痛，视力模糊、眼睑下垂，复视、眼球振颤。严重者出现瞳孔放大，伸舌、咀嚼和吞咽困难，言语障碍，唾液分泌减少、口干，颈肌无力、头下垂，四肢麻痹而瘫痪，最后因呼吸困难、呼吸麻痹“窒息”而亡，或引起功能衰竭而死亡，死亡率为30% ~50%。

3. 食品安全危害

凡使用染有肉毒梭菌的原料在厌氧状态下制造或保存的食物，尤其有发酵过程或腐烂变质现象的食品，若不经加热处理而直接供餐，就有引起肉毒毒素中毒的危险。引起中毒的食物主要是蔬菜、豆类及其制品等植物性食物，在我国占91%以上，有8.0%左右是由鱼类、乳类等动物性食品引起。在我国引起肉毒梭菌中毒的食品主要为民间自制的发酵制品，如臭豆腐、豆酱、面酱、豆豉等。2007年9月15日北京晨报报道，河北石家庄五家食品厂生产的“肉疙瘩”火腿肠中检出肉毒梭菌，其中一家“肉疙瘩”中的肉毒梭菌产生的肉毒素使消费者致死。

六、蜡样芽孢杆菌

1. 生物学和病原学特点

蜡样芽孢杆菌（*Bacillus cereus*）为革兰阳性、需氧或兼性厌氧芽孢杆菌，有鞭毛，芽孢椭圆形或圆柱形，不突出菌体，不形成荚膜。

蜡样芽孢杆菌不发酵甘露醇、木糖和阿拉伯糖，常能液化明胶和使硝酸盐还原，在厌氧条件下能发酵葡萄糖，卵磷脂酶、酪蛋白酶、过氧化氢酶和青霉素酶试验均为阳性。对酸性环境较敏感，pH5以下该菌营养体的生长繁殖明显受到抑制；耐热，37℃ 16h的肉汤培养物菌量在2.4×10^{7}个/mL，需100℃、20～25min才能将其杀灭；食物中毒菌株的游离芽孢能耐受100℃、30min，而干热120℃经60min才能杀死。75%酒精不能将其杀死。该菌对氯霉素、红霉素、四环素、庆大霉素敏感，对青霉素、磺胺噻唑和呋喃西啉耐受。蜡样芽孢杆菌孔雀绿染色见图3－10。

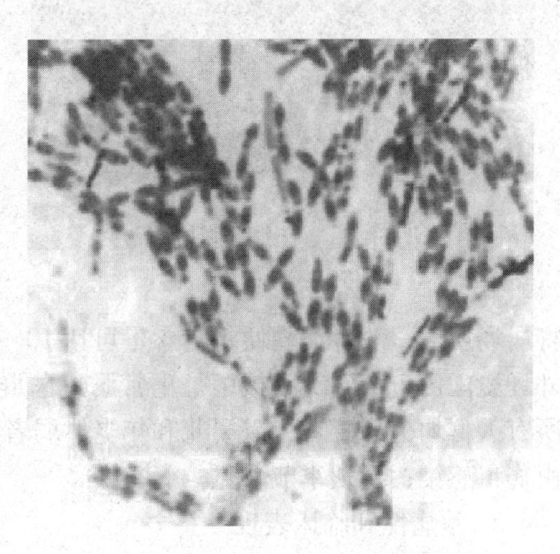

图3－10　蜡样芽孢杆菌孔雀绿染色

蜡样芽孢杆菌曾被认为是非致病菌，1950年以来已确定其为食物中毒的病原菌，也是人和动物的各种非肠道传染病的条件致病菌，可引起人类患结膜炎和呼吸系统、中枢神经系统、伤口感染等疾病，同时可使牛、羊流产及牛患乳腺炎，属于人畜共患病原菌。蜡样芽孢杆菌导致的食物中毒有明显的季节性，通常以夏秋季（6～10月）最高。

2. 致病性及临床表现

蜡样芽孢杆菌食物中毒是由该菌产生的肠毒素所引起的。耐热性肠毒素能引起呕吐型胃肠炎，往往由剩米饭所引起。临床表现为潜伏期短，一般为0.5～2h，最长为5～6h，主要症状为：恶心、呕吐、头晕、腹痛、口干、寒战、全身无力，少数病人有腹泻、腹胀，一般体温不升高。不耐热性肠毒素引起的腹泻型胃肠炎，临床表现为潜伏期相对较长，平均为10～12h，症状主要以腹痛、腹泻为主，偶尔有呕吐和发烧。

3. 食品安全危害

蜡样芽孢杆菌食物中毒涉及的食物包括乳、肉类及制品、蔬菜、水果、调味汁、米粉、米饭等。在我国引起中毒的食品主要是米饭，引起蜡样芽孢杆菌食物中毒的食品大多数无腐败变质现象，除米饭有时微黏、入口不爽或稍带异味外，大多数食品感官性状正常，所以进食者不易察觉，应特别引起注意。2008 年 6 月 20 日，吉林省东丰县猴石镇发生一起由蜡样芽孢杆菌引起的食物中毒事件，导致 48 人中毒。

七、产气荚膜梭菌

产气荚膜梭菌（*Clostridium perfringens*）是厌氧芽孢梭菌属（*Clostridium*）中能引起人类严重疾病的重要致病菌。

1. 生物学和病原学特点

产气荚膜梭菌为厌氧革兰阳性粗大芽孢杆菌，无鞭毛，不运动，孢子卵圆，次端生，在一般培养基上稀少。无外孢子壁，无附属丝。表面菌落直径 2 ~ 5mm，圆形，有时边缘扩展、突起，呈淡灰黄色，半透明，表面有光泽，可在 20 ~ 50℃生长，最适生长温度 45℃，所有菌株均发酵葡萄糖、麦芽糖、乳糖及蔗糖，产酸产气；多数菌株能还原硝酸盐为亚硝酸盐，能将亚硫酸盐还原为硫化物，在含亚硫酸盐及铁盐的琼脂中形成黑色菌落。产气荚膜梭菌见图 3 – 11。

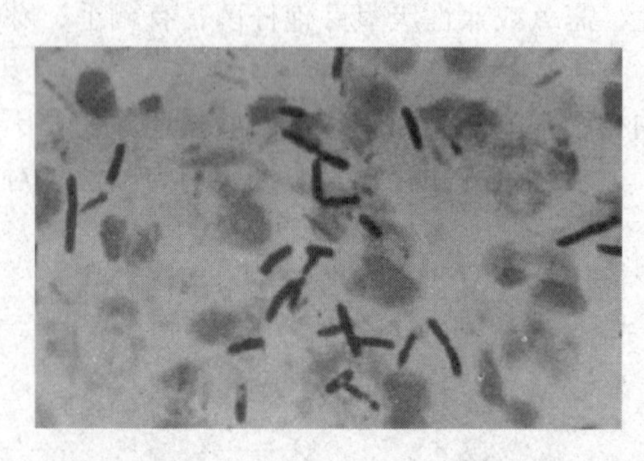

图 3 – 11　产气荚膜梭菌

该菌能分泌强烈的外毒素和侵袭性酶，具有强烈致病性和侵袭力，在人和动物体内可形成荚膜。产气荚膜梭菌在自然界的土壤、水和空气中广泛存在，人和动物的肠道是其重要的寄居场所，一般各类粪便每克含量可达 10^2 ~ 10^9 个之多，但不经肠道感染宿主，只是污染外环境。由于产气荚膜梭菌是正常肠道菌群的一部分，人体肠道对其无天然特异免疫力，所有人群均为易感者，以婴儿和年老体弱者病情更重。经口食入是其主要传染途径，也可由伤口感染，夏秋季节多见。

2. 致病性和临床表现

产气荚膜梭菌的致病物质为外毒素、肠毒素和荚膜。外毒素根据性质和致病性不同，分为 A、B、C、D、E 5 个类型，其中 A 型菌株是人类最重要的致病菌，外环境中的分离株 80% 以上属 A 型，此型可致气性坏疽、食物中毒和坏死性结肠炎；C、D 型也是人类的病原菌，C 型的部分菌株能引起人的坏死性肠炎；其他为兽类病原菌。

摄食被 A 型或某些 C 型菌株污染的食物，引起的食物中毒，潜伏期为 8 ~ 24h，发病时下腹部剧烈疼痛、腹泻，但为自限性感染，一般 1 ~ 2d 内可自愈，老弱患者和营养不良儿童偶可致死。另一种食物中毒的表现是坏死性肠炎，由 C 型菌 β 毒素引起，潜伏期不到 24h，起病急，有剧烈腹痛、腹泻，肠黏膜出血性坏死，粪便带血，可并发周围循环衰竭、肠梗阻、腹膜炎等，病死率高达 40%。

3. 食品安全危害

产气荚膜梭菌在污水、土壤、垃圾、人和动物的粪便以及食品中均可检出，土壤中的检出率达 100%。被污染的食物主要是肉类和鱼贝类等蛋白质性食品，由于存放较久或加热不足使细菌大量繁殖，形成芽孢时产生大量的肠毒素，引起食源性疾病。多食肉而卫生条件差的城市和集体食堂中易造成产气荚膜梭菌的扩散传播，从而导致食物中毒的流行。2009 年 4 月 21 日河南省安阳县某焦化厂职工食堂发生隔夜熟鸡腿被产气荚膜梭菌污染，造成 32 人食物中毒事件。

八、单核细胞增生李斯特菌

李斯特菌属（*Listeria*）是革兰阳性、短小的无芽孢杆菌，它包括格氏李斯特菌（*L. grayi*）、单核细胞增生李斯特菌（*L. monocytogenes*）和默氏李斯特菌（*L. murrayi*）等 8 种，引起食物中毒的主要是单核细胞增生李斯特菌。

1. 生物学和病原学特点

李斯特菌为无芽孢革兰阳性杆菌，有鞭毛，好氧或兼性厌氧，无荚膜、无芽孢。该菌在 0～45℃范围能生长，最佳生长温度为 30～37℃。具有嗜冷性，可在 3～4℃的温度下长期存活。热耐受性也较强，50℃、40min 不能杀死，63℃、15～20min 死亡，但细胞内李斯特菌可耐受巴氏消毒温度 71.7℃、15min。能发酵葡萄糖，触酶阳性，甲基红和 V－P 试验阳性，硝酸盐、靛基质、尿素、明胶、H_2S 均阴性。但可能由于菌株受环境的影响而变异，一些传统的生化模式发生了变化，已有触酶阴性菌株或甲基红、V－P 阴性及尿素酶阳性菌株的报道。单核细胞增生李斯特菌见图 3－12。

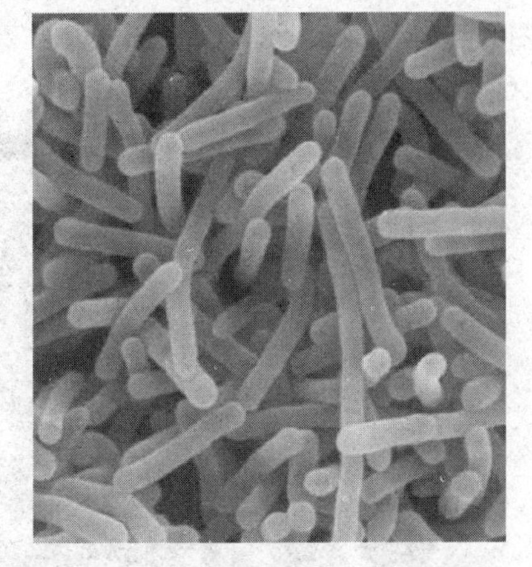

图 3－12　单核细胞增生李斯特菌

2. 致病性和临床表现

李斯特菌食物中毒发生的机制主要为大量李斯特菌的活菌侵入肠道所致，此外也与李斯特菌产生的溶血素 O 有关。李斯特菌引起的食物中毒的临床表现有两种类型：侵袭型和腹泻型。侵袭型的潜伏期在 2～6 周。病人开始常有胃肠炎的症状，最明显的表现是败血症、脑膜炎、脑脊膜炎、发热，有时可引起心内膜炎。孕妇、新生儿、免疫缺陷的人为易感人群。对于孕妇可导致流产、死胎等后果；对于幸存的婴儿则易患脑膜炎，导致智力缺陷或死亡；对于免疫系统有缺陷的人易出现败血症、脑膜炎，病死率高达 20%～50%。少数轻症病人仅有流感样表现。腹泻型病人的潜伏期一般为 8～24h，主要症状为腹泻、腹痛、发热。

3. 食品安全危害

蔬菜极易受到污染，肉制品、乳制品、水产食品都有可能受到李斯特菌的污染，特别是奶酪、冰淇淋。WHO 关于单核细胞增生李斯特菌的食物中毒报告指出，4%～8% 的水产品、5%～10% 的乳及乳制品、30% 以上的家禽均被该菌污染。由于该菌在 4℃冰箱保存的食品中也能生长繁殖，是冷藏食品威胁人类健康的主要病原菌之一。一般健康状况良好的人不易受李斯特菌感染，易感人群为婴幼儿、老年人、孕妇及免疫力差的人（如慢性疾病患者、癌症病患者及艾滋病患者等）。

1999 年美国发生的李斯特菌中毒事件，是由于热狗受到污染引起的；而 2000 年发生在法国的李斯特菌食物中毒是患者食用了被污染的猪舌。2011 年 9 ~ 11 月，美国 28 个州暴发单核细胞增生李斯特菌引起的食源性疾病，经查与食用科罗拉多州简森农场种植的香瓜有关。共报告病例 146 例，死亡 30 例，是美国 10 多年来最严重的一起食源性疾病暴发事件。

九、阪崎肠杆菌

1. 生物学和病原学特点

阪崎肠杆菌（*Enterobacter sakazakii*），属肠杆菌科，革兰阴性，有周生鞭毛，能运动，无芽孢，氧化酶试验阴性。主要寄生在人或动物的肠道中，在土壤、水和日常食品中都能分离到，是一种条件致病菌，当机体免疫功能低下时，可能引起各种感染。主要危害对象是早产、出生体重偏低等身体状况较差的新生儿，致死率高达 33% ~ 80%。美国 FDA 将阪崎肠杆菌列为新发食源性病原菌。阪崎肠杆菌见图 3 – 13，其菌落形态见图 3 – 14。

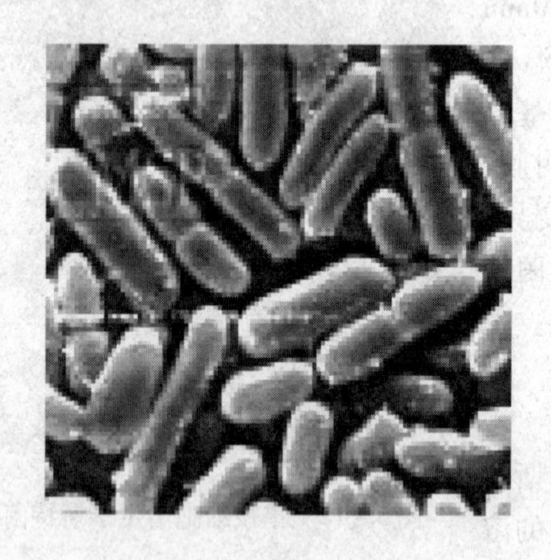

图 3 – 13　阪崎肠杆菌

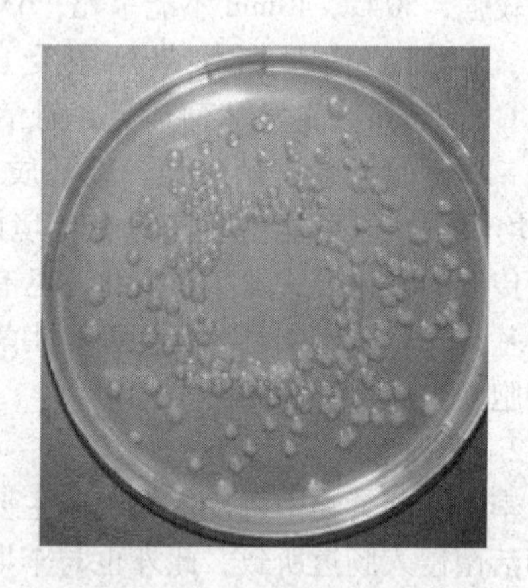

图 3 – 14　阪崎肠杆菌菌落形态

2. 致病性和临床表现

阪崎肠杆菌的主要感染对象是身体状况较差的婴幼儿，导致脑膜炎、败血症、菌血症及新生儿坏死性小肠结肠炎。

脑膜炎临床表现为：高热、头痛、精神萎靡，小婴儿表现为易激惹、不安、双目凝视等。神经系统表现有：脑膜刺激症、颅内压增高症、惊厥，部分患儿出现Ⅱ、Ⅲ、Ⅵ、Ⅶ等颅神经受损或肢体瘫痪症状。

败血症临床表现为：起病急、病情重、发展迅速；高热，体温可高达 40 ~ 41℃；头痛、头晕、食欲不振、恶心、呕吐、腹胀、腹泻、大量出汗和贫血；神志淡漠、烦躁、谵妄和昏迷；脉搏细速、呼吸急促困难；肝脾可肿大，严重者出现黄疸，眼结膜、黏膜和皮肤常出现淤血点；白细胞计数明显增高，一般在（20 ~ 30）$\times 10^9$ 个/L 以上；代谢失调和肝、肾损害，尿中常出现蛋白；病情发展可出现感染性休克。

新生儿坏死性小肠结肠炎首发症状常为腹胀、呕吐、便血，感染中毒严重时可有感染性休克、脑中毒、弥漫性血管内凝血（DIC）、腹膜炎及肠穿孔。

3. 食品安全危害

阪崎肠杆菌的污染来源现还不十分清楚，多数报告表明婴儿配方乳粉是目前发现的主要感染渠道。由于婴儿配方乳粉不是商业无菌的，尽管在加工过程中有加热处理，但未经彻底灭菌，成品中仍含有一部分细菌。对 35 个国家的 141 种婴儿配方乳粉进行检验，结果有 20 个阪崎肠杆菌阳性，占 14%。对乳粉生产过程应采取有效的污染控制措施；须用 70～90℃的水冲调乳粉，冲调后尽快喂食。我国卫生监督部门前几年曾加强了对婴儿配方乳粉中阪崎肠杆菌的督查，情况也不容乐观，因此在 2010 年新修订的婴儿配方乳粉国家标准时，已将阪崎肠杆菌列入控制指标之一，要求随机抽样 3 个，均不得检出。新标准实施后全国各大婴幼儿乳粉生产企业均加强了对生产过程中阪崎肠杆菌的控制，近年来国家抽检，除某进口产品个别批次外，全部合格。

十、人畜共患传染菌

（一）布鲁杆菌（*Brucella coli*）

1. 生物学和病原学特点

布鲁菌属为不活动、微小、革兰阴性的多形性球杆菌，无荚膜、鞭毛、芽孢及天然质粒，为需氧菌，但猪种生长时，特别是初代培养时需 5%～10% 的 CO_2。根据 1985 年布鲁菌专门委员会的方案，布鲁菌可分为 6 个生物种 19 个生物型，我国主要为羊种流行，其次为牛种，猪种仅存在于少数地区。布鲁菌对常用的物理化学消毒法均较敏感，湿热 60℃、10～20min 或日光下曝晒 10～20min 或 3% 含氯石灰澄清液数分钟均可杀死。布鲁杆菌见图 3－15。

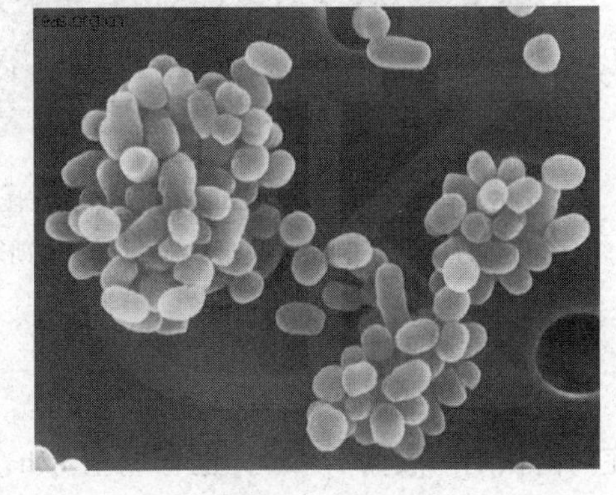

图 3－15　布鲁杆菌

2. 致病性和临床表现

布鲁菌在自然环境中生命力较强，故可通过多种途径传播。在病畜的分泌物、排泄物及在畜的脏器中能生存 4 个月左右，在牛乳中可存活 18 个月，在皮毛上可存活 4 个月。急性的病人会发高烧、关节痛、出汗，这是普遍的比较典型的症状。另外，有一些病人有很多非典型的症状，如肌肉痛。此病菌可以侵入中枢神经系统以及引起脑膜炎等并发症，侵蚀骨骼，引起骨骼损伤，甚至让患者丧失劳动能力。布鲁菌主要寄生于细胞内，抗菌药物不易进入而发挥作用，是其难以根治的原因之一。

3. 食品安全危害

布鲁杆菌传染病是与禽流感、艾滋病、炭疽等并列的乙类传染病。布鲁杆菌传染病危害较大，为人畜共患病，以畜传染人为主，人传人的实例很少见到。

东农布病事件：2010 年 12 月间，4 只未经检疫的山羊进入了东北农业大学动物医学学院的实验室，导致 2011 年 3～5 月，学校 27 名学生和 1 名教师陆续确诊感染布鲁菌病。后经治疗全都临床治愈。

（二）炭疽杆菌（*Bacillus anthracis*）

炭疽是由炭疽杆菌引起的动物源性急性传染病，是人畜共患传染病。原是食草动物

（羊、牛、马等）的传染病，人因接触这些病畜及其产品或食用病畜的肉类而被感染。

1. 生物学和病原学特点

炭疽杆菌为革兰阳性粗大杆菌，长 5～10μm、宽 1～3μm，两端平切，排列如竹节，无鞭毛，不能运动。在人及动物体内有荚膜，在体外条件不适宜时形成芽孢。炭疽杆菌细胞的抵抗力与一般细菌相同，但在体外形成的芽孢抵抗力却极强，在土壤中可存活数十年，在皮毛制品中可生存 90 年。煮沸 40min、140℃干热 3h、高压蒸气 10min、20% 漂白粉和石灰乳浸泡 2d、5% 石炭酸 24h 才能将其杀灭。在普通琼脂肉汤培养基上生长良好。因此，本菌致病力较强，对人畜危害很大。炭疽杆菌在血平板和碳酸氢盐培养基平板上的菌落形态见图 3－16，炭疽芽孢杆菌见图 3－17。

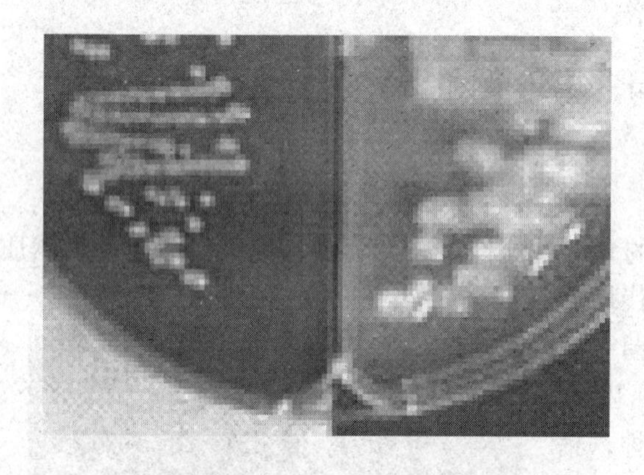

图 3－16　在血平板（左）和碳酸氢盐培养基（右）平板上的炭疽芽孢杆菌菌落（显示荚膜的形成）

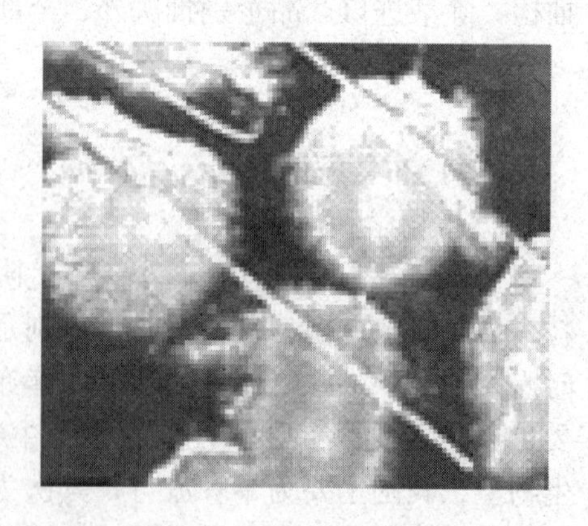

图 3－17　炭疽芽孢杆菌

2. 致病性和临床表现

炭疽杆菌能产生毒力很强的外毒素，引起局部出血、坏死和周围水肿，并引起毒血症。潜伏期一般为 1～5d，也有短至 12h，长至 2 周的。临床上主要表现为局部皮肤坏死及特异的黑痂，或表现为肺部、肠道及脑膜的急性感染，有时伴有炭疽杆菌性败血症。

3. 食品安全危害

炭疽的传染源主要是食草动物，如牛、马、羊、驴、骡，其次是猪、犬、猫等，人是次要的传染源。病畜主要经尿和粪便排菌，病畜死亡后其皮毛、血液及肉中含有大量炭疽杆菌。人的炭疽往往在畜疫发生后随之出现，传播途径有三：一是直接或间接接触病畜及其染菌的皮毛等，引起皮肤炭疽；二是吸入含有芽孢的尘埃引起肺炭疽；三是进食病畜的肉、乳及带菌的水引起肠炭疽。在牧区及特殊情况下（如水灾时），应特别警惕炭疽的传播与流行。

来自炭疽杆菌的主要威胁不在于自然界，炭疽杆菌是一种非常致命的武器。作为一种生物武器，炭疽杆菌可以通过呼吸道吸入。而该型感染者的治疗机会很少，死亡率高达 80%～90%。而且它很容易制造，通常制造 1kg 仅仅需要 50 美元。而且，同其他的生物武器相比，炭疽杆菌容易大批量生产。一试管的炭疽杆菌样本在车间仅需要 96h 就可生产 1kg 炭疽杆菌。标本也非常容易获得，因为全世界都有散在的病例，而且其运输也非常简单。美国在“9·11”事件后，曾收到恐怖分子邮寄炭疽菌的威胁。为此美国颁布了

《2002 年公共健康安全和生物恐怖准备与反应法》（Public Health Security and Bioterrorism Preparedness and Response Act of 2002）（简称《生物反恐法》），为食品和生物防恐问题制定了严格的指导性原则。

十一、其他细菌性食物中毒

（一）变形菌属（*Proteus*）

变形杆菌属属于肠杆菌科，现有 5 个种：普通变形菌（*P. vulgaris*）、奇异变形菌（*P. mirabilis*）、摩氏变形菌（*P. morganii*）、雷氏变形菌（*P. rettgeri*）、无恒变形菌（*P. inconstans*）。其中普通变形杆菌和奇异变形杆菌与临床关系较为密切。

1. 生物学和病原学特点

变形菌属通常为直杆状，革兰阴性，大小（0.4～0.6）μm×（1.0～3.0）μm，两端钝圆，形态呈明显的多形性，可为杆状、球杆状、球形、丝状等。无荚膜，不形成芽孢。有周身鞭毛，运动活泼。有菌毛，可黏附于真菌等的细胞表面。生长温度范围为 10～43℃，需氧或兼性厌氧。

2. 致病性和临床表现

变形杆菌所致的食物中毒按临床表现可分两型：胃肠炎型和过敏型。胃肠炎型潜伏期 3～20h，起病急骤，主要表现为恶心、呕吐、腹痛、腹泻、头痛、头晕等，粪便为水样、带黏液恶臭、无脓血，腹泻一天数次至十余次。全身中毒症状轻，1/3～1/2 患者有胃肠道症状之后，发热畏寒，持续数小时后下降，严重者脱水或休克。过敏型潜伏期 0.5～2h，主要表现为皮肤潮红，以面部、颈胸部明显，呈酒醉样面容，伴头痛，偶可出现荨麻疹样皮疹，伴瘙痒。少数病例可同时出现上述两型的临床表现。患者多于 1～2d 内顺利恢复，短者仅数小时，极少数患者达数日。

3. 食品安全危害

变形菌属分布广泛，很容易污染食品，污染源主要是带菌动植物、带菌人和接触过生肉的容器、切肉刀板等，苍蝇和老鼠也可传播此菌。

引起食物中毒的食品主要是动物性食品，如煮熟的肉类、动物内脏和蛋类等，尤以水产类食品较为多见。此外，凉拌菜、剩饭菜以及某些豆制品也可引起中毒。生的肉类和内脏带菌率较高，往往是污染源。生熟食品交叉污染和熟后污染的食品在 20℃以上高温下放置时间较长时，可使变形杆菌大量繁殖，如食用前未经回锅加热，极易引起食物中毒。

（二）志贺菌属（*Shigella*）

志贺菌，也称痢疾杆菌，可引起人和其他哺乳类动物的细菌性痢疾，1897 年由日本细菌学家志贺洁发现。

1. 生物学和病原学特点

志贺菌为革兰阴性杆菌，大小为（0.5～0.7）μm×（2～3）μm，无芽孢，无荚膜，无鞭毛。多数有菌毛。需氧或兼性厌氧，最适生长温度为 37℃，耐寒，能在普通培养基上生长，形成中等大小、半透明的光滑型菌落。在肠道杆菌选择性培养基上形成无色菌落。对理化因素的抵抗力较其他肠道杆菌弱。对热敏感，一般 56～60℃经 10min 即被杀死。在 37℃水中存活 20d，在冰块中存活 96d，蝇肠内可存活 9～10d，对化学消毒剂敏感，1%石炭酸 15～30min 死亡。

2. 致病性和临床表现

由志贺菌引起的食物中毒潜伏期一般为 10～14h，最短 6h，最长 24h，主要症状为突发性剧烈腹痛、多次腹泻、水样便，并带有血液和黏液，高烧（体温可达 40℃），里急后重十分显著，少数中毒者发生痉挛，严重者可发生休克。

3. 食品安全危害

志贺菌对外界环境抵抗力较强。此菌在潮湿的土壤中能存活 1 个月，37℃水中存活 20 d，粪便中存活 10 d 左右，在水中、蔬菜上也能存活 10 d 左右。粪便、污水、带菌者、苍蝇等都能作为志贺菌的传播者，很容易污染食品。志贺菌食物中毒（痢疾）是最常见的肠道传染病，全年均有发生，但夏秋两季多见。传染源主要为病人和带菌者，通过污染了志贺菌的食物、饮水等经口感染。中毒食品以冷盘和凉拌菜为主。熟食品在较高温度下存放较长时间是中毒的主要原因。人类对志贺菌易感，10～200 个细菌可使 10%～50% 志愿者致病。传染途径主要为粪—口途径。志贺菌随患者或带菌者的粪便排出，通过受污染食物、水、手等经口传播。

（三）链球菌属（*Streptococcus*）

1. 生物学和病原学特点

链球菌为革兰阳性球菌，固体培养基上呈单个或成双排列，较少呈链状排列，肉汤培养基中呈长链状排列，肺炎链球菌呈矛头状，成双或链状排列。需氧或兼性厌氧，在 15～40℃之间均可生长，最适温度为 37℃。

2. 致病性和临床表现

链球菌种类繁多，根据对红细胞的溶血能力分为：①甲型溶血性链球菌，菌落周围有 1～2mm 宽的草绿溶血环，称为甲型溶血或 α 溶血。这类链球菌又称草绿色链球菌。此类链球菌为条件致病菌。②乙型溶血性链球菌，菌落周围形成一个 2～4mm 宽，界限分明、完全透明的溶血环，完全溶血，称乙型溶血或 β 溶血。这类细菌又称溶血性链球菌，致病力强，引起多种疾病。③丙型链球菌，不产生溶血素，菌落周围无溶血环，故又称不溶血性链球菌，一般不致病。按抗原不同可分类 A、B、C、D、E、F、G、H、K、L、M、N、O、P、Q、R、S、T 18 个族。对人致病的大多属于 A 族，A 族又称化脓性链球菌。

链球菌导致的食物中毒潜伏期一般为 8～10h，主要症状是上腹部不适，恶心、呕吐、腹痛、腹泻、水样便、低烧，还有头晕、头痛、口渴、心慌、尿频等症状。然而由于其症状轻，病程短，常被忽视。

3. 食品安全危害

甲型链球菌分布很广，在水、尘埃、乳类、人和动物粪便以及健康人的口腔、鼻咽部分都有存在。家畜、家禽患化脓性炎症时，大量带菌，容易引起污染。人和动物的带菌者常是食物污染的主要来源，引起中毒的食物多为熟肉类、乳类和鱼类。食品在生产加工、储藏、运输、销售等过程中，如不遵守卫生制度，均可受到污染。如被污染的食品长时间地放置于较高的温度下，可使细菌大量繁殖，从而引起发病。如炊事人员为链球菌带菌者，在烹调过程中不注意操作卫生，或食具被污染，都可引起本症。

（四）空肠弯曲菌属（*Campylobacter jejuni*）

空肠弯曲菌是在世界范围内广泛流行的人畜共患致病菌，是引起人类细菌型腹泻的最重要原因之一，世界卫生组织已将其列为最重要的食源性致病菌之一。

1. 生物学和病原学特点

空肠弯曲菌为革兰阴性菌，菌体轻度弯曲似逗点状，长1.5～5μm，宽0.2～0.8μm。菌体一端或两端有鞭毛，运动活泼，在暗视野镜下观察似飞蝇。有荚膜，不形成芽孢。微需氧菌，在含2.5%～5%氧和10% CO_2的环境中生长最好，在正常大气或无氧环境中均不能生长。最适温度为37～42℃。

空肠弯曲菌抵抗力不强，易被干燥、直射日光及弱消毒剂所杀灭，56℃，5min可被杀死。对红霉素、新霉素、庆大霉素、四环素、氯霉素、卡那霉素等抗生素敏感。近年发现了不少耐药菌株及多重耐药性菌株。

2. 致病性和临床表现

空肠弯曲菌有内毒素能侵袭小肠和大肠黏膜引起急性肠炎，也可引起腹泻的暴发流行或集体食物中毒。潜伏期一般为3～5d，对人的致病部位是空肠、回肠及结肠。主要症状为腹泻和腹痛，有时发热，偶有呕吐和脱水。细菌有时可侵入肠黏膜或血液中，引起败血症和其他脏器感染，如脑膜炎、关节炎、肾盂肾炎等。孕妇感染本菌可导致流产、早产，而且可使新生儿感染。空肠弯曲菌对多种抗生素敏感，常用红霉素、四环素治疗。

3. 食品安全危害

空肠弯曲菌在自然界分布十分广泛，特别是广泛存在于禽鸟和家畜等动物中，鸡的带菌率几乎为100%，并且带菌量很高。该菌可通过多种方式传播给人，如食用被污染的食品特别是动物制品，或摄入被污染的水，有时仅仅是接触过污染的动物宰体，就可被污染。一般情况下传播媒介是家禽、家畜肉、乳及乳制品。

（五）椰酵假单胞菌（*Psedomonas cocovenenans*）

椰酵假单胞菌酵米面亚种（*Psedomonas cocovenenans* supsp. *farino fermentans*）是我国发现的一种新的食物中毒菌，它存在于发酵的玉米、糯玉米、黄米、高粱米、变质银耳以及周围环境中，它是发酵米面及变质银耳中毒的病原菌。

1. 生物学和病原学特点

椰酵假单胞菌为革兰阳性短杆菌，大小为（2.5～3）μm×（0.5～1.0）μm，呈杆状、球杆状或稍弯曲，两端钝圆，无芽孢，有鞭毛。兼性厌氧，但易在表面生长。最适生长温度为37℃，最适产毒温度为26℃。pH 5～7范围内生长较好。抵抗力较弱，56℃，5min即可被杀死，对各种常用消毒剂抵抗力也不强。

2. 致病性和临床表现

椰酵假单胞菌可产生小分子的脂肪酸类毒素米酵菌酸和毒黄素，对人和动物细胞均有毒性作用。米酵菌酸为白色晶体，耐热性强，一般烹调方法不能破坏其毒性，但日晒两日后可去除94%以上变质银耳中的毒素。难溶于水，其产生量远大于毒黄素，对细胞产生毒性，损害人的肝、脑、肾等器官，是引起发酵米面和变质银耳等多种食品中毒致病的主要原因。

椰酵假单胞菌引起的食物中毒潜伏期多在12h以内，发病初期多是胃部不适、恶心、呕吐、腹胀、腹痛等，以后则表现为肝、肾、脑、心等实质脏器受损害的症状。此菌引起的食物中毒还会出现胃肠麻痹、胃扩张、鼓肠、肠蠕动减弱、便秘，一些器官如消化道黏膜、脑膜、肝肾等和皮肤出血，还有的呕血、便血、血液细胞增多，最后病人全身衰弱，引起上呼吸道与尿路感染而死亡。

3. 食品安全危害

椰毒假单胞菌酵米面亚种菌的食物中毒又称臭米面中毒，是在我国东北地区农村偶然发生的一种食物中毒。近年来，广西、云南、四川、湖北等地也有发生。中毒者虽不多，但病死率高达40% ~100%。中毒食品主要为发酵玉米面制品、变质鲜银耳及其他变质淀粉类（糯米、小米、高粱米和马铃薯粉等）制品。椰毒假单胞菌酵米面亚种食物中毒多发生在夏、秋季节，食品因潮湿、阴雨天气，再加上储存不好，椰毒假单胞菌在食物中大量地生长繁殖，吃了这种食物就会发生中毒。

椰酵假单胞菌引起的食物中毒病情发展迅速，往往愈后不良，死亡率较高，并且由它产生的毒素耐热力很强，常规油炸及蒸煮等方法都不能破坏它的毒性。所以一旦发现被椰酵假单胞菌污染的食品，应立即销毁，一般是深埋或烧毁，绝对不能作为食物和饲料的原料。

第三节　真　　菌

真菌是一类有细胞壁，不含叶绿素，无根叶茎，以腐生或寄生方式生存，能进行有性或无性繁殖的微生物。真菌广泛存在于自然界，种类繁多，数量庞大，与人类关系十分密切，大多数对人体有益无害，而有些真菌因能够产生真菌毒素而对人类有害。

人类对真菌毒素的认识已有几个世纪。公元前1世纪就有记载腐败的谷物可引起某些疾病，如会导致怀孕妇女流产或出现畸胎。霉变的饲料可使家畜的生长减缓，导致其出现畸胎并引起其死亡。但在早期的研究中，研究者并未考虑发霉的食物对人类健康的长期影响，直到20世纪60年代，人们才认识到有些真菌毒素不仅具有很强的毒性，而且也是重要的致癌物质。目前已知的真菌毒素已有200种以上，其中有相当一部分具有较强的致癌和致畸性。

一、产毒真菌

真菌在自然界分布很广，同时由于其可形成各种微小的孢子，因而很容易污染食品。真菌污染食品后不仅可造成食品腐败变质，有些真菌还可产生毒素，造成真菌毒素中毒。真菌毒素是真菌产毒菌株污染食品后产生的一种有毒的次生代谢产物，一般分为霉菌毒素（Mycotoxins）和蘑菇毒素（Mush - room Toxins）两类。食品受真菌和真菌毒素的污染非常普遍，当人类进食被真菌毒素污染的食品后，健康会受到直接损害。真菌毒素是一些结构复杂的化合物，由于种类、剂量的不同，造成人体危害的表现也是多样的，可以是急性中毒，也可表现为肝脏中毒、肾脏中毒、神经中毒等慢性中毒。真菌毒素通常具有耐高温、无抗原性、主要侵害实质器官的特性，而且真菌毒素多数还具有致癌作用。真菌毒素的作用包括减少细胞分裂，抑制蛋白质合成和DNA的复制，抑制DNA和组蛋白形成复合物，影响核酸合成，降低免疫应答等。根据真菌毒素作用的靶器官，可将其分为肝脏毒、肾脏毒、神经毒、光过敏性皮炎等。人和动物一次性摄入含大量被真菌毒素污染的食物常会发生急性中毒，而长期摄入含少量真菌毒素的食物则会导致慢性中毒和癌症。因此，粮食及食品霉变不仅会造成经济损失，有些还会因误食引起人畜急性或慢性中毒，甚至导致癌症。

1. 真菌产毒的特点

（1）真菌产毒仅限于少数的产毒真菌，而且产毒菌种中也只有一部分菌株产毒。

（2）产毒菌株的产毒能力还表现出可变性和易变性，产毒菌株经过多代培养可以完全失去产毒能力，而非产毒菌株在一定条件下也可出现产毒能力。

（3）一种菌种或菌株可以产生几种不同的毒素，而同一真菌毒素也可由几种真菌产生。

（4）真菌毒素的形成与真菌生长繁殖的环境条件密切相关，产毒菌株产毒需要一定的条件，主要是基质种类、水分、温度、湿度及空气流通情况。大部分真菌在20～28℃都能生长，在30～100℃，真菌生长显著减弱，在0℃几乎不能生长。一般控制温度可以减少真菌毒素的产生。温度25～33℃、相对湿度85%～95%的环境最适合真菌的生长和繁殖，也最容易形成真菌毒素。

2. 主要产毒真菌

目前，已知可污染粮食及食品并发现具有产毒能力的真菌有以下属种。

（1）曲霉属（*Aspergillus*） 曲霉具有发达的菌丝体，菌丝有隔膜，为多细胞，在自然界分布极为广泛，对有机质分解能力很强。曲霉属中有些种如黑曲霉（*A. niger*）等被广泛用于食品工业。同时，曲霉也是重要的食品污染霉菌，可导致食品发生腐败变质，有些还产生毒素。曲霉属中可产生毒素的有黄曲霉（*A. flavus*）、赭曲霉（*A. ochraceus*）、杂色曲霉（*A. versicolor*）、烟曲霉（*A. fumigatus*）、构巢曲霉（*A. nidulans*）和寄生曲霉（*A. parasiticus*）等。

（2）青霉属（*Penicillium*） 青霉的菌丝体无色或浅色，多分枝并具横隔。青霉分布广泛，种类很多，经常存在于土壤、粮食及果蔬上。有些种具有很高的经济价值，能产生多种酶及有机酸。另一方面，青霉可引起水果、蔬菜、谷物及食品的腐败变质，有些种及菌株同时还可产生毒素。例如，岛青霉（*P. islandicum*）、橘青霉（*P. citrinum*）、黄绿青霉（*P. citreo viride*）、红色青霉（*P. rubrum*）、扩展青霉（*P. expansum*）、圆弧青霉（*P. cyclopium*）、纯绿青霉（*P. verrucosum*）、展开青霉（*P. patulum*）、斜卧青霉（*P. decumbens*）等。

（3）镰刀菌属（*Fusarium*） 该属的气生菌丝发达或不发达，分生孢子分大小两种类型，形态多样，如镰刀形、纺锤形、卵形、椭圆形等。镰刀菌属包括的种很多，其中大部分是植物的病原菌，并能产生毒素。如禾谷镰刀菌（*F. graminearum*）、三线镰刀菌（*F. trincintum*）、玉米赤霉菌（*Gibberella zeae*）、梨孢镰刀菌（*F. poae*）、无孢镰刀菌、雪腐镰刀菌（*F. nivale*）、串珠镰刀菌（*F. maniliborme*）、拟枝孢镰刀菌（*F. sparotrichioides*）、木贼镰刀菌（*F. equisti*）、窃属镰刀菌、粉红镰刀菌（*F. roseum*）等。

（4）交链孢霉属（*Alternaria*） 菌丝有横隔，匍匐生长，分生孢子梗较短，单生或成丛，大多不分枝，常数个连接成链。交链孢霉广泛分布于土壤和空气中，有些是植物病原菌，可引起果蔬的腐败变质，产生毒素。

（5）其他 粉红单端孢霉、木霉属、漆斑菌属、黑色葡萄穗霉等。

3. 真菌毒素中毒的特点

（1）其发生主要是通过被真菌毒素污染的食品引起。中毒食品有的从外观上可以看出食品已经发霉，如发霉的花生、玉米、大米、糕点、面包、馒头等，但有些能导致中毒的食品不一定能看得出来，如面粉、玉米粉等。即使食品上的霉斑、霉点被擦掉了，真菌毒素还存留在食品中，也有可能造成中毒。

（2）真菌毒素很耐热，蒸、煮、炒等一般的烹调方法不能破坏食品中的真菌毒素。

（3）真菌毒素中毒没有传染性，也不产生抗体。

（4）真菌生长繁殖及产生毒素需要一定的温度和湿度，因此真菌毒素食物中毒的发生往往有比较明确的季节性和地区性，如赤霉病麦中毒多发生在产麦区新麦收割以后，霉变甘蔗中毒多发生在北方地区的1~3月或4月。

（5）由于不同种类真菌毒素的毒性强弱不同，毒素损害的部位也不同，因此治疗处理方法也不同。黄曲霉毒素毒性很强，主要损害肝脏，处理时除一般对症治疗外，必须注意保护肝脏，特别是中毒比较严重的病人。3-硝基丙酸也是毒性很强的真菌毒素，主要损害中枢神经系统，引起大脑水肿、豆状核缺血软化等病变，因此应消除脑水肿，改善脑血液循环。呕吐毒素毒性比较低，处理比较简单，一般不需要治疗，对比较重的病人可以采取对症治疗措施。

4. 防止真菌毒素污染的措施

真菌毒素对人和动物都有极大危害，但在自然界中要完全避免真菌毒素对食物的污染是很不容易的。目前仍没有十分可靠的方法可以完全去除农产品中的真菌毒素，因此，需要采取积极主动的措施来预防和控制真菌毒素的污染。防止产毒真菌直接污染食物，是防止真菌毒素污染食物的一种简单、经济的方法。预防真菌毒素污染食品，必须做好两点。

（1）隔离和消灭产毒真菌源区，尽量减少产毒真菌及其毒素污染无毒食品，造成二次污染。要防止粮食、油料等原料不被真菌污染，把好粮食、油料的入库质量关，如入库粮食不仅要作水分、杂质、带虫量以及一些品质指标的检测，而且应作粮油的带菌量、菌相及真菌毒素含量的检测。

（2）严格控制易染真菌及其毒素的食品的储藏、运输，抑制微生物在食品中大量繁殖及产生毒素。食品及饲料中的真菌只有在一定的温度和湿度条件下才能产生毒素，只要严格控制食品和饲料的储藏温度及水分就能减少甚至完全抑制真菌毒素的产生。此外，还可对食品进行高温、紫外线、微波、添加防腐剂等处理来杀死真菌。

二、真菌毒素

1. 黄曲霉毒素

黄曲霉毒素（Aflatoxin）是由黄曲霉（*A. flavus*）和寄生曲霉（*A. parasiticus*）产毒菌株所产生的有毒代谢产物。黄曲霉毒素中毒是人畜共患疾病之一，20世纪50年代末首先在英国发生10万只火鸡死亡事件，称为“火鸡X病”。研究发现火鸡饲料花生粉中含有一种荧光物质，证实该物质为黄曲霉的代谢产物，是导致火鸡死亡的病因，故命名为黄曲霉毒素。

（1）理化特征　黄曲霉毒素的化学结构为二氢呋喃氧杂萘邻酮的衍生物，即双呋喃环和氧杂萘邻酮（又称香豆素）。根据其在紫外线中发出的颜色、层析 *Rf* 值的不同而命名，目前已明确结构的有20种以上。根据其在紫外光下可发出蓝色或绿色荧光的特性，分为黄曲霉毒素 B_1（AFB_1）、黄曲霉毒素 B_2（AFB_2）、黄曲霉毒素 G_1（AFG_1）和黄曲霉毒素

G_2（AFG_2）。其中以 AFB_1 的毒性最强，致癌性也最强。除此之外，还从牛乳中分离出两种黄曲霉毒素的代谢产物 M_1、M_2。黄曲霉毒素的化学结构见图 3－18。

黄曲霉毒素微溶于水，易溶于油和一些有机溶剂，如氯仿、甲醇、丙酮、乙醇等，不溶于乙烷、石油醚和乙醚。其毒性较稳定，耐热性强，280℃时才发生裂解，一般的烹调加工不被破坏。在中性及酸性溶液中稳定，但在 pH 9～10 的强碱溶液中则可迅速分解、破坏，紫外线辐射时容易降解。

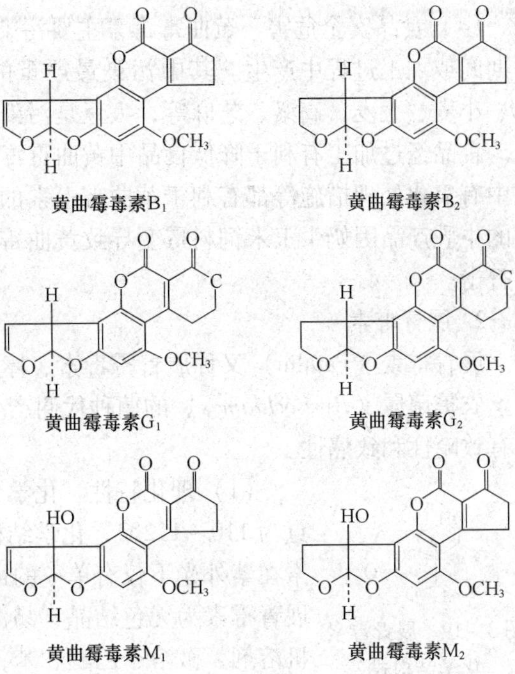

图 3－18　黄曲霉毒素的化学结构

（2）产毒菌株　黄曲霉是分布最广的菌种之一，分布遍及全世界。我国华中、华南和华东等高温、高湿地区的产毒菌株多，产毒量也高，粮油及制品常受到污染，东北和西北地区较少。随气候条件由温带到热带，地势由高地到低洼草原地区，食品中黄曲霉毒素随之增高，人们摄入的黄曲霉毒素量增多，原发性肝癌的发病率也高。

寄生曲霉在中国较少，仅在广东、广西隆安、湖北等地分离到，它是以寄生方式存在于热带和亚热带地区甘蔗或葡萄的害虫——水蜡虫体内。

黄曲霉和寄生曲霉产毒需要适宜的温度、湿度及氧气。如湿度 80%～90%、温度25～30℃、氧气 1% 以上，湿的花生、大米和棉籽中的黄曲霉在 48h 内即可产生黄曲霉毒素，而小麦中的黄曲霉最短需要 4～5d 才能产生黄曲霉毒素。此外，菌种在天然基质培养基（大米、玉米、花生粉）上比人工合成培养基中产毒量高。

（3）致病性和中毒表现　黄曲霉毒素是剧毒物，对家畜、家禽及动物有强烈的毒性，按毒性级别分类，应列入超剧毒级。它的毒性比氰化钾强 10 倍，比砒霜强 68 倍。据计算黄曲霉毒素 B_1 的致癌力为二甲亚硝胺的 75 倍，奶油黄（二甲基偶氮苯）的 900 倍。黄曲霉毒素是一种强烈的肝脏毒，对肝脏有特殊亲和性并有致癌作用。它主要强烈抑制肝脏细胞中 RNA 的合成，破坏 DNA 的模板作用，阻止和影响蛋白质、脂肪、线粒体、酶等的合成与代谢，干扰动物的肝功能，导致突变、癌症及肝细胞坏死。同时，饲料中的毒素可以蓄积在动物的肝脏、肾脏和肌肉组织中，人食入后可引起慢性中毒。中毒症状分为以下三种类型。

①急性和亚急性中毒：短时间摄入黄曲霉毒素量较大，迅速造成肝细胞变性、坏死、出血以及胆管增生，在几天或几十天后死亡。

②慢性中毒：持续摄入一定量的黄曲霉毒素，使肝脏出现慢性损伤，生长缓慢，体重减轻，肝功能降低，出现肝硬化，在几周或几十周后死亡。

③致癌性：实验证明许多动物小剂量反复摄入或大剂量一次摄入皆能引起癌症，主要

是肝癌。

（4）食品安全危害　黄曲霉毒素主要污染粮、油及其制品，常在收获前后、储藏、运输期间或加工过程中产生。其中污染最严重的是棉籽、花生、玉米及其制品，其次是稻米、小麦、大麦、高粱、芝麻等，大豆是污染最轻的农作物之一。

食品经过加工有利于降低食品中黄曲霉毒素的污染，特别在碱性条件下加工和加工工艺中有氧化处理措施等都有利于黄曲霉毒素的降解。2011 年 12 月国家质检总局查出一批次的牛乳产品因奶牛玉米饲料霉变导致黄曲霉毒素 M_1 超标，使中国乳业市场又一次遭受了打击。

2. 展青霉素

展青霉素（Patulin）又称展青霉毒素、棒曲霉素、珊瑚青霉毒素，是青霉属、曲霉属和丝衣霉菌属（*By ssochlamys*）的菌种代谢产生的一种真菌毒素，它是一种神经毒物，且具有致畸性和致癌性。

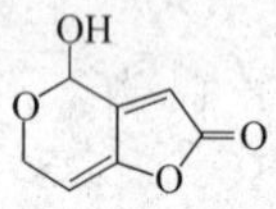

OH O O O

图 3－19　展青霉素化学结构式

（1）理化特性　化学分子式为 $C_7H_6O_4$，相对分子质量为 154，熔点为 110～112℃，化学结构式见图 3－19。以乙醇配制的溶液展青霉素在紫外光下仅有单一的最大吸收值，波长为 275 nm（ε＝25，773）。展青霉素为无色结晶，易溶于水、氯仿、丙酮、乙醇及乙酸乙酯等有机溶剂，微溶于乙醚、苯，不溶于石油醚。在酸性环境中展青霉素非常稳定，在碱性条件下活性降低，具有不饱和内酯的某些特性，易与含巯基化合物反应。

（2）产毒菌株　产生展青霉素的菌种主要有扩张青霉（*P. expalnsum*）、展青霉（*P. patulium*）、棒曲霉（*A. clavatus*）、巨大曲霉（*A. giganteus*）、土曲霉（*A. terreus*）、娄地青霉（*F. rogueforti*）等。国内外有关文献报道，从自然基质上特别是从土壤中分离出来的菌较从食品中分离出来的菌产毒能力强。有研究认为产毒能力由强到弱依次为棒曲霉＞展青霉＞娄地青霉＞圆弧青霉＞扩张青霉＞土曲霉＞产黄青霉＞巨大曲霉，特别是前 5 种菌的产毒阳性率均在 50% 以上，产毒量也较大，棒曲霉、展青霉、娄地青霉、扩张青霉均有产毒量大于 10mg/L 的菌株，有 1 株扩张青霉和 1 株展青霉的最高产毒量为 400mg/mL。

（3）致病性和中毒表现　毒理学试验表明，展青霉素具有影响生育、免疫和致癌等毒理作用，同时也是一种神经毒素。展青霉素具有致畸性，对人体的危害很大，导致呼吸和泌尿等系统的损害，使人神经麻痹、肺水肿、肾功能衰竭。

（4）食品安全危害　展青霉素主要存在于霉烂苹果和苹果汁中，变质的梨、谷物、面粉、麦芽饲料中和其他食物中也有存在。在酸性环境中展青霉素非常稳定，加热也不被破坏；果酒和果醋中没有发现展青霉素，因为在发酵过程中它被破坏，热处理能适当降低展青霉素含量，但巴氏杀菌对它无效。

英国食品、消费品和环境中化学物质致突变委员会已将展青霉素划为致突变物质。FAO/WHO 食品添加剂委员会（JECFA）的一份研究报告表明，展青霉素没有可再生作用或致畸作用，但是对胚胎有毒性，同时伴随有母本毒性。

3. 赭曲霉毒素

赭曲霉毒素（Ochratoxins）是曲霉属和青霉属的一些菌种产生的一组次级代谢产物，

赭曲霉毒素对人、家畜、家禽都有毒害作用，因此对人体健康和畜牧业的发展都有很大的危害。

（1）理化特性　赭曲霉毒素包含7种结构类似的化合物，其中以赭曲霉毒素A（Ochratoxin A，简称OTA）分布最广、产毒量最高、毒性最强。OTA是一种无色结晶化合物，溶解于极性有机溶剂，微溶于水和稀的碳酸氢盐中。在紫外光下OTA呈绿色荧光。该化合物相当稳定，在乙醇中置冰箱避光可保存一年。

（2）产毒菌株　自然界中产生OTA的真菌以纯绿青霉（*Penicillium verrucosum*）、赭曲霉（*Aspergillus ochraceus*）和炭黑曲霉（*A. carbonarius*）为主。

赭曲霉最佳生长温度24～31℃，最适水分活度为0.195～0.199，在pH3～10范围内生长良好，pH低于2时生长缓慢；纯绿青霉生长所需温度为0～30℃，最适温度20℃，水分活度0.18；炭黑曲霉以侵染水果为主，为腐生菌，最适繁殖温度为32～35℃，低pH、高糖、高温环境促进炭黑曲霉的生长繁殖。

（3）致病性和中毒表现

①急性毒性与慢性毒性：赭曲霉毒素具有烈性的肝脏毒和肾脏毒，当人、畜摄入被这种毒素污染的食品或饲料后，就会发生急性或慢性中毒。

②致癌性：赭曲霉毒素能引起肾脏的严重病变、肝脏的急性功能障碍、脂肪变性、透明变性及局部性坏死，长期摄入也有致癌作用。此外，赭曲霉毒素还有致畸和致突变作用。

（4）食品安全危害　由于纯绿青霉、赭曲霉和炭黑曲霉等的OTA产生菌广泛分布于自然界，因此多种农作物和食品均可被OTA污染，包括粮谷类、罐头食品、豆制品、调味料、油、葡萄及葡萄酒、啤酒、咖啡、可可和巧克力、中草药、橄榄、干果、茶叶等。动物饲料中OTA的污染也非常严重，进食被OTA污染的饲料后导致动物体内OTA的蓄积，由于OTA在动物体内非常稳定，不易被代谢降解，因此动物性食品，尤其是猪的肾脏、肝脏、肌肉、血液、乳和乳制品等中常有OTA检出，人通过进食被OTA污染的农作物和动物组织而引起食物中毒。OTA是欧洲国家膳食中的主要污染物，食品中的污染率在一些国家高达20%～30%。

赭曲霉毒素的结构见图3－20。

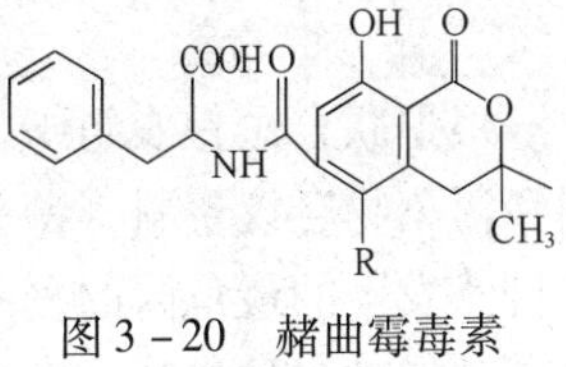

图3－20　赭曲霉毒素的结构

4. 杂色曲霉毒素

杂色曲霉毒素（Sterigmatocystin）是一类与赭曲霉毒素结构类似的化合物，它主要由杂色曲霉（*Aspergillus uersicolor*）和构巢曲霉（*A. nidulans*）等真菌产生。杂色曲霉毒素的急性毒性不强，对小鼠的经口LD_{50}为800mg/kg体重以上。杂色曲霉毒素的慢性毒性主要表现为肝和肾中毒，但该物质有较强的致癌性。以0.15～2.25mg/只的剂量饲喂大鼠42周，有78%的大鼠发生原发性肝癌，且有明显的量效关系。杂色曲霉毒素的结构见图3－21。

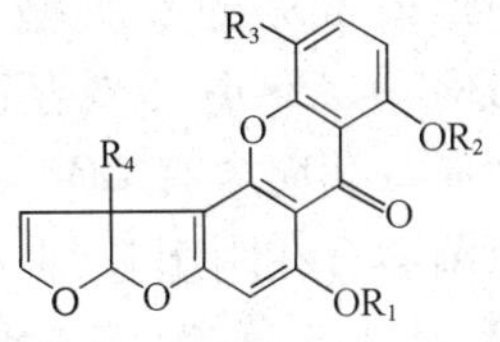

图3－21　杂色曲霉毒素的结构

杂色曲霉主要污染玉米、花生、大米和小麦等谷物，但污染范围和程度不如黄曲霉毒素。不过在肝癌高发区居民的食物中，杂色曲霉素污染较为严重，在食管癌的高发地区居民喜食的霉变食品中也较为普遍。杂色曲霉毒素存在于一些乳制品、谷类和饲料产品中，由于杂色曲霉毒素在这些产品中往往含量较高，所以其危险性较黄曲霉毒素要大。

5. 伏马菌素

伏马菌素（Fumonisin FB）是20世纪80年代末在南非发现的一种由串珠镰刀菌（*Fusarium moniliforme* Sheld）产生的一类霉菌毒素，主要污染粮食及其制品，特别是玉米及其制品，与黄曲霉毒素的共同污染状况也很严重，与其他霉菌毒素也存在联合作用。伏马菌素可以引起动物的急、慢性毒性，因动物的种类不同而作用的靶器官也不相同。伏马菌素对肝、肾、肺和神经系统均有毒性，除了引起马的脑病、猪的肺水肿和肝毒性外，对实验动物具有明显的致癌性，是目前国际上最广泛关注的一种真菌毒素。

伏马菌素对动物造成的危害是多方面的，因其剂量和动物种类的不同而存在很大差异，摄食伏马菌素污染的谷物可导致马、家兔、羊、大鼠和猪等多种动物的各种不良作用。在所有的动物实验中，伏马菌素与肝损伤及某些脂类，特别是神经鞘脂类水平的改变有关，也发现肾脏的损伤。长期食用伏马菌素污染的粮食对人造成的危害有待进一步深入研究。

伏马菌素可以污染多种粮食及其制品，有研究认为，被伏马菌素污染的食品，可能引起人畜急性中毒和慢性毒性，并具有种属特异性和器官特异性。伏马菌素污染的粮食常常伴有另外一种非常重要的霉菌毒素——黄曲霉毒素的存在，这更增加了对人畜危害的严重性。

6. 棒曲霉毒素

棒曲霉毒素（*Patulin*）是1942年首次从棒状青霉中分离纯化出的，是杂环内酮结构，也可经由其他一些青霉和某些曲霉代谢产生。霉变的苹果和其他水果都有可能产生棒曲霉毒素，苹果原汁、各种稀释过的苹果浓缩汁及苹果酒里常常含有棒曲霉毒素。棒曲霉毒素普遍被认为是一种免疫抑制剂，可能具有致癌、致突变、致畸等毒性。

7. 镰刀菌毒素

根据联合国粮农组织（FAO）和世界卫生组织（WHO）联合召开的第三次食品添加剂和污染物会议资料，镰刀菌毒素（Fusantium Mycotoxin）问题同黄曲霉毒素一样被看作是自然发生的最危险的食品污染物。镰刀菌毒素是由镰刀菌产生的。镰刀菌在自然界广泛分布，侵染多种作物。有多种镰刀菌可产生对人畜健康威胁极大的镰刀菌毒素。镰刀菌毒素已发现有十几种，按其化学结构可分为以下三大类，即单端孢霉烯族化合物、玉米赤霉烯酮和丁烯酸内酯。

（1）单端孢霉烯族化合物（Tricothecenes） 单端孢霉烯族化合物是由雪腐镰刀菌、禾谷镰刀菌、梨孢镰刀菌、拟枝孢镰刀菌等多种镰刀菌产生的一类毒素。它是引起人畜中毒最常见的一类镰刀菌毒素。我国粮食和饲料中常见的是脱氧雪腐镰刀菌烯醇（DON）。DON主要存在于麦类赤霉病的麦粒中，在玉米、稻谷、蚕豆等作物中也能感染赤霉病而含有DON。赤霉病的病原菌是赤霉菌，其无性阶段是禾谷镰刀霉。这种病原菌适合在阴雨连绵、湿度高、气温低的气候条件下生长繁殖。DON又称致吐毒素（Vomitoxin），易溶于水，热稳定性高，烘焙温度210℃、油煎温度140℃或煮沸，只能破坏50%。

人误食含DON的赤霉病麦（含10%病麦的面粉250g）后，多在1h内出现恶心、眩晕、腹痛、呕吐、全身乏力等症状。少数伴有腹泻、颜面潮红、头痛等症状。以病麦喂猪，猪的体重增长缓慢，宰后脂肪呈土黄色，肝脏发黄，胆囊出血。DON 对狗经口的致吐剂量为 0.1mg/kg。

（2）玉米赤霉烯酮（Zearalenone）　又称 F－2 毒素，它首先从有赤霉病的玉米中分离得到。玉米赤霉烯酮的产毒菌主要是镰刀菌属（*Fusarium*）的菌株，如禾谷镰刀菌（*F. graminearum*）和三线镰刀菌（*F. tricinctum*）。玉米赤霉烯酮主要污染玉米、小麦、大米、大麦、小米和燕麦等谷物，其中玉米的阳性检出率为 45%，最高含毒量可达到 2909mg/kg；小麦的检出率为 20%，含毒量为 0.364～11.05mg/kg。玉米赤霉烯酮的耐热性较强，110℃下处理 1h 才被完全破坏。图 3－22 显示了玉米赤霉烯酮的结构。

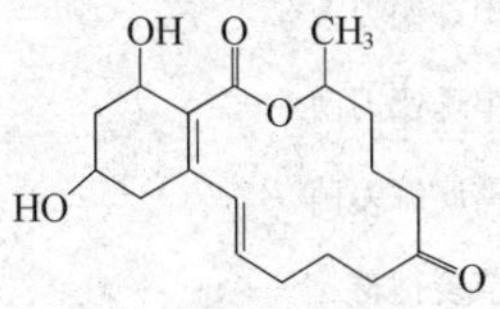

图 3－22　玉米赤霉烯酮的结构

玉米赤霉烯酮具有雌激素作用，主要作用于生殖系统，可使家畜、家禽和实验小鼠产生雌性激素亢进症。妊娠期的动物（包括人）食用含玉米赤霉烯酮的食物可引起流产、死胎和畸胎。食用含赤霉病麦面粉制作的各种面食也可引起中枢神经系统的中毒症状，如恶心、发冷、头痛、神智抑郁和共济失调等。

（3）丁烯酸内酯（Butenolide）　丁烯酸内酯在自然界发现于牧草中，牛饲喂带毒牧草导致烂蹄病。丁烯酸内酯是三线镰刀菌、雪腐镰刀菌、拟枝孢镰刀菌和梨孢镰刀菌产生的，易溶于水，在碱性水溶液中极易水解。

8. 其他真菌毒素

（1）棕曲霉毒素（Ochratoxin）　棕曲霉毒素是由棕曲霉（*A. ochraceus*）、纯绿青霉、圆弧青霉和产黄青霉等产生的。现已确认的有棕曲霉毒素 A 和棕曲霉毒素 B 两类。它们易溶于碱性溶液，可导致多种动物肝肾等内脏器官的病变，故称为肝毒素或肾毒素，此外还可导致肺部病变。棕曲霉产毒的适宜基质是玉米、大米和小麦。产毒适宜温度为 20～30℃，A_W 值为 0.953～0.997。在粮食和饲料中有时可检出棕曲霉毒素 A。

（2）青霉酸（Penicllic Acid）　青霉酸是由软毛青霉、圆弧青霉、棕曲霉等多种霉菌产生的。极易溶于热水、乙醇。以 1.0mg 青霉酸给大鼠皮下注射，每周 2 次，64～67 周后，在注射局部发生纤维瘤，对小白鼠试验证明有致突变作用。在玉米、大麦、豆类、小麦、高粱、大米、苹果上均检出过青霉酸。青霉酸是在 20℃以下形成的，所以低温贮藏的食品若霉变可能污染青霉酸。

（3）交链孢霉毒素（Alternaria Mycotoxin）　交链孢霉是粮食、果蔬中常见的霉菌之一，可引起许多果蔬发生腐败变质。交链孢霉产生多种毒素，主要有四种：交链孢霉酚（Alternariol，AOH）、交链孢霉甲基醚（Alternariol Methyl Ether，AME）、交链孢霉烯（Altenuene，ALT）、细偶氮酸（Tenuazoni Acid，TeA）。

AOH 和 AME 有致畸和致突变作用。给小鼠或大鼠口服 50～98mg/kg TeA 钠盐，可导致胃肠道出血死亡。交链孢霉毒素在自然界产生水平低，一般不会导致人或动物发生急性中毒，但其慢性毒性值得注意。在番茄及番茄酱中检出过 TeA。

几种常见的霉菌及其毒素见表 3－1。

表 3－1　几种常见的霉菌及其毒素

产毒霉菌	毒素	生物学作用	污染源
黄曲霉、寄生曲霉	黄曲霉毒素	肝脏毒、癌症	玉米、花生、大豆
杂色曲霉	杂色曲霉毒素	肝脏毒	麦类、芝麻
棕曲霉	棕曲霉毒素	肝、肾毒、癌症	玉米、高粱、麦类
串珠镰刀菌	伏马菌素	神经毒、癌症	玉米
串珠镰刀菌	串珠镰刀菌毒素	心脏毒	玉米、稻谷
雪腐镰刀菌	玉米赤霉烯酮	子宫肥大、流产	麦类、玉米
节菱孢霉	3－硝基丙酸	神经毒	甘蔗
展青霉、圆弧青霉	展青霉素	细胞素毒	山楂、苹果

第四节　寄　生　虫

寄生虫（Parasites）是指营寄生生活的动物，其中通过食品感染人体的寄生虫称为食源性寄生虫，主要包括原虫、节肢动物、吸虫、绦虫和线虫，其中后三者统称为蠕虫。寄生虫可通过多种途径污染食品和饮用水，经口进入人体，引起食源性寄生虫病的发生和流行，特别是在脊椎动物与人之间自然传播和感染的人畜共患寄生虫病，对人类健康危害很大。

食物在环境中有可能被寄生虫和寄生虫卵污染，例如某些水果、蔬菜的外表面可被钩虫及其虫卵污染，食之可引起钩虫在人体寄生；猪、牛等家畜体内有时寄生有绦虫，人食用了带有绦虫包囊的肉，可染上绦虫病；某些水产品是肝吸虫等寄生虫的中间宿主，食用这些带有寄生虫的水产品也可造成食源性寄生虫病。食源性寄生虫病是由摄入含有寄生虫幼虫或虫卵的生的或未经彻底加热的食品引起的一类疾病，严重危害人群的健康和生命安全。

一、食源性寄生虫的分类与危害

1. 食源性寄生虫的分类

食源性寄生虫感染的主要食物是蔬菜、鱼、肉等食品，按寄生虫污染食品的种类不同分为肉源性寄生虫、水生动物源性寄生虫、水生植物源性寄生虫和蔬菜水果源性寄生虫等。

（1）肉源性寄生虫　旋毛虫、猪（牛）/囊尾蚴（*Cysticercus cellulosae*）、肝片形吸虫（*Fasciola hepatica*）、弓形虫（*Toxoplasma*）、住肉孢子虫、细粒棘球蚴等常寄生于畜肉中，吃生的或通过烧、烤、涮等方法吃带着血丝未煮熟的猪、牛、羊、鸡、鸭、兔肉和野生动物易感染肉源性寄生虫病。

（2）水生动物源性寄生虫　某些水生动物如养殖淡水鱼、贝类、泥鳅、虾、蟹、喇蛄、螺类可分别传播华支睾吸虫、卫氏并殖吸虫、棘颚口线虫、猫后睾吸虫、无饰线虫、横川后殖吸虫、阔节裂头绦虫、广州管圆线虫等；海产品中如鳕鱼、鲐鲅鱼携带异尖线虫。到目前为止，已知30余种食源性寄生虫病的感染与进食生的（如生鱼片、鱼生粥、醉虾蟹和螺、喇蛄酱等）或未经彻底加热的上述水生动物有关。特别是有吃“生鱼”习惯的地区，发病率的上升幅度更大。

（3）水生植物源性寄生虫　如姜片虫常寄生于菱角、荸荠、茭白、藕等水生植物的表面，人类生食或进食未彻底加热的上述植物而引起感染。

（4）蔬菜水果源性寄生虫　由于广大农村地区用新鲜粪便施肥，使蔬菜、水果（如草莓等）成为寄生虫（尤其是土源性寄生虫）传播的主要途径。如感染性蛔虫（*Ascaris lumbricoides*）卵、鞭虫（*Trichuris trichiura*）卵、猪带绦虫（*Taenia solium*）卵和钩虫（*Ancylostoma*）的感染期幼虫以及原有包囊等，皆可以由食用未洗净或未煮熟的蔬菜而传播。

2. 食源性寄生虫病的危害

寄生虫对人类的危害，除由病原体引起的疾病以及因此而造成的经济损失外，还可作为传播媒介引起疾病的传播。联合国开发计划署和WHO要求防治的6类主要热带疫病中，有5类是寄生虫病。寄生虫对人类的危害包括对人类健康的危害和对社会经济发展的影响。在世界范围内，特别是在热带和亚热带地区，寄生虫所引起的疾病一直是普遍存在的公共卫生问题。发展中国家由于经济和生活条件相对落后，寄生虫病的流行情况远较发达国家严重。但在经济发达国家，寄生虫病也是一个重要的公共卫生问题，如感染阴道毛滴虫的人数在美国为250万，英国为100万。蓝氏贾第鞭毛虫的感染在前苏联特别严重，美国也几乎接近流行。而一些机会致病寄生虫，如弓形虫、肺孢子虫、隐孢子虫等已成为艾滋病患者死亡的主要原因。

寄生虫侵入人体，在移行、发育、繁殖和寄生过程中对人体组织和器官造成的主要损害有三方面：一是夺取营养，寄生虫在人体寄生过程中，从寄生部位吸取蛋白质、碳水化合物、矿物质和维生素等营养物质，使感染者出现营养不良、体重减轻等症状，严重时发生贫血（如感染钩虫）；二是机械性损伤，寄生虫侵入机体、移行和寄生等生理过程均可对人体的组织和器官造成不同程度的损伤，如钩虫寄生于肠道可引起肠黏膜出血；三是毒素引起免疫损伤，有些寄生虫可产生毒素，损害人体的组织器官。寄生虫的代谢产物、排泄物或虫体的崩解物也能损害组织，引起人体发生免疫病理反应，使局部组织出现炎症、坏死、增生等病理变化。

寄生虫病不仅影响患者的健康和生活质量，而且会给社会经济发展带来巨大的损失，如劳动力的丧失，工作效率的降低，额外的治疗费用及预防费用等。例如，20世纪50～60年代血吸虫病曾在我国流行，国家不得不发动了全国性的灭（治）血吸虫（病）运动，给广大劳动人民和国家带来了巨大的伤害和损失。此外，某些人畜共患寄生虫病，如包虫病、囊虫病、旋毛虫病等也常使畜牧业遭受巨大的经济损失，阻碍畜牧业国家和地区的经济发展。

二、寄生虫污染食品的途径

传播途径是指寄生虫从传染源排出，借助于某些传播因素，进入另一宿主的全过程。人体寄生虫病常见的传播途径有以下几种。

（1）经水传播　不少寄生虫是经水而进入人体的。水源如被某些寄生虫的感染期虫卵或幼虫污染，人则可因饮水或接触疫水而感染，如饮用含血吸虫尾蚴的疫水可感染血吸虫。经饮水传播的寄生虫病具有病例分布与供水范围一致，不同年龄、性别、职业者均可发病等特点。

（2）经食物传播　我国不少地区均以人粪作为肥料，粪便中的感染期虫卵污染蔬菜、水果等是常见的传播途径。因此生食蔬菜或未洗净、削皮的水果，生食鱼、肉等食品常成为某些寄生虫病传播的重要方式。如生食或半生食含感染期幼虫的猪肉可感染猪带绦虫、旋毛虫。

（3）经土壤传播　有些直接发育型的线虫，如蛔虫、鞭虫、钩虫等的卵需在土壤中发育为感染性卵或幼虫，因此人体感染与接触土壤有关。有的寄生虫卵对外界环境有很强的抵抗力，如蛔虫卵能在浅层土壤中生存数年。

（4）经空气（飞沫）传播　有些寄生虫的感染期卵可借助空气或飞沫传播，如蛲虫卵可在空气中飘浮，并可随呼吸进入人体而引起感染。

（5）经节肢动物传播　某些节肢动物在寄生虫病传播中起着特殊而重要的作用，如蚊传播疟疾和丝虫病、白蛉传播黑热病等。

（6）经人体直接传播　有些寄生虫可通过人与人之间的直接接触而传播，如疥螨可由直接接触患者皮肤而传播。寄生虫进入人体的常见途径有：经口感染，如蛔虫、鞭虫、蛲虫等；经皮肤感染，如钩虫、血吸虫等；经胎盘感染，如弓形虫、疟原虫等；经呼吸道感染，如蛲虫、棘阿米巴等；经输血感染，如疟原虫等。

三、寄生虫病的流行特点

1. 地方性

某种疾病在某一地区经常发生，无需自外地输入，这种情况称地方性。寄生虫病的流行常有明显的地方性，这种特点与当地的气候条件、中间宿主或媒介节肢动物的地理分布、人群的生活习惯和生产方式有关。如钩虫病在我国淮河及黄河以南地区广泛流行，但在气候干寒的西北地带则很少流行；血吸虫病的流行区与钉螺的分布一致，具有明显的地方性；有些食源性寄生虫病，如华支睾吸虫病、旋毛虫病等的流行，与当地居民的饮食习惯密切相关；在我国西北畜牧地区流行的包虫病则与当地的生产环境和生产方式有关。

2. 季节性

由于温度、湿度、雨量、光照等气候条件会对寄生虫及其中间宿主和媒介节肢动物种群数量的消长产生影响，因此寄生虫病的流行往往呈现出明显的季节性。如温暖、潮湿的条件有利于钩虫卵及钩蚴在外界的发育，因此钩虫感染多见于春、夏季节；疟疾和黑热病的传播需要媒介蚊子和白蛉，因此疟疾和黑热病的传播和感染季节与其媒介节肢动物出现的季节一致。人群的生产和生活活动也会造成感染的季节性，如血吸虫病，常因农业生产或下水活动而接触疫水，因此，急性血吸虫病往往发生在夏季。

3. 自然疫源性

有些人体寄生虫病可以在人和动物之间自然的传播，这些寄生虫病称为人畜共患寄生虫病。在人迹罕至的原始森林或荒漠地区，这些人畜共患寄生虫病可在脊椎动物之间相互传播，人进入该地区后，这些寄生虫病则可从脊椎动物传播给人，这种地区称为自然疫源地。寄生虫病的自然疫源性不仅反映了寄生于人类的寄生虫绝大多数是由动物寄生虫进化而来的，同时也说明某些寄生虫病在流行病学和防治方面的复杂性。在涉及野外活动，如地质勘探、探险和开发新的旅游区时，了解当地寄生虫病的自然疫源性是必要的。此外，自然保护区的建立，也可能形成新的自然疫源地。

四、常见寄生虫及寄生虫病

1. 隐孢子虫

隐孢子虫（*Cryptosporidium* Tyzzer，1907）为体积微小的球虫类寄生虫。广泛存在于多种脊椎动物体内，寄生于人和大多数哺乳动物体内的主要为微小隐孢子虫（*C. parvum*）。由微小隐孢子虫引起的疾病称隐孢子虫病（*Cryptosporidiosis*），是一种以腹泻为主要临床表现的人畜共患原虫病。

（1）流行病学　隐孢子虫病呈世界性分布，迄今已有74个国家，至少300个地区有报道。各地感染率高低不一，一般发达国家或地区感染率低于发展中国家或地区。人对隐孢子虫普遍易感。婴幼儿、艾滋病患者、接受免疫抑制剂治疗的病人以及免疫功能低下者更易感染。人与动物可以相互传播，但人际的相互接触是人体隐孢子虫病最重要的传播途径。食用含隐孢子虫卵囊污染的食物或水是主要传播方式。痰中有卵囊者可通过飞沫传播。

（2）致病性和临床表现　隐孢子虫主要寄生于小肠上皮细胞的刷状缘纳虫空泡内。空肠近端是虫体寄生数量最多的部位，严重者可扩散到整个消化道，也可寄生在呼吸道、肺脏、扁桃体、胰腺、胆囊和胆管等器官中。

临床症状的严重程度与病程长短也取决于宿主的免疫功能状况。免疫功能正常宿主的症状一般较轻，潜伏期一般为3～8d，急性起病，腹泻为主要症状，大便呈水样或糊状，一般无脓血，日排便2～20余次。严重感染的幼儿可出现喷射性水样便，常伴有痉挛性腹痛、腹胀、恶心、呕吐、食欲减退或厌食、口渴和发热。免疫缺陷宿主的症状重，常为持续性霍乱样水泻，每日腹泻数次至数十次，常伴剧烈腹痛，水、电解质紊乱和酸中毒。病程可迁延数月至一年。

（3）预防和控制措施　及时诊治病人和病畜。对于免疫功能低下者，尤其是艾滋病患者要加强防护，当其发生腹泻时，要勤查粪便以尽早发现隐孢子虫卵囊。合理处理人畜粪便，防止污染环境、食品和饮水。凡接触病人病畜者，应及时洗手消毒；因卵囊的抵抗力强，病人用过的便盆等必须在3%漂白粉中浸泡30min后，才能予以清洗。10%福尔马林、5%氨水可灭活卵囊。此外，65～70℃加热30min可灭活卵囊，因此应提倡喝开水。

2. 华支睾吸虫病

中华支睾吸虫［*Clonorchis sinensis*（Cobbold，1875）Looss，1907］简称华支睾吸虫，又称肝吸虫（Liver fluke）。成虫寄生于人体的肝胆管内，可引起华支睾吸虫病（Clonorchiasis），又称肝吸虫病。

（1）流行病学　华支睾吸虫病主要分布在亚洲，如中国、日本、朝鲜、越南和部分东南亚国家。在我国除青海、宁夏、内蒙古、西藏等尚未见报道外，其余25个省、市、自治区都有不同程度流行。能排出华支睾吸虫卵的病人、感染者、受感染的家畜和野生动物均可作为传染源。华支睾吸虫有着广泛的保虫宿主，如猫、狗、鼠类和猪等，对人群具有潜在的威胁性。流行的关键因素是当地人群是否有生吃或半生吃鱼肉的习惯。

（2）致病性和临床表现

①致病机理：华支睾吸虫病的危害性主要是患者的肝脏受损，病变主要发生于肝脏的次级胆管。成虫在肝胆管内破坏胆管上皮及黏膜下血管，虫体在胆道寄生时的分泌物、代谢产物和机械刺激等因素诱发的变态反应可引起胆管内膜及胆管周围的超敏反应及炎性反应，出现胆管局限性的扩张及胆管上皮增生。华支睾吸虫病的并发症和合并症很多，有报道多达21种，其中较常见的有急性胆囊炎、慢性胆管炎、胆囊炎、胆结石、肝胆管梗阻等。据国内外一些文献报道，华支睾吸虫感染可引起胆管上皮细胞增生而致癌变，主要为腺癌。

②临床表现：轻度感染时不出现临床症状或无明显临床症状，大部分患者急性期症状不很明显。患者的症状往往经过几年才逐渐出现，一般以消化系统症状为主，疲乏、上腹不适、食欲不振、厌油腻、消化不良、腹痛、腹泻、肝区隐痛、头晕等较为常见。常见的体征有肝肿大，多在左叶，质软，有轻度压痛，脾肿大较少见。在晚期可造成肝硬化、腹水，甚至死亡。儿童和青少年感染华支睾吸虫后，临床表现往往较重，死亡率较高。除消化道症状外，常有营养不良、低蛋白血症、浮肿、肝肿大和发育障碍，以至肝硬化，极少数患者甚至可致侏儒症。

（3）预防和控制措施　华支睾吸虫病是由于生食或半生食含有囊蚴的淡水鱼、虾所致，预防华支睾吸虫病应抓住经口传染这一环节，防止食入活囊蚴是防治本病的关键。自觉不吃生鱼及未煮熟的鱼肉或虾，改进烹调方法和饮食习惯，注意生、熟吃的厨具要分开使用。家养的猫、狗如粪便检查阳性者应给予治疗，不要用未经煮熟的鱼、虾喂猫、狗等动物，以免引起感染。加强粪便管理，不让未经无害化处理的粪便下鱼塘。结合农业生产清理塘泥或用药杀灭螺蛳，对控制本病也有一定的作用。

3. 卫氏并殖吸虫

卫氏并殖吸虫［*Paragonimus westermani*（Kerbert，1878）Braun，1899］是人体并殖病主要病原，也是最早发现的并殖吸虫。

（1）流行病学

①传染源和传播方式：人和肉食类哺乳动物是其传染源。保虫宿主种类多，如虎、豹、狼、狐、豹猫、大灵猫、果子狸等多种野生动物皆可感染此虫。在某些地区，犬是主要传染源。感染的野生动物是自然疫源地的主要传染源。

②感染途径：经口吃进囊蚴，以各种方式吃进生的或半生的含活囊蚴的溪蟹或蝲蛄而感染。若生饮含尾蚴的水，这些尾蚴在终宿主体内也有可能发育。野猪、猪、兔、鼠、蛙、鸡、鸟等多种动物已被证实可作为转续宿主。人吃进这些动物的肉也可能获得感染。

③流行特点：卫氏并殖吸虫病在世界各地分布较广，日本、朝鲜、俄罗斯、菲律宾、马来西亚、印度、泰国以及非洲、南美洲均有报道。在我国，目前除西藏、新疆、内蒙古、青海、宁夏未见报道外，其他省、市均有报道。

（2）致病性和临床表现　卫氏并殖吸虫幼虫在人体内移行，引起腹腔发炎、出血、腹腔积水、器官粘连、肝脏出血、肺脏脓肿和囊肿、胸膜炎等病变。成虫寄生于肺脏，有时侵害脑、脊髓、眼、腹腔、肝等器官，引起局部炎症反应，形成脓肿、囊肿、结节和瘢痕。致病主要由童虫、成虫在组织器官中移行、窜扰、定居所引起。

症状因虫体种类、寄生数量、发育程度和寄生部位而异，轻者仅表现为食欲不振、乏力、腹痛、腹泻、低烧等非特异性症状；重者可有全身过敏反应、高热、腹痛、胸痛、咳嗽、气促、肝大并伴有荨麻疹。血相白细胞数增多，嗜酸细胞升高明显，一般为20%～40%，高者超过80%。本病有4种类型：胸肺型，以咳嗽、胸痛、咳出果酱样或铁锈色血痰等为主要症状；腹型，以腹痛、腹泻、便血、恶心、呕吐及肝脏肿大为主，严重的导致肝硬化；皮下包块型，以出现游走性皮下包块或结节为主要症状；脑脊髓型，多见于儿童，有剧烈头痛、反应迟钝等表现，严重者发生癫痫、共济失调、瘫痪、失语、视力障碍。

（3）预防和控制措施　加强卫生宣传教育，保持良好的饮食习惯，不食用生的和半生的溪蟹、蝲蛄、蝲蛄酱、蝲蛄豆腐和醉蟹，不饮用生溪水。加强水源管理，防止人畜粪便和病人痰液污染水源。

4. 旋毛虫

旋毛虫（*Trichinella spiralis*）病是由旋毛虫成虫寄生于小肠及幼虫寄生于鸡肉所引起的人畜共患的动物源性传染病。在欧美各国发病率很高，我国云南、西藏、吉林、辽宁、黑龙江、河南等省都曾有人体旋毛虫病发生。

（1）流行病学　旋毛虫病人畜共患的寄生虫病，是一种动物源性疾病，它是以损害骨骼肌为主的一种全身性疾病。目前已知猪、狗、羊、牛、鼠等120多种哺乳动物有自然感染。在动物之间的广泛传播是由于相互蚕食形成的“食物链”，也成为人类感染的自然疫源。人类旋毛虫病流行与猪的关系最为密切。猪的感染主要是由于吞食含有旋毛虫幼虫囊包的肉屑、鼠类或污染的食料。人感染旋毛虫主要是通过生食或半生食含幼虫囊包的肉类（尤其是猪肉及其制品）引起，因此，猪是人类感染旋毛虫的主要传染源（图3－23）。幼虫囊包的抵抗力强，耐低温，在－15℃下可存活20d，腐肉中可存活2～3个月，熏烤、腌制和曝晒等方式也不能杀死幼虫。

图3－23　旋毛虫病传染途径

含有旋毛虫的动物肉或被旋毛虫污染的食物为主要传染源。经口吃进幼虫囊包为其主要感染途径。旋毛虫病广泛流行于世界各地，但以欧美的发病率为高。我国主要流行于云南、西藏、广西、湖北和东北等地。

（2）致病性和临床表现　人食入活旋毛虫囊包后，囊包经胃液消化，在十二指肠释出幼虫，经5～7d，幼虫蜕皮4次后发育为成虫。小肠黏膜受幼虫侵袭而充血、水肿，病人可有腹痛、腹泻、恶心、呕吐等症状，持续3～5d自行缓解。雌雄成虫交配后，雌虫钻入肠黏膜产出大量幼虫。除少数附于肠黏膜表面的幼虫由肠道排出外，绝大部分幼虫沿淋巴管或静脉流经心脏至肺，然后随体循环到达全身各器官、组织及体腔。幼虫进入血循环后可引起异性蛋白质反应，病人出现持续性高热、荨麻疹、斑丘疹、眼睑和面部浮肿等症状，末梢血嗜酸性粒细胞也明显增多。因幼虫及其代谢产物的刺激，横纹肌、小血管及其周围的间质发生炎性反应，病人感到肌肉疼痛，以四肢肌肉为主。重者出现咀嚼、吞咽及发音困难。若幼虫侵及心脏及中枢神经系统，可引起心律失常、心包炎、抽搐和昏迷等严重症状，这些症状可持续 1～2 个月，肌肉疼痛有时持续数月。幼虫在肌纤维间卷曲呈“U”形或螺旋形，其所在部位的肌细胞膨大，形成梭形肌腔将虫体包围。随着囊包的逐渐形成，急性炎症消退，症状缓解，但病人仍消瘦、乏力。体力恢复约需 4 个月。

（3）预防和控制措施　加强卫生教育，改变食肉的方式，不吃生的或未熟透的猪肉及野生动物肉是预防本病的关键。认真执行肉类检疫制度，未经宰后检疫的猪肉不准上市；遵守食品卫生管理法规，发现感染有旋毛虫病的肉要坚决焚毁；扑杀鼠类、野犬等保虫宿主等，是防止人群感染的重要环节。

5. 猪带绦虫和牛带绦虫

猪带绦虫（*Taenia solium*）属于圆叶目（Cyclophyllidea）、带科（Taeniidea）、带属，又称有钩绦虫、链状带绦虫或猪肉绦虫，寄生于人的肠道中，可存活 25 年。猪囊尾蚴（*Cysticercus cellulosae*）俗称猪囊虫，是猪带绦虫的幼虫。

牛带绦虫（*Taenia saginata*）又称无钩绦虫、肥胖带绦虫或牛肉绦虫，寄生于人的肠道中，可存活 20～30 年。牛囊尾幼（*C. bovis*）又称牛囊虫，寄生于牛的骨骼肌和心肌中，引起牛囊尾蚴病。

（1）流行病学

①猪带绦虫病和牛带绦虫病：

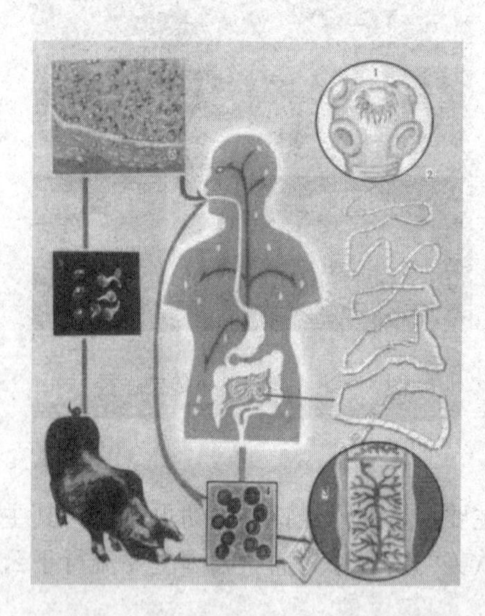

图 3－24　猪带绦虫病传染循环途径

a. 传染源和传播途径：人是猪带绦虫和牛带绦虫的唯一终末宿主和传染源。感染者通过粪便排出猪带绦虫或牛带绦虫虫卵，污染饲料或饮水，分别使猪或牛感染囊尾蚴。人因食入生的或未煮熟的含囊尾蚴的猪肉或牛肉而分别感染猪带绦虫或牛带绦虫病，也有因食用腌肉、熏肉、过桥米线（云南）、生片火锅（西南）、沙茶面（福建）等食品引起感染的报道。在肉品加工中生熟不分可造成交叉污染。图 3－24 显示了猪带绦虫病传染循环途径。

b. 流行特征：猪带绦虫病和牛带绦虫病呈全球性分布，非洲、墨西哥和中南美洲等地最为普遍。在我国，猪带绦虫病分布较广，东北、华北、河南、广西、云南以及内蒙古等省区多见。牛带绦虫病在西藏、内蒙古、宁夏、四川、贵州、广西等少数民族地区呈地方性流行。

②囊尾蚴病：

a. 传染源和传播途径：猪带绦虫病是人囊尾蚴病的唯一传染源。人体感染囊尾蚴的方式有三种：

自体内感染，如绦虫病患者反胃、呕吐时，肠道的逆蠕动将孕节反入胃中引起感染。

自体外感染，患者误食自己排出的虫卵而引起再感染。

异体（外来）感染，误食他人排出的虫卵引起。

b. 流行特征：主要发生于我国北方，以东北、华北和河南等地区多见，人群中以青壮年感染率为高。

（2）致病性和临床表现　猪带绦虫和牛带绦虫均寄生于人的小肠，其吸盘或小钩造成局部肠黏膜损伤，夺取营养。虫体数量多时，病人有消瘦、头昏、恶心、腹痛、便秘或腹泻等症状。

猪囊尾蚴在人体寄生部位较广，常见寄生部位依次为皮下组织、肌肉、脑、眼、心、肝、肺和腹膜等。患者的症状主要取决于寄生囊尾蚴的数量和部位：①皮下及肌肉囊尾蚴病：头部和躯干部结节较多，四肢较少，常分批出现，并可自行逐渐消失。感染轻时可无症状。寄生数量多时，可自觉肌肉酸痛无力、发胀、麻木或呈假性肌肥大症等。②脑囊尾蚴病：中枢神经系统功能紊乱，出现头痛、神志不清、视力模糊、颅内压增高等，也有偏瘫、麻痹、言语不清等症状，严重者有癫痫症状，有时发生急性脑炎，甚至突然死亡。③眼囊尾蚴病：症状轻者表现为视力障碍，重者可失明。

（3）预防和控制措施　加强肉品卫生检验，禁止销售囊尾蚴病肉。在肉品加工中，主要原料和产品分开，用具和容器生熟分开。加强食品卫生宣传教育，禁止吃生肉。查治病人，合理处理粪便，提倡舍饲养猪和养牛。

6. 钩虫

（1）流行病学特征　钩虫（*Ancylostoma*）感染引起的贫血是一些非洲和亚洲国家的主要公共卫生问题，也是中国农村居民易感染的肠道寄生虫之一。钩虫呈世界性分布，与气候有密切关系，全球有1/4的人感染钩虫病。在中国，长江流域以南各省较为严重，南方以美洲钩虫为主，北方以十二指肠钩虫为主，但混合感染极为普遍。除青海、黑龙江、吉林三省外，其他省、市、自治区均有钩虫流行。

钩虫病患者和带虫者是钩虫的主要传染源。钩虫病的流行与自然条件、人们因生活和生产接触疫土的机会，以及与某些农作物种植方法和施肥方式有关。

日常生活中一些旱地植物最易感染钩虫，如红薯、玉米、蔬菜、棉花、桑、果、甘蔗和茶叶等。人食用了这些被钩虫污染的食物造成感染。

（2）致病性和临床表现　钩虫成虫对人体的主要危害是引起贫血。钩蚴移行到肺，可损伤肺部微血管和肺泡，造成局部出血及炎症病变；虫体代谢产物及死亡虫体分解产物可引起变态反应，患者可出现咳嗽、痰中带血丝、发热，严重者有剧烈的干咳和哮喘，常在感染后3～7d出现症状，同时进入肺泡的幼虫越多，症状就越严重。患者可出现面色苍白、浮肿、耳鸣、头晕、眼花、体弱无力、劳动力减退，严重时可引起贫血性心脏病。少数患者出现食欲改变，喜食生谷物、煤炭、泥土等异常表现，称为异嗜症。儿童因钩虫寄生，引起长期营养不良，发育受阻，甚至形成侏儒症。妇女可引起停经、流产等病症。

（3）预防和控制措施　减少和控制钩虫病必须坚持采取以下防治措施。

①消灭传染源：由于钩虫生活史简单没有中间宿主，人是钩虫病的唯一传染源，因此，对钩虫感染者驱虫治疗具有十分重要的意义，既保护健康又消除传染源。

②改水改厕：加强粪便管理是切断钩虫病传播的重要环节。因地制宜建造各种无害化厕所，提高改水普及率，保证饮、用水的清洁卫生也是预防钩虫病的重要措施之一。

③加强健康教育，增强自我保护意识：广泛宣传普及钩虫病防治知识，使人们了解钩虫病的危害性、传播方式、防治的重要性和必要性，从而增强自我防护能力。养成良好的卫生习惯，做到勿随地大便、饭前便后洗手、不饮生水，生食瓜果和吃凉拌蔬菜要反复清洗，尤其要改变赤足下地劳动的不良习惯，这些是预防钩虫病最经济、有效的措施。此

外，可合理安排农活，清晨待露水干后或傍晚进行劳作。还应积极主动参与查、治病，增强自我保健意识，提高自身健康素质。

7. 血吸虫

（1）流行病学特征　血吸虫（*Shistosome*）病的宿主钉螺一般生活在草滩、池塘、沟渠等野外多水区域。人畜如果野外接触有血吸虫幼虫尾蚴的水，就容易感染。血吸虫是人畜互通寄生虫，主要有牛、猪、犬、羊、马、猫及鼠类等30多种动物。人畜粪便是血吸虫病传播的主要途径之一。

（2）致病性和临床表现　血吸虫病有急性、慢性之分。急性血吸虫病是在大量感染尾蚴的情况下发生的，病人发病迅猛，常有咳嗽、胸痛、偶见痰中带血丝、发热、呈带血和黏液痢疾样大便、肝脾肿大等临床症状，可在短期内发展成为晚期或直接进入衰竭状态，导致死亡。慢性血吸虫病一般发展较慢，病程一般可持续10~20年，早期对体力有不同程度的影响，进入晚期后则出现病人极度消瘦、腹水、巨脾、腹壁静脉怒张、侏儒等症，俗称“大肚子病”，患者劳动力丧失，甚至造成死亡。

（3）预防和控制措施　目前我国血吸虫病流行区共有7个省份，为安徽、江苏、江西、四川、湖南、湖北、云南。全国现有血吸虫病人近80万，其中每年出现的急性病例有1000~2000例。血吸虫病对人类造成了极大的危害，20世纪50年代，我国血吸虫病成灾，以致1955年冬毛泽东主席发出“一定要消灭血吸虫病”的号召，1958年7月1日得知江西余江县消灭血吸虫病后写下著名诗词《七律·送温神》。血吸虫病的预防和控制应做到以下几点：

①不在有钉螺的湖水、河塘、水渠里进行游泳、戏水、打草、捕鱼、捞虾、洗衣、洗菜等接触疫水的活动。

②因生产、生活和防汛需要接触疫水时，要采取涂抹防护油膏、穿戴防护用品等措施，预防感染血吸虫。

③接触疫水后要及时到当地医院或血吸虫病防治机构进行检查和早期治疗，查出的病人要在医生的指导下积极治疗。

④生活在疫区的群众要积极配合当地血吸虫病防治机构组织开展的查螺、灭螺、查病和治病工作，以及对家畜的查病和治疗工作。

⑤改水改厕，防止粪便污染水源、保证生活饮用水安全，改变不利于健康的生产、生活习惯，是预防血吸虫病传播的重要措施。

第五节　病　　毒

病毒与细菌和真菌不同，是一类体积很小的非细胞型微生物，细胞内只含一种核酸，只能在活细胞内以复制方式进行增殖。病毒与细菌及真菌的主要区别见表3-2。过去，因受检验技术等的限制，人们对病毒污染食品所造成的食源性疾病不甚了解；近年来，随着流行病学和实验方法的发展，对病毒引起的生物性食品安全危害越来越重视。

病毒这种呈非生命体的致病因子可以说无处不在，目前已经发现150多种可能引发食物中毒的病毒，当它们通过食品传播时就有可能引发食物中毒。引起食源性疾病的病毒主要有甲型肝炎病毒、戊型肝炎病毒、轮状病毒、诺瓦克样病毒、疯牛病病毒和口蹄疫病毒，其次还有脊髓灰质炎病毒、柯萨奇病毒、埃可病毒及新型肠道病毒等。

表 3－2　　病毒与细菌及真菌的主要区别

微生物种类	在无生命培养基中生长	繁殖方式	核酸类型	有无自己的核糖体	对抗生素的敏感性	对干扰素的敏感性
真菌	+	有性、无性	DNA + RNA	+	+	—
细菌	+	无性	DNA + RNA	+	+	—
病毒	—	复制	DNA 或 RNA	—	—	+

一、常见食源性病毒及其危害

（一）人畜共患传染性病毒

人畜共患传染性病毒有 100 多种，其中通过畜产品传播给人的有 30 余种，传染途径除细菌外，也有病毒。当今世界时常出现的人畜共患传染性病毒主要有疯牛病、口蹄疫、禽流感和西尼罗等，其一旦形成疫情，控制措施不到位的话，往往呈暴发性增长，给人类带来灾难性的危害。

1. 疯牛病病毒

疯牛病病毒是 20 世纪 80 年代以来危害最大的食源性病毒。所谓疯牛病是一种牛海绵状脑病（Bovine Spongiform Enchephalopathy，BSE），是一类可侵犯人类和动物中枢神经系统的致死性疾病，其潜伏期长、病程短，死亡率 100%。

（1）生物学和病原学特性　疯牛病病毒是一种不含 DNA 或 RNA 的蛋白质颗粒，也称为朊病毒。它可以使存在于中枢神经系统中的正常的朊蛋白发生变异形成朊病毒，从而引发病变。朊病毒具有很强的生命力和感染力，耐受高热，普通煮沸不能破坏；耐受紫外线照射；对化学药物也有抵抗性。

（2）致病性和临床表现　牛海绵状脑病无肉眼可见的病理变化，也无生物学和血液学异常变化。典型的组织病理学和分子生物学变化都集中在中枢神经系统。病程一般为 14 ~ 90d，潜伏期长达 4 ~6 年。4 岁左右的成年牛多发此病。其临床症状包括神经性的和一般性的变化，神经症状可分为三种类型。

①最常见的是精神状态的改变，如恐惧、暴怒和神经质。

②3% 的病例出现姿势和运动异常，通常为后肢共济失调、颤抖和倒下。

③90% 的病例有感觉异常，表现多样，但最明显的是触觉和听觉减退。

（3）传染源和传播途径　目前已知疯牛病主要通过受孕母牛通过胎盘传染给犊牛和食用染病动物肉加工成的饲料两种传染途径。但最近有观点认为病牛粪便很可能是传染疯牛病的第三条途径。有实验证明，疯牛病不会通过牛乳和乳制品传播，没有证据证明疯牛病会通过牛乳或乳制品传染给人或动物，因此牛乳是安全的。但是，目前消费疑似疯牛病的母牛所产的牛乳仍然是被禁止的。

人感染疯牛病的可能途径：

①食用感染了疯牛病的牛肉及其制品会导致感染，特别是从脊椎剔下的肉（一般德国牛肉香肠都是用这种肉制成的）。

②某些含有动物原料成分的化妆品，如胎盘素、羊水、胶原蛋白、脑糖等牛羊器官或组织成分。

③有一些科学家认为“疯牛病”与人类变异“克雅氏病”的病因，不是因为吃了感染疯牛病的牛肉，而是环境污染直接造成的。认为环境中超标的金属锰含量可能是“疯牛病”和“克雅氏病”的病因。

（4）预防和控制措施　目前对于疯牛病，还没有什么有效的治疗办法，只有防范和控制这类病毒在牲畜中的传播。一旦发现有牛感染了疯牛病，只能坚决予以宰杀并进行焚化深埋处理。自1986年英国的疯牛病感染事件以来，每年都有成千上万头牛受感染，最严重的一年已造成8人死亡，并对40万头病牛直接进行焚化处理。但也有看法认为，即使染上疯牛病的牛经过焚化处理，灰烬中仍然有疯牛病病毒，把灰烬倒在堆田区，病毒就可能因此而散播。目前，对于这种毒蛋白究竟通过何种方式在牲畜中传播，又是通过何种途径传染给人类，研究得还不清楚。

2. 口蹄疫病毒

口蹄疫（*Foot and Mouth Disease*，FMD）是由一种口蹄疫病毒引起的人畜共患的急性接触性传染病，俗称“口疮”“鹅口疮”“蹄黄”等。口蹄疫病毒是其病原体。

（1）生物学和病原学特性　口蹄疫病毒属于小RNA病毒科（Picornaviridae），口疮病毒属（*Aphthovirus*）。核酸为一条单链的正链RNA，由大约8000个碱基组成，是感染和遗传的基础；病毒外壳为对称的20面体，其决定了病毒的抗原性、免疫性和血清学反应能力。

口蹄疫病毒不怕干燥，但对酸碱敏感，80~100℃温度也可杀灭它。通常用氢氧化钠、过氧乙酸、消特灵等药品对被污染的器具、动物舍或场地进行消毒。隔离、封锁、疫苗接种等方式可预防口蹄疫的发生。

（2）致病性和临床表现　牛、羊、猪等感染口蹄疫病毒后，一般经过1~7d潜伏期后发病，体温升高，精神萎顿，食欲减少或废绝，流涎，口腔黏膜形成水疱、糜烂，唇、蹄和乳房等部位发生水疱和糜烂等。本病无特效疗法，一般病程一周左右，传染性很强，一旦在牲畜中出现了口蹄疫感染、发病，很快就会传播开来，在某些情况下病死率可达50%左右。

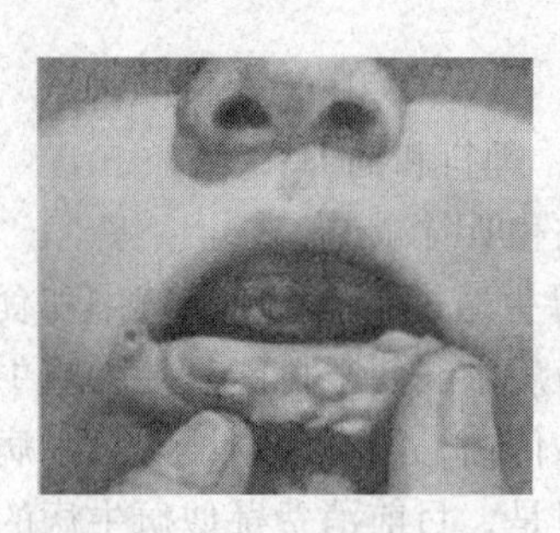

图3-25　人感染口蹄疫

人感染口蹄疫病毒后，大约经过1周左右的潜伏期后突然发病，体温升高到39℃以上，头痛、精神不振、呕吐等。2~3d后，口干舌燥，唇、齿、舌、咽部等出现水疱，面颊潮红，手指尖、指甲根部、手掌、足趾、鼻翼和面部等出现水疱（图3-25），水疱破裂后形成薄痂，逐渐愈合，不留疤痕。有时还出现全身不适等类似感冒的症状。一般病程不超过一周，预后良好，但老年人患此病后病情较重。

（3）传染源和传播途径　口蹄疫在许多国家和地区的人畜中都有发生，人感染口蹄疫有时呈地方性流行，通常在非洲、亚洲和南美洲流行较严重，在欧美国家也有发生。口蹄疫疾病会使诸如牛、猪、羊等动物发高烧且使裂开的蹄处产生水疱，该疾病会使动物致命，但不会危及人类生命。

口蹄疫病毒主要感染对象是偶蹄（Cloven - hooved）类动物，家畜中最易感的是黄牛，其次是牦牛、犏牛、水牛和猪，骆驼、绵羊、山羊次之。在野生动物中，黄羊、鹿、麝和野猪也可感染发病，还有其他野生动物如野牛、驼羊、岩羚羊、大象也可感染口蹄疫。口蹄疫可以经过多种途径传播，一旦发生则呈暴发流行。动物患口蹄疫后生产性能急剧下降，对于幼年动物会造成心肌损伤进而发生死亡。虽然口蹄疫的发病率不高（成年动物发病率低于5%），但是疫病的暴发往往给农业、旅游业带来巨大的损失。

人类感染口蹄疫主要传染源是患病的牛、羊、猪等家畜，既可以通过消化道，也可以通过皮肤创口，甚至还可能通过呼吸道感染，患口蹄疫的病人也可以成为传染源。饮食病畜乳、乳脂和挤乳，处理病畜时发生接触感染是主要的传播途径。一般儿童感染病例多于成年人；但是人患了此病后可获得持久性的免疫力，感染一次后，对同一口蹄疫病毒型很难再次感染。

（4）预防和控制措施　平时加强对家畜的检疫，常发地区要定期进行预防接种。发生口蹄疫时，按照有关规定，采取紧急、强制性、综合性的控制和扑灭措施。注意个人防护，避免到患口蹄疫的畜牧场或农场、屠宰场，不进食患病动物的肉类及有关制品，如牛乳、乳粉等，做到防患于未然。

3. SARS（非典）病毒

传染性非典型肺炎为一种由冠状病毒（SARS - CoV）引起的急性呼吸道传染病，世界卫生组织（WHO）将其命名为严重急性呼吸综合征（Severe Acute Respiratory Syndrome, SARS）。

（1）生物学和病原学特性　SARS病毒可用Vero - E6细胞孵育分离，电镜下病毒呈圆形，直径约100nm，周围有包膜，厚度约20nm，呈棒状突起，基底较窄，环形排列，整个病毒颗粒呈日冕状。在室内常温条件下，病毒可存活20h，但在室温粪尿中的病毒可存活1 ~ 2d，在干燥塑料薄膜表面也能存活4d，但在56℃，10min或37℃数小时，感染性即丧失，易被乙醚、氯仿、吐温、乙醇（70%）、甲醛和紫外线灭活。

（2）致病性和临床表现　潜伏期1 ~ 16d，常见为3 ~ 5d。起病急，以发热为首发症状，可有畏寒，体温常超过38℃，呈不规则热或弛张热、稽留热等，热程多为1 ~ 2周；伴有头痛、肌肉酸痛、全身乏力和腹泻。起病3 ~ 7d后出现干咳、少痰，偶有血丝痰，肺部体征不明显。病情于10 ~ 14d达到高峰，发热、乏力等感染中毒症状加重，并出现频繁咳嗽，气促和呼吸困难，略有活动则气喘、心悸，被迫卧床休息。这个时期易发生呼吸道的继发感染。病程进入2 ~ 3周后，发热渐退，其他症状与体征减轻乃至消失。肺部炎症改变的吸收和恢复则较为缓慢，体温正常后仍需2周左右才能完全吸收恢复正常。轻型患者临床症状轻。重症患者病情重，易出现呼吸窘迫综合征。儿童患者的病情似较成人轻。有少数患者不以发热为首发症状，尤其是有近期手术史或有基础疾病的患者。

（3）传染源和传播途径　起病前有疫区居住史或与同类患者密切接触史，为呼吸道传染性疾病，主要传播方式为近距离飞沫传播或接触患者呼吸道分泌物，潜伏期约2周（2 ~ 14d）。2003年，SARS（非典）全球有8000多人感染，其中800多人死亡。而SARS已经被确认是在人食用果子狸时传染给人的。

（4）预防和控制措施　非典型肺炎目前还没有消灭病毒的特效药物和治疗办法，但经过及时的支持性治疗和对症治疗后，绝大多数病人可以痊愈康复。对于个人的预防主要是培养和保持良好的卫生习惯，经常洗手，洗手后要用清洁的毛巾或纸巾擦干；打喷嚏、咳嗽和清洁鼻子后要洗手；不要共用餐具、茶具和毛巾；注意饮食均衡，定期运动，根据气候变化及时增减衣服，注意休息，避免过度疲劳，增强身体的抵抗力；尽量不到人口密集、空气流通不畅的公共场所。

4. 禽流感病毒

（1）生物学和病原学特性　禽流感是“禽流行性感冒”（Avian Influenza，AI）的简称，它是由A型流感病毒引起的禽类烈性传染病，又称“真性鸡瘟”或“欧洲鸡瘟”。流感病毒属于RNA病毒的正黏病毒科，分甲（A）、乙（B）、丙（C）3个型，其中乙型和丙型一般只在人群中传播，很少传染到其他动物，危害并不大。禽流感是由禽甲型流感病毒某些亚型中的一些毒株引起的急性呼吸道传染病，可在野马、家禽、猪、鲸、马和海豹等动物体内传播。禽甲型流感病毒表面的蛋白质分为H和N两大类，H是血细胞凝集素（Hemagglutinin），其作用如病毒的钥匙，用来打开及入侵人类或牲畜的细胞；N是神经氨酸（Neuraminidase），能破坏细胞的受体，使病毒在宿主体内自由传播。根据其表面蛋白质的不同，H分为15个亚型，N分为9个亚型。

（2）致病性和临床表现　由于H和N的组合不同，病毒的毒性和传播速度也不相同。禽流感病毒可分为高致病性、低致病性和非致病性三大类。其中高致病性禽流感是由H5和H7亚毒株（以H5N1和H7N7为代表）引起的疾病。高致病性禽流感因其在禽类中传播快、危害大、病死率高，被世界动物卫生组织列为A类动物疫病，我国将其列为一类动物疫病。高致病性禽流感H5N1是不断进化的，其寄生的动物范围会不断扩大，可感染虎、家猫等哺乳动物，正常家鸭携带并排出病毒的比例增加，尤其是在猪体内更常被检出。高致病性禽流感病毒可以直接感染人类。至今世界各地已暴发过的禽流感病毒有：2009年8月全球约有13.5万人感染，造成816人死亡的H1N1甲型流感；2012年6月甘肃省景泰县上万只鸡全部扑杀和无害化处理的H5N1亚型高致病性禽流感；2013年3月30日上海、安徽全球首次发现，分布我国12个省市，确诊134人，其中死亡45人的H7N9禽流感，H7N9一直比较温和，只在动物间传播，并非高致病性，此次在人身上发现，证实这种病毒具备跨物种传播能力。

人感染高致病性禽流感后，起病很急，早期表现类似普通型流感。主要表现为发热，体温大多在39℃以上，持续1～7d，一般为3～4d，可伴有流涕、鼻塞、咳嗽、咽痛、头痛、全身不适，部分患者可有恶心、腹痛、腹泻、水样便等消化道症状。除了上述表现之外，人感染高致病性禽流感重症患者还可出现肺炎、呼吸窘迫等表现，甚至可导致死亡。

（3）传染源和传播途径　禽流感对人类的危害有两大潜在风险，第一是病毒由家禽向人传播引起的直接感染风险，可能导致人类非常严重的疾病，而且并发肺炎的概率相当高，对于慢性病患者、老年人和少年儿童等自身抵抗力较弱的人群来说甚至会致命。第二个风险，或人们更忧虑的是，病毒如果有足够的机会，可能将变异为对人类更具传染性的类型，在人与人之间迅速传播。这种变异可能意味着全球暴发（大流行）的开始。目前认为与受感染家禽，或受此类家禽粪便污染的表面或物体的直接接触是人类感染的主要途径。

（4）预防和控制措施　禽流感被发现100多年来，人类并没有掌握有效的预防和治疗方法，仅能以消毒、隔离、大量宰杀禽畜的方法防止其蔓延。高致病性禽流感暴发的地区，往往蒙受巨大经济损失。我国已经建立了可快速检测禽流感的技术手段，卫生部在几年前就强化了包括禽流感在内的流感疫情监测，多种流感病毒的动向都在监视视野中。

5. 西尼罗病毒

西尼罗病毒（West Nile Virus）最初是1937年从乌干达西尼罗地区一名发热的妇女血液中分离出来而被发现的，因此得名。此后数年间，主要在非洲、中东、欧洲、西亚/中亚等地流行，主要引起人发热，并未引起重视。1999年7~10月，在纽约和邻近州人、马、野鸟和动物园鸟间发生的一次暴发流行，造成数十人发病，7人死亡，上千只鸟死亡，数十匹马发病及死亡。1999—2002年迅速从美国东海岸蔓延至美国全境，造成大量人畜疾病。目前，西尼罗病毒是全球危害最广的蚊传病毒之一。

（1）生物学和病原学特性　西尼罗病毒属于黄病毒科，黄热病毒属，与乙型脑炎、圣路易脑炎、黄热病、登革热、丙型肝炎等病毒同属。有囊膜，单链线形核糖核酸，RNA为正链，有10000~11000个碱基对，具有感染性。电镜下该病毒呈中等大小，直径21~60nm，圆形颗粒，对有机溶剂、紫外线敏感。

（2）致病性和临床表现　西尼罗病毒是一种脑炎病毒，以鸟类为主要的储存宿主，马、蚊子和人都可以是它的传染宿主，人的发病时间较鸟类感染时间晚33d左右。蚊虫滋生的季节是本病的高发季节，西尼罗病毒感染发生于6~11月，8月下旬为发病高峰期。所有未接触过西尼罗病毒的人都是易感者，老年人和免疫力弱者易发病、病死率高。

西尼罗病毒感染的潜伏期一般为3~12d。绝大多数（80%）为隐性感染，不出现任何症状，少数病人出现发热、头疼、肌肉疼痛、恶心、呕吐、皮疹、淋巴结肿大等类似感冒症状，持续3~6d。极少数人（1%）感染后表现为病毒性脑炎、脑膜炎。

（3）传染源和传播途径　西尼罗病毒为蚊传病毒，与流行性乙型脑炎病毒、登革病毒相似，病毒由蚊虫体内携带，通过叮咬人畜，使后者感染发病。自然界中，鸟类是西尼罗病毒的贮存宿主。病毒以蚊-鸟循环形式存在，即携带病毒的蚊叮咬易感鸟类后，使鸟产生毒血症，而易感蚊虫叮咬宿主鸟后进而参与病毒的扩散，以此循环。目前美国已查明有60多种蚊虫及数百种鸟与传播该病毒有关。人、马等哺乳动物是终末宿主，并不参与病毒在自然界的循环。此外，极少数病例是由于输血、器官移植及母婴传播引起的。但该病毒不会造成人与人之间的直接接触传播。

（4）预防和控制措施　目前还没有针对西尼罗病毒的特效药，相关疫苗也尚未问世。预防西尼罗病毒最好的方法是避免被蚊虫叮咬，外出时最好穿长袖衣服和裤子，并使用驱蚊剂和防蚊贴。

（二）其他食源性病毒

1. 肝炎病毒

人类的肝炎病毒（Hepatitis Virus）可导致传染性肝炎。目前认为引起病毒性肝炎的病毒有八种，即甲、乙、丙、丁、戊、己、庚型及非甲非乙型肝炎病毒，主要是引起肝脏病变，危害性极大。其中对人类健康危害最大的是甲型和乙型肝炎病毒。

甲型肝炎病毒（Hepatitis A Virus，HAV）可引起甲型病毒性肝炎，是由人—口—粪途径传播的急性传染病，呈世界性分布，发病率高，传染性强，全球年发病人数约140万，而实际病例则是报告数的3~10倍。在不发达国家，HAV的感染率高，常常发生甲肝的暴发性流行。

（1）生物学和病原学特性　1973 年，人们发现甲型肝炎病毒颗粒，在电镜下 HAV 颗粒多呈球形，无包膜结构，直径 27 ~ 32nm。HAV 病毒是一种独特的小核糖核酸病毒，其核酸为单链 RNA，有感染性。4℃放置 1 年，仍保持抗原性及组织培养活性；对热耐受，60℃、12h 不能完全灭活，但对紫外线照射较敏感；耐酸碱（pH 3 ~ 12），耐乙醚；1. 5mg/L 余氯 60min 仍能存活；1∶4000 的福尔马林 37℃作用 72 h 可完全灭活。

（2）致病性和临床表现　甲型病毒性肝炎属肠道传染病，其致病因子是 HAV，传染性强，发病率高，潜伏期 20 ~ 45d，平均 30d。临床分为急性黄疸型、急性无黄疸型、淤胆型和重症型四个类型肝炎。症状可重可轻，有突感不适、恶心、黄疸、食欲减退、呕吐等。甲型肝炎主要发生在老年人和有潜在疾病的人身上，病程一般为 2d 到几周，死亡率较低。

（3）传染源和传播途径　HAV 随患者粪便排出体外，可以污染外界环境包括水源、食物（如海产品、毛蚶、牡蛎等）、日常生活用品等。在污染的废水、海水和食品中 HAV 可存活数月或更久，毛蚶、牡蛎等贝壳类水生生物的滤水器、消化腺可大量浓缩 HAV，使食品中病毒含量大大增加。甲型肝炎病毒主要通过人与人的直接接触、污染的水和食物、粪便、消化道等传播，容易发生食物型和水型的暴发与流行。1988 年上海市市民由于食用了被污染而又未被彻底加热的毛蚶，使约 28 万人患有甲肝病。

流行特点：甲肝流行分布具有世界性，发病与不良的卫生习惯有关，在经济不发达国家的发病率达 80% 以上，主要危及儿童。发病常呈季节性高峰，通常在秋末冬初，有周期性流行的现象，具有传染性强、暴发流行的特点，特别是洪水或雨季使粪便污染水源易造成暴发流行。

（4）预防和控制措施　甲型肝炎病毒主要通过粪便、消化道传播，人与人的直接接触是最主要的传播方式，其次是通过被污染的水和食物传播。因此，可以针对其传播方式实施预防措施。例如，保持良好的卫生操作环境、保证生产用水卫生、彻底加热水产品并防止其在加热后发生交叉污染等措施。

2. 埃博拉病毒

埃博拉病毒（Ebola Virus，EBV）又译作伊波拉病毒，是一种十分罕见的病毒，因在苏丹南部和刚果（金）（旧称扎伊尔）的埃博拉河地区发现而得名，是一个用来称呼一群属于纤维病毒科，埃博拉病毒属下数种病毒的通用术语。埃博拉病毒是一种能引起人类和灵长类动物产生埃博拉出血热的烈性传染病病毒，是人类迄今以来所发现的死亡率最高的一种疾病，死亡率达 50% ~ 90%，生物安全等级为 4 级（艾滋病为 3 级，SARS 为 3 级，级数越大防护越严格），也同时被视为是生物恐怖主义的工具之一。埃博拉病毒因其极高的致死率而被世界卫生组织列为对人类危害最严重的病毒之一。

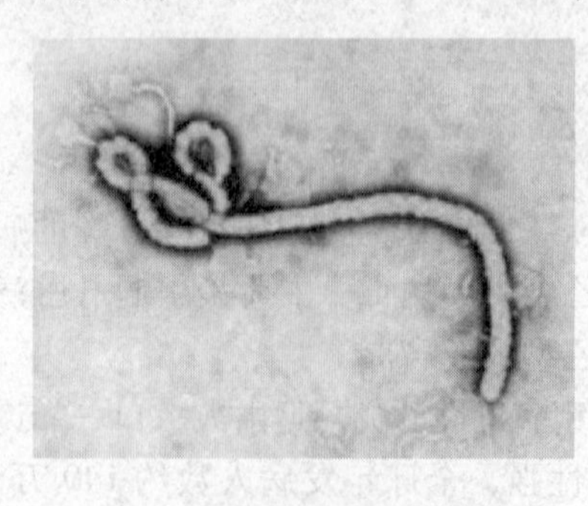

图 3 – 26　埃博拉病毒在电子显微镜下的形态

（1）生物学和病原学特性　埃博拉病毒属丝状病毒科，长度为 970nm，呈长丝状体，单股负链 RNA 病毒，有 18959 个碱基，相对分子质量为 4.17×10^6。外有包膜，病毒颗粒直径大约 80nm，大小 100nm ×（300 ~ 1500）nm，感染能力较强的病毒一般长（665 ~ 805）nm，有分支形、U 形、6 形或环形，分支形较常见（图 3 – 26）。

埃博拉病毒在常温下较稳定，对热有中等抵抗力，60℃，30min 方能破坏其感染性；紫外线照射 2min 可使之完全灭活；对化学品敏感，乙醚、去氧胆酸钠、β－丙内酯、福尔马林、次氯酸钠等消毒剂可以完全灭活病毒及其感染性。钴 60 照射、γ 射线也可使之灭活。EBV 在血液样本或病尸中可存活数周；4℃条件下存放 5 周其感染性保持不变，8 周滴度降至一半，－70℃条件可长期保存。

（2）致病性和临床表现　埃博拉出血热是由埃博拉病毒引起的传染性很强的出血性发热性疾病，患者的最初症状是突然发烧、头痛，随后是呕吐、腹泻和肾功能障碍，最后是体内外大出血，死亡。在疾病的早期阶段，埃博拉病毒可能不具有高度的传染性。在此期接触病人甚至可能不会受感染。随着疾病的进展，病人因腹泻、呕吐和出血所排出的体液将具有高度的生物危险性。

2012 年 7 月 28 日，乌干达卫生部和世卫组织确认乌干达暴发埃博拉疫情，导致 17 人死亡。乌干达最严重的埃博拉疫情发生在 2000 年，当时造成 224 人死亡。2014 年西非暴发有史以来最严重的埃博拉病毒疫情，截至 10 月 14 日已造成确诊或疑似病例 9936 例，4877 人丧生。感染人数逼近一万。美国疾病控制与预防中心、中国疾病预防控制中心、非洲联盟委员会、欧洲联盟委员会、联合国、无国界医生组织和西非国家经济共同体等单位已投入人力和资金控制疫情。2014 年西非埃博拉病毒疫情爆发的感染及死亡人数都达到历史最高，并仍处于恶化状态中。

（3）传染源和传播途径　埃博拉病毒的自然宿主虽尚未最后确定，但已有多方证据表明猴子及猩猩等野生非人灵长类动物以及其他动物有埃博拉病毒感染现象。

埃博拉病毒通常通过血液和其他体液等途径传播，病毒可透过与患者体液直接接触，或与患者皮肤、黏膜等接触而传染。迄今尚未确认有通过空气传播的情形，感染潜伏期可达 2～21d，但通常只有 5～10d。

（4）预防和控制措施　埃博拉病毒的真实身份至今仍为未解之谜。没有人知道埃博拉病毒在每次大暴发后潜伏在何处，也没有人知道每一次埃博拉疫情大规模暴发时，第一个受害者是从哪里感染到这种病毒的。埃博拉病毒是人类有史以来所知道的最可怕的病毒之一，病人一旦感染这种病毒，没有疫苗注射，也没有其他治疗方法，实际上等于判了死刑。用一位医生的话来说，感染上埃博拉的人会在你面前“融化”掉。唯一的阻止病毒蔓延的方法就是把已经感染的病人完全隔离开来。

3. 诺如病毒

诺如病毒（Norovirus）是一组杯状病毒属病毒，其原型株诺瓦克病毒（Norwalk－like Viruses）于 1968 年在美国诺瓦克市被分离发现，由于该组病毒极易变异，此后在其他地区又相继发现并命名了多种类似病毒，统称为诺如病毒。

（1）生物学和病原学特性　诺如病毒是一组形态相似、抗原性略有不同的病毒颗粒。诺瓦克病毒最早是从 1968 年在美国诺瓦克市暴发的急性腹泻的患者粪便中分离到的。此后，世界各地陆续自胃肠炎患者粪便中分离出多种形态与之相似但抗原性略异的病毒样颗粒，这些病毒先是称为小圆结构病毒，后称为诺瓦克样病毒，直至 2002 年 8 月第八届国际病毒命名委员会批准名称为诺如病毒。诺如病毒与在日本发现的札如病毒（Sapovirus，SV）合称为人类杯状病毒。

诺如病毒有许多共同特征：直径为 26～35nm，无包膜，表面粗糙，球形，呈二十面体对称；从急性胃肠炎病人的粪便中分离，不能在细胞或组织中培养，也没有合适的动物模型；基因组为单股正链 RNA；在氯化铯密度梯度中的浮力密度为 1.36 ~ 1.41g/cm^3；电镜下缺乏显著的形态学特征，负染色电镜照片显示，诺如病毒是具有典型的羽状外缘，表面有凹痕的小圆状结构病毒。

（2）致病性和临床表现　诺如病毒是重要的食源性及水源性病毒之一，可引起急性胃肠炎暴发，具有发病急、传播速度快、涉及范围广等特点，是引起非细菌性腹泻暴发的主要病因。潜伏期多在 24 ~ 48h，最短 12h，最长 72h。主要症状为恶心、呕吐、发热、腹痛和腹泻。儿童患者呕吐普遍，成人患者腹泻为多，24h 内腹泻 4 ~ 8 次，粪便为稀水便或水样便，无黏液脓血。原发感染患者的呕吐症状明显多于续发感染者，有些感染者仅表现出呕吐症状。此外，也可见头痛、寒颤和肌肉痛等症状，严重者可出现脱水症状。

（3）传染源和传播途径　诺如病毒感染性强，以肠道传播为主，可通过污染的水源、食物、物品、空气等传播，常在社区、学校、餐馆、医院、托儿所、孤老院及军队等处引起集体暴发。

诺如病毒感染性腹泻在世界范围内均有流行，全年均可发生，感染对象主要是成人和学龄儿童，寒冷季节呈现高发。2006 年年底日本诺如病毒胃肠炎暴发流行，2 个多月内累计感染诺如病毒致胃肠炎人数达 303.9 万人。2007 年入冬至 2008 年元旦，英国有大约 200 万人感染诺如病毒患胃肠炎。中国近年诺如病毒引起急性胃肠炎暴发的报道增多，尤其是北京、广东、广西、浙江、河北等地。在一定的传播条件下，诺如病毒能引起人间大规模传播，对公众健康危害巨大。

（4）预防和控制措施　由于诺如病毒感染病是一种常见的肠道传染病，容易在人群密集的场所发生局部聚集病例，因而主要应做好个人防范：注意个人卫生，勤洗手；提倡喝开水，不吃生冷食品和未煮熟煮透的食物，尤其是禁止生食贝类等水产品，生吃瓜果要洗净；减少外出就餐机会，特别是无牌无证的街边小店。

二、病毒污染食品的途径

食源性病毒虽然在食品中不能增殖，但能够通过人与人的接触、被污染的水、排泄物或者食物传播，常常存在于受污染的新鲜水果、蔬菜等生鲜食品上。水果和蔬菜受到病毒污染主要有两种方式：一是收获前在产地受到污染，源自用被污染的水源或未经处理的污水进行农作物灌溉和施肥；二是在加工、贮藏、销售或最终食用过程中受到病毒携带者引起的直接污染或环境导致的间接污染。病毒在宿主外存活越久，传播的机会越大。病毒的传播受温度、湿度、pH 等环境条件的影响。病毒可通过以下五条主要途径污染食物。

（1）污染港湾水　污水污染了港湾水就可能污染鱼和贝类。牡蛎、蛤和贻贝，它们是过滤性进食，水中的病原体通过其黏膜而进入，之后病毒转入消化道。如果整个生吃贝类，病毒同样也被摄入。

（2）污染灌溉用水　被病毒污染的灌溉用水能够将病毒留在水果或蔬菜表面，而这些果蔬通常是用于生食。

（3）污染饮用水　如果用被污染的饮用水冲洗或作为食品的配料，或直接饮用，就可以传播病毒。

（4）不良的个人卫生习惯　通过粪便感染食物加工者的手，病毒可被带到食物中去，即食食品如面包等必须引起特别注意。实际上，任何被含有病毒的人类粪便所污染的食物都可能引起疾病。

（5）食品交叉感染　在食品加工和储藏过程中生熟不分容易造成食品的交叉污染，使带病毒的原料污染半成品或成品，或半成品污染成品。

三、食源性病毒的防控措施

除免疫方法外，目前还没有更好的对付病毒的方法。对于食源性病毒，最有效的方法就是尽量避免食品被病毒污染，主要的预防措施如下。

1. 污水处理

污水是食物和水源最主要的污染源，未经处理或处理不当的污水、污泥直接排放到环境中尽管会使植物需要的营养素重新进入土壤，但是也会造成农作物尤其是食用前不需要热处理的水果和蔬菜受到污染。因此，污水、污泥在使用前需要进一步处理以减少可能带来的健康危害。

2. 保持食品从业人员的健康

携带病毒的食品从业人员是污染食物的另一个主要原因。出现病毒感染症状的员工应远离食品，即使是带着手套操作也不能防止病毒迁移。如果出现呕吐，病毒会随着雾滴传播。生产过程应遵循良好生产规范，操作员工最好注射病毒疫苗，感染的食物应废弃，场地应彻底消毒。

3. 完善清洗工艺

水果、蔬菜、双壳贝类等生鲜食品在生长过程中不可避免要与土壤、水和肥料接触，因此有可能感染微生物。多数水果和蔬菜的清洗用来除去表面的灰尘、昆虫、杂物等污物，而去除微生物的效果不是很好。可以采用氯、二氧化氯、溴氧等杀菌剂进行处理以杀灭表面的微生物。

第六节　食品的腐败变质

微生物广泛分布于自然界，食品中不可避免地会受到一定类型和数量的微生物的污染，当环境条件适宜时，它们就会迅速生长繁殖，造成食品的腐败与变质，不仅降低了食品的营养和卫生质量，而且还可能危害人体的健康。

食品腐败变质，是指食品受到各种内外因素的影响，造成其原有化学性质或物理性质发生变化，降低或失去其营养价值和商品价值的过程，包括食品成分和感官性质的各种变化。如鱼肉的腐臭、油脂的酸败、水果蔬菜的腐烂和粮食的霉变等。

食品腐败变质的原因较多，有物理因素、化学因素和生物因素，如动、植物食品组织内酶的作用，昆虫、寄生虫以及微生物的污染等。其中由微生物污染所引起的食品腐败变质是最为重要和普遍的，故本节只讨论由微生物引起的食品腐败变质问题。

一、易腐败变质食品

食品从原料到加工产品，随时都有被微生物污染的可能。这些污染食品的微生物在适宜条件下即可生长繁殖，分解食品中的营养成分，使食品失去原有的营养价值，成为不符合卫生要求的食品。

食品根据腐败变质的难易程度可分为以下类型。

（1）易保存的食品　包括一般不会腐败的天然食品，如盐、糖、干豆类和部分谷物、小麦粉、精制淀粉等；具有完全包装或固定储藏场所的食品，如罐头、部分酸性罐头和瓶装罐头、冷冻食品、包装的干燥粉末食品和蒸馏酒类等。

（2）较易保存的食品　包括经过适当的处理和适当的储藏，相当长时间不腐败变质的天然食品，如坚果、个别品种的苹果、马铃薯和部分谷物；未包装的干燥食品，例如晾干后储藏的米饭、干紫菜、蘑菇、部分鱼干、干燥贝类等，根菜类、盐渍食品、糖渍食品、部分发酵食品、挂面、火腿、腊肉、某些腊肠、酱腌食品、咸菜类等。

（3）易腐败变质食品　是指不采取特别保存方法（冷藏、冷冻、使用防腐剂等）而容易腐败变质的食品，大部分天然食品属于这一类，包括畜肉类、禽肉类、鲜鱼类、鲜贝类、蛋类和牛乳等动物性蛋白食品，大部分水果和蔬菜等植物性生鲜食品，鱼类、贝类及肉类的烹调食品、开过罐的罐头食品，米饭、面包和面类食品，鱼肉糊馅制品、馅类食品、水煮马铃薯、盒饭快餐、沙拉类、凉拌类等大部分日常食品。

1. 乳及乳制品的腐败变质

各种不同的乳，如牛乳、羊乳、马乳等，其成分虽各有差异，但都含有丰富的营养成分，容易消化吸收，是微生物生长繁殖的良好基质。微生物一旦污染了乳，在适宜条件下，就会迅速繁殖引起腐败变质而使乳失去食用价值，甚至可能引起食物中毒或其他传染病的传播。

牛乳在挤乳过程中会受到乳房中和外界环境中微生物的污染。牛乳在乳房内不是无菌状态，即使遵守严格无菌操作挤出乳汁，在1mL中也有数百个细菌。牛乳房中的正常菌群主要是小球菌属和链球菌属。乳畜感染后，体内的致病微生物可通过乳房进入乳汁而引起人类的传染。常见的引起人畜共患疾病的致病微生物主要有：结核分枝杆菌、布氏杆菌、炭疽杆菌、葡萄球菌、溶血性链球菌、沙门菌等。因此在刚开始挤乳时，除要求对奶牛的乳头消毒外，还往往要求人工将前3把乳挤出排掉，以减少微生物的数量。环境中的微生物污染，包括挤乳过程中的细菌污染和挤后食用前的一切环节中受到的细菌污染。污染的微生物的种类、数量直接受牛体表面卫生状况、牛舍的空气、挤乳用具、容器，挤乳工人的个人卫生情况的影响。挤出的乳在处理过程中，如不及时加工或冷藏不仅会增加新的污染机会，而且会使原来存在于鲜乳内的微生物数量增多，这样很容易导致鲜乳变质。所以挤乳后要尽快进行过滤、冷却。

鲜牛乳或消毒牛乳中都残留一定数量的微生物，特别是污染严重的鲜乳，消毒后残存的微生物还很多，常引起乳的酸败，这是牛乳发生变质的重要原因。通常新鲜的牛乳中含有溶菌酶、乳素等抗菌物质，新挤出的牛乳迅速冷却到0℃可保持48h，5℃可保持36h，10℃可保持24h，25℃可保持6h，30℃仅可保持2h。在这段时间内，乳内细菌是受到抑制的，此后的牛乳会产生各种异色、苦味、恶臭味及有毒物质，外观上呈现黏滞的液体或清水样。

鲜乳消毒和灭菌是为了杀灭致病菌和部分腐败菌，消毒的效果与鲜乳被污染的程度有关。牛乳消毒的温度和时间的确定是保证最大限度地消灭微生物和最高限度地保留牛乳的营养成分和风味，首先是必须杀灭全部病原菌。

2. 肉类的腐败变质

肉类食品包括畜禽的肌肉及其制品、内脏等，由于其营养丰富，有利于微生物生长繁殖；家畜、家禽的某些传染病和寄生虫病也可通过肉类食品传播给人，因此保证肉类食品的卫生质量是食品卫生工作的重点。

肉类中的微生物是多种多样的，可分为腐生微生物和病原微生物两大类。腐生微生物包括细菌、酵母菌和霉菌，它们污染肉品，使肉品发生腐败变质。

细菌主要是需氧的革兰阳性菌，如蜡样芽孢杆菌、枯草芽孢杆菌和巨大芽孢杆菌等；需氧的革兰阴性菌有假单胞杆菌属、无色杆菌属、黄色杆菌属、产碱杆菌属、大肠杆菌属、变形杆菌属等；此外还有腐败梭菌、溶组织梭菌和产气荚膜梭菌等厌氧梭状芽孢杆菌。

酵母菌和霉菌主要包括假丝酵母菌属、丝孢酵母属、交链孢霉属、曲霉属、芽枝霉属、毛霉属、根霉属和青霉属。

病畜、禽肉类可能带有各种病原菌，如沙门菌、金黄色葡萄球菌、结核分枝杆菌、炭疽杆菌和布氏杆菌等。它们对肉的主要影响并不在于使肉腐败变质，而是传播疾病，造成食物中毒。

肉类腐败变质时，往往在肉的表面产生明显的感官变化。

（1）发黏　这是微生物繁殖后所形成的菌落以及微生物分解蛋白质的产物，主要由革兰阴性细菌、乳酸菌和酵母菌产生。当肉的表面有发黏、拉丝现象时，其表面含菌数一般为 $10^7 cfu/cm^2$。

（2）变色　肉类腐败变质，常在肉的表面出现各种颜色变化。最常见的是绿色，这是由于蛋白质分解产生的硫化氢与肉质中的血红蛋白结合后形成的硫化氢血红蛋白（H_2S-Hb）造成的。另外，黏质赛氏杆菌在肉表面能产生红色斑点，深蓝色假单胞杆菌能产生蓝色斑点，黄杆菌能产生黄色斑点。有些酵母菌能产生白色、粉红色、灰色等斑点。

（3）霉斑　肉体表面有霉菌生长时，往往形成霉斑，特别是一些干腌制肉制品更为多见。

（4）气味　肉体腐烂变质，通常还伴随一些不正常或难闻的气味，如微生物分解蛋白质产生恶臭味；在乳酸菌和酵母菌的作用下产生挥发性有机酸的酸味；霉菌生长繁殖产生的霉味等。

3. 鲜蛋的腐败变质

通常新蛋壳表面有一层黏液胶质层，具有防止水分蒸发，阻止外界微生物侵入的作用；其次，在蛋壳膜和蛋白中存在一定的溶菌酶，也可以杀灭侵入壳内的微生物，故正常情况下鲜蛋可保存较长的时间而不发生变质。然而鲜蛋也会受到微生物的污染，蛋产下后，蛋壳立即受到禽类、空气等环境中微生物的污染，如果胶质层被破坏，污染的微生物就会透过气孔进入蛋内，当保存的温度和湿度过高时，侵入的微生物就会大量生长繁殖，结果造成蛋的腐败。

鲜蛋中常见的微生物有：大肠菌群、无色杆菌属、假单胞菌属、产碱杆菌属、变形杆菌属、青霉属、枝孢属、毛霉属、枝霉属等。另外，蛋中也可能存在病原菌，如沙门菌、金黄色葡萄球菌。

鲜蛋的腐败变质，根据引起腐败变质微生物的不同，主要可分成两种类型。

（1）细菌引起的鲜蛋变质　侵入到蛋中的细菌不断生长繁殖并形成各种相适应的酶，然后分解蛋内的各组成成分，使鲜蛋腐败和产生难闻的气味。主要由荧光假单胞菌所引起，使蛋黄膜破裂，蛋黄流出与蛋白混合（即散蛋黄）。如果进一步腐败，蛋黄中的核蛋白和卵磷脂也被分解，产生恶臭的 H_2S 等气体和其他有机物，使整个内容物变为灰色或暗黑色。这种黑腐病主要由变形杆菌属和某些假单胞菌和气单胞菌引起。

（2）霉变　霉菌菌丝经过蛋壳气孔侵入后，首先在蛋壳膜上生长起来，逐渐形成斑点菌落，造成蛋液粘壳，蛋内成分分解并有不愉快的霉变气味产生。

4. 果蔬及其制品的腐败变质

水果和蔬菜的表皮外覆盖着一层蜡质状物质，这种物质有防止微生物侵入的作用，因此一般正常的果蔬内部组织是无菌的。但是当果蔬表皮组织受到昆虫的刺伤或其他机械损伤时，微生物就会从此侵入并进行繁殖，从而促进果蔬的腐烂变质，尤其是成熟度高的果蔬更易受到损伤。

水果与蔬菜的水分含量高（水果85%、蔬菜88%），是微生物容易引起果蔬变质的一个重要因素。引起水果变质的微生物，开始只能是酵母菌、霉菌；引起蔬菜变质的微生物是霉菌、酵母菌和少数细菌。由于微生物繁殖，果蔬外观上就表现出深色的斑点，组织变得松软、发绵、凹陷、变形，并逐渐变成浆液状甚至是水液状，并产生各种不同的味道，如酸味、芳香味、酒味等。

微生物会引起果汁的变质，水果原料带有一定数量的微生物，果汁在制造过程中，不可避免地还会受到微生物的污染，因而果汁中存在一定数量的微生物，但微生物进入果汁后能否生长繁殖，主要取决于果汁的 pH 和果汁中糖分含量的高低。由于果汁的酸度多在 pH 2.4～4.2，且糖度较高，因而在果汁中生长的微生物主要是酵母菌、霉菌和极少数细菌。酵母菌是果汁中数量和种类最多的一类微生物，常会产生各种不同的味道，如酸味、酒味等；果汁中存在的霉菌以青霉属最为多见，霉菌引起果汁变质时会产生难闻的气味；而果汁中的细菌主要是植物乳杆菌、乳明串珠菌和嗜酸链球菌，它们可以利用果汁中的糖、有机酸生长繁殖并产生乳酸、CO_2 以及少量丁二酮、3-羟基-2-丁酮等香味物质。

5. 糕点的腐败变质

糕点类食品由于含水量较高，糖、油脂含量较多，在阳光、空气和较高温度等因素的作用下，易引起霉变和酸败。引起糕点变质的微生物类群主要是细菌和霉菌，如沙门菌、金黄色葡萄球菌、粪肠球菌、大肠杆菌、变形杆菌、黄曲霉、毛霉、青霉、镰刀霉等。

二、食品腐败的危害及控制

1. 食品腐败变质的危害

腐败变质食品含有大量的微生物及其产生的有害物质，有的可能含有致病菌，因此食用腐败变质食品，极易导致食物中毒。食品腐败变质引起的食物中毒，多数是轻度变质食品。严重腐败变质的食品，感官性状明显异常，如发臭、变色、发酵、变酸、液体混浊等，容易识别，一般不会继续销售食用。轻度变质食品外观变化不明显，检查时不易发现或虽被发现，但难判定是否变质，往往认为问题不大或不会引起中毒，因此容易疏忽大意引起食物中毒。

（1）急性毒性　一般情况下，腐败变质食品常引起急性中毒，轻者多以急性肠胃炎症状出现，如呕吐、恶心、腹痛、腹泻、发烧等，经过治疗可以恢复健康；重者可在呼吸、循环、神经等系统出现症状，抢救及时可转危为安，如贻误时机还可危及生命。有的急性中毒，虽经治疗，仍会留下后遗症。

（2）慢性毒性或潜在危害　有些变质食品中的有毒物质含量较少，或者由于本身毒性作用特点，并不引起急性中毒，但长期食用，往往可造成慢性中毒，甚至可表现为致癌、致畸、致突变的作用。大量动物实验研究表明：食用被黄曲霉毒素污染的霉变花生、粮食和花生油，可导致慢性中毒、致癌、致畸和致突变。由此可见，食用腐败变质、霉变食物具有极其严重的潜在危害，损害人体健康，必须予以注意。

2. 食品腐败变质的控制

食品的腐败变质主要是由于食品中的酶以及微生物的作用，使食品中的营养物质分解或氧化而引起食物中毒，产生食品安全问题，因此，食品腐败变质的控制就是要针对引起腐败变质的各种因素，采取不同的方法或方法组合，杀死腐败微生物或抑制其在食品中的生长繁殖，灭活酶或抑制酶的活性。主要的控制措施如下。

（1）食品的低温保藏　降低食品温度，可以有效地抑制微生物的生长繁殖，降低酶的活性和食品内化学反应的速度，防止或减缓食品的变质，有利于保证食品质量，所以低温保藏是食品保藏中最常用的一种方法。

目前在食品制造、储藏和运输系统中，都普遍采用人工制冷的方式来保持食品的质量。使食品原料或制品从生产到消费的全过程中，始终保持低温，这种保持低温的方式或工具称为冷链，如冷饮、冰淇淋制品、冻结浓缩、冻结干燥、冻结粉碎等都已普遍应用。

低温保藏法保藏的食品，营养和质地能得到较好的保持，对一些生鲜食品如水果、蔬菜等更适宜。但低温下保存食品有一定的期限，超过一定的时间，保存的食品仍可能腐败变质，因为低温下不少微生物仍能缓慢生长，造成食品的腐败变质。

（2）加热杀菌法　加热杀菌的目的在于杀灭食品表面和内部的微生物，破坏食品中的酶类，可以有效控制食品的腐败变质，延长保存时间。但加热杀菌处理对食品营养成分的破坏较大，难以保证食品原有的风味和营养价值。

不同微生物的耐热程度差别很大，大部分微生物的营养细胞，包括一般病原菌（梭状芽孢杆菌属除外）的耐热性差，在60℃保持30min即可杀灭。但细菌芽孢耐热性强，需较高温度和较长时间才能杀灭。一般霉菌及其孢子在有水分的状态下，加热至60℃，保持5～10min即可以被杀死，但在干燥状态下，其孢子的耐热性非常强。

目前主要采用的加热杀菌法有常压杀菌（巴氏消毒法）、加压杀菌、超高温瞬时杀菌、微波杀菌、远红外线加热杀菌和欧姆杀菌等。由于高温杀菌对食品营养成分破坏较大，因此对鲜乳、果汁和酱油等大多采用温度较低的巴氏杀菌法，但这种处理方法不能杀灭其中全部的微生物，因而巴氏杀菌后的产品必须置于冷链条件下保藏，而且保藏时间比较有限。对需要较长保存时间的食品，为了防止腐败变质，必须杀灭其中全部微生物，并结合其他的保存手段如隔绝氧气、添加防腐剂等。

（3）非加热杀菌保藏　所谓非加热杀菌（冷杀菌）是相对于加热杀菌而言，无需对物料进行加热，利用其他灭菌机理杀灭微生物，因而避免了食品成分因热而被破坏。冷杀菌方法有多种，如放射线辐照杀菌、超声波杀菌、放电杀菌、高压杀菌、紫外线杀菌、磁场杀菌、臭氧杀菌等。

（4）脱水干燥保藏　微生物的生长需要环境中有一定的水分含量（水分活度 A_W0.85以上），使食品中水分含量降至一定限度以下，就可抑制其中微生物的生长繁殖，酶的活性也受到抑制，从而防止食品的腐败变质。

各种微生物要求的最低 A_W值是不同的。细菌、霉菌和酵母菌三大类微生物中，一般细菌要求的最低 A_W较高，在0.94～0.99，霉菌要求的最低 A_W为0.73～0.94，酵母要求的最低 A_W为0.88～0.94。但有些干性霉菌，如灰绿曲霉最低 A_W仅为0.64～0.70（含水量16%），某些食品 A_W值在0.70～0.73（含水量约16%）曲霉和青霉即可生长，因此干制食品的防霉 A_W值要达到0.64以下（含水量12%～14%以下）才较为安全。

食品干燥、脱水方法主要有：日晒、阴干、喷雾干燥、减压蒸发和冷冻干燥等。生鲜食品干燥和脱水保藏前，一般需破坏其酶的活性，最常用的方法是热烫（又称杀青、漂烫）或硫磺熏蒸（主要用于水果）或添加抗坏血酸（0.05%～0.1%）及食盐（0.1%～1.0%）。

（5）食品的气调保藏　气调保藏是指用阻气性材料将食品密封于一个改变了气体组成的环境中，从而抑制腐败微生物的生长繁殖及生化活性，达到延长食品货架期的目的。

果蔬的变质主要是由于果蔬的呼吸和蒸发、微生物生长、食品成分的氧化或褐变等作用，而这些作用与食品储藏的环境气体有密切的关系，如氧气、二氧化碳、氮气、水分和温度等。如果能控制食品贮藏环境气体的组成，如增加环境气体中 CO_2、N_2比例，降低 O_2比例，控制食品变质的因素，可达到食品保鲜或延长保藏期的目的。

气调保藏可以降低果蔬的呼吸强度；降低果蔬对乙烯作用的敏感性；延长叶绿素的寿命；减慢果胶的变化；减轻果蔬组织在冷害温度下乙醛、醇等有毒物质的积累，从而减轻冷害；抑制食品微生物的活动；防止虫害；抑制或延缓其他不良变化。因此，气调保藏特别适合于鲜肉、果蔬的保鲜，另外还可用于谷物、鸡蛋、肉类、鱼产品等的保鲜或保藏。

（6）食品的化学保藏法　化学保藏法包括盐藏、糖藏、醋藏、酒藏和防腐剂保藏等。盐藏和糖藏都是根据提高食物的渗透压来抑制微生物的活动，醋和酒在食物中达到一定浓度时也能抑制微生物的生长繁殖，防腐剂能抑制微生物酶系的活性以及破坏微生物细胞的膜结构。

思考题

1. 常见致病性细菌有哪些？根据中毒原因和临床表现，细菌性食物中毒可分为哪几类？
2. 常见真菌毒素有哪些？针对其对食品的污染举例说明。
3. 举例说明几种常见的霉菌及其毒素以及主要的污染源。
4. 食源性寄生虫病有哪些？
5. 寄生虫污染食品的传播途径有哪些？如何预防？
6. 试分析病毒与细菌及真菌的主要区别是什么（请列表并用文字简要说明）？
7. 常见的食源性病毒有哪些？
8. 引起食品腐败变质的因素有哪些？
9. 控制食品腐败变质的措施主要有哪些？
10. 写出常见致病性细菌（属），根据中毒原因和临床表现，细菌性食物中毒可分为哪几类？

参考文献

1. 房海，陈翠珍．中国食物中毒细菌．北京：科学出版社，2014

2. 钟耀广．食品安全学．第2版．北京：化学工业出版社，2011

3. 许黎黎，张连峰．埃博拉出血热及埃博拉病毒的研究进展．中国比较医学杂志，2011，21（1）：70～74

4. 周玉春，杨美华，许军．展青霉素的研究进展．贵州农业科学，2010，38（2）：112～116

5. 陈艳．食源性寄生虫病的危害与防制．贵州：贵州科技出版社，2010

6. 孙月娥，孙远．食源性病毒及其预防与控制．食品科学，2010，31（21）：405～408

7. 李爱军．一起产气荚膜梭菌引起的食物中毒报告．河南预防医学杂志，2010，21（4）：324～325

8. 王宗玉，冯源，任端平等．国内外食品安全事件汇编及分析．北京：中国计量出版社，2009

9. 李勇，李仁波．一起由蜡样芽孢杆菌引起食物中毒的调查报告．当代医学，2008，14（23）：177

10. 包大跃．食品安全危害与控制．北京：化学工业出版社，2006

11. 董明盛，贾英民．食品微生物学．北京：中国轻工业出版社，2006

12. 钱建亚，熊强．食品安全概论．南京：东南大学出版社，2006

13. ［美］戴维·麦克斯．食品安全与卫生基础．北京：化学工业出版社，2006

14. 王竹天，杨大进．食品安全与健康．北京：化学工业出版社，2005

15. 孟凡乔．食品安全性．北京：中国农业大学出版社，2005

16. 钟耀广．食品安全学．北京：化学工业出版社，2005

17. 金征宇．食品安全导论．北京：化学工业出版社，2005

18. 中国食品发酵工业研究院，江南大学等．食品工程全书（第三卷）食品工业工程．北京：中国轻工业出版社，2005

19. 史贤明．食品安全与卫生学．北京：中国农业出版社，2003

20. 吴永宁．现代食品安全科学．北京：化学工业出版社，2003

21. 何国庆，贾英民．食品微生物学．北京：中国农业大学出版社，2002

22. 张文治．食品微生物学．北京：中国轻工业出版社，1998

第四章　化学和物理因素对食品安全性的影响

第一节　概　　述

事实证明，进入21世纪的中国食品业，面临着前所未有的发展机遇，同时也面临着极其严峻的考验与挑战。改革开放30多年，国民经济的快速发展，人们生活品质不断提高，对食品安全越来越关注，最近几年接连不断曝光的塑化剂、三聚氰胺、苏丹红、孔雀石绿、吊白块、瘦肉精等事件触动了消费者敏感的神经，部分企业或个体经营者在生产中超标违规使用食品添加剂，甚至违法使用有毒有害物质，使食品的安全风险大大增加。

在进行食品原料的生产过程中，为提高生产数量与质量常施用各种化学控制物质，如农药、兽药、饲料添加剂、化肥、动物激素与植物激素等。这些物质的残留对食品安全产生了重大的影响，主要包括：农药残留，其对人体的损害主要在肝、肾和神经中枢；兽药残留，其对人体的危害包括毒理作用、过敏反应、菌群失调、细菌性耐药性、致畸、致突变作用和激素作用；重金属（镉、汞、铅、铬）和非重金属（砷、硝酸盐、亚硝酸盐）污染，可引起婴儿高铁血红蛋白症，婴儿先天性畸形、甲状腺肿和癌症；超范围超剂量违规使用食品添加剂，出现“染色馒头”违规添加事件；更有不法分子在食品中添加对人体无利而有百害的物质，出现苏丹红、孔雀石绿、吊白块、瘦肉精、三聚氰胺、塑化剂等重大食品安全事件，给人们的生理和心理都造成了极大的伤害。

本章从影响食品安全的农药、兽药、重金属、食品添加剂等化学和物理因素进行阐述，分析其可能对人类存在的风险和控制办法，同时也对农业生产上应用的其他化学控制物质残留的安全性问题进行讨论。

第二节　农药及其残留

农药是农业生产中重要的生产资料之一。农药的使用，可以有效地控制病虫害，消灭杂草，提高作物的产量和质量。我国是农药生产和使用大国，农药的使用可使我国挽回约15%的农产品损失。然而，许多农药又是有害物质，由于在生产和使用中违规和失控，带来了环境污染和食品农药残留问题。当食品中农药残留量超过最高限值时，则会对人体产生不良的影响，尤其是有毒农药的污染和残留已构成对环境和人类健康的严重威胁。《食品安全法》2015年修订本第十一条“国家对农药的使用实行严格的管理制度，加快淘汰剧毒、高毒、高残留农药，推动替代产品的研发和应用，鼓励使用高效低毒低残留农药。”并于第四十九条规定“食用农产品生产者应当按照食品安全标准和国家有关规定使用农药、肥料、兽药、饲料和饲料添加剂等农业投入品，严格执行农业投入品使用安全间隔期或者休药期的规定，不得使用国家明令禁止的农业投入品。禁止将剧毒、高毒农药用于蔬菜、瓜果、茶叶和中草药材等国家规定的农作物。”第一百二十三条又规定，违法使用剧毒、高毒农药的，除依照有关法律、法规规定给予处罚外，可由公安机关给予拘留。

农药通过大气和饮水进入人体的仅占10%，通过食物进入人体占90%，大量有毒的农药经过食物链的富集进入人体，对人体产生急性毒性和慢性毒性，包括三致（致突变性、致畸性、致癌性）。目前，食品中农药残留已成为全球性的共性问题和一些国际贸易纠纷的起因，也是当前我国农畜产品出口的重要限制因素之一。因此，为了保证食品安全和人体健康，必须防止农药的残留和残留量超标。

一、农药的定义和分类

农药（Pesticide）是指用于预防、消灭或者控制危害农业、林业的病、虫、草害等有害生物，以及有目的地调节植物、昆虫生长的化学药品，或者来源于生物、其他天然物质中的一种物质或者几种物质的混合物及其制剂。

由于科学的不断发展，世界上的农药品种越来越多，至今已有1500多个商品农药在市上流通，常用的也有三四百种。我国除直接从国外进口外，已投了大量的人力和物力进行研究，至今已研制出如“六六六”“井岗霉素”“阿维菌素”“苦参碱”等多种农药，目前国家农药重点研究方向是天然型和生物型。常用的农药按照防治对象可分为杀菌剂、杀虫剂、除草剂、杀鼠剂、杀螨剂、杀线虫剂和植物生长调节剂等（表4-1）。

表4-1　农药的分类

<table>
<tr><th>按防治对象分类</th><th colspan="2">按作用原理、方式分类</th><th colspan="2">按化学成分分类</th></tr>
<tr><td rowspan="3">杀菌剂</td><td colspan="2">保护性杀菌剂</td><td colspan="2">无机杀菌剂</td></tr>
<tr><td colspan="2">内吸性杀菌剂</td><td colspan="2">有机杀菌剂</td></tr>
<tr><td colspan="2">免疫性杀菌剂</td><td colspan="2">生物杀菌剂</td></tr>
<tr><td rowspan="9">杀虫剂</td><td colspan="2">胃毒剂</td><td colspan="2" rowspan="2">无机杀虫剂</td></tr>
<tr><td colspan="2">触杀剂</td></tr>
<tr><td colspan="2">熏蒸剂</td><td rowspan="2">有机杀虫剂</td><td>内吸剂</td></tr>
<tr><td colspan="2">内吸剂</td><td>非内吸剂</td></tr>
<tr><td rowspan="5">特异性剂</td><td>昆虫生长调节剂</td><td colspan="2" rowspan="5">生物杀虫剂</td></tr>
<tr><td>引诱剂</td></tr>
<tr><td>驱避剂</td></tr>
<tr><td>不育剂</td></tr>
<tr><td>拒食剂</td></tr>
<tr><td rowspan="4">除草剂</td><td colspan="2">内吸传导除草剂</td><td colspan="2">无机除草剂</td></tr>
<tr><td colspan="2">触杀型除草剂</td><td colspan="2">有机除草剂</td></tr>
<tr><td colspan="2">土壤处理剂</td><td colspan="2">生物除草剂</td></tr>
<tr><td colspan="2">茎叶处理剂</td><td colspan="2">矿物油除草剂</td></tr>
<tr><td rowspan="5">杀鼠剂</td><td colspan="2">胃毒剂</td><td colspan="2">急性单剂量杀鼠剂</td></tr>
<tr><td colspan="2">熏杀剂</td><td rowspan="4">慢性多剂量杀鼠剂</td><td>香豆素类杀鼠剂</td></tr>
<tr><td colspan="2">驱避剂</td><td rowspan="3">茚螨二酮类杀鼠剂</td></tr>
<tr><td colspan="2">引诱剂</td></tr>
<tr><td colspan="2">绝育剂</td></tr>
</table>

续表

按防治对象分类	按作用原理、方式分类	按化学成分分类
杀螨剂	防治螨类专用药，有些杀虫剂也能杀螨，称为杀虫杀螨剂	
杀线虫剂	防治线虫药剂，有熏蒸剂和非熏蒸剂两类，有些杀虫剂也能杀线虫	
植物生长调节剂	抑制生长剂、促进生长发育制剂	

1. 杀菌剂

杀菌剂种类不同，对环境条件的适应性差异很大，如阳光、温度和湿度的变化对其影响很大。有些杀菌剂适应性强，如西维因、多菌灵等，但常用的代森锌在高湿度下不稳定、易分解，在使用条件方面和储藏保管时都必须注意。

（1）保护性杀菌剂　在植物体表或体外，直接与病原菌接触，杀死或抑制病原体，保护植物免受其害。如波尔多液、代森锌等。

（2）内吸性杀菌剂　药剂施于植物体的某部位，如根部、叶部、茎部，被植物吸收后传导到植物周身，发挥杀菌作用，如灭蚜松、乐果等。

（3）免疫性杀菌剂　施药后，可使植物产生抗病性能，不易遭受病原生物的侵染和危害，如三唑酮、甲基托布津。

2. 杀虫剂

杀虫剂是农药品种中占比较多的一类（见表4－1），它们的作用和性质各不相同。使用前必须很好地了解每一种杀虫剂的用途、防治对象，才能充分发挥其应有的高效杀虫作用。在农业生产中，错用药剂而造成损失之事屡有发生。使用杀虫剂时要慎之又慎，即使是可以互换的农药品种，也必须了解其特性才能合理安全使用。如常用的溴氰菊酯对棉蚜的杀伤力很强，但是很容易使棉蚜产生抗药性，不宜随便换用；硫丹与菊酯类农药有负交互抗性，交替使用可控制棉铃虫产生抗性；灭多威与菊酯类混配使用可以延缓害虫的抗性等。所以应该认识每种农药的特点，才能高效使用，切忌认为是杀虫剂就什么虫都可杀或可以任意换用。

（1）胃毒剂　杀虫剂经过害虫口腔进入虫体，被消化道吸收后引起中毒，这种作用称为胃毒作用，有这种作用的杀虫剂称为胃毒剂。例如，敌百虫是典型的胃毒剂，其药液喷在蔬菜叶片上，菜青虫、小菜蛾的幼虫嚼食菜叶吃进药剂，可引起中毒死亡。胃毒剂主要防治咀嚼口器害虫。

（2）触杀剂　杀虫剂与虫体接触后，经过虫体体壁渗透到体内，引起中毒，这种作用称触杀作用，有这种作用的杀虫剂称触杀剂。例如，大多数拟除虫菊酯类杀虫剂以及很多有机磷、氨基甲酸酯类杀虫剂都具有强烈触杀作用，药液喷洒在虫体上即可发挥作用。

（3）熏蒸剂　药剂在常温下挥发成气体，经害虫的气孔进入虫体内，引起中毒，这种作用称熏蒸作用，有这种作用的农药称熏蒸剂。例如，有机磷杀虫剂敌敌畏熏蒸作用很强，可以在密闭的空间形成一定浓度而杀死该空间的昆虫，如仓库害虫。

（4）内吸剂　杀虫剂能被植物根、茎、叶或种子吸收并传导到其他部位，当害虫食植物汁液或咬食植物时，引起中毒，这种作用称为内吸作用，有这种作用的农药称内吸剂。例如，甲拌磷处理棉籽可使棉苗带毒，防治蚜虫、红蜘蛛，持效期可达一个半月。

（5）特异性昆虫生长调节剂　一类用来促进或控制花木的生根、发芽、茎叶生长、开花和结果等的农药，即为人们通常所说的植物生长调节剂。同样，在农药中也有一类是专门用来控制或阻碍害虫生长发育的，这就是特异性的昆虫生长调节剂。其按作用不同可分为如下几种。

①昆虫生长调节剂：这种药剂通过昆虫胃毒或触杀作用，进入昆虫体内，阻碍几丁质形成，影响内表皮生成，使昆虫蜕皮变态时不能顺利蜕皮，卵的孵化和成虫的羽化受阻或虫体成畸形而发挥杀虫效果。例如，除虫脲（又称敌灭灵、灭幼脲等）是国际上第一个作为新型杀虫剂投放市场的特异性昆虫生长调节剂。

②引诱剂：这是一种外激素类杀虫剂，对昆虫成虫的交配活动进行干扰迷向，使其不能交配从而控制虫口数量的增长，或诱致捕杀，达到防治的目的，例如烯蒎和萜松醇对云杉八齿小蠹的控制。

③驱避剂：这种药对昆虫一般无毒杀作用，主要起驱避防虫作用，如驱蚊油等。

④不育剂：这种药对昆虫生理起破坏作用，尽管是雌雄交配，也不能再繁殖后代。

⑤拒食剂：这种药所挥发的蒸气使昆虫感到不快而起趋避作用或昆虫味觉器官直接接触药后而感厌恶而趋避不再取食，例如三苯基醋酸锡等。

3. 除草剂

除草剂近些年发展比较快，应用面积广，品种比较多（见表4－1），使用时应注意其作用的性质和作用方式的不同，分别在不同的作物田选用适当的除草剂。

（1）选择性除草剂　这类除草剂在常用剂量下对一些植物敏感，而对另一些植物则安全。如莠去津对玉米、高粱安全，用于这两种作物田防治多种杂草，但小麦、油菜、大豆、水稻等作物对它敏感，易受害，不能应用。常见的有禾大壮、农得时、丁草胺、乙草胺等。

（2）灭生性除草剂　这类药对各种植物没有选择性，各种植物一经接触此药，都能被杀死。例如，百草枯是一种灭生性除草剂，植物绿色部分接触到百草枯药剂会很快受害干枯。

（3）内吸型除草剂　药剂施于土壤中或杂草植株上，被杂草的根、茎、叶、芽等部位吸收而传导至全植株，使杂草生长受抑制而死亡。例如，莠去津是内吸性除草剂，可以茎叶喷雾，也可以土壤处理。草甘膦有强烈内吸传导作用，但接触土壤很快分解失效，只能作茎叶处理。

（4）触杀型除草剂　植物体接触药剂后被杀死，但只能杀死杂草的地上部分，不能被植物吸收以及在植物体内传导。例如，敌稗是触杀性除草剂，在稻田中稗草一叶一心至二叶一心期施药可杀死稗草，稻苗会对敌稗解毒而不受害。

4. 杀鼠剂

药剂作用需用饵料（粮谷等食物）与药剂配制成毒饵，经口进入鼠体，由肠胃道吸收而发挥作用者称为胃毒剂。一些易于挥发成气体的药剂，经呼吸道进入动物体内引起中毒死亡的称为熏蒸剂，还有绝育剂、驱鼠剂等。

杀鼠剂按化学成分分类，可分为急性杀鼠剂和慢性杀鼠剂两大类，如常用的磷化锌、毒鼠磷、甘氟等为急性杀鼠剂，而氟乙酰胺、氟乙酸钠、毒鼠强（四二四）、毒鼠硅等已被国家明令禁止使用。杀鼠灵、敌鼠、杀鼠迷等第一代抗凝血杀鼠剂和溴敌隆、大隆、杀它仗等第二代抗凝血剂均为慢性杀鼠剂。慢性杀鼠剂对人畜相对比较安全，灭鼠效果好。

不过，考虑到食品安全性，食品加工企业应禁用任何杀鼠剂。

5. 植物生长调节剂

这类药对植物能起到化学调控作用，使植物的生长发育按人们的意愿方向发展，如矮化植物、抑制生长、防止倒伏、增加产量；促进植株、插条生根，抑制烟草腑芽、马铃薯块茎芽；蔬菜水果防止采前落果，并可催熟增糖、防腐保鲜等。例如，有的能刺激生长，如赤霉素；有的能抑制生长，如矮壮素；有的能改善植物内在或外在质量，如乙烯利可用于催熟。

6. 杀螨剂、杀线虫剂、杀软体动物剂

这类药剂专用于防治螨类或线虫类、软体动物类，称为杀螨剂、杀线虫剂和杀软体动物剂。杀螨剂主要有速螨酮、三氯杀螨醇、三唑锡等；杀线虫剂主要有涕灭威、甲基异柳磷等；杀软体动物剂有蜗牛敌等。

二、食品中残留农药的来源

动植物在生长期间或食品在加工和流通中均可受到农药的污染，导致食品中农药残留。农作物与食品中的农药残留来自三方面：一是来自施用农药后的直接污染；二是来自对污染环境中农药的吸收；三是来自生物富集与食物链。

1. 施药后直接污染

作为食品原料的农作物、农产品直接施用农药而被污染，其中以蔬菜和水果受污染最为严重。农药直接喷洒于农作物的茎、叶、花和果实等表面，造成农产品污染。部分农药被作物吸收进入植物内部，经过生理作用运转到植物的茎、叶、花和果实，代谢后残留于农作物中，尤其以皮、壳和根茎部的农药残留量高。在食品储藏中，为了防治其霉变、腐烂或植物发芽，施用农药造成食用农产品直接污染。如在粮食储藏中使用熏用杀菌剂，马铃薯、洋葱和大蒜用抑芽剂等，均可导致这些食品中农药残留。

在兽医临床上，使用广谱驱虫和杀螨药物（有机磷、拟除虫菊酯、氨基甲酸酯类等制剂）杀灭动物体表寄生虫时，如果药物用量过大被动物吸收或舔食，在一定时间内可造成畜禽产品中农药残留。

2. 从环境中吸收

农田、草场和森林施药后，有40%～60%农药降落至土壤，5%～30%的药剂扩散至大气中，逐渐积累，通过多种途径进入生物体内，致使农产品、畜产品和水产品出现农药残留问题。

（1）从土壤中吸收　当农药落入土壤后，逐渐被土壤粒子吸附，植物通过根、茎部从土壤中吸收农药，引起植物性食品中农药残留。一般情况下，稳定性好、难挥发和脂溶性的农药在土壤中残留时间长，因而污染程度相对也较大，如六六六、DDT，我国自1983年就全面禁止生产，但由于其稳定性强、难以降解，其影响至今没有消除（表4－2）。

表4－2　2000年我国各类食品中六六六、DDT的含量平均值　单位：mg/kg

品种	试样数	α－666	β－666	γ－666	p，p'－DDE	o，p'－DDT	p，p'－DDT
粮食	80	0.0010	0.0038	0.0005	0.0041	0.0070	0.0141
蔬菜	88	0.0009	0.0008	0.0031	0.0008	0.0013	0.0008

续表

品种	试样数	α-666	β-666	γ-666	p，p′-DDE	o，p′-DDT	p，p′-DDT
水果	40	0.0004	0.0011	0.0002	0.0008	0.0023	0.0027
肉	41	0.0053	0.0071	0.0070	0.0056	0.0013	0.0018
鱼	30	0.0018	0.0014	0.0018	0.0036	0.0009	0.0025
蛋	51	0.0006	0.0133	0.0004	0.0025	0.0005	0.0015
乳	5	0.0004	0.0002	0.0002	0.0057	0.0255	0.0013
植物油	10	0.0026	0.0202	0.0051	0.0002	0.0005	0.0010

注：王茂起等，中国2000年食品污染状况监测与分析，中国食品卫生杂志，2002，2：3~8

（2）从水体中吸收　水体被污染后，鱼、虾、贝和藻类等水生生物从水体中吸收农药，引起组织内农药残留。用含农药的工业废水灌溉农田或水田，也可导致农产品中农药残留。甚至地下水也可能受到污染，畜禽可以从引用水中吸收农药，引起畜产品中农药残留。

（3）从大气中吸收　虽然大气中农药含量甚微，但农药的微粒可以随风向、大气漂浮、降雨等自然现象造成很远距离的土壤和水源的污染，即使远离农业中心的南北极地区，也能检测出微量的DDT，进而影响栖息在陆地和水体中的生物。

3. 通过食物链污染

农药污染环境，经食物链（Food Chain）传递时可发生生物富集（Bioconcentration）、生物积累（Bioaccumulation）和生物放大（Biomagnification），致使农药的轻微污染而造成食品中农药的高浓度残留。生物富集是指生物体从生活环境中不断吸收低剂量的农药，并逐渐在体内积累起来；食物链是指动物吞食微量残留农药的作物或生物，农药在生物体间转移的现象。生物富集与食物链可使农药残留浓度提高至数百倍或数万倍（图4-1、图4-2）。

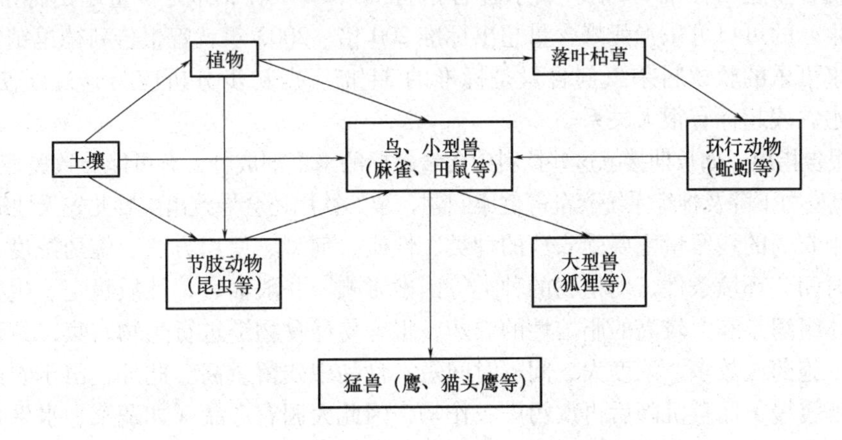

图4-1　陆生动物的生物富集与食物链模式途径

4. 其他途径

（1）加工和储运中污染　食品在加工、储藏和运输中，使用被农药污染的容器、运输

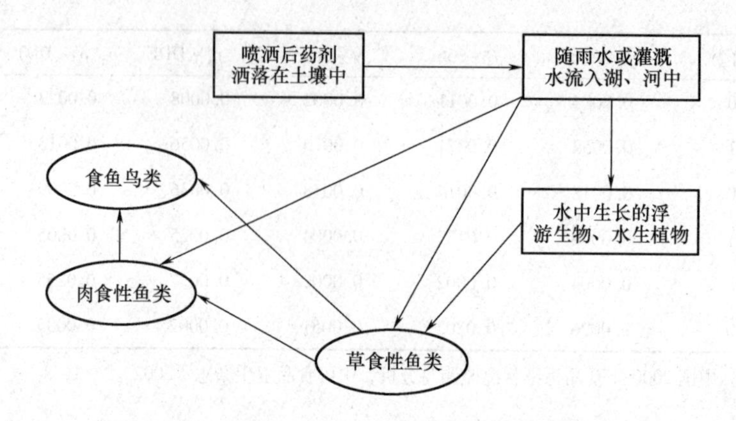

图4－2　水生动物的生物富集与食物链模式途径

工具，或者鱼与农药混放、混装均可造成农药污染。

（2）意外污染　拌过农药的种子常含大量农药，不能食用。1972年伊拉克暴发了甲基汞中毒，造成6530人住院，459人死亡，其发生原因是食入了曾用有机汞农药处理过的小麦种子磨成面粉而制成的面包。

（3）非农用杀虫剂污染　各种驱虫剂、灭蚊剂和杀蟑螂剂逐渐进入食品厂、医院、家庭、公共场所，使人类食品受农药污染的机会增多，范围不断扩大。此外，高尔夫球场和城市绿化地带也经常大量使用农药，经雨水冲刷和农药挥发均可污染环境，进而污染食物和饮用水。

2006年8月月初，世界各大媒体均报道的印度可乐杀虫剂含量超标事件，就是农药残留典型事例之一。印度新德里科学和环境中心（CSE）对遍布印度12个邦25个可口可乐和百事可乐分装厂出产的11种软饮料进行57份抽检，结果均发现3～5种农药成分，其中百事可乐平均超标30倍，可口可乐平均超标27倍；71%样本中七氯残留超标准的3倍，林丹均含量超出标准54倍。加尔各答销售的可口可乐中林丹含量超出标准140倍，孟买附近生产的可口可乐毒死蜱含量超出标准200倍。2003年就曾报告新德里销售的可口可乐和百事可乐的软饮料杀虫剂含量是标准的34倍。据初步分析应与其过度使用农药，造成地下水农残超标有很大关系。

CSE报告指出，如长期接触这些饮料中含量超标的杀虫剂成分，有可能导致癌症、肾脏肝脏损坏、免疫力下降及神经系统紊乱等健康问题，孕妇饮用还会导致出生婴儿先天性缺陷。

食品中农药的残留量主要受农药的种类、性质、剂型、使用方法、施药浓度、使用次数、施药时间、环境条件、动植物的种类等因素影响。一般而言，性质稳定、生物半衰期长、与机体组织亲和力较高的脂溶性的农药，很容易经食物链进行生物富集，致使食品中残留量高。施药次数多、浓度大、间隔时间短，食品中残留量高。此外，由于农药在大棚作物中降解缓慢，而且沉降后再次污染农作物，因此大棚农产品（如蔬菜、水果）的农药残留量比露天农产品的农药残留量高。

三、农药污染对人体的危害

水污染和空气污染都属于环境污染，然而环境污染不仅仅是这些，例如，食物污染也是一大类污染。我们日常食用的粮食、蔬菜、水果、肉类、乳品、蛋品等，如果含有对人体有害的物质，并超过了规定的标准，这样的食物便是被污染的食物。

农药的大量使用，在促进农业发展的同时，带来了环境恶化、物种减少、生态平衡被破坏，造成病虫害的抗药性日益猖獗等负面影响，全世界每年约有200万人因农药污染而发病，4万~22万人因此而死亡。农药可通过皮肤、呼吸道和消化道三种途径进入人体（图4-3），但人体内约90%的农药是通过被污染的食品而摄入的。蒸汽状态（如敌敌畏）、粉尘状态（如六六六）、雾滴状或迷雾状态（如喷洒）等农药都可以通过呼吸道进入人体。水溶性较大或细微颗粒状农药，进入体内后容易被吸收。除了呼吸道外，大多农药都是从消化道进入人体。消化道对农药的吸收能力较强，危害性更大。农药的种类和摄入量不同，对人体健康的危害不同。常见急性农药中毒事故大多是误食被农药严重污染的食物引起的，而经常食入一些轻微农药污染的食品，容易产生慢性农药中毒。大量流行病学调查和动物实验研究结果表明，农药对人体的危害可包括以下三方面。

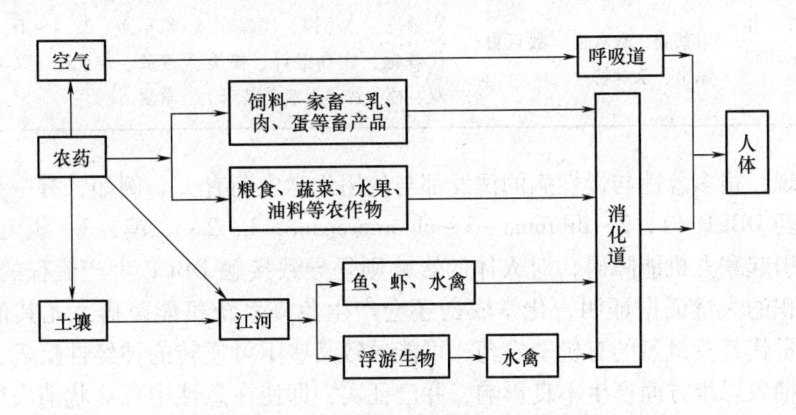

图4-3　环境中农药进入人体的途径

1. 急性毒性（Acute Toxicity）

急性中毒主要是由于一些毒性较大的农药经职业性（生产和使用）中毒、自杀或他杀以及误食农药，或者食用喷洒了高毒农药不久的蔬菜和瓜果，或者食用因农药中毒而死亡的畜禽肉和水产品而引起的或者皮肤接触及由呼吸道进入体内等引起，在短期内出现不同程度，如头昏、恶心、呕吐、抽搐痉挛、呼吸困难、大小便失禁等神经系统功能紊乱和胃肠道中毒症状，若不及时抢救，即有生命危险。目前，我国高毒农药品种多、产量高、用量大，因农产品农药残留量超标引发的食物中毒时有发生，仅在1999年9月份，因农药残留引起的中毒事件就达31起，死亡59人。

2. 亚慢性中毒（Subchronic Toxicity）

亚慢性中毒者多有长期连续接触一定剂量农药的过程。中毒症状的表现往往需要一定的时间，但最后表现往往与急性中毒类似。

3. 慢性毒性（Chronic Toxicity）

有的农药虽急性毒性不高，但性质稳定，不易分解消失，污染环境和食物。目前使用的绝大多数有机合成农药都是脂溶性的，易残留于食品原料中。若长期食用农药残留量较高的食品，农药则会在人体内逐渐积累，最终导致机体生理功能发生变化，引起慢性中毒。许多农药可损害神经系统、内分泌系统、生殖系统、肝脏和肾脏，影响酶的活性，降低机体免疫功能，引起结膜炎、皮肤病、不育、贫血等疾病。这种中毒过程较为缓慢，症状短时间内不很明显，容易被人们所忽视，潜在的危害性很大。

4. 特殊毒性

目前动物实验已证明，有些农药具有致癌、致畸和致突变作用，或者具有潜在“三致”作用（表4－3）。

表4－3　具有潜在“三致”作用的一些农药

类型	杀虫剂	杀菌剂	除草剂、植物生长调节剂
动物实验阳性，作用剂量大，在环境中存在少	涕灭威、双甲脒、溴硫磷、氧化乐果、磷胺、灭螨猛、甲基内吸磷、久效磷	苯菌灵、白菌清、灭菌丹、氟菌唑	甲草胺、阔叶净、西玛净、矮壮素、乙烯利、二甲四氯钠
动物实验阳性，作用剂量少，在环境中存在	甲萘威、敌敌畏、敌百虫、乐果、杀螨特	克菌丹、三环锡、代森锌、代森锰、代森锰锌、福美双、福美锌、五氯硝基苯	氰草净、2，4－D、氟乐灵、燕麦敌、拿草特、除草醚、乙氧氟草醚

研究发现，很多急性与慢性病的诱发都与使用化学农药有关。例如，有一种控制植物病原体的农药DBCP（1，2－dibromo－3－chloropropane，1，2－二溴－3－氯丙烷），在动物实验中能引起睾丸机能障碍，对人体的影响则是导致接触DBCP生产流程的工人不育。动物实验累积的大量证据证明，化学农药还会产生免疫系统机能障碍。尤其值得忧虑的是，用于大量代替有机氯的有机磷农药，可能导致某些不可逆转的神经性疾病，还会对记忆、情绪与抽象思维方面产生不良影响，并已证实，即使在急性中毒症状消失以后，持续的毒性仍然存在。

四、农药残留限量

农药残留问题是随着农药大量生产和广泛使用而产生的。农药残留是指农药使用后残存于生物体、农副产品和环境中的微量农药原体、有毒代谢物、降解物和杂质的总称。世界有关国家对农药的生产、销售和使用过程实施管理，已有100多年历史，但当时这些法规仅用于控制农药本身的产品质量标准。直到1938年，美国颁布的《联邦食品、药品和化妆品法》才将食品中的农药残留列入管理规范。到目前为止，世界上化学农药年产量已达数百万吨，超过1000多种人工合成化合物。农药管理法律法规自20世纪初诞生于西方以来，历经百年发展，已经形成了以人的健康和环境为本的管理体系，其中农药残留作为影响农产品质量安全的重要因素之一，已成为各国农药管理法律法规的热点和重点问题。目前国际上通常用最大农药残留限量（MRLs）作为判定农产品质量安全的标准，执行该标准体系的国家及国际组织有：国际食品法典委员会（CAC）、欧盟、美国、日本和中国等。

1. 国际食品法典委员会MRLs体系

农产品中农药的污染成为国际上日益关注的问题，为了保证人类的饮食安全，确保人体健康，世界各国都非常重视食品中农药残留的研究和检测工作，制定了农药允许限量

（农药残留）标准。加入世界贸易组织（WTO）后，农药残留标准又成为了各国间贸易保护的重要技术壁垒，因此各国的重视程度可想而知。

国际食品法典委员会（CAC）的宗旨是制定国际食品法典标准，保护消费者健康和确保食品贸易公正、公平。现有的食品法典标准主要是先由其各分委员会审议、制定，然后经国际食品法典委员会大会审议后通过。为了减少国际贸易间的纠纷，做到互相兼容，CAC下设两个专门负责制定和协调农药残留法规和食品中农药最高残留限量的组织：农药残留专家委员会联席会议（JMPR，Joint FAO/WHO Meeting on Pesticide Residues）以及农药残留法典委员会（CCPR，Codex Committee on Pesticide Residues）。JMPR负责农药安全性毒理学学术评价，修订农药的每日容许摄入量（ADI），从学术上评价各国政府、农药企业、公司提交的农药残留试验数据、市场监测数据，提出最高残留限量推荐值（表4-4）。CCPR负责提交进行农药残留和毒理学评价的农药评议优先表，审议JMPR提交的农药最高残留限量草案，制定食品（和饲料）中农药最高残留限量法典。使用的农药进行风险评估，当发现该农药对人体具有潜在危险且可能导致国际贸易问题时才制定MRLs标准，且其制定的农药MRLs也不是一成不变的，而是通过周期评估程序对其进行再评估（周期为10~15年）。

表4-4　FAO/WHO制定的部分食品中农药最高残留限量推荐量

食品	指标/（mg/kg）					
	DDT	六六六	狄氏剂	氯丹	马拉硫磷	敌敌畏
成品粮	0.2	0.3	0.2	0.05	2.0	2.0
蔬菜、水果	0.1	0.2	0.045~0.100	0.02~0.20	0.5~4.0	0.1~0.5
低脂肉类	0.2	0.4	0.2	0.5	—	0.05
牛乳	0.1	0.1	0.15	0.5	—	0.05
蛋	0.1	0.1	0.1	0.2	—	0.05
鱼	1.0	2.0	—	—	—	—
食用菌	0.1	0.1	—	—	—	—
茶叶	0.2	0.4	—	—	—	—

2012年召开的第35届国际食品法典委员会大会批准了新制定的19种农药226项法典限量标准，修订6种农药45项法典限量标准，撤销4种农药14项法典限量标准，当前共有183种农药在326种（类）农产品中3820项法典限量标准。

2013年第45届CCPR大会是中国政府担任CCPR主席国以来，成功举办的第7次年会，本届年会审议通过了37种农药，在168种（类）食品（包括农产品及加工食品、动物产品及加工食品、动物饲料）上，共555项农药残留限量标准值，其中新增397项，废除147项，终止制修订12项，上述审议结果已全部通过2013年7月份召开的36届CAC大会的最终审议程序。目前，Codex农药残留限量标准涉及188种农药在333种食品上的4106项，标准数量比上一年增加286项。

2. 欧盟 MRLs 体系

欧盟统一的农药 MRLs 标准由欧盟食品安全局（EFSA）负责制定，形成了比较严谨的食品安全法律体系。2002 年欧盟发布了《欧盟新食品法》，该法规是欧盟迄今出台的最重要的食品法，2005 年 2 月 23 日，欧盟又颁布了 396/2005 法规，该法规规定了欧盟统一的食品和农产品中农药的 MRLs 标准。欧盟 MRLs 标准的制定是由其成员国和 EFSA 基于 WHO 的方法，对消费者长期和短期的健康情况进行风险评估，再根据农药残留摄入量与每日允许摄入量（ADI）或急性参考剂量（ARfD）进行比较，做出风险管理决策，经征求意见及向 WHO/SPS（世界贸易组织食品卫生检验及动植物检疫措施委员会）通报后，由欧盟食物链和动物健康标准化委员会（SCFCAH）批准并发布。目前涉及 471 种农药在 315 种食品和农产品中的 145000 项 MRLs。

2006 年 12 月 13 日，欧盟官方网站公布化学品管理法规——REACH 法规已被通过。REACH 法规就是《化学品注册、评估及许可法规》，将取代欧盟原有的《危险物质分类、包装和标签指令》等 40 多项有关化学品的指令和法规，该法规于 2007 年 6 月 1 日在欧盟正式实施。新法规将对约三万种常用化学品通过注册、评估和许可这三个环节实施安全监控。按照规定，企业必须向欧盟设在芬兰首都赫尔辛基的新主管机构注册其生产的化学品，并列出其潜在危害。相关产品只有在得到许可后，方可在欧盟市场上销售。

REACH 法规有一新特点，即对化学品安全性的判定与传统的观点相反。传统的观点认为“一种化学物质，只要没有证据表明它是危险的，它就是安全的”，而 REACH 法规则认为“一种化学物质，在尚未证明其是否存在危险之前，它就是不安全的。”并将过去由政府和相关管理机构确认一种化学物质是否有害，改为要求生产者自己提出无害的证据，检测费用由生产者承担。

REACH 法规的主要包括以下内容：

（1）注册（Registration）　对现在广泛使用和新发明的化学品，只要是产量或一次进口量超过 1t，其生产商或进口商均需向 REACH 中央数据库提交此化学品的相关信息；

（2）评估（Evaluation）　主管机构认真评价所有产量超过 100t 的化学品的注册信息，特殊情况下，也包括产量较少的化学品；

（3）许可（Authorization）　对易引起极大关注的物质或其成分，如致癌、诱导基因突变或对生殖有害的化学物质，政府主管机构应对其按某一用途的使用方法给予具体授权。

注册部分的成本对化学品生产商、进口商是非常巨大的。新法规所引起的成本以注册成本费用为主，产量为 1 ~ 10t 的化学品的注册费用估计为 3 万欧元，10 ~ 100t 为 15 万 ~ 35 万欧元，100 ~ 1000t 为 40 万 ~ 85 万欧元，超过 1000t 为 40 万 ~ 100 万欧元。

3. 美国 MRLs 体系

美国农药登记与 MRLs 标准的制定由其环境保护局（US EPA）负责。美国是世界上农药管理制度最完善、程序最复杂的国家，建立了一整套较为完善的农药残留标准、管理、检验、监测和信息发布机制。为了确保食品安全，维护消费者利益，美国制定了详细、复杂的 MRLs 标准，2008 年至今，美国环境保护局制定了涉及 425 种农药超过 11000 项指标。

4. 日本 MRLs 体系

我国农产品出口主要市场是日本，日本农药的 MRLs 标准由厚生劳动省负责组织制定。由于农药、兽药等化学品残留引起的食品安全问题突出，2003 年 5 月日本修订了《食品卫生法》；并于 2006 年 5 月 29 日正式实施肯定列表制度（Positive List System）。该制度几乎对所有食品和用于食用的农产品中的农用化学品制定了残留限量标准，包括：《暂定最大残留限量标准》（以下简称《暂定标准》），和《一律限量标准》（以下简称《一律标准》），此外，还制定了“豁免物质”清单。对我国一些蔬菜出口企业产生了强烈的冲击。

日本“肯定列表制度”涉及的农业化学品残留限量，目前包括 62410 个限量标准，主要有以下 4 个类型。

(1)《暂定标准》共涉及农药、兽药和饲料添加剂 734 种、农产品食品 264 种（类）、暂定限量标准 51392 条；

(2) 沿用原限量标准而未重新制定暂定限量标准，共涉及农业化学品 63 种、农产品食品 175 种、残留限量标准 2470 条；

(3)《一律标准》是对未涵盖在上述标准中的所有其他农业化学品或其他农产品制定的一个统一限量标准，即 0.01mg/kg；

(4) 豁免物质共 68 种，包括杀虫剂和兽药 13 种、食品添加剂 50 种和其他物质 5 种。

此外，还有 15 种农业化学品不得在任何食品中检出，有 8 种农业化学品在部分食品中不得检出，涉及 84 种食品和 166 个限量标准。

5. 中国 MRLs 体系

在我国，农药残留限量标准是食品安全国家标准的重要组成部分，是农产品质量安全监管工作的重要基础。一直以来，我国农药的 MRLs 标准主要由国家标准和行业标准两部分组成，国家标准由国家卫生和计划生育委员会（卫计委）和国家标准化管理委员会共同发布，行业标准主要由农业部发布，属农业行业标准。2012 年，我国根据《食品安全法》的规定，将所有国标、行标进行整合，发布了食品安全国家标准《食品中农药最大残留限量》（GB 2763—2012），并于 2013 年 3 月 1 日实施。该标准成为我国监管食品中农药残留的唯一强制性国家标准，此前涉及食品中农药最大残留限量的 6 个国家标准和 10 个农业行业标准同时废止，使农药残留标准并存、交叉、老化等问题已得到有效解决。新发布的《食品中农药最大残留限量》基本涵盖了我国居民日常消费的主要农产品，其科学性、可操作性和系统性有明显提升。新标准中蔬菜等鲜食农产品的 MRLs 数量最多，并首次制定了同类农产品的组限量标准（如谷物、叶菜类蔬菜、柑橘类水果等 28 种作物组 780 项限量标准）和初级加工制品的 MRLs 标准（小麦粉、大豆油等 12 种加工制品 59 项限量标准）。另外，还涵盖了艾氏剂等 10 种持久性农药的再残留限量标准。所有限量项首次推荐了配套的检测方法标准。

2013 年，国家农药残留标准审评委员会（农残标委会）根据《中华人民共和国食品安全法》及其实施条例和《中华人民共和国农产品质量安全法》规定，对食品安全国家标准（GB 2763—2012），再次进行了修订。修订后的农药最大残留限量（GB 2763—2014）将 2012 年 11 月审议通过的 61 种农药 120 项限量标准和 2013 年 7 月审议通过的

113种农药1231项限量统一合并，总体从原来的322种农药2293项限量标准增加到387种农药3650项限量，由国家卫计委会同农业部共同发布。根据标准中资料性附录A（食品类别及测定部位）的规定，将转化CAC的干制水果和水果的限量，按我国食品分类分别制定，共增加了1357项限量标准。预计“十二五”末，我国限量标准将达7000个。

目前，食品农药残留的分析方法有很多，其中以色谱技术为主。常见色谱方法有气相色谱法（GC）、液相色谱法（LC）、气相色谱－质谱联用法（GC－MS）、液相色谱－质谱联用法（LC－MS）。这些方法虽然灵敏、准确，但样品前处理烦琐，检测时间长，耗资大，技术性要求高，且仪器昂贵，不适合大量样品的快速检测。

随着仪器技术的快速发展，酶抑制法、毛细管电泳、免疫分法、生物传感器、波谱分析检测法、生物芯片等新技术逐渐应用于食品的农药残留检测。

（1）毛细管电泳法　又称高效毛细管电泳法，是近年来发展起来的一类以毛细管为分离通道、以高压直流电场为驱动力的新型液相分离分析方法，已用于乳、啤酒、谷物、水果、蔬菜和猪肉等食品中的农药残留测定。毛细管电泳具有高灵敏度、分离度高、分析速度快和样品用量少等特点。近年来，新开发的荧光诱导检测器、电化学检测器、电导检测器、飞行时间质谱以及串列式质谱等对样品都有较好的灵敏性，使毛细管电泳在农药分析中得到更广泛的应用。

（2）色谱技术　气相色谱在农残检测方面应用最广泛，具有高选择性、高效能、高灵敏度、速度快、应用广、能同时分离分析多种组分混合物等特点，多用于检测含磷、含硫有机物，如有机磷农药等。但是气相色谱对热不稳定或高沸点的化合物的分析比较困难。

液相色谱与气相色谱相比，既有能在常温下分离制备水溶性物质的优点，又有气相色谱快速、高分辨率和高灵敏度等特点，且重现性好、进样量少，便于多次测量，多用于不易汽化或受热易分解的农药，如多菌灵、氯苯胺灵、灭幼脲、麦草灵等的检测。据美国分析化学家学会（AOAC）报道，在美国许多农药已建立高效液相色谱法。

（3）色－质联用技术　色－质联用技术是近年来发展相对成熟的检测手段，是极为重要的农药残留速测技术，尤其适合于多残留分析。一般只需1次提取和1次色－质联用检测即可对同时存在的多种残留物进行定性定量分析。色－质联用技术包括气相色谱－质谱联用（GC－MS）和液相色谱－质谱联用技术（LC－MS），在农药代谢物、降解物和多残留检测中具有极为突出的优点，但不适合于极性太强或热不稳定性农药及其代谢物的分析。

（4）超临界流体色谱技术　是以超临界流体为流动相的色谱技术，可使用各种类型的长色谱柱；可与气相、液相色谱检测器匹配，也可与红外、质谱联用。超临界流体色谱技术可以分析相对分子质量较大、对热不稳定和极性较强的化合物，可用于样品中有机磷杀虫剂（如对硫磷、苯硫磷、二�农、杀螟松等）的残留分析，检测极限为10ng/g，是一种强有力的分离和检测技术。

（5）酶抑制法　基于农药残留对酶的抑制作用原理，测定是通过键合作用改变酶的结构和性质，使酶－底物体系产生颜色、pH、吸光度等的变化来实现，检测农药时，蔬菜中的水分、碳水化合物、蛋白质、脂类等物质不会对农药残留物的检测造成干扰，不必进行分离去杂，节省了大量的预处理时间，从而达到快速检测的目的。根据检测方式的不同，分为试纸法、光度法和pH计法等。但酶抑制法测定的农药类型有限，只能用于有机磷和氨基甲酸酯类杀虫剂的检测。

（6）免疫分析技术　是一种以抗体作为生物化学检测器，对化合物、酶、蛋白质等物质进行定性和定量检测的分析技术，是以抗原特异性识别和结合反应为基础，可以检测有机磷类杀虫剂。具有简单、快速、灵敏、价廉及能在野外和实验室内进行大批量的筛选试验等优点，已成为农药残留分析领域中最有发展和应用潜力的痕量分析技术之一。目前，酶免疫分析技术尤其是酶联免疫分析在农药残留检测中的应用研究在国外非常活跃，应用也日趋普遍。

（7）生物芯片技术　将高密度DNA、蛋白质、细胞等生物活性物质以点阵的形式有序地固定在固相载体（如硅片、玻璃和塑料等）上形成的微阵列，在一定的条件下进行生化反应，反应结果用化学荧光法、酶标法、同位素法显示，用扫描仪等光学仪器进行数据采集，再通过专门的计算机软件进行数据分析。该技术信息获取量大、效率高，所需样本和试剂少，成本低，易实现自动化分析，可快速分析测定食品中包括农残在内的有毒、有害化学物质。

五、农药残留分析

食品中的农药残留不仅对人类的健康和生命安全构成了直接的威胁，农药残留超标也是制约中国农产品出口的主要因素。因而，食品中农药残留的检测分析或鉴别技术已成为食品安全研究领域中的一项重要内容。

残留分析属于痕量分析范畴，分析的农药及样品基质种类多、成分复杂，分析中投入的成本高。分析的结果经常用于政府管理部门作为贸易、生产等活动的决定性依据，具有极大的责任和权威性。

农药残留分析一般包括以下步骤：①样品的采集和制备；②样品的提取和浓缩；③净化；④农药的定性定量分析。

样品的采集和制备是农药残留分析中最基础的工作，样品的采集应有代表性，并且满足分析测定精度的要求。由于大多数农药极性较弱，在农产品中含量少，因而在提取过程中多用丙酮、乙腈和石油醚等有机溶剂提取；在提取时，同时会将脂肪、色素等杂质一同提取出来，所以须进行净化处理，常见的净化方法有液－液萃取法、柱层析法和化学处理法。通过净化得到的溶液经过浓缩定容后即可进行定性定量分析。

第三节　兽药及其残留

兽药（Veterinary Drug）是指用于预防、治疗、诊断畜禽等动物疾病，有目的地调节其生理机能并规定作用、用途、用法、用量的物质。包括血清、菌苗、诊断液等生物制品，以及兽用的中药材、化学制药和抗生素，生化药品、放射性药品。

一、兽药残留的概念

兽药残留（Veterinary Drug Residue）又称药物残留（Drug Residue），是指给畜禽等动物使用药物后蓄积或储存在动物细胞、组织和器官内以及可食性产品中的药物或化学物的原形、代谢产物和杂质。广义上的兽药残留除了由于防治疾病用药引起外，也可由于使用药物饲料添加剂、动物接触或吃入环境中的污染物如重金属、霉菌毒素、农药等引起。兽药残留既包括原药也包括药物在动物体内的代谢产物。主要的残留兽药有抗生素类、磺胺药类、呋喃药类、抗球虫药、激素药类和驱虫药类。兽药残留超标不仅可以直接对人体产生急慢性毒性作用，引起细菌耐药性增强，还可以通过环境和食物链的作用间接对人体健康造成潜在危害，影响我国养殖业的发展和走向国际市场。

二、兽药残留的来源

为了提高生产效益，满足人类对动物性食品的需求，畜、禽、鱼等动物的饲养多采用集约化生产。然而，由于集约化饲养密度高，疾病极易蔓延，致使用药频率增加；同时，为改善营养、促进生长和防病的需要，必然要在天然饲料中添加一些化学控制物质来改善饲喂效果。这样往往造成药物残留于动物组织中，对公众健康和环境具有直接或间接危害。

动物病害防治用药和饲养添加剂用药存在许多区别，对食品安全性的影响也不尽相同。动物的治疗、预防用药一般是间断的、个别的；而作为饲料添加剂的用药是持续的、普通的，积累量大，并且目前往往是在畜产品上市前才停用。如果没有严格遵守休药期的规定，很容易造成兽药残留量超标。

目前，我国动物性食品中兽药残留量超标主要有以下几个方面的原因。

（1）使用违禁或淘汰药物　若将有些不允许使用的药物当作添加剂使用往往会造成残留量大、残留期长、对人体危害严重。因此，凡未列入《饲料药物添加剂使用规范》附录一和附录二中的药物品种均不能当饲料添加剂使用。但事实上违规现象很多，β-兴奋剂（如瘦肉精）、类固醇激素（如乙烯雌酚）、镇静剂（如氯丙嗪、利血平）等是常见的滥用违禁药品。

（2）不按规定执行应有的休药期　畜禽屠宰前或畜禽产品出售前需要停药不仅针对兽药也适用于药物添加剂，通常规定的休药期为4~7d，而相当一部分养殖场（户）使用含药物添加剂的饲料很少按规定落实休药期。

（3）随意加大药物用量或把治疗药物当成添加剂使用　由于耐药菌的存在，超量添加药物的现象普遍存在，有时甚至把治疗量当作添加剂量长期使用。如土霉素用于治疗疾病时，可在饲料中添加0.1%，使用期一般为3~5d，而用作饲料添加剂时则为10~15g/t。

（4）滥用药物　畜禽发生疾病时滥用抗生素。随意使用新或高效抗生素，还大量使用医用药物；不仅任意加大剂量，而且还任意使用复合制剂。

（5）饲料加工过程受到污染　若将盛过抗菌药物的容器储藏饲料，或使用盛过药物而没有充分清洗干净的储藏器，都会造成饲料加工过程中的兽药污染。

（6）用药方法错误或未做用药记录　在用药剂量、给药途径、用药部位和用药动物的种类等方面不符合用药规定，因此造成药物残留在体内；由于没有用药记录而重复用药的现象也比较普遍。

（7）屠宰前使用兽药　屠宰前使用兽药用来掩饰有病畜禽临床症状，逃避宰前检验，很可能造成肉用动物的兽药残留。

（8）厩舍粪池中含兽药　厩舍粪池中含有抗生素等药物会引起动物性食品的兽药污染和再污染。

三、影响食品安全的主要兽药残留及其危害

（一）影响食品安全的主要兽药残留

目前，对人畜危害较大的兽药及药物饲料添加剂主要包括抗生素类、磺胺类、呋喃类、抗寄生虫类和激素类等。

1. 抗生素类

抗生素（Antibiotics）是指由细菌、放线菌、真菌等微生物经过培养而得到的产物，或用化学半合成的方法制造的相同的或类似的物质，在低浓度下对细菌、真菌、立克次体、病毒、支原体、衣原体等特异性微生物有抑制生长和杀灭作用。按抗生素在畜牧业上应用的目标和方法可将它们分为两类：治疗动物临床疾病的抗生素；用于预防和治疗亚临床疾病的抗生素，即作为饲料添加剂低水平连续饲喂的抗生素。

尽管使用抗生素作为饲料添加剂有许多副作用，但是由于抗生素饲料添加剂除防病治病外，还具有促进动物生长、提高饲料转化率、提高动物产品的品质、减轻动物的粪臭、改善饲养环境等功效。因此，事实上抗生素作为饲料添加剂已很普遍。不同种类的抗生素用于饲料添加剂的剂量及所具有的促进生长效果不尽相同，但总体来说，用量一般在每吨饲料中添加 10～15g 抗生素之间。从使用效果看，一般来说可提高猪、鸡生产速率和饲料利用率 10%～15%，降低死亡率 5%。以盐霉素为例，对肉鸡的育成率可提高 37%～76%，平均增重 5%～38%，饲料消耗降低 2%～37%。

治疗用抗生素主要品种有青霉素类、四环素类、杆菌肽、庆大霉素、链霉素、红霉素、新霉素和林可霉素等。常用饲料药物添加剂有盐霉素、马杜霉素、黄霉素、土霉素、金霉素、潮霉素、伊维霉素、庆大霉素和泰乐菌素等。

由于抗生素应用广泛，用量也越来越大，不可避免会存在残留问题。如美国曾检出 12% 肉牛、58% 犊牛、23% 猪、20% 禽肉有抗生素残留，日本曾有 60% 的牛和 93% 的猪被检出有抗生素残留。近年来，我国抗生素在蜂蜜中残留逐渐增多，因为在冬季蜜蜂发生细菌性疾病，大量使用抗生素治疗，致使蜂蜜中残留抗生素，影响了蜂蜜产品的出口。

为控制动物食品药物残留，必须严格遵守休药期，控制用药剂量，选用残留低、毒性小的药物，并注意用药方法与用药目的一致。在农业部 2001 年颁发的《饲料药物添加剂使用规范》中规定了各种饲料添加剂的种类和休药期。

2. 磺胺类药物

磺胺类（Sulfanilamides）药物是一类具有广谱抗菌活性的化学药物，广泛应用于兽医临床。磺胺类药物于 20 世纪 30 年代后期开始用于治疗人的细菌性疾病，并于 1940 年开始用于家畜，1950 年起广泛应用于畜牧业生产，用以控制某些动物疾病的发生和促进动物生长。

磺胺类药物根据其应用情况可分为三类，即用于全身感染的磺胺药（如磺胺嘧啶、磺胺甲基嘧啶、磺胺二甲嘧啶）、用于肠道感染、内服难吸收的磺胺药物和用于局部的磺胺药（如磺胺醋酰）。我国农业部在 2002 年 12 月修订发布的《动物性食品中兽药最高残留限量》中规定：磺胺类总计在所有食品动物的肌肉、肝、肾和脂肪中最高残留限量为 100μg/kg，牛、羊乳中为 100μg/kg。

磺胺类药物残留问题的出现已有近 30 年时间了，并且在近 15～20 年内磺胺类药物残

留超标现象很严重。很多研究表明猪肉及其制品中磺胺药物超标现象时有发生，如给猪内服1%推荐剂量的氨苯磺胺，在休药期后也可造成肝脏中药物残留超标。按治疗量给药，磺胺在体内残留时间一般为5~10d，肝、肾中的残留量通常大于肌肉和脂肪，进入乳中的浓度为血液浓度的1/10~1/2。

磺胺类药物大部分以原形态自机体排出，在自然环境中不易被生物降解，从而导致再污染，引起兽药残留超标。已证明，猪接触排泄在垫草中低浓度磺胺类药物后，猪体内便可测出此类药物残留超标。

3. 促生长剂（激素）类药物

激素是由机体某一部分分泌的特种有机物，可影响其机能活动并协调机体各个部分的作用，促进畜禽生长。20世纪人们发现激素后，激素类生长促进剂在畜牧业上得到广泛应用。但由于激素残留不利于人体健康，儿童食用含有生长激素的食品可以导致早熟，另外，激素通过食物链进入人体会产生一系列其他的健康效应如导致与内分泌相关的肿瘤、生长发育障碍、出生缺陷和生育缺陷等，给人类健康带来深远的影响，因此有许多种类现已禁用。我国农业部规定，禁止所有激素类及有激素类作用的物质作为动物促进生长剂使用，但在实际生产中违禁使用者还很多，给动物性食品安全带来很大威胁。

激素的种类很多，化学结构差别很大，可从两个方面进行划分：按化学结构可分固醇或类固醇（主要有肾上腺皮质激素、雄性激素、雌性激素等）和多肽或多肽衍生物（主要有垂体激素、甲状腺素、甲状旁腺素、胰岛素、肾上腺素等）两类；按来源可分为天然激素和人工激素。

天然激素指动物体自身分泌的激素，合成激素是用化学方法或其他生物学方法人工合成的一类激素。人工合成的激素一般较天然激素效力更高。合成激素有雄性激素、Trenbolone Acetate（TBA）、孕激素、十六亚甲基甲地孕酮以及乙烯雌酚、乙雌酚、甲基睾酮、Zeranol等。β-兴奋剂（β-Agonist）是一类化学结构与肾上腺素相似的类激素添加剂物质，主要种类有：Clenbuted（双氯醇氨、克伦特罗、克喘素、氨哮素）、Cimaterol（息喘宁）、Ractopamine（来可多巴胺）和Salbutamol（沙丁胺醇、阿布叔醇、舒喘宁）等十余种。

在畜禽饲养上应用激素制剂有许多显著的生理效应，如加速催肥，还可提高胴体的瘦肉与脂肪的比例。使用激素处理肉牛和犊牛可提高氮的存留量，从而提高增重率和饲料转化率。性激素是曾广被研究和应用并有着非常显著应用效果的甾体类生长促进剂。20世纪60~70年代，美国约80%~90%的育肥牛用了此类激素。生长激素是由动物脑垂体分泌的单链多肽分子，对蛋白质合成、糖代谢、水代谢和提高细胞对氨基酸的通透性均有促进作用，因而促生长效果明显，这种激素存在种的特异性。近年来，人们将有的生长素基因直接转入动物，创造出了转基因鱼、转基因猪和转基因牛等动物，增加内源性生长激素的数量来代替外源生长激素的给予，提高动物的生长发育速度。

β-兴奋剂可以促进动物营养的再分配，所以又称重新分配剂，20世纪80年代美国率先将其应用在畜禽饲养中，应用效果表现为动物胴体瘦肉率很高，动物生长加快。

4. 其他兽药

除抗生素外，许多人工合成的药物有类似抗生素的作用，例如呋喃类、抗寄生虫类等药物。化学合成药物的抗菌驱虫作用强而促生长效果差，且毒性较强，长期使用不但有不良作用，而且有些还存在残留与耐药性问题，甚至有致癌、致畸、致突变的作用。化学合成药物添加在饲料中主要用在防治疾病和驱虫等方面，也有不少毒性低、副作用小、促生长效果较好的抗菌剂作为动物生长促进剂在饲料中加以应用。

（二）兽药残留对人体健康的危害

药物被吸收进入畜、禽及人体内后，分布到几乎全身各个器官，但在内脏器官尤其是肝脏内分布较多，而在肌肉和脂肪中分布较少。药物可通过各种代谢途径，由粪便排出体外；也可通过泌乳和产蛋过程而残留在乳和蛋中。兽药和违禁药品的残留造成的影响主要表现在以下几方面。

（1）毒性作用　人长期摄入含兽药残留的动物性食品后，药物不断在体内蓄积，当浓度达到一定量后，就会对人体产生毒性作用。如磺胺类药物可引起肾损害，特别是乙酰化磺胺在酸性尿中溶解度降低，析出结晶后损害肾脏。大多数药物残留会产生慢性中毒作用，但由于某些药物毒性大或药理作用强，再加上对添加兽药没有严格的控制，部分人由于食入药物残留超标的动物组织而发生急性中毒，如1997年香港地区数人因吃了含有盐酸克伦特罗（瘦肉精）的猪肺而发生急性中毒。

（2）过敏反应和变态反应　经常食用一些含低剂量抗菌药物残留的食品能使易感的个体出现过敏反应，这些药物包括青霉素、四环素、磺胺类药物及某些氨基糖苷类抗生素等。因抗生素具有抗原性，刺激机体内抗体的形成，造成过敏反应，严重者可引起休克，短时间内出现血压下降、皮疹、喉头水肿、呼吸困难等严重症状。例如，青霉素类药物引起的变态反应，轻者表现为接触性皮炎和皮肤反应，严重者表现为致死的过敏性休克；四环素药物可引起过敏和荨麻疹；磺胺类药物的过敏反应表现在皮炎、白细胞减少、溶血性贫血和药热；呋喃类引起人体的不良反应主要是胃肠反应和过敏反应，表现为以周围神经炎、药热、嗜酸性白细胞增多为特征的过敏反应。

（3）细菌耐药性　经常食用含抗菌药物残留的动物性食品，体内敏感菌株将受到选择性的抑制，一方面具有耐药性的能引起人畜共患病的病原菌可能大量增加，另一方面带有药物抗性的耐药因子可传递给人类病原菌。耐药因子的转移是在人体内进行的，迄今为止具有耐药性的微生物通过动物性食品移到人体内而对人体健康产生危害的问题尚未得到解决。当人体发生疾病时，就给临床治疗带来很大的困难，耐药菌株感染往往会延误正常的治疗过程。2010年9月11日央视报道，已造成多人死亡的“超级细菌”就是典型的案例。

1957年，日本最早报道了病原菌抗药性现象，发现一些抗氯霉素的伤寒杆菌感染1万多人，导致1400多人死亡。美国也报道过具有六重抗药性的鼠伤寒杆菌引起食物中毒事件，仅1992年全美就有13300名患者死于抗生素耐药性细菌感染。在国内，磺胺类、四环类、青霉素、氯霉素、卡那霉素、庆大霉素等药物，使畜禽种已大量产生抗药性，临床效果越来越差，使用剂量也大幅度增加。如青霉素在刚进入临床应用时，使用剂量仅为几十个单位。到20世纪60～70年代，医用临床上的一般肌肉注射治疗剂量为10万单位，随着青霉素应用的更加普及，其使用剂量不得不迅速增加。目前，临床上使用80万单位的肌肉注射剂量进行治疗，效果甚至还不如从前。病原微生物对化学治疗剂出现耐药性，给现代化学疗法带来了极大的困难。

（4）菌群失调　在正常条件下，人体肠道内的菌群由于在多年共同进化过程中与人体能相互适应，对人体健康产生有益的作用，如某些菌群能抑制其他有害菌群的过度繁殖，某些菌群能合成B族维生素和维生素K以供机体使用。但是，过多应用药物会使这种平衡发生紊乱，不仅使人畜肠道内具有抗生素抗性的细菌增加，同时也可以杀死肠道中其他敏感菌，其中也包括有益细菌，从而造成菌群的平衡失调，生理功能的紊乱，导致长期的腹泻或引起维生素的缺乏等反应，甚至疾病的产生。菌群失调还容易造成病原菌的交替感染，使得具有选择性作用的抗生素及其他化学药物失去效果。

（5）“三致”即致癌、致畸、致突变　苯并咪唑类药物是兽医临床上常用的广谱抗蠕虫病的药物，可持久地残留于肝内并对动物具有潜在的致畸性和致突变性。1973—1982年，先后又发现丁苯咪唑对绵羊的致畸作用，多数为骨骼畸形胎儿。1975—1982年，先后发现苯咪唑、丙硫咪唑和苯硫苯氨酯有致畸作用，同时洛硝哒唑通过Ames试验证明有很高的致突变性，因此这类物质残留无疑会对人产生潜在的危害。喹乙醇也有报道有致突变作用。另外，残留于食品中的克球酚、雌激素也有致癌作用。

（6）激素的副作用　激素类物质虽有很强的作用效果，但也会带来很大的副作用。人们长期食用含低剂量激素的动物性食品，由于积累效应，有可能干扰人体的激素分泌体系和身体正常机能，特别是类固醇类和β-兴奋剂类在体内不易代谢破坏，其残留对食品安全威胁很大。美国曾有600多孕妇因使用孕激素（黄体酮），而使其女婴外生殖器男性化。我国江西20世纪80年代有个产品“鸡胚宝宝素”曾风靡全国，就因含激素可能导致儿童早熟而停产。牛初乳因含有不明激素类物质，于2012年9月1日起被国家禁止加入婴儿食品中。性激素还能引起儿童的性早熟和患肥胖症等。由于这类激素的残留和对人体健康的影响，1979年美国下令停止使用已烯雌酚作肉牛饲料添加剂。1980年FAO/WHO决定全面禁止在畜牧生产中使用甾体类激素。

四、兽药残留限量

兽药被广泛应用于畜牧业中，目的是调节动物生理机能，预防、诊断和治疗动物疾病，防控人畜共患病的产生和传播，保障公共卫生安全。目前，几乎所有国家都会在畜牧养殖过程中使用兽药。然而，由于一些人为因素，出现了不合理用药或非法用药的现象，造成兽药残留的问题。例如，近年来，新闻中报道的孔雀石绿淡水鱼、瘦肉精猪肉、抗生素牛乳等食品公共安全事件，皆是由兽药残留超标造成的。残留的兽药不仅会危害环境，还会对人体健康造成威胁。

我国与其他国家在兽药管理及其残留限制标准的差异，尤其是对最大残留量的规定差异，是造成我国动物源食品对外贸易的主要技术壁垒。2009年11月，我国出口欧盟、美国、日本、加拿大和韩国的产品中，由于兽药残留不合格造成我国动物性出口产品受阻批次占总批次的7.4%，其中：猪肉制品4.2%，水产品及其制品占1.6%，蜂产品占0.8%，其他动物源性食品占0.8%。此技术壁垒使得我国在动物源食品对外贸易中遭受了一定的经济损失。

（一）兽药残留标准的差异

为控制兽药残留的情况，保障人类食品安全与身体健康，各国都设置相关的监察、监管和研究机构，出台相关的法律法规和限令标准，以监控兽药的研制、生产、经营、出口、使用等情况。食品法典委员会（CAC）、欧盟、美国、加拿大、日本等国已相继出台相关的法规及标准，主要涉及动物源食品中常见动物种类，如鸡、鸭等家禽，牛、羊等家畜和鱼、虾等水产品。我国也陆续出台相关法律限令，但是在涉及的兽药种类与数量、动物种类及其组织、最大残留限量（MRLs）方面，各国存在不同程度的差异。这些差异是造成我国食品动物进出口贸易的技术壁垒的主要原因之一。

（1）CAC 的规定　CAC 对动物源食品中兽药残留问题的关注较早。1993 年，CAC 发布《食品中兽药残留的定义和术语》，对涉及兽药残留的相关定义和术语进行更新、修改和添加，为兽药残留提供指导信息。CAC 在制（修）定与兽药残留相关规范标准时，执行一套科学严谨的步骤，在考察兽药残留对人体健康造成危害时，所用考察时间较长，确定造成明确的危害结果，才会制订并颁布其限量值。《食品中兽药残留限量标准》经过 34 次修订后，于 2011 年发布最新版本，共检测残留兽药 11 类共 57 种，即抗微生物类药物 21 种，驱虫药 12 种，杀虫剂 8 种，加工助剂 5 种，抗原虫药 3 种，生长促进剂 2 种，锥虫药 2 种，镇静剂 1 种，肾上腺素兴奋剂 1 种，糖皮质激素 1 种，β－受体阻滞剂 1 种。此标准在解决国际贸易纠纷中起到了重大作用，同时也为其他各国制定兽药残留限量值提供参照。

（2）欧盟的规定　在经历了 20 世纪末的疯牛病和二噁英事件之后，欧洲公众对食品安全的信心受到重大打击，因此，欧盟决自对食品安全体制进行改革。2002—2004 年，欧盟颁布了《食品安全基本法》《动物源性食品具体卫生规定》《供人类消费的动物源性食品的官方控制组织细则》《确保符合饲料和食品法、动物健康和动物福利规定的官方控制》等法规。此后，欧盟不断完善、优化与食品和饲料安全相关的立法体制与制度。2009 年 5 月 6 日，在各成员国的参与下欧洲议会和理事会发布了（EC）No. 470/2009 条例《为确定动物源食品中药理活性物质的残留限量制定共同体程序》，并代替（EEC）No. 2377/90 条例，成为欧盟管理兽药残留最核心的一部法规。但（EEC）No. 2377/90 号条例中与残留限量要求直接相关的 4 个附录目前仍然适用。

2009 年 12 月 22 日，欧盟发布了（EU）No. 37/2010 条例《关于动物源食品中药理学活性物质的最高残留限量及其分类》，整合了（EEC）No. 2377/90 号条例 4 个附录中的所有内容，规定了动物源食品中允许和禁止使用的药理学活性物质的最大残留限量及其分类。此条例分为两个附录，附录一是允许使用兽药的最高残留限量，共 635 种药物，附录二是禁止使用的兽药种类，共 10 种。此条例是目前全球涉及兽药残留限量数量最多的法规之一。

（3）美国的规定　美国兽药残留限量标准是由美国食品药物管理局（FDA）的下属机构兽用药品中心（Center for Veterinary Medicine，CVM）负责制定的。在美国兽药管理法规中，与兽药相关的法律法规有《食品、药品及化妆品联邦法》《联邦肉类检验法》《禽产品检验法》《蛋产品检验法》《兽药可用法》等，相关的技术法规主要有美联邦法规（CRF）。

《食品、药品及化妆品联邦法》是兽药管理的根本大法，于 1938 年制定，此后经过不断修正，内容日趋完善，美国食品药物管理局所执行的大部分法规都被收编在此法典中。此法中对于畜禽产品的质量安全控制做出了细致的规定，内容涉及畜禽饲料、饲养、生产等各个方面，说明新药、化学杀虫剂及其残留物等依法禁止的情况，新兽药、动物饲料等的相关定义等。

美联邦法规主要涉及兽药残留最高限量的规定，第21卷以《食品、药品及化妆品联邦法》为基础，将兽药管理规定进一步细致化、具体化。其第556部分发布《食品中新型兽药的残留容许量》，此法规由A、B两部分组成，A部分为一般条款，B部分为监控兽药残留的具体残留限量标准。B部分又分为两小部分，a部分是关于此药物的人体每日最大摄入量，b部分是关于此药物在不同动物的靶组织中的最大残留限量，此法规基本每年修订一次，自其发布之日起，截至2011年7月28日，规定兽药残留限量种类共94种。

（4）中国的规定　我国也十分重视兽药相关的管理工作。其中，《食品安全法》作为食品领域的基本法律，对提高我国食品安全整体水平，切实保证食品安全，保障公众身体健康和生命安全，发挥重要意义。此外，农业部发布与兽药残留限量相关的一系列公告，明确兽药的管理和技术法规标准。2002年，发布第176号公告《禁止在饲料和动物饮用水中使用的药物品种目录》和第193号公告《食品动物禁用的兽药及其他化合物清单》。这两个公告明令禁止26类共76种在动物饲养过程的兽药品种，包括肾上腺素受体激动剂、性激素、蛋白同化激素、精神药品和各种抗生素滤渣等。

2002年12月24日，发布第235号公告《动物性食品中兽药最高残留限量》，此公告由4个附录组成，附录一是动物性食品允许使用，但不需要制定残留限量的药物，共89种；附录二是已批准的动物性食品中最高残留限量规定，共94种；附录三是允许作治疗用，但不得在动物性食品中检出的药物，共9种；附录四是明文禁止使用的药物，共31种。此公告将兽药具体细分为4类，确定可用与不可用兽药详单，制定兽药最高残留限量，为兽药残留的监控管理提供明确的科学依据，对禁用兽药的种类我国一直在不断地改进和完善。2010年，发布1519号公告《禁止在饲料和动物饮水中使用的物质》，新增4类共11种药物。

（二）兽药最大残留限量比较

兽药残留限量管理是兽药管理的主要内容之一。CAC、欧盟、美国和我国的法律在兽药数量、涉及的食品种类、动物种类和组织以及MRLs三个层面等存在较大的差异。

（1）兽药数差异　CAC、欧盟、美国和我国根据兽药安全性的毒性评价，把兽药主要分为三大类。CAC、欧盟、美国和我国在兽药种类管理中的具体数量差异比较参见表4-5。

表4-5　CAC、欧盟、美国和我国的兽药种类总类差异比较

兽药种类	CAC	欧盟	美国	中国
需要建立MRLs的兽药	53	116	92	94
不需要建立MRLs的兽药	4	519	2	89
禁止使用的兽药	无	33	15	31
总数	57	668	109	204

从表4-5中可以看出，欧盟兽药管理所涉及的总数最多，是CAC兽药总数的12倍，美国的6倍，我国的3倍。可见欧盟对兽药数量监控是比较全面的。CAC的兽药管理数量虽然最少，但是由于其组织的权威性和制定限量标准流程的严谨性、科学性，CAC的数据

是其他国家和地区制定兽药残留限量的参照标准。在不需要建立 MRLs 的物质数量上，欧盟仍然远远领先于其他组织/国家，美国在这类兽药上关注最低，数量最少，仅为 2 种；CAC 略多，为 4 种，我国虽然达到 89 种，但仅为欧盟数量的 17%，仍然有很大差距。在禁用兽药的数量上，我国与欧盟总数最多且相差不大，美国次之，CAC 因制定法规的严谨性，暂无相关规定。

（2）涉及食品种类、动物种类和组织的差异　国内外对兽药残留涉及的食品种类、动物种类和组织也存在差异，CAC、欧盟、美国与我国的相关法规限定，见表 4－6。

表 4－6　CAC、欧盟、美国与我国对兽药残留涉及的食品种类、动物种类和组织差异

食品种类	动物种类	组织	CAC	欧盟	美国	中国
畜禽及初级产品	猪、鸡、羊、牛、火鸡、兔、鸭	肌肉、皮、脂肪、肾脏、精肉、肝脏、蛋、乳	有限定	有限定	有限定	有限定
	鹿	脂肪、肾脏、精肉、肝脏	有限定	—	有限定	有限定
	马	肌肉、脂肪、肾脏、精肉、肝脏	有限定	有限定	—	有限定
	美洲野牛	肌肉、肝脏	—	—	有限定	—
	长须鲸	可食用组织	—	—	有限定	—
	鹌鹑	肌肉、脂肪、肾脏、肝脏	有限定	—	有限定	—
水产品及初级制品	鱼	精肉	有限定	有限定	有限定	有限定
	虾	精肉	有限定	—	有限定	—
蜂产品	蜂蜜	蜂蜜	—	有限定	—	有限定

从表 4－6 可以看出，在兽药残留限量涉及的食品种类上，我国与欧盟一致，涉及的种类较之其他两国也较为齐全，涉及畜禽及初级制品、水产品及初级制品和蜂产品 3 大类，CAC 和美国只对前两大类做出限定，暂未涉及蜂产品。

CAC、欧盟、美国和我国标准在兽药残留涉及的动物种类上，就总数来看差异不是很大，分别为 12 类、10 类、13 类、11 类动物，但是，在具体动物种类上，4 个组织、地区和国家稍有差异。在常见食品动物种类中，例如猪、鸡、羊、牛、火鸡、兔、鸭，四个组织与国家都有明确的限量规定。在表 4－6 所列出的 15 种动物种类中，并不是每一种动物都限定了 MRLs，而是各个国家根据本国的实际情况，做出了合理、科学的规定。例如，欧盟没有对鹿做出兽药残留限定；美国没有对马做出兽药残留限定，但对美洲野牛和长须鲸做出了明确的兽药残留限定，而 CAC、欧盟和我国并未对此两类动物做出明确规定；CAC 和美国对于鹌鹑做出明确规定，欧盟和我国并未提及。

CAC、欧盟、美国和我国标准在兽药残留涉及的动物组织上差异也不是很大，都是对常见可食用组织做出明确规定，即肌肉、皮、脂肪、肾脏、精肉、肝脏、蛋、乳等。差异较明显的是欧盟和我国标准还对蜂蜜中兽药残留做出了明确的限定，CAC 和美国标准未涉及。综上所述，对兽药残留涉及的食品种类，在动物种类和组织上，我国与其他 3 个组织/国家相比差异不大，对日常食用的动物源食品及其组织均有涉及，但在少使用和少数动物种类上，4 个组织、地区和国家均未提及。

（3）兽药残留限量对比　兽药种类繁多，根据治疗目的可分为抗微生物药物、抗寄生虫药物、生长促进剂和杀虫药。表 4－7 就 CAC、欧盟、美国和我国部分兽药残留限量进行了对比，从中可以看出，各国或国际组织对兽药残留限量值的规定皆有所不同。一种情况是对某种兽药的 MRLs 都有不同的标准，例如，美国对于四环素类兽药的 MRLs 为 6000μg/kg，明显高于其他三个组织/国家，分别是 CAC 的 10 倍，欧盟和我国的 20 倍，我国对于四环素的 MRLs 与欧盟一致且为其中最低，表明我国在这方面的养殖水平处于国际领先水平，且具有良好的检测监控能力。但是我国对红霉素的 MRLs 的规定又明显高于 CAC 和美国，我国可以向美国借鉴养殖经验。

表 4－7　CAC、欧盟、美国和我国部分兽药残留限量对比　单位：μg/kg

兽药种类			CAC	欧盟	美国	中国
抗微生物类	硝基呋喃类	呋喃它酮、呋喃唑酮、呋喃西林、呋喃妥因	—	禁用	禁用	禁用
	大环内酯类	红霉素（靶组织：所有食用动物精肉）	100	200	125	200
		泰乐菌素（靶组织：食用动物精肉）	100	100	200	200
		替米考星（靶组织：家禽精肉）	150	75	100	75
	四环素类	金霉素/四环素（靶组织：家禽肝脏）	600	300	6000	300
		氟苯尼考（靶组织：鱼皮和肌肉）	—	1000	1000	1000
	磺胺类	磺胺嘧啶、磺胺甲基嘧啶、磺胺二甲基嘧啶、磺胺甲氧嘧啶（靶组织：所有食用动物肌肉）	磺胺二甲基嘧啶：100，其他药物无规定	100	禁用	100
	氨基糖苷类	链霉素（靶组织：猪肾脏）	—	1000	2000	1000
		庆大霉素（靶组织：牛精肉）	100	50	—	100
		新霉素（靶组织：牛肌肉）	500	500	1200	500
抗寄生虫类	苯并咪唑类	甲苯咪唑（靶组织：羊肝脏）	—	400	—	400
		苯硫苯咪唑（靶组织：猪肝脏）	—	500	400	—
	阿维菌素类	阿维菌素（靶组织：牛肝脏）	100	200	—	100
		伊维菌素（靶组织：牛肝脏）	100	100	100	100
生长促进剂	β－兴奋剂	克伦特罗（靶组织：牛肾脏）	600	500	禁用	不得检出
		西马特罗（靶组织：所有食用动物）	—	—	—	禁用
		莱克多巴胺（靶组织：牛肝脏）	—	—	90	—
	性激素	地塞米松（靶组织：猪肌肉）	1000	750	—	750
		雌二醇（靶组织：牛肾脏）	—	—	90	—

续表

兽药种类			CAC	欧盟	美国	中国
杀虫剂	菊酯类	氟氯氰菊酯（靶组织：牛脂肪）	200	50	—	—
		溴氰酯（靶组织：牛肝脏）	50	10	—	50
		溴氰菊酯（靶组织：鱼肌肉）	30	10	—	30
	硫磷类	辛硫磷（靶组织：猪脂肪）	400	700	—	400
		马拉硫磷（靶组织：猪肌肉）	—	—	—	4000

注："—"表示无 MRLs 要求。

盐酸克伦特罗俗称"瘦肉精"，属于非蛋白质激素，耐热，其饲用浓度是治疗用量的10倍以上，停药期短会大量残留，残留量由高到低的组织器官依次为肝、肾、肺、肌肉，一般情况下肝脏的残留是肌肉的200倍，对食品安全具有较大的威胁。20世纪70年代末，美国科学家研制出"瘦肉精"并将其用于畜牧养殖业，用于提高禽类和肉畜的瘦肉产量，同时降低脂肪量。我国也曾经在畜牧养殖业中使用过"瘦肉精"。然而，随着"瘦肉精"的使用，科学家发现其对人体危害较大，人若一餐食用含"瘦肉精"的猪肝0.25kg以上者，常见有恶心、头晕、四肢无力、手颤等中毒症状。含"瘦肉精"的食品对心脏病、高血压、甲亢和前列腺肥大等疾病患者及老人的危害更大。美国和我国分别于1991年和1997年禁止其用于畜牧养殖业中，CAC、欧盟的MRLs较低，分别为600μg/kg和500μg/kg，可见我国对于危害性较大的兽药管理是比较严格的。1990年3～7月，西班牙爆发克伦特罗食品中毒，进食肝脏的125人全部出现肌肉震颤、心动过速、神经过敏、头痛、肌肉等不同程度的中毒症状。1998年5月，中国香港居民17人因食用饲料中含有禁用的盐酸克伦特罗猪内脏，发生中毒。2011年3月河南双汇"瘦肉精"事件，造成了其政治上及经济上的重大损失。各个组织、地区和国家的兽药残留限量标准都是依据本国的情况制定的，MRLs相差也很大，没有国际统一限量标准数据。正是由于在最大残留限量上的差异，国际上的技术性贸易壁垒措施逐渐增多，增加了我国动物源食品进入发达国家市场的难度。

五、兽药残留分析

我国的兽药残留检测方法标准早于残留限量标准的发布与实施。早在1982年，原国家标准总局就发布了残留检测方法的国家标准。此后，国家质量技术监督局、国家进出口商品检验局和农业部先后发布了多个残留检测方法标准。1998年12月，农业部发布了第一批兽药及其他化学物质在动物可食性组织中残留检测方法标准共39项，自2003年1月起，所有兽药残留检测方法标准均以农业部公告的形式发布。至今已发布了146项，这些标准涉及9种检测方法，可检测药物150余种。其中30项标准可用于残留筛选，117项标准可用于残留定量检测，两项标准既包括筛选法，也包括确证法。

（一）样品前处理技术

由于兽药残留种类繁多、在样品中残留水平低、基质复杂、干扰物质多等，使样品前处理技术，即分离纯化技术成为兽药残留分析的重点和难点。

（1）液液萃取　利用待测物在两种互不相溶（或微溶）的溶剂中分配系数的不同而

达到分离纯化的目的，其对实验条件和仪器要求不高，但操作烦琐、有机溶剂消耗大、污染严重，逐渐被一些新的前处理方法所取代。

（2）固相萃取（SPE）　利用固体吸附剂将样品中目标化合物吸附，使其与样品基质及干扰化合物分离，再用洗脱液洗脱下来从而达到分离和富集的目的，是目前兽药残留检测中最为常用的一种样品前处理技术，可用在磺胺类、四环素类、阿维菌素类、氯霉素类、喹诺酮类、激素类、β-受体激动剂等多类兽药残留的定量分析中。

（3）固相微萃取（SPME）技术　基于目标化合物在基体与石英纤维固定相涂层间的非均相平衡，实现对目标化合物的有效萃取和富集，是20世纪90年代兴起的一项新颖的样品净化富集技术，属于非溶剂型选择性萃取法。因有集取样、萃取、浓缩和进样为一体，操作简便，选择性好，不需有机溶剂等优点，在兽药残留分析领域也得到了广泛的应用。

（4）基质固相分散（MSPD）　是将固相萃取材料与样品一起研磨，制成半固态填料装柱，然后用不同的溶剂进行淋洗和洗脱，能直接用于从固态、半固态和黏稠基质样品中提取待测化合物。因耗时短、步骤少、溶剂和样品用量少，在兽药残留分析领域得到广泛应用和发展。

（5）超临界流体萃取（SFE）　是以超临界状态下的流体为萃取溶剂分离混合物的过程。由于超临界流体兼具气体的高渗透能力和液体的高溶解能力，可代替传统的有毒、易燃、易挥发的有机溶剂，有效地分离混合物。CO_2是最常用的超临界流体，可用于进行非极性和中等极性物质的提取，也通过加入适当的添加剂有效地萃取极性物质，应用广泛。

（6）分子印迹技术（MI）　主要原理是使模板分子（印迹分子）与聚合物单体键合，通过聚合作用而被记忆下来，当除去模板分子后，聚合物中就形成了与模板分子空间构型相匹配的空穴，这样的空穴对模板分子及其类似物具有高度的选择识别性。可用作SPE填料或SPME涂层以及分子印迹薄膜来分离富集复杂基质中的痕量分析物，广泛用于兽药残留的分析。

（7）免疫亲和色谱（IAC）　是以抗原抗体的特异性、可逆性免疫结合反应为基础的柱色谱技术。将抗体与惰性基质偶联制成固定相，装柱，当待测液流经IAC柱时，目标化合物（抗原）与相应抗体选择性结合，杂质则流出IAC柱，最后用洗脱液洗脱抗原。该前处理方法对待测物具有高度的选择性和特异性，特别适用于复杂样品基质中痕量组分的净化和富集。

（8）液体加压萃取（PLE）　又称加速溶剂萃取（ASE），通过升高温度和增加压力来提高物质溶解度和溶质扩散效率，以达到提高萃取效率的目的。具有快速、有机溶剂用量少、自动化程度高、基体影响小、系统密闭减少溶剂挥发对人体危害等优点。

（9）凝胶渗透色谱（GPC）　是基于体积排阻的分离原理，利用样品中各组分分子大小的不同，进而在凝胶中滞留时间的不同而达到分离目的。由于其步骤简单、操作方便、回收率较高等，也被应用于兽药残留的分析。

（二）检测技术

兽药残留分析由于具有待测物质浓度低，浓度差异大、样品基质复杂，干扰物质多，兽药残留种类及代谢产物多样等特点，要求其测定技术应具有灵敏度高、线性范围宽、特异性强、高通量等特点。根据原理的不同，主要可分为生物学方法和理化方法两大类。

1. 生物学方法

生物学方法包括免疫分析方法和微生物学分析方法。

（1）免疫分析法（IAs）　是以抗原与抗体的特异性、可逆性结合反应为基础的分析方法，是一类重要的快速筛选方法。由于兽药的相对分子质量通常较小，一般不具备免疫原性，不能刺激动物机体产生免疫应答，故只能以半抗原形式与相对分子质量大的载体形成人工抗原。以人工抗原免疫动物，使动物产生对该兽药具有特异性的活性物质（即抗体）。将制备好的抗体与待测物（抗原）进行体外反应，进而测定待测物的含量。IAs 有很高的选择性、前处理简单、灵敏度高，故在快速筛选大批量样品中的兽药残留方面有很好的应用前景。目前，根据标记物及检测体系的不同，IAs 可分为酶免疫测定法、荧光免疫测定法、胶体金免疫测定法、流动注射免疫分析、免疫传感器等。

（2）微生物学方法　主要包括微生物抑制法和放射受体分析法。微生物抑制法是一种较为传统的测定抗微生物药物的分析方法，它根据抗微生物药物对微生物生理机能、代谢的抑制作用，来定性或定量分析样品中的残留量。微生物抑制法包括棉签法（又称现场拭子法）、杯碟法、纸片法等，由于它具有操作简便、价格低廉、不需复杂的样品前处理等优点，在动物性食品兽药残留的初筛中得到广泛应用。但因其易受样品基质和其他药物干扰，灵敏度和特异性较差，其在定量分析中应用受到局限。放射受体分析法是基于受体与配体的特异性结合的分析方法，其中的 CharmⅡ测试法已成为一种商品化的药物残留快速筛选法，广泛用于动物源性食品中四环素类、磺胺类、大环内脂类、β－内酰胺、氨基糖苷类及氯霉素类等抗生素的分析。其原理是样品中的待测物与放射性标记的抗生素竞争结合微生物表面的特定受体，与受体结合的标记物通过液体闪烁计数器或其他专用分析器测定。

2. 理化方法

相比于生物学分析方法，理化分析方法对样品的前处理要求较高，但由于其具有灵敏度高、定量准确等优点，特别是色谱技术及联用技术对于多种残留同时监测的分离分析能力，使其仍是当今兽药残留检测的主流方法。

（1）气相色谱（GC）　具有分析速度快、分离效率高、灵敏度高、稳定性好等诸多优点，检测限一般可达到 μg/kg 级，常用于复杂样品的痕量分析。但由于大多数兽药是极性和沸点较高的化合物，因此用 GC 法检测前必须进行衍生化，操作较为烦琐，这限制了 GC 在兽药分析中的应用。

（2）高效液相色谱（HPLC）　与气相色谱相比，适用于极性大、沸点高的化合物的分离分析，因此可直接应用于具有此特征的兽药的分析中。根据待测物性质的不同，HPLC 有多种检测器可供选择，包括最常用的紫外检测器，以及荧光检测器（FLD）、电化学检测器（ECD）、化学发光检测器（CLD）、二极管阵列检测器（DAD）等，这也使 HPLC 在多类兽药的残留分析中都有很好的应用。

（3）色谱－质谱联用技术　将色谱的高效分离能力和质谱的高灵敏度、强大的定性能力相结合，成为目前兽药残留分析领域中最有力的定性定量工具。主要包括气相色谱－质谱联用（GC－MS）和液相色谱－质谱联用（LC－MS）。GC－MS 因不适合分析沸点高、极性大、热不稳定的化合物，进行兽药残留分析前通常需衍生化，步骤较烦琐，这使 GC－MS 在兽药分析中的应用大大受限，不及 LC－MS 应用广泛。目前，LC－MS 已被报道应用在磺胺类、四环素类、大环内酯类、阿维菌素类、β－内酰胺类、氨基糖苷类、氯霉素类、喹诺酮类、硝基呋喃类、激素类、β－受体激动剂、苯并咪唑类、三嗪类等几乎所有种类的兽药残留分析中。

（4）薄层色谱（TLC） 是一种简便、快速的传统色谱分析方法，可同时测定多个样品、分析成本低，但重现性不好，灵敏度及分辨率不及 GC 和 HPLC，使它在兽药多残留分析中的应用受到限制。高效薄层色谱（HPTLC）极大地提高了灵敏度、分辨率及重现性，拓宽了其在兽药残留分析中的适用范围。

（5）毛细管电泳（CE） 根据不同组分在高压电场的作用下迁移速率的不同而实现各组分分离的现代分析技术。分为毛细管区带电泳、毛细管凝胶电泳、毛细管等速电泳、毛细管等电聚焦、胶束电动毛细管色谱等。毛细管电泳分离效果好，分析速度快，样品用量少，但灵敏度不够高，而近年发展起来的毛细管电泳质谱联用（CE－MS）技术，大大提高了检测的灵敏度，使毛细管电泳在兽药残留分析中得到更广泛的应用。

第四节 重金属对食品安全性的影响

重金属是经食物链途径进入人体的重要污染物，工业的过度发展，加之人们环保意识的淡薄，使得水体和土壤及农作物成为重金属的主要污染对象。受到重金属污染的粮食、蔬菜、水果、鱼肉等并不能通过简单浸泡、清洗或多煮来去除残留，因为这些重金属以不同形式结合于动植物体内。重金属在环境中只有化学形态变化，不但不能被生物降解，相反却能在食物链的生物放大作用下，成千百倍地富集，最后进入人体，随着蓄积量的增加，机体便出现各种反应，导致健康受到危害，有些重金属还有致畸、致残或突变作用。重金属经食物链进入人体后，主要引起机体的慢性损伤，在体内需经过一段时间的积累才显示出毒性，往往不易被人所察觉，更加重了其危害性，它给食品安全和人体健康带来极大威胁。

一、食品中铅的污染

众所周知，铅是分布广，能够在生物体内蓄积且排除缓慢，生物半衰期长的重金属环境污染物。铅对植物和动物都会产生较大的毒害作用，不仅能够阻止动植物的生长，还能通过生物链的富集作用到达位于食物链顶端的人类体内，与人体内的生物分子发生作用而损害生殖、神经、消化、免疫、肾脏、心血管等系统，影响生长发育。铅能置换骨骼中的钙而储存在骨中，可对人的中枢和外周神经系统、血液系统、肾脏、心血管系统和生殖系统等多个器官和系统造成损伤，能造成认知能力和行为功能改变、遗传物质损伤、诱导细胞凋亡等，引发痛风、慢性和急性肾衰竭、严重腹绞痛等疾病，而且具有一定致突变和致癌性。我国尿铅正常值上限为：0.08mg/L，即使每天摄入很低量的铅，也会在人体内储存积累而导致慢性中毒，甚至致癌。

铅可能通过污染大气、水、食品包装材料和容器等途径进入人体，危害人体的健康，人体受铅的毒害也因其形态不同而异。大鼠的毒性试验表明，经腹腔注射不同形态铅化物，其 LD_{50}（mg/kg·BW）值差异很大，氧化铅为 400，硫化铅为 1600，砷酸铅为 800，醋酸铅为 150，而四乙基铅的口服致死剂量为 15。通常有机铅的毒性比无机铅大，如四乙基铅的毒性比无机铅要大。

铅吸收进入血液，分布于肝、肾、脾、肺和脑等软体组织，以肝脏和肾脏含量最高。数周后转移到骨骼、牙齿和毛发中，以磷酸铅的形式沉积下来。体内的铅 90% 以上存在于骨骼中，血液中的铅总量仅占体内总铅量的 2%，进入呼吸道的铅，30% ~35% 被吸收，70% ~75% 随呼气排出；空气中的铅微粒，粒径大于 5μm 者主要沉积于鼻腔和咽喉部，小于 1μm 者才能到达肺泡。

食品中铅污染的来源为：①工业三废和汽油的燃烧，如造成茶叶中铅含量超标；②食品容器和包装材料，如陶瓷、搪瓷、铅合金、马口铁等材料制成的食品容器和食具等含有较多的铅，在某种情况下如盛放酸性食品时，铅溶出污染食品；③含铅农药的使用造成农作物的铅污染，如非法使用砷酸铅为果园杀虫剂，使得水果皮含铅量较高；④含铅的食品添加剂或加工助剂的使用，皮蛋在传统加工中需加入氧化铅残留在成品中；⑤文化用品，儿童使用的铅笔、色彩斑斓的油彩画册、大版面及多版面的报纸等均含有较高的铅，用手翻阅后不洗手，直接取食物进餐导致食品铅污染。

人体内的铅除职业性接触获得外，主要来源于食物。成人每天由膳食摄入的铅为 300 ~400μg，人体摄入的铅主要是在十二指肠中被吸收，经肝脏后，部分随胆汁再次排入肠道中。铅可在人体内积蓄，对体内多种器官、组织均有不同程度的损害，尤其对造血器官、神经系统、胃肠道和肾脏的损害较为明显。食品中铅污染主要导致慢性铅中毒，表现为贫血、神经衰弱、神经炎和消化系统症状，如头痛、头晕、乏力、面色苍白、食欲不振、烦躁、失眠、口有金属味、腹痛、腹泻或便秘等，严重者可出现铅中毒脑病。儿童对铅较成人敏感，过量铅能影响儿童生长发育，造成智力低下。

据中央电视台报道，2011 年 5 月，浙江德清县上市企业海久电池出现严重血铅污染事件。2011 年 3 月起，该厂职工和附近居民家属被查出大范围血铅超标，超标人数达 332 人，其中相当一部分为儿童。铅蓄电池目前仍是我国数亿辆电动自行车和电动汽车的主动力源，废弃的蓄电池处理问题应引起高度重视，否则又是一大铅污染源。2003—2004 年我国铅对各类食品的污染情况见表 4 - 8。

表 4 - 8　　2003—2004 年我国铅对各类食品的污染情况

食品类别	大米	面粉	大豆	红豆	绿豆	豌豆	蚕豆	鲜食用菌	干食用菌	果汁
平均值/（mg/kg）	0.115	0.056	0.079	0.070	0.065	0.044	0.044	0.120	0.357	0.043
P95/（mg/kg）	0.399	0.170	0.230	0.198	0.161	0.112	0.095	0.395	0.676	0.096
P50/（mg/kg）	0.080	0.031	0.054	0.044	0.041	0.030	0.033	0.073	0.332	0.013
最大值/（mg/kg）	3.40	1.48	1.53	1.09	0.69	0.39	0.24	1.14	1.26	3.01
检验份数	831	273	133	164	161	97	88	147	15	152
超标率/%	4.09	2.56	1.50	0.61	0.00	0.00	0.00	2.04	0.00	13.82
检出率/%	81.59	72.53	49.62	68.29	65.84	46.39	56.82	82.31	80.00	44.08
国家标准值/（mg/kg）	0.4	0.4	0.8	0.8	0.8	0.8	0.8	1.0	2.0	0.05
食品类别	乳类	海水鱼	淡水鱼	软体类	甲壳类	猪肾	蔬菜	皮蛋	肉类	水果
平均值/（mg/kg）	0.024	0.122	0.080	0.198	0.094	0.146	0.087	1.606	0.083	0.045
P95/（mg/kg）	0.067	0.409	0.303	0.579	0.487	0.483	0.213	4.807	0.288	0.154

续表

食品类别	乳类	海水鱼	淡水鱼	软体类	甲壳类	猪肾	蔬菜	皮蛋	肉类	水果
P50/（mg/kg）	0.016	0.053	0.032	0.139	0.055	0.110	0.052	1.094	0.042	0.024
最大值/（mg/kg）	0.31	11.0	9.59	3.62	1.80	3.99	2.72	41.85	1.01	0.84
检验份数	559	582	468	527	498	961	554	531	444	401
超标率/%	10.91	4.12	1.71	1.90	3.01	1.56	9.93	9.32	3.38	7.98
检出率/%	66.37	85.39	57.69	90.51	86.75	85.22	74.73	80.98	68.24	72.32
国家标准值/（mg/kg）	0.05	0.5	0.5	—	0.5	—	0.2	3.0	0.5	0.2

我国食品安全国家标准《食品中污染物限量》（GB 2762—2012）规定食品中铅允许限量为（≤mg/kg）：豆浆、生乳、巴氏杀菌乳、灭菌乳、发酵乳、调制乳；新鲜蔬菜（芸薹类蔬菜、叶菜蔬菜、豆类蔬菜、薯类除外）、新鲜水果（浆果和其他小粒水果除外）0.1，谷物及其制品［麦片、面筋、八宝粥罐头、带馅（料）面米制品除外］、豆类蔬菜、薯类浆果和其他小粒水、豆类、肉类（畜禽内脏除外）、坚果及籽类（咖啡豆除外）0.2，芸薹类蔬菜、叶菜蔬菜、其他乳制品 0.3；麦片、面筋、八宝粥罐头、带馅（料）面米制品、豆类制品（豆浆除外）、咖啡豆、畜禽内脏、肉制品、乳粉、非脱盐乳清粉、鱼类、甲壳类 0.5；蔬菜制品、水果制品、食用菌及其制品、藻类及其制品（螺旋藻及其制品除外）（干重计）、鲜、冻水产动物（鱼类、甲壳类、双壳类除外）（去除内脏）、水产制品（海蜇制品除外）1.0；双壳类 1.5；海蜇制品 2.0。

二、食品中汞的污染

食品中的汞主要来源于环境。环境中汞的来源为：①自然界的释放；②工矿企业中汞的流失和含汞“三废”的排放。工业废料中释放出来的汞（废电池的排放），约 50% 进入环境，造成环境污染，这些汞很快被生物有机体吸收、富积。食品中以元素汞、二价汞的化合物和烷基汞三种形式存在。

环境中毒性低的无机汞在微生物的作用下，能转化成毒性高的甲基汞，甲基汞溶于水，在水生生物中易于富集，如鱼体吸收甲基汞迅速，并在体内蓄积不易排出。膳食中的汞相当一部分来自于水产品，甲基汞对于食品的污染较金属汞和二价汞化合物更为严重，水中所含丰富的汞可转化为甲基汞化合物，并在鱼体中积蓄。汞对人体的毒性主要取决于它的吸收率，金属汞的吸收率仅为 0.01%，无机汞的吸收率平均为 7%，而甲基汞吸收率可达 95% 以上，故甲基汞的毒性最大。甲基汞脂溶性较高，容易进入组织细胞，主要蓄积于肾脏和肝脏，并能通过血脑屏障进入脑组织。甲基汞主要侵犯神经系统，特别是中枢神经系统，严重损害小脑和大脑。甲基汞能通过胎盘进入胎儿体内而危害胎儿，引起先天性甲基汞中毒。主要表现为发育不良、智力发育迟缓、畸形，甚至发生脑麻痹死亡。

由食物摄入甲基汞引起的中毒病例已有不少报道，如 1969 年在伊拉克，用经过甲基汞处理的麦种做面包，引起中毒，导致很多人死亡、多人残疾。19 世纪 50 年代，在日本发生的典型公害病——水俣病，就是由于含汞工业废水严重污染水俣湾，当地居民长期食用从该水域捕获的鱼而导致甲基汞中毒。根据 1972 年日本环境厅公布，日本曾经发生过 3 次水俣病，患者达 900 余人，受到潜在危害的有 2 万人。

三、食品中砷的污染

砷广泛分布在自然界中，几乎所有土壤中都存在砷。食品中砷污染主要来源于：①工业三废的排放；②含砷农药的使用；③误用容器或误食。砷的无机化合物一般具有毒性，三价砷的毒性较五价砷大，砷化合物毒性的大小顺序为砷化氢 > 砷无机物 > 有机砷。而且毒性的大小随化合物不同而不同，其毒性依下列顺序而减少：砷化氢（AsH_3）> 氧化亚砷（As_2O_3）> 亚砷酸 > 砷酸 > 砷的有机化合物。有机砷的毒性一般比无机砷小得多，甚至有些形态几乎安全无毒。

低剂量的无机砷摄入，虽然不会立即产生中毒效应，但对身体健康还是有很大的负面影响，容易引发皮肤癌、膀胱癌、肾癌等疾病。而且砷和癌之间的关系，现在已成为研究的热点问题。在我国台湾地区的某些井水中砷含量高达2500μg/L，而以此为饮用水源的附近居民就易患上述疾病。所以，大多数国家对饮用水的含砷量都有严格的界定，我国是50μg/L，美国EPA在2000年将他们以前的50μg/L的标准一下降低到了10μg/L，其远期的目标是2μg/L。

在食品安全方面，砷元素作为一种常见的有毒有害元素，一直是人们关注的重点。食物或水中的砷进入人体之后，无机三价砷As（Ⅲ）能与带巯基（SH）的酶生成稳定的螯合物，使得很多的酶活性降低或消失，严重干扰细胞的生物功能、结构和正常代谢。而进入人体的MMA（Monomethylarsenic Acid，甲基砷酸）、DMA（Dimethylarsenic Acid，二甲基砷酸）及无机砷在酶的作用下脱去甲基形成自由基，促使脂质氧化作用进行，损害细胞膜。所以，研究食品中的砷化物对人体的影响，准确测定各种砷的形态和价态具有十分重要的意义。有研究对茶叶中的微量砷及其在茶汤中的砷形态进行了分析，从形态分析结果看，茶叶中砷的溶出率仅为11.3%，茶汤中砷的溶出形式以有机态为主，无机态较少。茶汤中微量砷的毒副作用是非常小的。按一般饮茶3～5g计算，则饮入可溶态砷为175.5～292.5ng，量极微。

针对砷的食用安全性，当今国际上的研究热点是海产品中存在的砷的形态及毒性。海产品是人们喜爱的食品，然而在20世纪70年代，人们却发现在一些海生生物的体内有非常高浓度水平的砷存在，在一种海绵体内甚至高达6000mg/kg。我们经常食用的一些海产品，如海产鱼类、牡蛎、扇贝、虾蟹等，每千克也含有几到几十毫克的总砷，如果按照饮用水的标准来衡量，那么这些食品超标可达上千倍，根本不能食用。可是人类食用这些海产品已有数千年，并未发现对身体健康有明显的影响，这是何故呢？原来，海产品尽管其含砷量高，但所含的大都是毒性较小的有机砷，在海产品中现已发现的自然有机砷化物就有25种之多。在25种自然有机砷化物中，最常见的是DMA、AsB（Arsenobetaine，砷甜菜碱）和四种砷糖（Arsenosugars）。其中，AsB广泛存在于海洋动物体内，DMA则在海洋动物和植物中都有分布，而砷糖则是海藻和软体动物含砷的主要成分。

砷的急性中毒主要为误食等意外事故导致，主要表现胃肠炎症状，严重者可导致中枢神经系统麻痹而死亡，并出现七窍出血。慢性砷中毒主要表现为神经衰弱综合征、皮肤色素异常（白斑或黑皮症）、皮肤过度角化及末梢神经炎等症状。目前，已证实多种砷化物具有致突变性，能导致基因突变、染色体畸变并抑制DNA损伤的修复。流行病学调查表明，无机砷化合物与人类皮肤癌和肺癌的发生有关。砒霜（三氧化二砷）中砷含量很高，据报道拿破仑之死可能与砒霜（慢性食物砷中毒）有关。

2006 年 9 月 8 日岳阳化工厂砷泄漏事件，岳阳环境检测中心对一自来水厂水质检测发现砷含量严重超出国家饮用水标准，受害区域人数超过 10 万。经查污染源为上游 50km 处的临湘市一化工厂废水池泄漏，致使大量高浓度含砷废水流入河中。

我国食品安全国家标准《食品中污染物限量》（GB 2762—2012）规定食品中砷容许限量为（≤mg/kg）：包装饮用水 0.01（mg/L）；生乳、巴氏杀菌乳、灭菌乳、调制乳、发酵乳、油脂及其制品、鱼类及其制品、鱼类调味品、婴幼儿罐装辅助食品（以水产及动物肝脏为原料的产品除外）0.1（无机砷）；糙米、大米、婴幼儿谷类辅助食品（添加藻类的产品除外）0.2（无机砷）；添加藻类的婴幼儿谷类辅助食品、以水产及动物肝脏为原料的婴幼儿罐装辅助食品 0.3；谷物（稻谷除外）、谷物碾磨加工品（糙米、大米除外）、稻谷、新鲜蔬菜、食用菌及其制品、肉及肉制品、乳粉、调味品（水产调味品、藻类调味品和香辛料类除外）、食糖及淀粉糖、可可制品、巧克力和巧克力制品、水产动物及其制品（鱼类及其制品除外）、水产调味品（鱼类调味品除外）0.5（无机砷）。

四、食品中镉的污染

镉（Cd）是一种具有金属光泽的非典型过渡性重金属，位于元素周期表中第五周期第Ⅱ$_B$族。重金属对食品安全性的影响中，以镉最为严重，其次是汞、铅等。镉元素是一种生物蓄积性强、毒性持久、具有“三致”作用的剧毒元素，摄入过量的镉对生物体的危害极其严重，会导致肾脏、肝脏、肺部、骨骼、生殖器官的损伤，对免疫系统、心血管系统等具有毒性效应，进而引发多种疾病，镉污染对人体健康的危害逐渐受到全世界的关注。目前，镉作为环境、医学等领域重金属危害研究的典型元素之一，其对环境的污染和生物毒性已被广泛、深入地研究。

据报道，镉在人体内的半衰期长达 6~40 年。镉暴露主要通过饮水、摄食和呼吸（其中呼吸暴露主要是针对职业接触和大气镉重度污染地区的人群）三种途径，经消化道和呼吸道进入动物和人体内，极少部分也可通过皮肤、头发的接触而进入体内，在肝脏、肾脏、肺部和骨骼等组织器官中蓄积，随着年龄增长，蓄积量增大，最终诱发多种疾病，影响人类健康。通常人体的镉暴露情况可通过血镉和尿镉测得。

食品中镉污染的主要来源：①工业三废尤其是含镉废水的排放，污染了水体和土壤，再通过食物链和生物富集作用，使食物受到污染；②农作物从污染的土壤中吸收镉，使加工的食物受到污染；③用含镉的合金、釉、颜料及镀层制作的食品容器，有释放出镉而污染食品的可能，尤其是盛放酸性食品时，其中的镉大量溶出，将严重污染食品，引起镉中毒。

通过食物摄入镉是其进入人体的主要途径，食物中镉对人体的危害主要是引起慢性镉中毒。镉对体内巯基酶有较强的抑制作用，其主要损害肾脏、骨骼和消化系统，尤其损害肾近曲小管上皮细胞，使其发生重吸收功能障碍。临床上出现蛋白尿、氨基酸尿、高钙尿和糖尿，致使机体发生负钙平衡，使骨钙析出，此时如果未能及时补钙，则导致骨质疏松、骨痛而易诱发骨折。如日本镉污染大米引起的“痛痛病”，主要症状为背部和下肢疼痛，行走困难。镉干扰食物中铁的吸收和加速红细胞的破坏而引起贫血；镉除能引起人体的急、慢性中毒外，国内外也有研究认为，镉及镉化合物对动物和人体有一定的致畸、致癌和致突变作用。

2003—2004 年我国镉对各类食品的污染情况，见表 4－9。

表 4－9　2003—2004 年镉对各类食品的污染情况

食品类别	大米	面粉	大豆	红豆	绿豆	豌豆	蚕豆	鲜食用菌	干食用菌	果汁
平均值/（mg/kg）	0.057	0.014	0.043	0.009	0.008	0.014	0.009	0.487	0.314	0.005
P95/（mg/kg）	0.149	0.029	0.084	0.027	0.030	0.041	0.025	1.742	0.619	0.016
P50/（mg/kg）	0.039	0.014	0.041	0.006	0.003	0.008	0.004	0.218	0.404	0.003
最大值/（mg/kg）	0.480	0.08	0.40	0.12	0.15	0.27	0.08	15.09	2.90	0.14
检验份数	807	278	106	136	141	77	79	153	27	147
超标率/%	5.3	0.00	—	—	—	—	—	—	—	—
检出率/%	85.38	70.50	79.25	77.94	72.34	74.03	83.54	92.16	92.59	51.70
国家标准值/（mg/kg）	0.2	0.1	—	—	—	—	—	—	—	—
食品类别	乳类	海水鱼	淡水鱼	软体类	甲壳类	猪肾	蔬菜	皮蛋	肉类	水果
平均值/（mg/kg）	0.010	0.087	0.023	0.535	0.402	2.052	0.017	0.026	0.029	0.006
P95/（mg/kg）	0.037	0.550	0.073	1.76	2.16	10.01	0.057	0.089	0.108	0.023
P50/（mg/kg）	0.001	0.011	0.016	0.227	0.092	0.788	0.009	0.011	0.017	0.002
最大值/（mg/kg）	0.37	5.020	0.810	21.60	8.83	74.26	0.51	1.70	0.53	0.27
检验份数	99	599	468	525	486	952	591	228	358	396
超标率/%	—	8.85	4.27	—	—	—	5.41	—	6.98	11.62
检出率/%	44.44	80.80	66.66	94.86	87.04	87.08	68.87	79.39	77.09	56.31
国家标准值/（mg/kg）	—	0.1	0.1	—	—	—	0.05	—	0.1	0.03

2009 年 8 月新华社记者报道长沙（浏阳）湘和化工厂镉污染事件。此次镉污染造成 509 人尿镉超标，其中 4～6 月份，两位分别为 44 岁和 61 岁的男子突然死亡，经湖南省劳卫所检测，死者体内镉严重超标。污染主要是由长沙湘和化工厂废渣、废水、粉尘、地表径流、原料产品运输与堆存，以及部分村民使用废旧包装材料和压滤布等造成的。厂区周围树林大片枯死及农作物大幅减产，饮用水时常泛起白色泡沫并散发腥味，部分村民相继出现全身无力、头晕、胸闷、关节疼痛等症状，部分村民当感冒治疗。2009 年 7 月 30 日湖南省浏阳市镇头镇村民因污染问题围堵镇政府、镇派出所。湘和化工厂法人代表被刑事拘留，浏阳市环保局局长和分管副局长被免职。2013 年 5 月 16 日，广州市食品药品监督管理局在其网站公布了 2013 年第一季度抽检结果。此次抽检大米及米制品的合格率最低，抽检的 18 批次中只有 10 批次合格，合格率为 55.56%。不合格的 8 批次原因都是镉含量超标。

我国食品安全国家标准《食品中污染物限量》（GB 2762—2012）规定食品中镉允许限量为（≤mg/kg）：饮料类包装饮用水（矿泉水除外）0.005mg/L、矿泉水 0.003mg/L，新鲜蔬菜（叶菜蔬菜、豆类蔬菜、块根和块茎蔬菜、茎类蔬菜除外）、新鲜水果、蛋及蛋制品 0.05；谷物（稻谷除外）、谷物碾磨加工品（糙米、大米除外）、稻谷、糙米、大米、豆类蔬菜、块根和块茎蔬菜、茎类蔬菜（芹菜除外）、肉类（畜禽内脏除外）、肉制品（肝脏制品、肾脏制品除外）、鲜、冻水产动物 鱼类 0.1；其他鱼类制品（凤尾鱼、旗鱼制品除外）、鱼类调味品 0.1；叶菜蔬菜、芹菜、新鲜食用菌（香菇和姬松茸除外）、豆类、鱼类罐头（凤尾鱼、旗鱼罐头除外）0.2；凤尾鱼、旗鱼罐头、凤尾鱼、旗鱼制品 0.3；香菇、食用菌制品（姬松茸制品除外）、花生、畜禽肝脏、肝脏制品、甲壳类、食用盐 0.5；畜禽肾脏、肾脏制品 1.0；双壳类、腹足类、头足类、棘皮类 2.0（去除内脏）。

五、食品中的重金属污染检测

食品中的重金属污染检验方法分类如表 4－10 所示。

表 4－10　食品中重金属含量检验方法　单位：mol/mL

方法名称	检出限量	方法名称	检出限量
经典滴定分析	$10^{-2} \sim 10^{-6}$	经典极谱法	$10^{-5} \sim 10^{-6}$
分子吸收分光光度法	$10^{-5} \sim 10^{-6}$	方波极谱法	$10^{-6} \sim 10^{-7}$
分子荧光分光光度法	$10^{-7} \sim 10^{-8}$	导数脉冲极谱法	$10^{-7} \sim 10^{-8}$
原子吸收光谱法	$10^{-6} \sim 10^{-7}$	悬滴汞电极阳极反向伏安法	$10^{-9} \sim 10^{-10}$
原子发射光谱法	$10^{-5} \sim 10^{-6}$	汞膜电极阳极反向伏安法	$10^{-9} \sim 10^{-12}$
中子活化分析	$10^{-9} \sim 10^{-10}$	酶法	$10^{-9} \sim 10^{-12}$
离子选择性电极电位法	$10^{-4} \sim 10^{-5}$		

六、食品中重金属污染的控制

重金属是具有潜在危险的污染物，主要通过人类的活动进入环境。它的特殊威胁在于不能被微生物分解，相反，生物体可以富集重金属，并且可以将某些重金属转化成毒性更强的金属化合物。重金属经食物链富集后通过食物进入人体，再经过一段时间的积累才能显出毒性，往往不易为人们所觉察。所以重金属是食品安全的重要指标，要做好重金属的控制必须从以下几个方面着手。

1. 实行“从农田到餐桌”全程质量控制

对食品产地环境质量进行监测和评价（包括生产、加工区域的大气、土壤、灌溉水、畜禽养殖水、渔业养殖水和食品加工用水），以保证食品的安全符合产地环境技术要求；加大技术投入，对整个食品生产过程，如原料、生产设备、生产加工过程及包装、运输过程中的重金属污染问题实施全程质量监控。

2. 加强对肥料的质量检测，严格执行产品标准

对于重金属含量相对较高的有机肥、有机－无机肥，我国已有标准，对总镉、总汞、总铅、总铬和总砷进行了限量规定。但由于重金属测定需要较昂贵的原子吸收分光光度计，操作技术要求也较高，一般为专业人士所操作。而大部分有机肥厂的规模都很小，不可能对重金属进行分析，所以产品标准中的指标形同虚设。建议生产企业和肥料质检部门或有条件进行重金属检测的部门签订协议，定期对产品进行检测，达不到限量标准的产品严禁出厂。执法部门对肥料的管理不能仅限制在营养成分指标上，也要把重金属指标作为

检查内容的一部分。

3. 改善环境质量

由于工业污染、农业污染、农村生活污染等日益加剧，大气、土壤、水体的重金属污染严重。环境质量不断下降，直接影响到了在该环境下生长的动植物，进而造成食物的重金属污染。农业环境的首要条件就是“食品或原料产地必须符合安全食品产地环境质量标准”，具有一票否决权。因此，首先确保污染的最低限度；其次继续加大综合治理力度，确保流域内工业污染源达标排放，保证已建成的城市污水、垃圾处理设施正常运转并发挥效益；最后还要加强环保宣传教育和执法工作，营造“保护环境、人人有责”的社会氛围。

4. 加强食品中重金属的限量控制

建立严密统一的食品质量控制标准和科学的检测方法，并尽量与国际标准和方法接轨。生产环节尽可能采用在线监测，销售环节加强市场随机监督抽检，多方位进行各类产品的质量检验，实行有效质量监控。

第五节　食品添加剂对食品安全性的影响

国内外由于食品添加剂引发的食品安全问题层出不穷，部分企业或个体经营者在生产中超标违规使用食品添加剂，甚至违法使用有毒有害物质，使食品的安全风险大大增加。有些企业为了迎合百姓的心理，在食品标签上明示“本产品不加任何防腐剂”“不加任何食品添加剂”。这些都表明了安全问题已成为全社会所关注的焦点，也表明了消费者的消费需求倾向，同时也从一个侧面反映出食品添加剂在食品安全中存在一定的问题。2015 年修订的《食品安全法》规定“生产经营的食品中不得添加药品，但是可以添加按照传统既是食品又是中药材的物质。”并加重了对在食品中添加药品等违法行为的处罚，规定了超范围、超限量使用食品添加剂，用超过保质期的食品原料、食品添加剂生产食品等违法行为的法律责任。食品添加剂的安全性是以 GB 2760《食品添加剂使用标准》规定的使用剂量及使用范围为前提，如果在生产过程中对食品添加剂超量使用、超范围使用或甚至使用非食品级添加剂，这就超出了食品安全范围，会对人体健康造成伤害。实践已证明，食品生产工艺流程中有效控制配料中食品添加剂使用，防止超量超范围使用，是确保食品安全的重要举措之一。

一、食品添加剂基本概念

须强调的是，不是加到食品中的添加物都是食品添加剂。不断被曝光的苏丹红、孔雀石绿、吊白块、三聚氰胺、塑化剂、瘦肉精等，属食品安全事件，但不为食品添加剂问题，不可混为一谈。按照国家现行法律法规规定，食品中添加了不允许以任何剂量加到任何食品中的物质，为非法添加，食用含有该非法添加物的食品对人体是有危害的。若按照国家现行法律法规规定，超食品品种和剂量范围添加，为违规添加。如染色馒头案例，GB 2760—2011《食品添加剂使用标准》规定柠檬黄色素可按一定剂量加到冰淇淋、雪糕和一些饮料中，加入馒头中则为超食品品种范围违规添加。

食品添加剂可以起到提高食品质量和营养价值，改善食品感观性质，防止食品腐败变质，延长食品保藏期，便于食品加工和提高原料利用率等作用。世界各国对食品添加剂的定义也不尽相同，联合国粮农组织（FAO）和世界卫生组织（WHO）联合食品法规委员会将食品添加剂定义为：食品添加剂是有意识地一般以少量添加于食品，以改善食品的外观、风味、组织结构或贮存性质的非营养物质。按照这一定义，以增强食品营养成分为目的的食品强化剂不应该包括在食品添加剂范围内。依据《食品添加剂使用标准》和《营养强化剂使用标准》，我国对食品添加剂和营养强化剂分别定义为：食品添加剂是指为改善食品品质和色、香、味以及为防腐、保鲜和加工工艺的需要而加入食品中的人工合成或者天然物质。食品用香料、胶基糖果中基础剂物质、食品工业用加工助剂也包括在内。营养强化剂是指为了增加食品的营养成分（价值）而加入到食品中的天然或人工合成的营养素和其他营养成分。

1. 食品添加剂根据来源分类

目前，国内外使用的食品添加剂的总数达20000种以上。食品添加剂按其来源不同可分为天然和化学合成两大类。天然食品添加剂是指以动植物或微生物的代谢产物为原料加工提纯而获得的天然物质；化学合成的食品添加剂则是指采用化学手段、通过化学反应合成的人造物质，以有机化合物类物质居多。

2. 食品添加剂依据目的及用途分类

按照使用目的和用途，食品添加剂可分为以下几类。

（1）为提高和增补食品营养价值的，如营养强化剂。

（2）为保持食品新鲜度的，如防腐剂、抗氧化剂、保鲜剂。

（3）为改进食品感官品质的，如着色剂、漂白剂、发色剂、增味剂、增稠剂、乳化剂、膨松剂、抗结块剂和品质改良剂。

（4）为方便加工操作的，如消泡剂、凝固剂、润湿剂、助滤剂、吸附剂、脱模剂。

（5）食用酶制剂。

3. 食品添加剂根据功能分类

按照GB 2760《食品添加剂使用标准》，我国食品添加剂以其功能分为21类：酸度调节剂、抗结剂、消泡剂、抗氧化剂、漂白剂、膨松剂、着色剂、护色剂、乳化剂、酶制剂、增味剂、面粉处理剂、被膜剂、水分保持剂、防腐剂、稳定剂和凝固剂、甜味剂、增稠剂、食品用香料、食品工业用加工助剂和其他上述功能类别中不能涵盖的其他功能。

另外，食品工业用加工助剂是指使食品加工能够顺利进行的各种辅助物质，与食品本身无关，如助滤、澄清、吸附、润滑、脱模、脱色、脱皮、提取溶剂、发酵用营养物等。

二、食品添加剂的毒性与危害

一般食品添加剂并不会对人体造成严重危害，但由于食品添加剂是长期少量地随同食品摄入的，这些物质可能在体内产生积累，对人体健康造成潜在的威胁。毒理学评价的急性毒性、致突变试验及代谢试验、亚慢性毒性和慢性毒性等四个阶段的试验是制定食品添加剂使用标准的重要依据。凡属新化学物质或提取物，一般要求进行四个阶段的试验，证明无害或低毒后方可成为食品添加剂。

对于食品添加剂，专家指出“剂量决定危害”。比如食盐也是一种食品添加剂，谁都知道它是人体不可或缺的一种元素，但如果一次性大剂量食用食盐的话，也有可能造成人的急性致死。各种食品添加剂能否使用、使用范围和最大使用量，各国都有严格规定并受法律制约。在使用食品添加剂以前，相关部门都会对添加成分进行严格的质量指标及安全性的检测。

发生与添加剂有关的食品安全问题，往往出在食品加工销售环节。有的是厂家缺乏食品安全意识，根本不顾添加剂的用量问题；有的则是厂家设备简单陈旧，缺乏精确的计量设备，不能控制使用量，很容易出现超标的情况。还有一些厂家没有相关的先进设备，在添加防腐剂时常常出现搅拌不均匀的情况，这样也会造成部分产品中防腐剂含量过高。

过量地摄入防腐剂有可能会使人患上癌症，虽然在短期内一般不会有很明显的病状产生，但是一旦致癌物质进入食物链，循环反复、长期累积，不仅影响食用者本身健康，对下一代的健康也有不小的危害。摄入过量色素则会造成人体毒素沉积，对神经系统、消化系统等都会造成伤害。

三、主要食品添加剂生产和使用现状

来自质量监督部门的监测结果表明，由于食品添加剂问题而被判定不合格的产品基本上有两种情况：一是故意添加的，且食品添加剂含量很高；二是一些产品中检测出了微量的不允许使用的食品添加剂。下面是常用添加剂的介绍。

1. 漂白剂

漂白剂在食品加工中应用甚广，种类有氧化漂白和还原漂白两类，前者如双氧水，后者包括亚硫酸盐类等。在行业中，主要存在以下影响食品安全的事件：①用病死母猪肉做肉松，为改变肉制品的色泽，就加入大量双氧水使死猪肉变色（双氧水已列入《食品用消毒剂原料（成分）名单（2009 年版）》（卫办监督发〔2010〕17 号），可以作为食品用消毒剂及其原料继续生产经营和使用，不再作为食品用加工助剂管理。）②在制造椰果时，加入大量双氧水，使椰果晶莹透亮。③用氧化漂白剂掩盖肉类、海产品的腐败变质外观。④将含甲醛成分的致癌的工业用品“吊白块”添加到米粉、腐竹等食品中去。

因此，食品的外表异乎寻常地光亮和雪白，可能会有问题。例如，本来偏黄色的牛百叶，变得很白净；又如，竹笋、雪耳、粉丝、腐竹、米粉、海蜇等的外表过于雪白透亮，应小心食用。

2. 着色剂

着色剂是使食品着色和改善食品色泽的物质，通常包括食用合成色素和食用天然色素两大类，有苋菜红、胭脂红、赤藓红、新红、诱惑红、柠檬黄、日落黄等。在行业中主要存在以下问题：①滥用柠檬黄等加工情人梅。②水果罐头中超量使用日落黄，使其看上去颜色鲜艳，不褪色。③以名为苏丹红的一种色素类饲料添加剂喂养禽类，使其产出颜色偏红的禽蛋。

儿童若长期食用含色素的“彩色食品”，不仅会在体内蓄积毒素，对肝脏等器官造成损害，更有可能影响神经系统的发育，导致孩子出现任性好动、情绪不稳定、自制力差的问题，甚至会出现过激行为。人工合成色素在合成过程中，有的可能混入砷、铅、汞等污染物，长期食入含有着色剂的食品后，人体健康会受到影响。此外，像柠檬黄等色素还可引起支气管哮喘、荨麻疹、血管性浮肿等症状。

3. 防腐剂

狭义的防腐剂主要是指乳酸链球菌素（Ninsin）、山梨酸、苯甲酸等直接加入食品中的生物或化学物质；广义的防腐剂还包括那些通常认为是调料而具有防腐作用的物质，如食盐、醋等。一些食品企业出于成本考虑，选用成本较低的防腐剂。以 Ninsin 和苯甲酸为例，前者对人体更为安全，但前者的成本为后者的几十倍，不少企业为了节省成本，选择并超量使用苯甲酸。我国《食品添加剂使用标准》对果冻规定不得使用防腐剂，果冻的最大消费群体是少年儿童，由于目前果冻产品中或多或少都加有一些人工化学合成物，因此对少年儿童来说不宜过多食用。某些腐竹、米面制品曾被揭发使用甲醛和福尔马林等非食品级的工业原料来强行杀菌的严重违法行为。

4. 香精香料

香料香精是能使食品增香的物质，如水溶性香精、油溶性香精、调味液体香精、微胶囊粉末香精和拌和型粉末香精。若按香型分有乳类香精、甜橙香精、香芋香精等。相当一部分企业私自生产、经销、使用未经国家批准的食品香料，或使用低质、违规原料，以牟取暴利。

5. 酸度调节剂

酸度调节剂是为了增强食品中酸味和调整食品中 pH 或具有缓冲作用的酸、碱、盐类物质总称。我国规定允许柠檬酸、乳酸、酒石酸、苹果酸、柠檬酸钠、柠檬酸钾等按正常需要用于各类食品。

6. 抗氧化剂

抗氧化剂主要用于含油脂的食品，可阻止和延迟食品氧化过程，提高食品的稳定性和延长储存期。但抗氧化剂不能改变已经酸败的食品，应在食品尚未发生氧化之前加入。抗氧化剂包括油溶性抗氧化剂和水溶性抗氧化剂，我国允许使用的有丁基羟基茴香醚（BHA）、二十基羟基甲苯（BHT）、没食子酸丙酯（PG）、异抗坏血酸钠、茶多酚（维多酚）等 14 种。

7. 稳定和增稠剂

稳定剂可稳定食品的物理性质或组织形态，凝固剂主要起凝固蛋白质的作用。我国允许使用的凝固剂和稳定剂有硫酸钙（石膏）、氯化钙、氯化镁（盐卤）、乙二胺四乙酸二钠、葡萄糖酸 $-\delta-$ 内酯等 8 种。

增稠剂主要用于改善和增加食品的黏稠度，保持流态食品、胶冻食品的色、香、味和稳定性，改善食品物理性状，并能使食品有润滑适口的感觉。我国允许使用的增稠剂有琼脂、明胶、羧甲基纤维素钠等 25 种。

8. 甜味剂

甜味剂是指赋予食品以甜味的食品添加剂，有蔗糖、葡萄糖、果糖、果葡糖浆、糖精钠等。甜味剂中的糖精（糖精钠）是一种人工合成甜味剂，尽管大规模的流行病学调查、动物和人体试验，均未观察到糖精有增高膀胱癌发病率的趋势，FAO/WHO 依然于 1997 年重新公布了糖精的每人每千克体重的日允许摄入量（ADI）为 0 ~ 5mg，但是有报道，糖精可引起皮肤瘙痒症，日光过敏性皮炎（以脱屑性红斑及浮肿性丘疹为主）。

另一甜味剂——甜蜜素，经水解后能形成有致癌威胁的环乙胺。环乙胺的主要排泄途径是尿，因此对膀胱致癌的危险性最大。尽管大量研究证明其无致癌、致畸作用，但因美国国家科学研究委员会和国家科学院（NRC/NAS）1986 年报告有促进和可能致癌性问题，故至今在美国联邦法规中仍规定“禁止直接加入或用于食品”。尽管如此，FAO/WHO

1994 年对其 ADI 值仍规定每人每千克体重为 0～11mg。我国《食品添加剂使用标准》对糖精和甜蜜素在加工食品中的适用范围和使用量均作了严格限制，并规定不允许在婴幼儿食品中使用，不允许在水果冻中添加。

2003—2004 年各类食品中甜蜜素的检测结果，见表 4－11。

表 4－11　2003—2004 年各类食品中甜蜜素的检测结果

食品类别	碳酸饮料	果汁饮料	酱菜类	陈皮话梅类
平均值/（g/kg）	0.315	0.187	0.351	10.753
P95/（g/kg）	0.894	0.642	1.233	30.496
P50/（g/kg）	0.199	0.092	0.122	6.460
最大值/（g/kg）	3.50	7.40	10.19	49.00
检验份数	344	358	416	81
超标率/%	18.31	8.66	13.70	39.51
检出率/%	42.73	27.09	44.47	90.12
国家标准值/（g/kg）	0.65	0.65	0.65	8

糖精钠的甜度相当于蔗糖的 650 倍，也就是 1kg 糖精钠就能达到 650kg 蔗糖的甜度。每公斤糖精钠售价仅为 16～17 元，650kg 蔗糖的售价为 2000 元左右。因此，过量使用糖精钠的现象很常见，特别是在某些劣质饮料、蜜饯和果脯中最常使用。

四、食品添加剂安全管理

1. 食品添加剂生产管理要求

我国食品添加剂的管理有一套完整的法律法规体系，符合国家要求生产的添加剂食品是安全的。由于食品添加剂的使用有利于食品资源开发、食品加工，增强食品营养成分和消费者的吸引力，因此，食品添加剂在食品加工保存过程中已成为一种必不可少的物质。但在食品中加入食品添加剂必须不影响食品营养价值，具有增强食品感官性状、延长食品的保存期限或提高食品质量的作用。具体来说使用食品添加剂必须遵循一定的规范和要求。

食品添加剂的生产企业应严格按照《食品安全法》《食品添加剂使用标准》《食品营养强化剂使用标准》《食品添加剂监督管理规定》《食品添加剂新品种管理办法》《食品生产通用卫生规范》《复配食品添加剂通则》《预包装食品标签通则》的规定要求进行操作，产品必须获得生产许可证后，方可按质量标准组织生产，并建立企业生产记录和产品留样制度。产品包装必须按规定进行标识和提供产品说明书，并在标识上明确标示“食品添加剂”字样。

食品添加剂的使用必须符合 GB 2760《食品添加剂使用标准》或 GB 14880《食品营养强化剂使用标准》规定的品种及其使用范围、使用量。禁止以掩盖食品腐败变质或以掺杂、掺假、伪造为目的而使用食品添加剂。禁止经营无卫生许可证、无产品检验合格证明的食品添加剂。卫生行政部门应加强对生产食品添加剂的单位和使用食品添加剂的单位进行监督执法，加大对滥用食品添加剂的处罚力度。

2. 食品添加剂的使用要求

食品添加剂，首先应该是对人类无毒无害的，其次才是它对食品色、香、味等性质的改善和提高。因此，使用食品添加剂应无条件遵守 GB 2760《食品添加剂使用标准》或 GB 14880《食品营养强化剂使用标准》，还应遵守以下要求。

（1）不应对人体产生任何健康危害　食品添加剂必须经过充分的毒理学鉴定，保证其在允许使用范围内长期摄入而对人体无害。食品添加剂进入人体后，应能参与人体正常新陈代谢或能被正常的解毒过程解毒后完全排出体外，或因不被消化吸收而完全排出体外，而不在人体内分解或与其他物质反应形成对人体有害的物质。

（2）不应降低食品本身的营养价值　对食品的营养物质不应有破坏作用，也不影响食品质量及风味。

（3）不应掩盖食品腐败变质　食品添加剂应有助于食品的生产、加工、制造及储运过程，具有保持食品营养价值、防止腐败变质、增强感官性能及提高产品质量等作用，并应在较低使用量下具有显著效果，而不得用于掩盖食品腐败变质等缺陷。

（4）不应掩盖食品本身或加工过程中的质量缺陷或以掺杂、掺假、伪造为目的而使用食品添加剂。

（5）在达到预期效果的前提下尽可能降低在食品中的使用量。

此外，还应遵守以下要求。

①食品添加剂最好在达到使用效果后除去而不进入人体。

②食品添加剂添加于食品后应能被分析鉴定出来。

③价格低廉、原料来源丰富、使用方便、易于储运管理。

3. 食品添加剂使用时的带入原则

在下列情况下食品添加剂可以通过食品配料（含食品添加剂）带入食品中。

（1）根据本标准，食品配料中允许使用该食品添加剂。

（2）食品配料中该添加剂的用量不应超过允许的最大使用量。

（3）应在正常生产工艺条件下使用这些配料，并且食品中该添加剂的含量不应超过由配料带入的水平。

（4）由配料带入食品中的该添加剂的含量应明显低于直接将其添加到该食品中通常所需要的水平。

第六节　有机污染物

近几十年来，人们在创造物质文明的同时，也带来了严重的环境污染。在造成环境污染的各种因素中，化学物质占有很大的比重，几乎渗透到人类生产和生活的各个方面，这些物质在使用后被有意或无意地排放到环境中，有的转化为有毒有害物质，有的聚积，有的通过各种途径进入人体，造成危害。化学污染物包括无机污染物和有机污染物，本节主要讨论有机污染物，如多环芳烃、杂环胺、二噁英、*N*－亚硝基化合物等。

一、多环芳烃

多环芳烃（Polycyclic Aromatic Hydrocarbons，PAHs）是一大类广泛存在于环境中的有机污染物，也是最早被发现和研究的化学致癌物，它是指由两个以上苯环连在一起所构成的化合物，如联苯、蒽、菲、苯并［a］芘（见图4-4）。虽然多环芳烃的基本单位是苯环，但苯环的数目和连接方式变化很大，它与苯的化学性质也不尽相同。

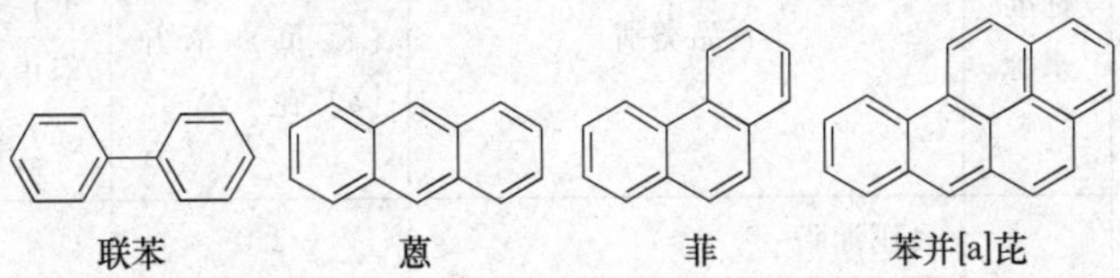

联苯　蒽　菲　苯并[a]芘

图4-4　多环芳烃的化学结构

多环芳烃随其分子质量和结构的不同而具有不同的物理和化学性质。在室温下，所有的多环芳烃皆为固体，并具有高沸点、高熔点和蒸气压低等特点，易溶于苯、石油醚等有机溶剂。

常见的具有致癌作用的多环芳烃多为4~6环的稠环化合物，国际癌症研究中心（IARC）1976年列出的94种对实验动物致癌的化合物，其中15种属于多环芳烃。由于苯并［a］芘是第一个被发现的环境化学致癌物，而且致癌性很强，故常以苯并［a］芘作为多环芳烃的代表，它占全部致癌性多环芳烃的1%~2%。

1. 污染来源

自然环境中的多环芳烃含量极微，主要来源于森林火灾和火山爆发。在人类生产和生活中，煤炭、木柴、烟叶以及各种石油馏分燃烧、烹调烟熏以及废弃物质均可产生多环芳烃。此外，煤的汽化和液化过程、石油裂解过程也能产生多环芳烃。食品中的多环芳烃主要来源于食品加工过程中发生的裂解、热聚反应以及污染的环境。在食品加工过程中，特别是在烟熏、火烤或烘烤过程中，油脂能发生裂解和热聚反应，产生苯并［a］芘。如冰岛人胃癌发病率很高，就与居民爱吃烟熏食物有一定的关系；石油产品如沥青含有PAHs，若在沥青铺成的马路上晾晒粮食，可造成粮食的PAHs污染。在污染的环境中，大气、水和土壤中的多环芳烃可以使粮食、水果和蔬菜受到污染。

2. 多环芳烃的危害

流行病学研究表明，苯并［a］芘可通过皮肤、呼吸道、消化道被人体吸收，诱发皮肤癌、肺癌、直肠癌、胃癌和膀胱癌等，并可透过胎盘屏障，造成子代肺腺癌和皮肤乳头状瘤。长期呼吸含有PAHs的空气，饮用或食用受PAHs污染的水和食物，会造成慢性中毒。我国云南省宣威县由于在室内燃煤，空气中的PAHs污染严重，成为肺癌高发区。职业中毒调查表明，长期接触沥青、煤焦油等富含多环芳烃的工人，易发生皮肤癌。

3. 食品允许限量标准

我国及部分国家地区某些食品中的PAHs的允许限量标准，见表4-12。

4. 多环芳烃污染的控制

（1）改进食品加工烹调方法，尽量少用熏、炸、炒等方式。

（2）尽量使用天然气或以燃油代替燃煤，从而减少环境对食品的污染。

（3）减少油炸食品的食用量，尽量避免油脂的反复加热使用。

（4）粮食、油料种子不在沥青路上晾晒，以防沥青污染。

表4－12　　食品中PAHs允许限量卫生标准　　单位：μg/kg

<table>
<tr><th>食品类别</th><th>限量苯并［a］芘</th><th>标准来源</th><th>食品类别</th><th>最大残留量（湿重）苯并［a］芘</th><th>最大残留量（湿重）苯并［a］芘、苯并［a］蒽、苯并［a］荧蒽、chrysene</th><th>食品标准</th></tr>
<tr><td rowspan="3">稻谷、糙米、大米、小麦、小麦粉、玉米、玉米面（渣、片）</td><td rowspan="3">5</td><td rowspan="3">GB 2762—2012</td><td>食用油脂</td><td>2.0</td><td>10.0</td><td rowspan="9">EC 835/2011</td></tr>
<tr><td>可可豆和相关产品</td><td>5.0脂肪（自2013.4.1）</td><td>35（自2013.4.1—2015.3.31）；30（自2015.4.1）</td></tr>
<tr><td>食用可可油</td><td>2.0</td><td>20</td></tr>
<tr><td rowspan="2">熏、烧、烤肉类</td><td rowspan="2">5</td><td rowspan="2"></td><td>熏肉和熏肉制品
熏鱼或熏鱼制品的肌肉部分</td><td>5.0（至2014.8.31）
2.0（自2014.9.1）</td><td>30（2012.9.1—2014.8.31）
12.0（自2014.9.1）</td></tr>
<tr><td>烟熏鲱鱼、罐装烟熏鲱鱼；双壳贝类（鲜、冷藏、冷冻）；直接食用的热加工肉和肉制品（烧烤）</td><td>5.0</td><td>30</td></tr>
<tr><td>熏、烤水产品</td><td>5</td><td></td><td>双壳贝类（烟熏）</td><td>6.0</td><td>35</td></tr>
<tr><td rowspan="3">油脂及其制品</td><td rowspan="3">10</td><td rowspan="3"></td><td>谷物加工食品和婴幼儿食品</td><td>1.0</td><td>1.0</td></tr>
<tr><td>婴儿配方食品或辅助食品，包括婴儿乳粉和辅助乳品</td><td>1.0</td><td>1.0</td></tr>
<tr><td>为婴儿准备的特殊疗效的膳食</td><td>1.0</td><td>1.0</td></tr>
</table>

二、杂环胺

杂环胺（Heterocyclic Amines）是一类带杂环的伯胺。由于杂环胺具有较强的致突变性，而且多数已被证明可诱发试验动物产生多种组织肿瘤，所以，它对食品的污染以及对人体健康的危害，已日益引起人们的关注。

1. 食品中杂环胺的来源

食品中的杂环胺来源于蛋白质的热解，所以几乎所有经过高温烹调的肉类食品都有致突变性，而不含蛋白质的食品致突变性很低或完全没有致突变性。食品在高温（100～300℃）条件下形成杂环胺的主要前体物是肌肉组织中的氨基酸和肌酸或肌酸酐，反应的可能途径如图4－5所示。

杂环胺的合成主要受前体物含量、加工温度和时间的影响。实验证明，肉类在油煎之前添加氨基酸，其杂环胺产量比不加氨基酸的高许多倍；200℃的油炸温度下，杂环胺主

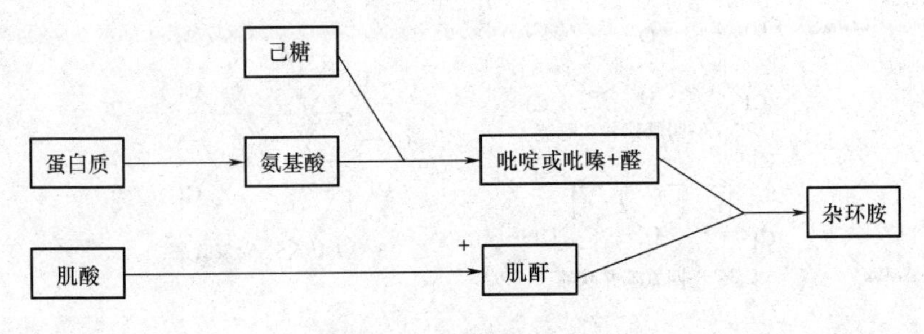

图4-5　杂环胺的生成

要在前5min形成，在5~10min形成速度减慢，再延长烹调时间不但不能使杂环胺含量增加，反倒使肉中的杂环胺含量有下降的趋势，其原因是前体物和形成的杂环胺随肉中的脂肪和水分迁移到锅底残留物中。如果将锅底残留物作为勾芡汤汁食用，那么杂环胺的摄入量将成倍增加。肉中的水分是杂环胺形成的抑制因素，所以，油炸、烧烤要比烘烤、煨炖产生的杂环胺多。除了肉类食品外，葡萄酒和啤酒也含有杂环胺。

煎炸、烤鱼和肉类食品是膳食杂环胺的主要来源，而煎烤是我国常用的烹调鱼类和肉类食品的方法，因此应重视杂环胺的污染问题。

2. 杂环胺的危害

在进行杂环胺的动物实验中发现，经口摄入咪唑喹啉（Imidazoquinoline，IQ）和2-氨基-1-甲基-6-苯基咪唑并［4，5-6］吡啶（2-amino-1-methy-6-phenyhimidazo［4，5-b］pyridine，PhIP）的动物出现心肌组织镜下改变，包括灶性细胞坏死伴慢性炎症、肌原纤维融化和T小管扩张等。心肌损伤的严重程度与IQ的累积剂量高度相关。与其他致癌物相比，杂环胺的毒性较强，例如，IQ（2-氨基-3-甲基咪唑并［4，5-f］喹啉）在实验大鼠体内的半数致死剂量仅为0.7（μg/g）/d。

已进行的杂环胺致癌试验表明，杂环胺致癌的主要靶器官是肝脏，但大多数还可诱发其他多种部位的肿瘤。除了经口外，经皮肤涂抹、经膀胱灌输和经皮下注射杂环胺的致癌实验，也都得到阳性结果。

3. 杂环胺的检测

由于杂环胺含有咪唑氮杂芳烃或咔啉结构，因而在紫外区有最大吸收峰，这样可以利用HPLC紫外检测器进行分析。

三、二　噁　英

二噁英（Dioxins）是2，3，7，8-四氯二苯并二噁英（2，3，7，8-tetrachiorrodibenzo-*p*-dioxin，TCDD）的简称，也是TCDD和化学结构类似的多氯联苯芳香族一大类化合物的总称。这类化合物共有210种，分为两类族：多氯二苯并二噁英（TCDD）和多氯二苯并呋喃（PCDE），都是三环芳香族化合物，具有相似的物理和化学性质。多氯联苯类化合物（PCB）有209种，其中某些化合物也具有类似二噁英的毒性，因此都称为类似二噁英化合物。这3种典型化合物的结构式如图4-6所示。

从图4-6中的3种物质的结构来看，它们都具有对称性，由于形成大的共轭体系，使得化合物具有很强的稳定性，因而在环境中难以降解。

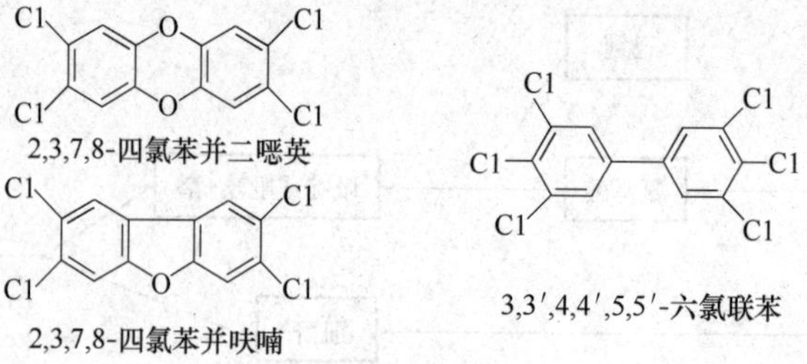

2,3,7,8-四氯苯并二噁英
2,3,7,8-四氯苯并呋喃
3,3′,4,4′,5,5′-六氯联苯

图 4－6　二噁英的化学结构

1. 二噁英的来源

二噁英的主要来源有以下两个方面：一个是根据美国国家环保局（EPA）的调查，90%的二噁英主要来源于含氯化合物的燃烧；另一个非常重要的来源是生产纸张的漂白过程和化学工业生产的杀虫剂，与燃烧无关。EPA 估计，大约有 100 种的杀虫剂与二噁英有关。氯在冶金、水消毒和一些无机化工中的使用，也是二噁英的重要来源。

2. 二噁英污染食品的途径

二噁英污染食品的途径主要有以下 3 个方面。

（1）通过食物链污染食品　二噁英污染空气、土壤和水体后，再通过食物链污染食品（图 4－7）。1999 年 5 月，比利时发生因饲料被二噁英污染，导致畜禽产品及乳制品含有高浓度的二噁英事件。

二噁英
水体
空气
土壤
鱼、虾、水禽
呼吸道
粮食、蔬菜、水果、畜产品
人体

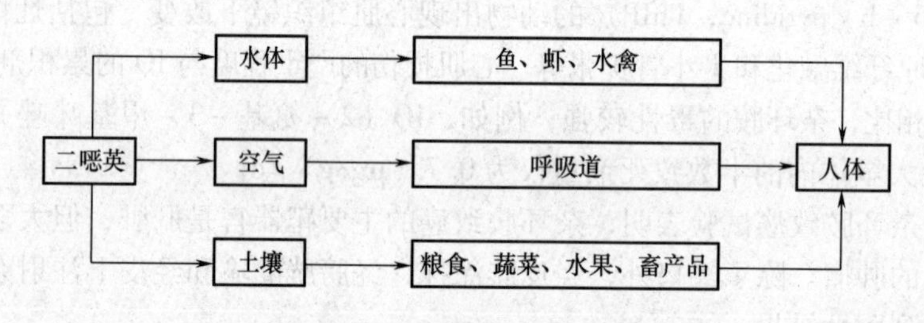

图 4－7　二噁英进入人体的途径

（2）通过意外事故污染食品　在食品加工过程中，由于意外事故导致二噁英污染食品。众所周知的米糠油事件（1979 年）就是使用多氯联苯作为加热介质生产米糠油时，因管道泄漏，使多氯联苯进入米糠油中，最终导致 2000 多人中毒。

（3）纸包装材料的迁移　随着工业化进程的加快，食品包装材料也在发生改变。许多软饮料及乳制品采用纸包装，由于纸张在氯漂白过程中产生二噁英，作为包装材料可以发生迁移造成食品污染。

3. 二噁英的毒性及危害

二噁英已被国际癌症研究中心列为人类一级致癌物。WHO 于 1998 年建议二噁英的限量标准为：1～4pg/kg 体重（$1pg = 10^{-12}g$），这比剧毒品氰化物限量标准（0.005mg/kg 体重）的 $1/10^6$ 还要低。一次摄入或接触较大剂量可引起人急性中毒，出现头痛、头晕、呕吐、肝功能障碍、肌肉疼痛等症状，严重者可残废甚至死亡。长期摄入或接触较少剂量的二噁英会导致慢性中毒，可引起皮肤毒性（氯痤疮）、肝毒性、免疫毒性、生殖毒性、发育毒性以及致畸致癌性等。

4. 二噁英污染的控制

（1）减少含氯芳香族化工产品（如农药、涂料和添加剂等）的生产和使用。

（2）改进造纸漂白工艺，采用二氧化氯或无氯剂漂白。

（3）采用新型垃圾焚烧炉或利用微生物降解技术，以减少二噁英的排放。

（4）加强对环境、食品和饲料中二噁英含量的检测。

二噁英类化学物质由于种类繁多、在环境中含量低和基体效应复杂等原因，目前世界上只有少数实验室具有检测二噁英的能力。检测方法主要有色谱法、免疫法两大类。

四、*N*－亚硝基化合物

N－亚硝基化合物是氮原子上连有亚硝基的一类有机物，它包括亚硝胺和亚硝酰胺两种，是亚硝酸与胺类特别是仲胺合成的一大类化学物质。大多数 *N*－亚硝基化合物具有不同程度的致癌作用，因而对人类健康造成极大危害。

抗坏血酸、谷胱甘肽、半胱氨酸、维生素 E、鞣酸和其他酚类物质在食品中以及试验动物的体内都能抑制 *N*－亚硝基化合物的生成。

1. 食品中 *N*－亚硝基化合物的来源

自然界存在的 *N*－亚硝基化合物并不多，但其前体物质亚硝酸盐和胺类化合物却普遍存在，亚硝酸盐与胺在一定条件下通过反应可生成 *N*－亚硝基化合物（图 4－8）。由于硝酸盐可以在硝酸盐还原菌的作用下转化为亚硝酸盐，所以也将硝酸盐划入 *N*－亚硝基化合物的前体。

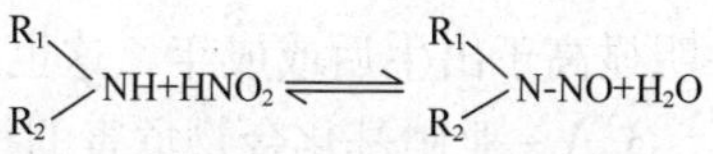

$$R_1R_2NH + HNO_2 \rightleftharpoons R_1R_2N\text{-}NO + H_2O$$

图 4－8　*N*－亚硝基化合物的形成

（1）硝酸盐与亚硝酸盐　不同的作物，硝酸盐的含量差异很大。自然界存在的硝酸还原菌可以把硝酸盐转化为亚硝酸盐，特别是蔬菜中硝酸盐，在蔬菜储存过程中，亚硝酸盐的含量可迅速升高。如大白菜在采收当天，硝酸盐和亚硝酸盐的含量分别为 2600mg/kg 与 87mg/kg，但在常温下存放 3d 后，硝酸盐和亚硝酸盐分别变为 1700mg/kg 和 420mg/kg。此外，在蔬菜的腌制过程中，亚硝酸盐的含量也增高。如制作泡菜，亚硝酸盐的含量呈先升高后降低的趋势，在腌制初期亚硝酸盐含量上升的幅度不大，以后逐渐上升，至 15d 左右达到高峰，然后再缓慢下降。鱼和肉制品的亚硝酸盐来源于人为的添加，亚硝酸盐能抑制一些腐败菌的生长，特别是可抑制肉毒梭状芽孢杆菌的生长，还可使肉制品呈现鲜艳的红色，所以利用亚硝酸盐作为发色剂应用于肉制品中，可达到发色与防腐的目的。

（2）胺类　胺类广泛存在于动物性和植物性食品中，因为蛋白质、氨基酸、磷脂等胺类的前体物是各种天然食品的成分。有人分析了一些蔬菜中的胺类，发现胡萝卜中仲胺的含量很高；另外，在鱼组织中，二甲胺的含量多达 100mg/kg 以上。鱼和肉产品中仲胺的含量随其新鲜程度、加工过程和储藏而变化，无论是晒干、烟熏或是装罐等均可导致仲胺的含量增加。

①鱼、肉制品中亚硝胺含量：鱼和肉类食物中含有少量的胺类，但鱼和肉的腌制和烘烤加工，尤其是油煎烹调时，能分解出一些胺类化合物。腐烂变质的鱼和肉也分解出胺类，其中包括二甲胺、三甲胺、脯氨酸、腐胺、脂肪族聚胺、精胺、吡咯烷、氨基乙酰、

甘氨酸和胶原蛋白等，这些化合物与亚硝酸作用可生成亚硝胺。

②乳制品中的亚硝胺：一些乳制品中，如干乳酪、乳粉、乳酒等，存在微量的挥发性亚硝胺，含量在0.5~5.2μg/kg范围内。

③蔬菜、水果中的亚硝胺：蔬菜、水果中含有大量硝酸盐和亚硝酸盐，可与蔬菜和瓜果中的胺类反应，生成微量的亚硝胺。亚硝胺含量在0.013~6.000μg/kg范围内。

④啤酒中的亚硝胺：在啤酒的酿制过程中，大麦芽在窑内直接用火加热干燥时，会产生二甲基亚硝胺。在世界各国的啤酒中，几乎都能检出微量的二甲基亚硝胺（NDMA）。1979年对联邦德国市场上158种啤酒样品做了亚硝胺含量分析，其中，70%的样品中含有NDMA，平均含量为2.7μg/kg。1997年等对福建省52份啤酒样品进行了NDMA分析，NDMA含量为0.9~9.5μg/L，检出率为65.4%。

2. *N*－亚硝基化合物对人体的危害

许多动物实验证明，*N*－亚硝基化合物具有致癌作用，但*N*－亚硝胺是前致癌物，需在人体代谢活化后才具有致癌作用。目前尚未发现有一种动物对*N*－亚硝基化合物的致癌作用有抵抗力。

亚硝胺毒性的一个显著特点是具有对神经器官诱发肿瘤的能力，由于这一原因，其被认为是人们所知的最多面性的致癌物质。另外值得注意的是*N*－亚硝基化合物可通过胎盘屏障给后代引起肿瘤。动物实验表明，动物在胚胎期对*N*－亚硝基化合物的致癌作用敏感性明显高于出生后或成年，这也提示孕妇应避免过量地食用含有相当高的致癌物的食品。

3. *N*－亚硝基化合物危害的控制

人体中*N*－亚硝基化合物的来源有两种，一是由食物摄入，二是体内合成。无论是食物中的亚硝胺，还是体内合成的亚硝胺，其合成的前体物质都离不开亚硝酸盐和胺类。因此减少亚硝酸盐的摄入是预防亚硝基化合物危害的有效措施。

（1）防止食物霉变及其他微生物的污染　食品发生霉变或其他微生物污染时，可将硝酸盐还原为亚硝酸盐，当存在硝酸还原菌时，这一作用更快更强。为此，在食品加工时，应保证食品新鲜，防止微生物污染。

（2）控制食品加工中硝酸盐及亚硝酸盐的使用量　这可以减少亚硝基化合物前体的量，在加工工艺可行的情况下，尽量使用亚硝酸盐及硝酸盐的替代品，如在肉制品生产中用维生素C作为发色剂等。

（3）合理使用肥料，适当施用钼肥　蔬菜、水果中的硝酸盐和亚硝酸盐含量与农业用肥有关，当植物光合作用发生障碍时，过剩的硝酸盐和亚硝酸盐蓄积在植物体内，造成污染。研究表明，使用钼肥可降低硝酸盐含量，如白萝卜和大白菜施用钼肥后，亚硝酸盐含量平均下降26.5%。

（4）改善饮食卫生习惯　我国学者发现，大蒜中的大蒜素可抑制胃内硝酸盐还原菌，使胃内亚硝酸盐含量明显下降。由于维生素C和多酚类物质对亚硝胺的生成有阻断作用，建议多食新鲜蔬菜、水果，另外少食腌制、熏制的鱼肉制品和蔬菜；勤刷牙，注意口腔卫生，减少硫氰酸根的分泌量。

（5）制定食品中*N*－亚硝基化合物的允许限量标准　我国对*N*－亚硝基化合物的危害十分重视，已制定了海产品和肉制品中*N*－亚硝基化合物的限量卫生标准（GB 2762—2012）。其中水产制品（水产品罐头除外）：*N*－二甲基亚硝胺≤4μg/kg；肉制品（肉类罐头除外)：N-二甲基亚硝胺≤3μg/kg。

五、其他食品有机污染物

1. 甲醛（Formaldehyde，俗称福尔马林）

40%的甲醛水溶液，在农业、林业、畜牧业、生物学、医学上普遍用作消毒剂、防腐剂和熏蒸剂。不少不法商贩违规使用甲醛浸泡水产品和水发产品。甲醛合次硫酸氢钠，俗称吊白块，又称雕白粉，是一种工业漂白剂，易溶于水，加热或遇酸碱即可分解为甲醛、二氧化硫。有人违法用吊白块使米面制品漂白增鲜，造成食品危害。

甲醛具有较高的毒性，能与核酸中的氨基或羟基结合，使之失去活性，影响代谢机能。人一次误服10~20mL甲醛即可导致死亡。世界卫生组织确定甲醛为致癌和致畸形物质，是公认的变态反应源，也是潜在的强致突变物之一。

2. 三氯丙醇（Chloropropanol）

食品中的三氯丙醇主要来自调味品酱油。生产过程中，为了加快或确保氨基酸的高效转化，投入大量的高浓度盐酸，结果在蛋白质发生水解的同时，原料中的甘油也可能与氯离子发生取代反应，生成三氯丙醇，可引起肝、肾、甲状腺及口腔癌变。

酱油是我国重要的出口调味品，每年创汇上千万美元。为了减少三氯丙醇的危害，我国在酱油生产企业中积极推行纯酿造法，同时加强对三氯丙醇的监测，对酱油实行市场准入制度。

3. 丙烯酰胺（Acrylamide）

丙烯酰胺是一种无色无臭水溶性有机物，很容易被生物体的消化道、皮肤、肌肉或其他途径吸收，引起人体急性、亚急性和慢性中毒反应。急性、亚急性中毒以中枢神经损害症状为主；慢性中毒以周围神经损害症状为主，导致周围神经病变和小脑功能障碍；经流行病学观察表明，长期低剂量接触丙烯酰胺会出现嗜睡、情绪和记忆改变、幻觉和震颤等症状。近年来，许多动物试验、体外细胞培养试验表明丙烯酰胺有一定的致癌性和致突变性。

油炸马铃薯食品及其他油炸或焙烤淀粉类食品中测出较高含量的丙烯酰胺（肯德基炸薯条事件）。生的与煮熟的马铃薯中均不含丙烯酰胺，但马铃薯中主要的氨基酸天冬氨酸，是丙烯酰胺的主要前体，会在高温油炸时与还原糖在美拉德反应中形成丙烯酰胺。最近英国一项研究表明，在薯片烹炸前同时添加0.39%柠檬酸和甘氨酸可减少40%的丙烯酰胺形成，而不影响食品的风味。

4. 反式脂肪酸（Trans-fatty Acid）

以双键（烯键）结合的不饱和脂肪酸中，若两氢原子均在双键的一侧为顺式不饱和脂肪酸；若两氢原子分别在双键两侧的不同位置为反式不饱和脂肪酸（见图4-9）。顺式脂肪酸的油脂多为液态，熔点较低；反式脂肪酸的油脂多为固态或半固态，熔点较高。反式脂肪酸自然界存在不多，仅有少数动物性油脂中含有少量。反式脂肪酸的来源主要是为调节植物油的熔点，进行氢化处理，打开双键接入氢原子，部分成为单键饱和状态，改变油脂的物理性能，达到类似奶油的要求，称为“人造奶油或氢化植物油”和“起酥油”，在加氢过程中产生一定量的反式脂肪酸结构，人造奶油为7.1%~17.7%（最高达31.9%），起酥油为10.3%（最高38.4%）。各类油脂食品中反式脂肪酸含量为：人造奶油13.5%、

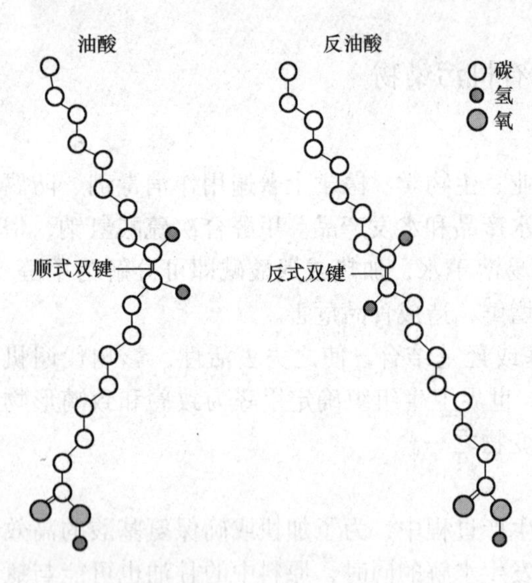

图 4－9　反式脂肪酸结构图

黄油 4.1%、乳酪 5.7%、面包 9.3%、油炸马铃薯片 0.8% ~19.5%。

目前，我国食品行业应用人造奶油的产品主要有：奶油蛋糕、冰淇淋、含有代可可脂的巧克力、咖啡伴侣（植脂或奶油粉）等。应用起酥油的产品主要有：各类饼干、糕点等。早餐一杯咖啡、一只（片）面包；下午茶配上黄油面包或奶油蛋糕；晚上加班，随手一包油炸薯条，这往往是许多年轻人喜欢的方式，须注意反式脂肪酸。不过每天反式脂肪酸的摄入量应是多少为安全的，政府尚未有正式告知，有关专家认为孕妇、儿童摄入量不超过 2g/d 是可以的。

医学确认的反式脂肪酸对人体的危害有：促进动脉硬化、干扰婴幼儿生长发育、诱发妇女患Ⅱ型糖尿病、造成大脑功能衰退、减少男性激素分泌等。

第七节　辐照食品的安全

一、辐照食品的概述

辐照食品是用 γ 射线或电子加速器产生的低于 10 MeV 电子束，对新鲜肉类及其制品、水产品及其制品、水果、蔬菜、调味料等动植物食品进行辐射杀菌、杀虫、抑制发芽、延迟后熟等处理，减少食品损失，延长食品保藏期。食品辐照加工保藏具有以下优点。

①不会留下药物、射线残留，也不会对食品和环境造成污染。

②食品辐射加工可以在常温、低温下进行，可以保持食品原有的色、香、味。

③可选择允许范围内的不同辐射剂量对食品进行辐照杀菌等。

④辐射加工过程简单，操作方便，能实现高度自动化、机械化、连续化的大规模生产。

⑤适用面广，生产成本低，节省能源。

食品辐照是 WTO 认可的一项技术，我们的技术研究程度离发达国家还有很大差距，国家没有强制性要求实施，许多企业甚至根本不知道有这一技术。目前，我国每年只有 8 万 ~10 万 t 食品经过辐照。推动食品辐照的发展还任重道远，国家应加大推广力度，企业要提高对这一新技术的认识。

由于各种病原微生物的污染以及食品工业发展的需要，对食品加工与保藏技术提出了更高的要求，这种需求也促进了食品辐照技术的发展。辐射食品可能带来的危害是许多消费者普遍关心的问题，广岛的原子弹爆炸和切尔诺贝利核电站事故，尤其是 2011 年 3 月 11 日日本大地震引起的福岛核泄漏事故的后果使人们谈核色变。因此，关于辐照食品的安全性研究显得尤其重要，这是本节将讨论的中心内容。另外，由于各种原因放射性元素有可能污染环境与食品，影响食品安全，本节也将作简要介绍。

二、辐 照 源

用于食品辐照的射线一方面需要具有足够的穿透力，以使食品内部均能受到辐照处理。穿透程度取决于射线的性质及接受辐照的物质本身的性质，X 射线、γ 射线和电子均有较大的穿透力。另一方面，这些射线的穿透力还不能很强，能量也必须不足以使食品分子和原子结构破裂，使它们成为放射性物质，否则就不能应用于辐照食品。

此外，还要考虑成本及操作是否简单等因素。目前认为，只有四种辐射能适合于食品辐照。其中两种由机器产生，两种由放射性元素产生。前者包括由加速器产生的 5MeV 的 X 射线和 10MeV 的加速电子，后者包括由 ^{60}Co（钴）（1.17MeV 和 1.3MeV）和 ^{137}Cs（铯）（0.66MeV）产生的 γ 射线。

这四种形式的辐照各有利弊，机器产生的射线可根据需要产生，但与放射性同位素相比，它们在技术上要复杂得多。另外，电子束也因为在食品中的穿透距离有限而使应用受到一定的限制，总体来看放射性同位素具有一定优势。但是不管是否使用，放射性同位素一直在产生放射线，要对其进行防护。同时，同位素源一直在衰减，^{60}Co 的半衰期为 5.27 年，^{137}Cs 的半衰期为 30 年。

γ 射线辐照相对比较便宜，我国常用的辐射源是 ^{60}Co。常规的辐照实验室内，放射性物质被放置在一个升降机上，当需要时提升上来，不需要时沉到水底。待辐照的食品放在辐射源的周围，辐照剂量通过距离和时间确定。

三、辐照食品的安全性

辐照作为食品保藏技术其安全与卫生是应用的先决条件。辐照食品的安全与卫生也是多年来国际上争议最多的问题，所争议的主要问题是：辐照食品会不会产生有毒物质？食用辐照食品会不会致癌？是否对遗传有影响？营养成分是否被严重破坏？食品是否会产生诱导放射性及突变微生物的危害？十多年来，国内外对辐照食品的安全与卫生作了大量的研究工作。FAO（联合国粮农组织）、IAEA（国际原子能机构）和 WHO（世界卫生组织）联合专家委员会于 1980 年 10 月在日内瓦召开会议，确认辐照在低剂量下（<1kGy）大多数维生素的损失不明显，剂量为 1kGy 可能会因条件不同对维生素有些影响，但是没有毒性。这次会议为辐照食品的推广起到了很大的作用。

美国 FDA 修订并于 2012 年 11 月 30 日生效的最终规则是最大吸收剂量为 4.5kGy 的电离辐射可以安全使用，以降低未冷藏（及冷藏）的未煮熟肉类、肉类副产品和某些肉类食品的食源性病原体水平，延长保质期。

四、辐照对食品品质的影响

1. 感官质量

在早期使用高剂量的食物辐照灭菌中，辐照食品在风味和组织结构上都发生了一些令人不快的变化。研究表明 1.5 ~ 2.5kGy 的剂量就可以导致风味变化，并且随着剂量的增加而加重。高剂量辐照过的肉制品，风味很快丧失，甚至产生苦味，严重者还会产生烧焦现象。牛乳辐照后也会产生类似于牛乳过分加热所引起的焦苦味。

2. 营养价值

食品经电离辐照处理后，其大量营养素和微量营养素都会受到一些影响。但总的来说，在规定使用的剂量下辐照处理，不会使食品营养质量有显著下降。

辐照处理对营养成分的影响如下。

（1）对蛋白质的影响　电离辐射对蛋白质会产生严重的影响，主要是影响色、香、味。一般来说低剂量辐照下主要发生特异蛋白质的抗原性变化，高剂量辐照可能引起蛋白质伸直、凝聚、伸展甚至使分子断裂并使氨基酸分裂出来。辐射效应还集中到含硫键的周围，并且氢键也受到破坏。被电离辐射破坏的蛋白质化学键的顺序是—S—CH_3、—SH、咪唑、吲哚、α-胺基、肽基和脯氨酸。通过辐照蛋白质和蛋白质的基质可能产生臭味化合物和氨。在高剂量辐照食品的情况下，所产生的异味是由于苯丙氨酸、酪氨酸以及甲硫氨酸分别形成了苯、苯酚和含硫化合物的结果。这些氨基酸对辐照作用是敏感的，裂解后产生了难闻的化合物。

鸡蛋蛋白是一种非常敏感的蛋白质，如果鸡蛋采用 6 kGy 辐照就会使蛋白稀薄和变成水溶液状态。这些变化对鸡蛋质量有很大影响，而这个辐照剂量并不能有效地杀菌和杀灭细菌芽孢。

使用低剂量对小麦进行辐照，未发现蛋白有明显变化。但是在 10 kGy 剂量的辐照下，小麦游离氨基酸的总量增加了 8.5% 左右，主要是由甘氨酸、丙氨酸、丝氨酸、甲硫氨酸、赖氨酸、异亮氨酸、亮氨酸、酪氨酸以及苯丙氨酸含量的增加引起的，这种增加蛋白质解聚作用的结果见表 4-13。

表 4-13　　辐照对小麦中游离氨基酸含量的影响

氨基酸	辐射剂量（10kGy）						
	0	0.02		0.2		1.0	
	mg/gN	mg/gN	比对照增加/%	mg/gN	比对照增加/%	mg/gN	比对照增加/%
天冬氨酸	4.03	3.97	—	3.97	—	4.01	NS
苏氨酸	0.37	0.35	—	0.39	5.4	0.39	NS
丝氨酸	3.47	3.51	1.1	3.35	—	3.28	—
谷氨酸	3.04	2.88	—	2.77	—	2.90	—
脯氨酸	0.44	0.45	2.2	0.47	6.8	0.46	4.5
甘氨酸	0.84	0.83	—	0.86	2.3	0.87	3.5
丙氨酸	1.92	2.11	9.8	2.36	22.9	2.63	5.4
缬氨酸	0.76	0.78	2.6	0.82	7.7	0.84	15.2
甲硫氨酸	0.33	0.34	3.0	0.34	3.0	0.37	12.1
异亮氨酸	0.52	0.56	7.6	0.53	1.9	0.04	23.0
亮氨酸	0.62	0.64	3.2	0.66	6.4	0.65	4.8
酪氨酸	0.48	0.49	2.0	0.54	12.5	0.60	25.0

续表

氨基酸	辐射剂量（10kGy）						
	0	0.02		0.2		1.0	
	mg/gN	mg/gN	比对照增加/%	mg/gN	比对照增加/%	mg/gN	比对照增加/%
苯丙氨酸	0.47	0.49	4.2	0.50	6.3	0.51	9.0
赖氨酸	0.46	0.45	—	0.45	—	0.47	2.1
组氨酸	0.22	0.21	—	0.23	4.5	0.21	—
精氨酸	1.73	1.79	3.4	1.77	2.3	1.80	4.0

（2）对糖类的影响　辐照导致复杂的糖类的解聚作用。对小麦的研究表明，在0.2～10.0 kGy的辐照剂量下，水溶性还原糖的含量与对照样品相比增加5%～92%，这种还原糖的普遍增加是由于淀粉逐步不规则地被降解造成的。以“麦芽糖值”表示的糖化度，在发酵1h后明显增加。

（3）对类脂质的影响　在较高的辐照剂量下，一般来说会出现类脂质过氧化作用，而这种作用又影响维生素E和维生素K等一些不稳定的维生素。这些作用与在加热杀菌中发现的趋势是相同的。此外，还会有过氧化物和挥发性化合物的形成以及产生酸败和异味。辐照小麦中的类脂质成分见表4－14。

表4－14　　辐照小麦中的类脂质成分

类脂质成分	辐射剂量（10kGy）			
	0	0.02	0.2	1.0
碘值（1g脂肪吸收的I_2质量）/mg	114	114	105	—
饱和脂肪酸/%	0.32	0.31	0.32	0.31
不饱和脂肪酸/%	1.21	1.17	1.10	1.03
磷脂（占总类脂质百分含量）/%	12.0	11.9	12.0	11.9
甘油三磷酸（占总类脂质百分含量）/%	31	31	30	30

（4）对微量营养素的影响　食品辐照会使维生素受到破坏，不同维生素对辐照有不同的敏感性。脂溶性维生素K是最敏感的，水溶性维生素B_1也很敏感，见表4－15。大多数维生素的含量变化与加热处理相似。

表4－15　　经辐照处理后的维生素含量

维生素	处理	mg/100g	保存率/%
硫胺素	对照	3.82±0.38	—
	45kGy，（－80±5）℃	3.25±0.79	85
	加热杀菌	1.27±0.36	32
核黄素	对照	1.01±0.18	—
	45kGy，（－80±5）℃	1.25±0.09	123
	加热杀菌	1.10±0.24	109

续表

维生素	处理	mg/100g	保存率/%
烟酸	对照	31.5±0.81	—
	45kGy，（-80±5）℃	23.8±2.92	76
	加热杀菌	14.6±4.49	46
吡啶醇	对照	1.11±0.15	—
	45kGy，（-80±5）℃	1.02±0.12	92
	加热杀菌	0.64±0.03	57

在3~10kGy的辐照水平，依据不同食品其辐照温度、空气中暴露程度以及辐照量和剂量的不同，维生素 B_1 可以损失0~94%。除去稻谷中害虫必须剂量的辐照使硫胺素（又称维生素 B_1）损失0~22%，小麦和豆科植物中的烟碱酸的含量即使高于2.5 kGy的剂量下也降低很少。

另一种不稳定的B族维生素是维生素 B_6，例如，在鱼肉中损失高达25%。核黄酸（维生素 B_2）在不同条件下也发生一些损失。总的来讲，辐照过程中B族维生素的损失一般比加热损失小。

在所有的维生素中，维生素C最容易被破坏。它对所有食品的加工工艺几乎都是不稳定的，当然辐照也不例外。依据水果或蔬菜被辐照的剂量、空气中暴露和温度等不同，维生素C损失1%~95%不等。用于抑芽和辐照灭菌的低剂量辐照使维生素C损失1%~20%。

五、辐照食品标识管理

因为辐照食品的特殊性，中国对辐照食品一直有严格的规定。早在1986年，中国就出台了《辐照食品卫生管理规定（暂行）》，并陆续发布了粮食、蔬菜、水果、肉及肉制品、干果、调味品6大类允许辐照食品名录及剂量标准。1996年4月5日又颁布了《辐照食品卫生管理办法》，规定辐照食品必须严格控制在国家允许的范围和限定的剂量标准内，如超出允许范围须事先提出申请，批准后方可进行生产。其中第十九条规定，辐照食品在包装上必须贴有卫生部统一制定的辐照食品标识（图4-10）。

图4-10　辐照食品标志

GB 7718—2011《预包装食品标签通则》中也明确要求：经电离辐射线或电离能量处理过的食品，应在食品名称附近标示“辐照食品”；经电离辐射线或电离能量处理过的任何配料，应在配料表中标明。

2007年，美国食品药品管理局（FDA）修订了辐照食品（包括膳食增补剂）的标签法规，认为只有那些辐照导致食品中的原料变化，或者由于食品的使用可能产生的原料变化的辐照食品，须标有辐照标识和术语“辐照”，应结合明确的语言表达方式说明食品中的变化或其使用的条件。术语“原料变化”是指由辐照引起的，在缺少适当标签的情况下，消费者在购买时不可能确定的器官感觉、营养，或功能性质方面的变化。

既然法规已经明确可以对食品采用辐照处理，而且也做出了要明确标识，让消费者有知情权的规定，目前国内外对于辐照食品都是认可的，也没出现因食用辐照食品导致人体健康出问题的个案。但大多消费者还是会对放射物残留等问题心存疑虑，因此许多生产企业，尤其是我国企业，实际已有辐照食品生产并上市，因担心影响销售，而没有企业进行标注。

第八节　物理因素的影响

物理危害包括任何在食品中发现的不正常有潜在危害的外来物。物理危害是最常见的消费者投诉问题，因为伤害立即发生或吃后不久发生，并且伤害的来源是经常容易确认的。表 4－16 列出了有关物理危害及其来源、可能导致的危害。除此之外，物理危害还有头发、尘埃、油漆及其碎片、铁锈、机油、垃圾、纸等。物理危害的来源包括：原料、水、粉碎设备、加工设备、建筑材料和员工本身。这类物理危害主要是运输和储藏过程中不小心混入，也有可能是故意破坏加入。

表 4－16　　食品中能引起物理危害的材料及来源

物理危害	来　源	潜在危害
玻璃	瓶子、罐、灯罩、温度计、仪表表盘	剖伤、流血，需要外科手术查找并去除危害物
金属	机器、农田、大号铅弹、鸟枪子弹、电线、订书钉、建筑物、雇员	剖伤、窒息，需要外科手术查找并去除危害物
木屑	原料、货盘、盒子、建筑材料	剖伤、窒息、感染，或需要外科手术查找并去除危害物
石头	原料、建筑材料	窒息，损坏牙齿
绝缘体	建筑材料	窒息，若异物是石棉则会长期不适
昆虫	原料、工厂内	疾病、外伤、窒息
塑料	原料、包装材料、货盘、加工	窒息、剖伤、感染，或需要外科手术查找并去除危害物
骨头	原料、不良加工过程	窒息、外伤

FDA 一个下属机构在某年收到 10923 项与有关食品的投诉，投诉最多是食品中存在异物，占总数的 25%，这种异物就是物理危害。

表 4－17 列出了消费者投诉最多的几种食品中含有异物的统计结果。物理危害受到投诉最多的原因就是异物，其本身就是确凿的证据。消费者发现食品中有异物或食品受污染，证明食品是在不安全的条件下生产、包装和管理，就有理由要求制约这类食品的生产。虽然产品中存在异物不会导致对健康的严重危害，但是不安全的加工、包装和储藏条件会为危害人体健康提供条件。

表4-17　　最常食用的食品发生物理危害的频率

食品种类	投诉次数	危害发生的百分率*/%
焙烤食品	227	8.3
软饮料	228	8.4
蔬菜	226	8.3
婴儿食品	187	6.9
水果	183	6.7
谷类食品	180	6.6
鱼制品	145	5.3
巧克力及其制品	132	4.8

注：*在一年中所收到的2726件物理危害投诉中所占的百分率。

值得一提的是，食品与金属的接触，特别是机器的切割、搅拌操作或使用部件可能破裂或脱落的设备，如金属网眼皮带，都可使金属碎片进入产品，对消费者构成显著危害。物理危害可通过对产品采用金属探测装置或经常检查可能损坏的设备部位来予以控制。

思考题

1. 农药分为哪几类？如何确定农药的毒性等级？
2. 简述食品中农药残留定义、来源、危害及控制方法。
3. 简述食品中农药残留的危害分析。
4. 环境或加工对食品中农药的残留量有哪些影响？
5. 叙述食品中兽药残留的危害和控制方法。
6. 兽药残留的安全性主要指什么？其主要影响因素是什么？
7. 如何有效防止兽药残留物对人体的危害？
8. 试分析食品中抗生素残留的来源及其对人体的影响。
9. 按照安全性评价，食品添加剂是如何分类的？
10. 简述食品添加剂的危害性以及安全现状。
11. 简述食品添加剂的管理办法。
12. 加到食品中的添加剂就是食品添加剂吗？为什么？
13. 论述食品中重金属污染的来源、对人体的危害及其控制方法。
14. 试述三种典型有机污染物，并分析其特点与主要危害。
15. 何为二噁英？主要来源和危害是什么？
16. 辐照食品有哪些特点？
17. 辐照食品的安全性问题有哪些？
18. 结合辐照食品的安全现状，阐述它的发展前景。

参考文献

1. 达晶，王刚力，曹进，张庆生．农药残留检测标准体系概述及其分析方法进展．药物分析杂志，2014，34（5）：760~763，769

2. 李贤宾，段丽芳，柯昌杰等．2013年国际食品法典农药残留限量标准最新进展．农药科学与管理，

2013，34（12）：31～37

3. 张娟琴，袁大伟，郑宪清等．农产品中农药残留分析技术的研究进展．上海农业学报，2013，29（3）：98～101

4. 高洁，苗虹．兽药残留检测技术研究进展．食品安全质量检测学报，2013，4（1）：11～18

5. 黄蓉，陈大舟，汤桦等．国内外动物源食品中兽药残留相关法规比较．标准科学，2012，11：78～83

6. 吕萍萍，徐晓曦．农药残留对食品安全的影响及其检测新技术的研究进展．农学学报 2012，2（06）：65～67

7. 孟凡乔．食品安全性．北京：中国农业大学出版社，2005

8. 钟耀广．食品安全学．北京：化学工业出版社，2005

9. 王竹天，杨大进．食品安全与健康．北京：化学工业出版社，2005

10. 中国食品发酵工业研究院，江南大学等．食品工程全书（第三卷）食品工业工程．中国轻工业出版社，2005

11. 许牡丹，毛跟年．食品安全性与分析检测．北京：化学工业出版社，2003

12. 史贤明编著．食品安全与卫生学．北京：中国农业出版社，2003

13. 吴永宁编著．现代食品安全科学．北京：化学工业出版社，2003

14. 杨小兵．食品污染与食品安全控制．湖北预防医学杂志，2003，14（1）：15～16

15. 郭志宏．疯牛病研究概况．当代畜牧，2003，12（11）：15～16

16. 谭云．现代食品的安全问题．粮油食品科技，2003，11（1）：29～31

17. 孙明，刘晓庚．化学物质的应用对食品安全性的影响．食品科学，2003，24（8）：176～179

18. 沈齐英，沈秋英．农药的使用现状及发展趋势．北京石油化工学院学报，2003，11（1）：56～60

19. 林玉锁，龚瑞忠，朱忠林．农药与生态环境保护．北京：化学工业出版社，2002

20. 江汉湖．食品安全性与质量控制．北京：中国轻工业出版社，2002

21. 阎秀花，李玉珍．农药污染与人体健康．衡水师专学报，2002，4（1）：45～47

22. 高桂枝，王圣襄，王俏等．残留农药污染危害及其防治．延安大学学报（自然科学版），2002，21（1）：52～55

23. 王茂起．中国 2000 年食品污染状况监测与分析．中国食品卫生杂志，2002，（2）：3～8

24. 张大第．农药污染与防治．北京：化学工业出版社，2001

25. 赵霖，鲍首芬，21 世纪中国食品安全问题．中国食物与营养，2001（2）：5～7

26. 刘美良，张希东．农药的污染与防治．农业与技术，2001，21（1）：9～11

27. 刘晓辉．畜禽产品中药物残留监控的意义．动物科学与动物医学，2000，17（5）：14

28. 郭红蕾．辐照保藏肉类食品综述．肉类研究，1998，4（2）：37

29. 格莱翰 H. D 著．食品安全性．黄伟坤译．北京：中国轻工业出版社，1987

30. K. E. Belk，J. N. Sofos，J. A. Scanga and G. C. Smith. U. S. Red Meat：A Pledge to Minimize Risk to Public Health，The USMEF Board of Director Meeting&International Buyers Conference，New Orleans，LA，on May 24 2001

31. Committee on Drug Use in Food Animals，Panel on Animal Health，Food Safety and Public Health，Board on Agriculture，National Research Council. The Use of Drugs in Food Animals：Benefits and Risks. National Academy Press，Washington D. C. 1999

32. Environment Research Foundation. Milk Controversy Spills into Canada. Rachel' s Environment & Health Weekly，Electron Edition，Annapolis，MD，1998

33. The Medical Impact of the Use of Antimicrobials in Food Animals. Report of WHO Meeting，Berlin，13～17 October 1997

34. Jones. J. M.. Food Safety. Eagan Press，Minnestoa，USA，1992

第五章　环境污染对食品安全性的影响

第一节　概　　述

一、环境和环境污染

环境是人类进行生产和生活活动的场所以及人类生存与发展的物质基础，它包括自然环境和生活环境。自然环境包括大气圈、水圈、土地岩石圈和生物圈，生活环境指经过人工创造的用于人类生活的各种客观条件。人类与其生存环境之间的关系总是对立统一的矛盾关系，一方面人类从环境中得到了生活资料、食物和空间等，保证生命活动的需要，然后通过人类的消化吸收、分解代谢，将产生的分解产物经各种途径排泄到空气、水和土壤等外部环境中，被生态系统的其他生物作为营养成分吸收利用，并通过食物链作用逐级传递给更高级的生物，形成了生态系统中的物质循环、能量流动和信息传递。另一方面人类对环境的过度摄取和盲目、不符合自然规律的改造，又会造成各种环境问题，被破坏的环境反过来又会惩罚人类，对人类的生存造成不利影响。中国历史上中原地区曾有多处城市因环境优越、为风水宝地而进入发达的六大故都之列，然而由于当时资源过度利用，生态环境遭到严重破坏，又未能及时认识而得到修正，故进入近代后发展受到了限制，几乎全面处于落后状态就是最好的例证。

环境污染是环境中进入了超出环境自净能力的某种物质即污染物，使这一环境质量降低甚至丧失其使用价值的现象。这种环境污染可能是由于某种污染物质进入环境的量远远超出了环境所能缓冲、接受的容量而积累造成的，也可能是由于在某一时段内，这种污染物质进入环境的速率远远大于环境对这一污染物分解转化的自净速率而迅速积累所致。环境污染的类型有以下几种。

（1）物理性污染　由包括光、冷、热、噪声、电磁波、放射性、沙尘、烟雾、颗粒状悬浮物、有毒或不愉快气体等物理性污染物引起的环境污染现象。

（2）化学性污染　生产过程中产生的化学物质，可通过被污染的空气和饮用水进入机体；也有的存在于废水、废气和废渣中，通过多种途径在环境中迁移运动。此外化学物还可以通过吸烟、饮酒、药物滥用和食物摄入等途径，或通过使用化妆品、洗涤用品和服饰等与皮肤直接接触的途径等进入机体。因此，环境中的化学物质可通过许多途径和方式进入人体，对人体健康造成影响。

环境污染物还可有二次污染，即污染物与其他物质发生物理和化学反应，例如，汽车废气中的氮氧化物（NO_x）和碳氧化物（CO_x）在强烈日光紫外线照射下所形成的光化学烟雾，其成分包括臭氧、过氧化酰基硝酸酯和醛类等多种复杂化合物。据认为，人肺癌的发生可能与二次污染有关。

随着石油化学、有机合成等工业的飞速发展和科学技术的进步，许多新化学物质的合成和使用已进入人们的生活。据美国统计，每年有 500～1000 种新化学物投入使用，产生新的、大量的化学性污染。

（3）生物性污染　生物性污染是指污染物来源于生物（包括微生物、动物、植物和人类本身）及生命活动过程中产生的污染。生物性污染物包括如下几点。

①病原性微生物污染物，如各种致病菌、病毒等；

②寄生虫污染物，如血吸虫、蛔虫等；

③过度生长的动物种群，如成灾难性的老鼠、蝗虫等；

④过度生长的植物种群，如灾难性疯长的“植物杀手”、某些攀爬植物等；

⑤人类本身的污染物，如某些人群本身产生的令人不愉快的体味、人类排出的废弃物引起的污染等；

⑥各类生物在生命活动过程中产生的对人类和其他生物具有毒害作用的代谢产物。

二、农业污染与食品安全

农业污染是指农业生物赖以生存繁育、为人类提供农产品的客观条件，包括土地、水体、大气、光和热以及这些自然因素的综合体。农业污染根据来源不同，一般将外界污染物对农业环境的污染称为外源污染，将农业生产所产生的废弃物、污染物对农产品、农业环境或其他环境造成的污染称为内源污染。

1. 农业外源污染

（1）大气污染（Air Pollution）　人类活动是造成大气污染的主要原因，污染源包括工业企业的排放、家庭炉灶及采暖设备的排放和交通运输车辆的排放等。当大气污染物达到一定浓度时，不仅直接或间接地危害人体健康，而且也危及农业生产，造成农作物生产的损失。有时这种危害又不表现为直接的形式，而是污染物在植物体内积累，动物摄入了这样的植物、饲料后，发生病害或使污染物进入食物链并得以富集，最终危害人类。从全世界范围来看，对农业生产危害大的污染物是二氧化硫、氟化物、臭氧、过氧乙酰基硝酸酯（PAN）、氮氧化物和乙烯等。

（2）水体污染（Water Pollution）　水体污染的类型很多，有些污染物（如氮、磷）在水中含有一定浓度，对农作物生长有利，但如含量过高，就会引起水体富营养化，造成危害。近年来我国东海和渤海每年要发生十余次较大面积赤潮或绿潮，就是水体富营养化的典型案例。耗氧有机物排入水体后即发生生物化学分解反应，消耗水中的溶解氧。鱼类在水体中生存所需最低溶解氧量为4mg/L，否则各种鱼类就会发生不同程度的反应，当溶解氧量降低到1mg/L时，大部分鱼类就会窒息死亡。当水中溶解氧消失时，水中厌氧细菌就开始繁殖，有些有机物可能被分解释放出甲烷、硫化氢等有害气体，则更不适合鱼类的生存。

（3）土壤污染（Soil Contamination）　有些污染物（如人工合成的化学物质、某些重金属等）是植物生长的非必需成分，超过一定含量就危害农作物的生长发育。还有固体废弃物包括工业固体废弃物、生活垃圾、粪便和污泥等，不但侵占了大量耕地，也对环境造成了污染。土壤对污染物有一定的净化和缓冲能力，但超过一定限度就会使农作物受害。其后果是土壤环境恶化，如长期使用污水灌溉，可能导致土壤酸化或碱化，重金属在土壤中积累，有机化合物对土壤毒化，有害微生物污染土壤使其成为病原菌的传播地等，这些均会危害农作物的生长和发育，造成减产。

2. 农业内源污染

（1）农药污染（Pesticide Pollution）在农田喷施农药时引起污染。如农田喷粉剂时，仅有10%的农药附在植物体上，喷施液剂时，仅有20%的农药附在植物体上，其余部分有40%～60%降落于地面，有5%～30%漂浮于空中。落于地面上的农药又会随降雨形成的地表径流而流入水域或下渗进入土壤。环境中的农药通过各种渠道进入人体，其中通过食物进入人体的农药量占农药总摄入量的84.5%，其余是通过呼吸和饮水进入人体的。

（2）化肥污染（Pollution by Chemical Fertilizer） 氮肥中的铵离子在土壤中会在硝化细菌作用下释放氢离子，导致土壤酸化，而且铵离子会置换土壤胶体上的钙离子，从而破坏土壤的结构。土壤和作物体中积累大量的硝酸盐，这些硝酸盐进入食物链和人体后，在细菌作用下，变成亚硝酸。亚硝酸同血色素结合，使血液丧失运输氧气的功能，严重时造成窒息甚至死亡。亚硝酸还可进一步形成亚硝胺，这是一种致癌、致畸、致突变物质。亚硝酸在反硝化过程中形成的氧化亚氮是一种破坏臭氧层的气体，未被作物吸收的氮素随地表径流和灌溉水淋洗进入水体，成为水体富营养化的主要污染源之一。

磷元素易被土壤固定，因此其污染不显著。但超量施用磷肥会造成少量磷肥流失进入水体，也会造成水体富营养化，因而磷元素往往是大多数水体富营养化的限制性元素。因此提倡使用无磷化洗衣粉或洗涤剂。

（3）畜禽粪尿污染（Livestock and Poultry Manure Pollution） 随着城乡居民消费需求的增长，畜禽养殖业也得以高速发展，为此加快了由传统的分散饲养向集约化规模经营的进程，并逐渐脱离农业区和牧区，而集中在城镇郊区，造成了种植业和养殖业的分离。养殖场产生的畜禽粪尿，未经处理而长期堆放，会随着降水进入地表水体，使水体中生化耗氧量（BOD）和化学耗氧量（COD）等污染物的含量急剧上升，造成水体污染；畜禽粪尿的恶臭气味，也污染了周围的大气环境。此外，畜禽场附近还是蚊蝇滋生的地方，粪便不但本身含有大量的病原微生物，而且这些病原微生物还会通过蚊蝇传播到更广的范围。未经处理的畜禽粪便直接施入农田，这些畜禽粪便含有病原菌或药物残留及抗生素等，造成对农产品的污染。

畜禽粪尿的污染有时使有机农作物也难以幸免。虽然有机农作物种植过程中没有化肥和农药的污染，但由于种植过程中有机（粪）肥的管理和使用不当，同样也会让一些有机农作物受到大肠杆菌等污染物的污染。2006年9月，美国的菠菜被O157∶H7大肠杆菌污染，染病人群扩散到20余个州，几乎波及半个美国，并导致了数起致人死亡的事故。最后调查发现，其病源来自美国一家大型有机蔬菜生产公司的菠菜生产基地，由于养牛场的粪便污染了菠菜种植地的水源，最终导致了美国的“毒菠菜”风波。不过总体而言，没有农药和化肥的污染，有机农作物的安全事故几率还是较低的。

第二节 大气污染

一、来　源

大气污染指人类活动向大气排放的污染物或由它转化成的二次污染物在大气中的浓度达到了有害程度的现象。大气污染物的种类很多，其理化性质非常复杂，毒性也各不相同，主要来源为矿物燃料（如煤和石油等）燃烧和工业生产的排放。大气污染物对农作物造成危害的种类也很多，如二氧化硫、氮氧化物、一氧化碳、碳氢化物、卤族元素、汽车尾气、粉尘、酸雾等。

1. 大气污染源

大气污染源是指向大气环境排放有害物质或对大气环境造成有害影响的设备、装置、场所。按污染物的来源可分为天然污染源和人为污染源。

（1）天然污染源　自然界中某些自然现象会向环境排放有害物质，造成有害影响，这是大气污染物的重要来源。有时天然污染源比人为污染源更重要，有人曾对全球的硫氧化物和氮氧化物的排放做了估计，认为全球氮氧化物排放中的93%、硫氧化物排放中的60%来自天然污染源。

（2）人为污染源　主要包括以下几种。

①工业污染源：燃料的燃烧是一个重要的大气污染源。如火力发电厂、工业和民用炉窑的燃料燃烧等，主要污染物为一氧化碳、二氧化硫、氮氧化物等。其他如钢铁冶金、有色金属冶炼以及石油、化工、造船等工矿企业生产过程中产生的污染物，主要有粉尘、碳氢化合物、含硫化合物、含氮化合物以及卤素化合物等，约占总污染物的20%。工业生产过程中产生的污染物特点是数量大、成分复杂、毒性强。有些食品加工企业也会向大气排放包括粉尘、油烟等在内的污染物。

②生活污染源：生活污染源是指家庭炉灶、取暖设备等，一般是燃烧化石燃料对大气造成污染。以我国北方居民居多，特别是在冬季采暖期，在一定时期排放大量烟尘和一些有害气体，有时危害超过工业污染。另外，城市垃圾的堆放和焚烧也向大气排放污染物。

③交通污染源：交通运输过程中产生的污染主要有汽油（柴油）等燃料产生的尾气、油料泄漏扬尘和噪声等。汽车尾气中含有CO、飘尘、烷烃、烯烃和四乙基铅等。由于交通运输污染源是流动的，有时也称为流动污染源。

④农业污染源：农业污染源指农业机械运行时排放的尾气，以及农药、化肥、地膜等，这些污染对农村生态环境的破坏十分严重。

2. 大气中有害物质的存在状态

（1）气体或蒸气　一些有害物质如氯气、一氧化碳等，在常温下是气体，逸散到大气中也呈气体状态；又如苯，虽在常温下是液体，但具有易挥发性，易逸散到大气中；酚在常温下是固体，因其挥发性较大或熔点较低，在空气中是以蒸气状态存在的。气体和蒸气以分子状态分散于空气中，其扩散情况与其相对密度有关。相对密度小者（如矿井中甲烷气）向上漂浮，相对密度大者（如汞蒸气）就向下沉降。由于温度及气流的影响，随气流方向以相等速度扩散。

（2）颗粒物　在环境科学中，颗粒物特指悬浮在空气中的固体颗粒或液滴，分为雾、烟、尘等，是空气污染的主要来源之一。

①雾：液态分散性气溶胶和凝集性气溶胶统称为雾。常温状态下的液体，由于飞溅、喷射等原因被雾化而形成的微小雾滴分散在大气中，构成分散型气溶胶，如金属处理车间产生酸雾、喷洒农药时形成雾滴、食品加工车间产生的水蒸气等。液体因加热变成蒸汽逸散到大气中，遇冷后凝集成微小液滴则形成凝集型气溶胶。

②烟：为固态凝集性气溶胶，同时含有固体和液体两种粒子的凝集性气溶胶也称烟。

常温下呈固态或液态，因随加热产生的蒸气而逸散到空气中，遇冷后以空气中原有分散性气溶胶为核心而凝集成烟，如食品加工或餐饮制作产生的油烟等。

③尘：为固态分散气溶胶，是固体物质被粉碎时所产生的悬浮于空气中的固体颗粒，如大米和麦子粉碎，乳粉喷雾干燥等都能生成粉尘。

空气动力学将直径（以下简称直径）小于或等于 10μg 的颗粒物称为可吸入颗粒物（PM_{10}），直径小于或等于 2.5μg 的颗粒物称为细颗粒物（$PM_{2.5}$）。颗粒物能够在大气中停留很长时间，并可随呼吸进入体内，积聚在气管或肺中，影响身体健康。近年来，我国以 $PM_{2.5}$、臭氧为特征的区域性复合型空气污染问题日益突出。在传统煤烟型污染问题尚未得到解决的情况下，$PM_{2.5}$作为对我国环境空气质量影响最大的污染物之一，表现出 4 个重要的污染特征：一是年均浓度绝对值高。2013 年 74 个城市的监测数据表明，$PM_{2.5}$浓度年均值高达 72μg/m^3，超过我国环境空气质量标准 1.1 倍，超过世界卫生组织指导值 6.2 倍。二是超标天数多，重污染过程发生频率高。2013 年 74 个城市的平均达标天数仅为 221d，达标率占 60.5%。三是区域污染特征明显，其中京津冀污染尤其突出。2013 年京津冀 13 个地级以上城市的 $PM_{2.5}$浓度年均值超过 100μg/m^3，平均达标率仅为 37.5%。四是由二氧化硫、氮氧化物、挥发性有机物、氨等气态污染物通过化学反应形成的二次颗粒物在 $PM_{2.5}$中的比例高，部分区域超过了 60%。

空气中可吸入颗粒物（PM_{10}）和细颗粒物（$PM_{2.5}$）浓度较高对食品生产和加工也有十分不利的影响。自 2013 年国家将食品监管职能纳入食品药品监督管理总局后，食品生产和加工趋于药品管理的方向发展。目前执行的《药品生产质量管理规范（2010 年修订）》（即新版 GMP），要求不仅在静态下测量的悬浮粒子达到相应要求，更是要求在动态下也能达到相应的要求。“静态”是指所有生产设备均已安装就绪，但未运行且没有操作人员在场的状态，“动态”则是指生产设备均按预定的工艺模式运行且有规定数量的操作人员在现场操作的状态。企业在动态下达到要求难度甚大，以前的 1998 年版药品 GMP 只是规定了一种状态下的悬浮粒子要求，因相对容易控制，大多执行静态标准。新版 GMP 不仅规定了测定状态，而且还进一步将洁净室空气洁净度分为 A 级、B 级、C 级和 D 级，各级别空气悬浮粒子的标准规定如表 5－1 所示。

表 5－1　　洁净室空气悬浮粒子洁净度分级标准

洁净度级别	悬浮粒子最大允许数/m^3			
	静态		动态	
	≥0.5μm	≥5.0μm	≥0.5μm	≥5.0μm
A 级	3520	20	3520	20
B 级	3520	29	352000	2900
C 级	352000	2900	3520000	29000
D 级	3520000	29000	不作规定	不作规定

食品纳入药品管理后，首先对婴幼儿配方乳粉生产的管控进行了调整。2013 年国家食品药品监督管理总局推出了史称最严格的《婴幼儿配方乳粉生产许可审查细则（2013 版）》（QS），对清洁区中微生物数量和检测状态提出了更高的要求（见表 5－2），相信不

久的将来会逐步向食品其他领域推行。

表 5－2　　　　　生产清洁作业区动态标准控制下微生物最大允许数

内容	检测方法	控制要求	监控频次
浮游菌	GB/T 16293	≤200 cfu/m^3	1次/周
沉降菌	GB/T 16294	≤100cfu/4h（ϕ90mm）	1次/周
表面微生物	参照 GB 15982 采样，按 GB 4789.2 计数	≤50cfu 皿（ϕ55mm）	1次/周

与药品 GMP 认证相似，目前婴幼儿配方乳粉生产许可审查时，已要求清洁区按 A、B、C、D 4 个等级设置和管控，且更强调生产环境中悬浮颗粒的动态测量。因此，如空气中 PM_{10} 和 $PM_{2.5}$ 浓度较高，将直接影响洁净室空气的质量，PM_{10} 影响≥5.0μm 的悬浮粒子数量，$PM_{2.5}$ 影响≥0.5μm 的悬浮粒子数量，同时 PM_{10} 和 $PM_{2.5}$ 悬浮粒子容易堵塞过滤器或滋生细菌等，影响洁净空气中微生物要求，增加过滤介质的更换频率，应引起各食品企业尤其是婴幼儿配方乳粉企业的重视。

二、大气污染对食品安全性的影响

1. 氟化物

氟能够通过作物叶片上的气孔进入植株体内，使叶尖和叶缘坏死，嫩叶、幼芽受害尤其严重，氟化氢对花粉粒发芽和花粉管伸长有抑制作用。氟具有在植物体内富集的特点，在受氟污染的环境中生产出来的茶叶、蔬菜和粮食一般含氟量较高。

受氟污染的农作物除会使污染区域的作物食用安全性受到影响外，氟化物还会通过畜禽食用牧草后进入食物链，对人的食品造成污染。研究表明，饲料含氟量超过 30～40mg/kg，牛吃了后会得氟中毒症。氟被吸收后，95%以上沉积在骨骼里。由氟在人体内的积累引起的最典型的疾病为氟斑牙（齿斑）和氟骨症（骨增大、骨质疏松、关节肿痛等）。

中国现行饮用水、食品中含氟化物卫生标准为：饮用水为 1.0mg/L，大米、面粉、豆类、蔬菜、蛋类均为 1.0mg/kg，水果为 0.5mg/kg，肉类为 2.0mg/kg。

2. 氯气

氯的化学活泼性远不如氟，主要以氯气单质形态存在于大气中。氯气进入植物组织后产生的次氯酸是较强的氧化剂，由于其具有强氧化性，会使叶绿素分解，在急性中毒症状时，表现为部分组织坏死。氯气危害植物的症状是：叶尖黄白化，渐及全叶；伤斑不规则，边缘不清晰，呈褐色；妨碍同化作用，乃至坏死。

3. 沥青烟雾

沥青烟雾中含有 3，4－苯并芘等致癌物质。受沥青烟雾污染过的作物，一般不能直接食用，同时也不应在沥青制品，如沥青公路和油毡上，铺晒食品，以防止食品受到污染。

4. 酸雨

酸雨使淡水湖泊和河流酸化，土壤和底泥中的有毒物质（如铝、镉、镍）溶解到水中，毒害鱼类，如铝可使鱼鳃堵塞而窒息死亡，还可抑制生殖腺的正常发育，降低产卵率，杀死鱼苗。

酸雨下降到地面，可改变土壤化学成分，发生淋溶，使土壤贫瘠。土壤 pH 降低可使锰、铜、铅、汞、镉、锌等元素转化为可溶性化合物，使土壤溶液中重金属浓度增高，通过淋溶转入江、河、湖、海和地下水，引起水体重金属元素浓度增高，通过食物链在水生生物以及粮食、蔬菜中积累，给食品安全性带来影响。

5. 大气粉尘和金属飘尘

固定的尘埃与雾或细雨结合后落到植物叶子上时，能使植物受到损害。如在石灰厂附近地区，含氧化钙粉尘可在植物表面形成一个强碱性反应覆盖区，叶子因此被夺去很多水分，并使细胞质受到伤害，多数情况下表现为表皮细胞与栅栏细胞的萎缩。

污染物中的重金属及其他颗粒成分也会造成植物组织损伤，如铅、镉、铬、锌、镍、砷和汞等金属飘尘可沉积或随雨雪下降到地面，落到植物叶子上或进入土壤，部分通过叶片进入植物体内，部分通过土壤经根部吸收进入植物体内，并在植物体内富集，影响食品的安全性。

中央电视台《焦点访谈》2006 年 9 月 13 日报道了甘肃徽县水阳乡新寺村附近铅加工厂的铅污染事件。该厂每天排向空气的铅量高达 200kg，严重污染了空气，造成村民几乎人人铅超标，而且还引起周边农作物全都枯黄，基本颗粒无收。

三、大气的环境监测

1. 采样位置的选择

采样位置的选择应遵循下列规则。

（1）在室外采样时，必须在周围没有树木、高大建筑物和其他掩蔽物的平坦地带，距离地面 50 ~ 180cm 高度采集没有沉降作用的大气样品。

（2）在室内采样时，应在生产及工作人员的休息场所，离地面 150cm 高度采集人的呼吸带样品。

（3）采集降尘样品时，一般应在离地面 500cm 以上的高度或在四周开阔的建筑物顶上采样，不要靠近污染源、建筑工地和附近的大烟囱，避免风沙和地面灰尘等的影响。

（4）采集烟气样品时，应采集气流比较稳定、烟尘浓度比较均匀的样品，采集位置应选择在有电源、操作比较方便和气流稳定的垂直管段中，而不应该在弯曲、接头、阀门和鼓风机前后采样。

2. 采样方法

（1）直接采样法　一般用于空气中被测物质浓度较高，或者所用的分析方法灵敏度高，直接进样就能满足环境监测的要求。常用的采样容器有注射器、塑料袋和一些固定容器。这种方法具有经济和轻便的特点。

①注射器采样法：将空气中被测物质采集在 100mL 注射器中。采样时，先用现场空气抽洗 2 ~ 3 次后再抽样至 100mL，密封进样口，带回实验室进行分析。采样后的样品存放时间不宜太长，最好当天分析完毕。此种方法一般多用于有机蒸气的采样。

②塑料袋采样法：环境监测中常用一种与所采集的污染物既不起化学反应，也不吸附、渗漏的塑料袋采集大气样品。这种塑料袋一般由聚乙烯或聚四氟乙烯制成，长 170mm，宽 110mm，充气容积 500mL。使用前要做气密性检查，充足气，密封进气口，将其置于水中，不冒气泡为准。采样时，先用现场空气冲洗袋子 2 ~ 3 次。采样后夹封好袋

口，带回实验室分析。

③真空采样法：先用真空泵将具有活塞的真空采气瓶或采气管抽成真空，使瓶（或管）中绝对压力为667~1334Pa，再关闭活塞。在采样现场慢慢打开活塞，让被采集的样品充满瓶内，关好活塞，带回实验室。

（2）浓缩采样法

①溶液吸收法：是用吸收液采集空气中气态、蒸气态物质以及某些气溶胶的方法。当空气样品通过吸收液时，气泡与吸收液界面上的被测物质的分子由于溶解作用或化学反应，很快地进入吸收液中。同时气泡中间的气体分子因存在浓度梯度和运动速度极快，能迅速地扩散到气-液界面上，因此，整个气池中被测物质分子很快地被溶液吸收。各种气体吸收管就是利用这个原理设计的。

②固体吸收剂阻留法：在一定长度和大小的玻璃管或聚丙烯塑料管内，装入适量的固体吸收剂。当大气样品以一定流速通过管内时，大气中的被测组分因吸收、溶解和化学反应等作用而被阻留在固体吸收剂上，达到浓缩污染物的目的。采样后再通过解吸或洗脱被吸附的组分，以供分析测定。

第三节　水体污染

水体（Water Body）是江河湖海、地下水、沼泽、水库、冰川等的总称，是被水覆盖地段的自然综合体。它不仅包括水，还包括水中溶解物质、悬浮物、底泥、水生生物等。

水体污染是指一定量的污水、废水、各种废弃物等污染物质进入水域，超出了水体的自净和纳污能力，从而导致水体及其底泥的物理、化学性质和生物群落组成发生不良变化，破坏了水中固有的生态系统，破坏了水体的功能，从而降低了水体使用价值的现象。

一、来　源

1. 水体污染源

水体受到人类或自然因素或因子的影响，感官性状、物理化学性能、化学成分、生物组成等会发生恶化，污染指数超过地面水环境质量标准，称为水体污染。污染水体的物质称为水体污染物。我国GB 5749《生活饮用水卫生标准》规定，细菌总数应小于100cfu/mL，总大肠菌群不得检出，尤其是大肠菌群数，表明了水体被微生物污染的程度，是个很重要的控制指标。

另外，我国渔业用水的标准对淡水域规定pH为6.5~8.5，海水为7.0~8.5，农田灌溉用水标准pH为5.1~8.5。当水体长期受酸碱污染，就会使水体不能维持正常的pH范围，既影响水生生物的正常活动，造成水生生物的种群发生变化，导致鱼类减少，又会破坏土壤的性质，影响农作物的生长，还会腐蚀船舶、水上建筑等。

2. 水体主要污染物

污染水体的污染源复杂，污染物的种类繁多。各地区的具体条件不同，其水体污染物的类型和危害程度也有较大差异。

从对食品安全的影响把水体污染物分为三类：①无机有毒物：包括各类重金属和氰化物等；②有机有毒物：主要为苯酚、多环芳烃和各种人工合成的具有积累性的稳定的有机化合物，如多氯联苯和有机农药等；③病原体：主要指生活污水、禽畜饲养场、医院等排放于废水中的病毒、病菌和寄生虫等。

从工程学的角度，水体污染物主要有以下几类。

（1）耗氧污染物　指可生物降解的有机物质，主要来自于家庭污水及某些工业废水。耗氧污染物进入水体，会导致水体中溶解氧浓度急剧下降，影响鱼类和其他水生生物的正常生活。

（2）致病性微生物污染　大多来自于未经消毒处理的养殖场、肉类加工厂、生物制品厂和医院排放的污水等。

（3）合成的有机化合物　包括洗涤剂在内的家用有机合成制品、农药及许多合成的工业化学试剂。

（4）富营养化污染　指水流缓慢、更新期长的地表水面接纳了大量的氮、磷、有机碳等植物营养素而引起的藻类等浮游生物急剧增殖的水体污染。一般将海洋水面上发生富营养化现象称为“赤潮”，将陆地水体中发生富营养化现象称为“水华”。当总磷和无机氮含量分别在 $20mg/m^3$ 和 $300mg/m^3$ 以上，就有可能出现水体富营养化过程。

（5）无机化合物及矿物性物质　指从废矿排水过程中形成的酸及汞和镉等重金属。

（6）沉淀物　指土粒、沙粒和从土地冲刷下来的无机矿物质的沉淀，或淤塞在水库和海港底部的贝类动物和珊瑚。

（7）放射性污染物　放射性矿石的开采和加工、核能发电站、医院及核实验是使水体受到放射性污染的主要原因。如 2011 年 3 月 11 日，受大地震影响，日本福岛第一核电站发生核泄漏，造成周边海水核污染。

（8）热污染　从热电站排出的废水可能使受体水系的温度明显升高，从而使该地区的生态系统发生严重变化。

二、水体污染对食品安全性的影响

水体污染引起的食品安全问题，主要是通过污水中的有害物质在动植物中累积而造成的。对食品安全性有影响的水体污染物主要有以下几种。

1. 酚类污染物

水体中的酚类化合物主要来源于含酚废水，如焦化厂、煤气厂、煤气发生站、炼油厂、木材干馏、合成树脂、合成纤维、染料、医药、香料、农药、玻璃纤维、油漆、消毒剂、化学试剂生产等工业废水。一般含酚废水灌溉浓度控制在 50mg/L 以下时，对作物的生长没有什么毒害作用，但可使作物产生异味，萝卜、马铃薯等在收获后易腐烂，不易保藏。

酚在植物体内的分布是不同的，一般茎叶类含量较高，其排列顺序是：叶菜类 > 茄果类 > 豆类 > 瓜类 > 根菜类。

污水中酚对鱼类的影响是，低浓度时能影响鱼类的洄游繁殖，高浓度时能引起鱼类的大量死亡。水体中酚的浓度达 0.1 ~ 0.2mg/L 时，鱼肉会有酚味（有人称为柴油味）。

2. 石油污染物

石油污染物来自油田和炼油厂的工业废水。石油废水不仅对作物的生长产生危害，还会影响食品的品质。高浓度石油废水灌溉土地，生产的稻米煮成的米饭有汽油味，花生榨出的油有油臭味，生长的蔬菜有浓厚的油味，人食用这种受到石油废水污染而生产的食品会感到恶心。

石油废水中还含有致癌物3，4－苯并芘，这种物质能在灌溉的农田土壤中积累，并能通过植物的根系吸收进入植物，引起积累。研究表明，用未处理的含石油5mg/L的炼油废水灌溉农田，土壤中3，4－苯并芘含量比一般农田土壤高出5倍，最高可达20倍。

3. 芳香烃

芳香烃包括苯及其同系物。苯影响人的神经系统，剧烈中毒能麻醉人体，使人失去知觉，甚至死亡；轻则引起头晕、无力和呕吐等症状。

含苯废水浇灌作物对食品安全性的影响在于它能使粮食、蔬菜的品质下降，且在粮食蔬菜中残留，如用含苯25mg/L的污水灌溉的黄瓜淡而无味，涩味增加，含糖量下降8%，并随着废水中苯的浓度增加，其涩味加重。

试验表明，污水含苯量在5mg/L以下浇灌作物和清水浇灌无差异，不引起粮食、蔬菜污染。我国规定，灌溉水中苯的含量不得超过2.5mg/L。

4. 污灌中的重金属

矿山、冶炼、电镀、化工等工业废水中含有大量重金属物质，如汞、镉、铜、铅、砷等。未经过处理的或处理不达标的污水灌入农田，会造成土壤和农作物的污染。灌溉水中含2.5mg/L的汞时，水稻就可发生明显的抑制生长的作用，表现为生长矮小、根系发育生长不良、叶片失绿、穗小空粒、产量降低等。籽粒含汞量超出食用标准（≤0.2mg/kg，以Hg计），如汞浓度达到25mg/kg时，产量可减少一半。汞通过食物链富集在鱼体内的浓度比原来污水中浓度高出1~10倍，居住在这里的人们长期食用高汞的鱼类和贝类，导致汞在人体中大量积累，引发破坏中枢神经的“水俣病”。

5. 病原微生物

许多人类和动物的疾病是通过水体或水生生物传播病原的，如肝炎病毒、霍乱、细菌性痢疾等。这些病原微生物往往由于医院废弃物未做处理或患者排泄物直接进入水系水体，或由于洪涝灾害造成动植物和人死亡、腐烂并大规模扩散。如1988年上海、江浙一带暴发的甲肝大流行即是由于甲肝病毒污染了水体及其水生毛蚶引起的。

6. 富营养化污染

氮、磷、有机碳等营养素（尤其是磷元素）超标会引起水体富营养化污染。近期我国近海时常受到“赤潮”的侵袭，内陆湖流也常有富营养化现象出现。如2007年5月下旬太湖水由于周边工业和民用污水排放，造成富营养化，引起蓝藻集中暴发，水质恶臭，致使无锡市居民断水数日。

目前我国水污染问题比较严重，已经成为社会经济发展的重要制约因素，污水排放量由2001年的433亿t增加到2012年的684.6亿t，年均增长4.3%。污水大量排放造成我国水环境污染严重，直接威胁饮用水安全和食品安全，进而危害人们的身体健康。根据环保部《中国环境状况公报》，2012年七大水系除长江、珠江水质状况良好外，海河劣Ⅴ类水质断面比例超过32%，为中度污染，其余河流均为轻度污染。我国90%的城市地下水遭到不同程度污染，一半城市地下水污染严重，57%的地下水监测点的水质较差甚至极差。655个城市中，有400多个城市使用地下水作为饮用水源。北方地区65%的生活用水、50%的工业用水来自地下水。我国近3亿农村人口的饮用水不安全。很多地区使用污水灌溉农田，污水中的重金属等污染物在土壤中累积，造成土壤污染，成为食品安全的重大隐患。目前，我国大量耕地受到重金属污染，并导致粮食减产和粮食污染，而修复被重金属污染的耕地则需要昂贵的费用。水污染问题严重影响了民众的生活、生产和身心健康，已成为迫在眉睫的问题。

2011 年 10 月 3 日《羊城晚报》报道，2010 年广东海洋公报显示，广东近海四成入海排污口排放污水超标，16% 的近海海域正在遭受污染。2010 年珠江八大入海口和榕江、深圳河、东江等主要入海河流携带入海的石油烃、砷、重金属等污染物达 108 万 t。其中珠江排入海的污染物占总量的七成。一般来说，重金属容易富集在海洋生物体的肾、肝脏、性腺、鳃中，广东海产品中棘头梅童鱼的铬和铅元素分别超标 24 倍和 48 倍，另一种主要经济鱼类长蛇鲻（俗称狗母鱼）的铅元素超标 53 倍。而市民经常食用的生蚝中，铜元素和镉元素分别超标 740 倍和 90 倍。

三、水体的环境监测

1. 采样点的选择

（1）江河采样点　根据河流的不同横断面（清洁、污染、净化断面）设立基本点、污染点、对照点和净化点。基本点应选择在江口、河流入口、水库出入口和大城市、工业区的下游；污染点设在河流的特定河段等；对照点设在河流的发源地或城市、工厂的上游，应远离工业区、城市、居民密集区和交通线，避开工业污染源、农业回流水和生活污染水的影响；净化点在一般污染源的下游，检查自净情况。采样点还要考虑河面宽度和深度。河面宽度小于 50m，可在河中心设 1 个采样点；河面宽度为 50 ~ 100m，设 2 个采样点；河面宽度大于 100m，设 3 个采样点。如果水深小于 5m，只需采集表层水（水面下 0.5m）；水深 5 ~ 10m，设 2 点（水面下 0.5m，河底上 0.5m）；水深 10m 以上，设 3 点（中层为 1/2 水深处）。

（2）湖泊、水库、蓄水池采样点　通常多在污染源流入口、用水点、中心点、水流出处设立采样点。水的深度不同，水温也不一样，导致不同深度的水体内所含污染物会有明显的差别。一般在同一条垂直线上，当水深 10m 以上时，设多个采样点（水面下 0.5m，河底上 0.5m，每一斜温层 1/2 水深处）；当水深 5 ~ 10m 时，设 3 个点（水面下 0.5m，河底上 0.5m，斜温层 1/2 水深处）；当水深≤5m 时，只在水面下 0.5m 处设一点。

（3）海域采样点　海洋污染以河口、沿岸地段最严重。因此，除在河口、沿岸设点外，还可以在江、河流入口处的中心向外半径 5 ~ 15km 区域内设若干横断面和一个纵断面采样。海洋沿岸的采样还可以在沿海设置纵断面，并在断面上每 5.0 ~ 7.5km 设 1 个采样点。此外，采样时还应多采集不同深度的水样。当水深小于 5m 时，只采表层水；当水深大于 15m 时，需采集表层、中层、底层水样。

（4）地下水采样点　储存在土壤和岩石空隙中的水，统称为地下水，包括井水、泉水、钻孔水、抽出水等。采集地下水时，一般在供应大城市的死水源及活水源受到污染的地点设置采样点。井水和泉水也应设立采样点，一般在液面下 0.3 ~ 0.5m 处采样。

（5）工业废水、生活污水采样点　采集工业污水时，应在车间排水沟或车间设备出口处、工厂总排污口、处理设施的排出口、排污渠等处设置采样点。采集生活污水时，应在污水泵站的进水口及安全流口、总排污口、污水处理厂的进、出水口和排污管线入江

（河）口处设置采样点。阴沟水的采样点应设在从地下埋设管道的工作口上，但不可以在受逆流影响的地点采样。

2. 采样方法

（1）采样器的准备　采样器一般比较简单，只要将容器（如水桶、瓶子等）沉入要取样的河水或废水中，取出后将水样倒进合适的盛水器中即可。

在采样前还必须用将被采集的水样洗涤容器 2 ~ 3 次。无论采集哪种水样，都应在采水装置的进水口配备滤网，防止水中的浮游物堵塞水泵与传感器。

（2）表层水的采集　采样时，应注意避免水面上的漂浮物混入采样器；正式采样前要用水样冲洗采样器 2 ~ 3 次，洗涤废水不能直接回倒入水体中，以避免搅起水中悬浮物。将采样器轻轻放入水面下 20 ~ 50cm 或距水底 30cm 以上各处直接采集水样。采样后立即塞紧瓶塞，防止水样接触空气或表层水所含漂浮物的进入。

（3）深层水的采集　深层水样的采集，可用单层采水器、多层采水器、倒转式采水器等和抽吸泵等专用设备，分别从不同深度采集水样。

（4）废水的采集　对于生产工艺稳定的企业，所排放废水中的污染物浓度及排放流量变化不大，仅采集瞬时水样就具有较好的代表性；对于排放废水中污染物浓度及排放流量随时间变化无规律的情况，可采集等时混合水样、等比例混合水样或流量比例混合水样，以保证采集的水样的代表性。

（5）天然水的采集　采集井水时，必须在充分抽汲后进行，以保证水样能代表地下水水源。采集自来水时，应先将水龙头打开，放流 3 ~ 5min 管内积水，再采集水样。对于自喷的泉水，可在泉涌处直接采集水样；采集不自喷的泉水时，先将积留在抽水管的水吸出，新水更替之后，再进行采样；采集雨水或雪时，采用一般降雨器（简易集尘器、大型采水器）直接收集一定时间的降雨量或降雪量。

3. 水样的保存

水样采集后，应尽快进行分析检验，以免在存放过程中引起水质变化，但是限于条件，往往只有少数测定项目可在现场进行（如温度、电导率、pH 等），大多数项目仍需送往实验室进行测定。因此，从采样到分析检验之间这段时间，需要保存水样。一般要求保存在 5℃以下的低温暗室内，以防止微生物繁殖，减慢理化变化的速度，减少组分的挥发。可利用干冰等低温保存方法，但成本较高。

4. 底泥的采集与处理

底泥是指江、河、湖、海水体的沉积物，即矿物、岩石、土壤的自然侵蚀物、生物过程的产物、有机物的降解物和污水排出物等随着水流迁移而沉降积累在水体底部的堆积物总称。底泥中积累了各种各样的污染物，并且会发生物理、化学反应和生物效应，产生水质的二次污染，因而水质的好坏与底泥的组成和性质有着密切的关系。

（1）采样器　掘式和抓式采泥器适用于采集量较大的沉积物样品，锥式或钻式采泥器适用于采集较少的沉积物样品，管式采泥器适用于采集柱状样品。

（2）底泥的采集　可在污染源上游和远离污染源河道上设置对照面、污染断面和净化断面。采样点的设置应尽可能与水质采样点位于同一垂直线上，而且中间密，两侧疏。在一般情况下，每半年采集 1 次，丰水期、平水期、枯水期的河流，可在枯水期采样。湖泊和水库的底泥采集，在进、出湖泊的水道上设置控制断面采样点，并在废水进入湖泊的主要入口处附近增加采样点和采样次数。底泥的采集量由测定项目和处理过程的需要量决定。

（3）底泥的预处理　采集的底泥通过离心机或滤纸过滤，去除水分，放入预先处理好的搪瓷盘或塑料盘内，摊成约2cm厚的薄层，选择在通风、干净和清洁的实验室内风干。在风干过程中，应定时地翻动样品，并用木棒或木锤破碎，捡出石块、贝壳、杂草和动植物的残留物等。最后，将风干的样品用研钵研细，用尼龙或塑料网筛过筛。

对于采集的柱状沉积物样品，为了分析各层柱状样品的化学组成和形态，首先用木片或塑料铲刮去柱样的表层，然后再确定分层间隔，分层切割制样。

如果底泥中含有挥发性或易受空气氧化的污染物（如烷基汞、氰化物、农药），应立即分析测定或加入化学试剂固定，并在0～5℃暗处保存。

第四节　土壤污染

土壤污染主要是指土壤中收容的有机废弃物或含毒废弃物过多，影响或超过了土壤的自净能力，从而在卫生学和流行病学上产生了有害的影响。土壤污染包括重金属污染、农药和持久性有机化合物污染、化肥施用污染等。作物从土壤中吸收和积累的污染物常通过食物链传递而影响人体健康。

一、来　源

1. 污染物进入土壤的途径

（1）污水灌溉　用未经处理或未达到排放标准的工业污水灌溉农田是污染物进入土壤的主要途径，在灌溉渠系两侧形成污染带，属封闭式局限性污染。

（2）酸雨和降尘　工业排放的 SO_2、NO 等有害气体在大气中发生反应而形成酸雨，以自然降水形式进入土壤，引起土壤酸化。如冶金工业烟囱排放的金属氧化物粉尘，在重力作用下以降尘形式进入土壤，形成以排污工厂为中心、半径为2～3km范围的点状污染。

（3）汽车尾气　汽油中添加的防爆剂四乙基铅随废气排出污染土壤，行车频率高的公路两侧150m范围内常形成明显的铅污染带。

（4）向土壤倾倒固体废弃物　堆积场所土壤直接受到污染，自然条件下的二次扩散会形成更大范围的污染。

（5）过量施用农药、化肥　属农业区开放性的污染。

2. 土壤污染物的类型

（1）化学污染物　包括无机污染物和有机污染物。前者如汞、镉、铅、砷等重金属，过量的氮、磷植物营养元素以及氧化物和硫化物等；后者如各种化学农药、石油及其裂解产物，以及其他各类有机合成产物等。

（2）物理污染物　指来自工厂、矿山的固体废弃物，如尾矿、废石、粉煤灰和工业及民用垃圾等。

（3）生物污染物　指带有各种病菌的城市垃圾和由卫生设施（包括医院）排出的废水、废物以及厩肥等。

（4）放射性污染物　主要存在于核原料开采和大气层核爆炸地区，以锶和铯等在土壤中生存期长的放射性元素为主。

二、土壤污染对食品安全性的影响

根据2014年4月17日环境保护部和国土资源部发布的全国土壤污染状况调查公报，全国土壤环境状况总体不容乐观，部分地区土壤污染较重，耕地土壤环境质量堪忧，工矿业废弃地土壤环境问题突出。工矿业、农业等人为活动以及土壤环境背景值高是造成土壤污染或超标的主要原因。全国土壤总的超标率为16.1%，其中轻微、轻度、中度和重度污染点位比例分别为11.2%、2.3%、1.5%和1.1%。从污染分布情况看，南方土壤污染重于北方；长江三角洲、珠江三角洲、东北老工业基地等部分区域土壤污染问题较为突出，西南、中南地区土壤重金属超标范围较大。

进入土壤的污染物增加到一定浓度时，农作物就会产生一定的反应，若污染物的浓度超过作物需要或可忍受程度，无论是出现受害症状，还是作物生长并未受害，只要产品中该污染物含量超标，都会对人畜造成危害。土壤中可能对食品安全造成影响的污染物有以下几种。

1. 农药

喷洒农药时有40%～60%降落于地面，随降雨过程经地表流入水域或下渗进入土壤。我国农药总施用量高达131.2万t（成药），平均每亩施用931.3g，比发达国家高出一倍。特别是随着种植结构的调整，蔬菜和瓜果的播种面积大幅度增长，这些作物的农药用量可超过100kg/hm^2，甚至高达219kg/hm^2，较粮食作物高出1～2倍。农药施用后在土壤中的残留量为50%～60%，已经长期停用的六六六、滴滴涕目前在土壤中的可检出率仍然很高，这两种农药的点位超标率分别为0.5%和1.9%。

2. 重金属

一些人体需要量极少或不需要的元素如Pb、Cd、Al、Au、Sn、Hg、Be等，摄入量达到一定数量时就会发生毒害作用，特别是Hg、Pb、Cd、As等毒性较强的元素。据统计，我国重金属污染的土壤面积达2000万hm^2，占总耕地面积的1/6。西南、中南地区土壤重金属超标范围较大，Hg、Pb、Cd、As 4种元素含量分布呈现从西北到东南、从东北到西南方向逐渐升高的态势，其中Cd的含量在全国较大范围内普遍增加，在部分地区增幅超过50%。另外，由于电动自行车在城镇与农村的普及，以及日前国家大力提倡发展的电动汽车，铅蓄电池生产企业、废弃的铅蓄电池等对土壤和农作物造成的Pb污染也是一个不容忽视的问题。

3. 多环芳烃和酚类物质

多环芳烃是煤、石油、木材、烟草、有机高分子化合物等有机物不完全燃烧时产生的挥发性碳氢化合物，具有致癌、致畸和致突变效应，对人体健康有较大的危害。多环芳烃是重污染企业用地、工业废弃地、工业园区、采油区、采矿区、污水灌溉区、干线公路两侧等的主要污染物。

酚类物质也是一种重要的污染物。与含酚废水对作物的影响不同的是，土壤中残留酚能维持植物中较高水平的含酚积累，并且植物中的酚残留一般随土壤酚的增多而增大。含酚类物质可破坏植物细胞渗透，抑制植物生长。

4. 化肥

化肥对提高农作物产量起到了巨大的作用，但施用后其负面影响也在增加，过量施用化肥不仅会造成很大的浪费，如磷肥的利用率美国仅为30% ~50%，日本50% ~60%，前苏联30% ~40%，而且未被吸收的化肥会随水土流失进入水体。近年来，在耕地面积不断减少的情况下，化肥的使用量一直处于上升态势。如2004年我国化肥使用总量已达到4637万t，比上一年增长5.1%。我国耕地面积不到世界的1/10，但是，氮肥使用量为世界的30%，每公顷高出世界平均水平2.05倍；磷肥的使用量为世界的26%，每公顷高出世界平均水平1.86倍。使用化肥的强度平均每公顷达400kg（太湖流域曾高达600kg），平均使用量是发达国家化肥安全使用上限的2倍，远远超过发达国家为防止水体污染而设置的225kg/hm^2 的安全标准。施氮过多的蔬菜中硝酸盐含量是正常情况的20 ~40倍。人畜食用含硝酸盐的植物后，极易引起高铁血红素白血症，主要表现为行为反应障碍、工作能力下降、头晕目眩、意识丧失等，严重的会危及生命。

5. 污泥

污泥中含有丰富的氮、磷、钾等植物营养元素、有机质及水分等，因此常利用污泥作肥料。但污泥中还含有大量的有毒有害物质，如寄生虫卵、病原微生物、合成有机物及重金属离子。由于污泥易于腐化发臭，颗粒较细，密度高且不易脱水，若处理不当、任意排放，就会污染水体、土壤和空气，危害环境，影响人类健康。

6. 垃圾

垃圾对环境的危害有很大的即时性和潜在性，随着数量的增多，对生态、对资源存在着毁灭性的破坏，并且对人体健康也构成极大的威胁。垃圾主要来源于工业生产、生活垃圾及医疗垃圾。我国每年产生的垃圾约30亿t，而且还呈上升趋势。垃圾污染影响食品安全表现在两个方面：其一为垃圾本身对食品的污染，城市垃圾含有大量的有害物质，如其中的有机质会腐败、发臭，易滋生蚊蝇、蟑螂、老鼠。来自医院、屠宰场、生物制品厂的垃圾常含有各种病原菌，处理不当会污染土壤。土壤生物污染不仅可能危害人体健康，而且有些长期在土壤中存活的植物病原体还能危害植物，造成减产。其二为垃圾的利用，如垃圾堆肥，对农作物产品带来不利影响。垃圾堆肥中含有一部分重金属，施用于农田后会造成土壤污染，使生长在土壤中的农作物籽粒中重金属含量超过食品卫生标准。

三、土壤的环境监测

1. 污染源调查

土壤监测中，为使所采集的样品具有代表性，监测结果能表征土壤客观情况，在制定、实施监测方案前，必须对监测地区进行污染调查。调查内容包括：该地区的自然条件，包括地形、植被、水文、气候等；该地区的农业生产情况，包括土地利用，作物生长与产量情况，水利及肥料，农药使用情况等；该地区的土壤性状，如土壤类型、层次特征、分布及农业生产特性等；该地区污染历史及现状。

2. 采样方法

（1）采样筒取样　将长10cm、直径8cm金属或塑料采样器的采样筒直接压入土层内，然后用铲子将其铲出，取采样筒内的土壤为样品。

（2）土钻取样　土钻取样是用土钻钻至所需深度后，将其提出，用挖土勺挖出土样。

（3）挖坑取样　挖坑取样适用于采集分层的土样。先用铁锹挖一截面 1.5m×1m、深 1.0m 的坑，平整一面坑壁，并用干净的取样小刀或小铲刮去坑壁表面 1～5cm 的土，然后在所需层次内采样，装入容器内。

3. 采样时间

采样时间随测定目的和污染特点而定。为了解土壤污染状况，可随时采集土样进行测定。如果测定土壤的物理、化学性质，可不考虑季节的变化；如果调查土壤对植物生长的影响，应在植物的不同生长期和收获期同时采集土壤和植物样品；如果调查大气型污染，至少应每年取样 1 次；如果调查水型污染，可在灌溉前和灌溉后分别取样测定；如果观察农药污染，可在用药前及植物生长的不同阶段或者作物收获期与植物样品同时采样测定。

4. 采样量

由于测定所需的土样是多点均量混合而成，取样量往往较大，而实际测定时并不需要太多，一般只需要 1～2kg 即可。因此，对多点采集的土壤，可反复按四分法缩分，最后留下所需土样量，装入布袋或塑料袋中，贴上标签，做好记录。

5. 采样注意事项

采样点不能选在田边、沟边、路边或肥堆旁；将现场采样点的具体情况，如土壤剖面形态特征等做详细记录；现场填写标签两张（采样地点、土壤深度、日期、采样人姓名），一张放入样品袋内，另一张扎在样品口袋上；根据监测目的和要求可获得分层试样或混合样；用于重金属分析的样品，应将和金属采样器接触部分的土样弃去。

思考题

1. 环境污染的类型有哪些？
2. 农业内源污染对人类健康有哪些危害？
3. 大气污染的来源及对食品安全性的影响是什么？
4. 什么是水体污染？试分析水体污染的原因及对食品安全的影响。
5. 土壤中对食品安全造成影响的污染物有哪些？
6. 如何理解环境污染监测的意义和作用？
7. 简述空气中 PM_{10} 和 $PM_{2.5}$ 含量对食品安全的影响。

参考文献

1. 环境保护部和国土资源部．全国土壤污染状况调查公报，2014
2. 张乃明．环境污染与食品安全．北京：化学工业出版社，2007
3. 张国农．食品工厂设计与环境保护．北京：中国轻工业出版社，2005
4. 钟耀广．食品安全学．北京：化学工业出版社，2005
5. 董文宾．食品工厂环境检测．北京：化学工业出版社，2004
6. 陈玲等．环境监测．北京：化学工业出版社，2004
7. 常元勋．环境中有害因素与人体健康．北京：化学工业出版社，2004
8. 王岩等．环境科学概论．北京：化学工业出版社，2003
9. 欧阳喜辉．食品质量安全认证指南．北京：中国轻工业出版社，2003
10. 吴忠标．环境检测．北京：化学工业出版社，2003

11. 蔡建安等．环境质量评价与系统分析．合肥：合肥工业大学出版社，2003
12. 史贤明．食品安全与卫生学．北京：中国农业出版社，2003
13. 盛连喜．现代环境科学导论．北京：化学工业出版社，2002
14. 李顺鹏．环境生物学．北京：中国农业出版社，2002
15. 张从等．污染土壤生物修复技术．北京：中国环境科学出版社，2000

第六章　转基因技术对食品安全性的影响

第一节　概　述

转基因食品是现代生物技术的产物。由于转基因食品的研究已取得了重大的成果，可能在人类今后的食物构成中占有重要地位，因而需对其安全性，尤其是对食品的安全性，即可能对人类产生目前科技知识水平所不能预见的后果，危害人类健康、破坏生态平衡等问题进行科学研究，并采取必要的措施加以管理和控制，已成为必须解决的世界性课题，已引起各国政府和国际组织的高度重视。我国党中央总书记在 2013 年 12 月 23 日中央农村工作会议上的讲话中谈到了转基因问题，认为作为一个新生事物，社会对转基因技术有争议、有疑虑，这是正常的。对转基因技术，在研究上要大胆，在推广上要慎重。转基因农作物产业化、商业化推广，要严格按照国家制定的技术规程规范进行，稳扎稳打，确保不出闪失，涉及安全的因素都要考虑到。要大胆研究创新，占领转基因技术制高点，不能把转基因农产品市场都让外国大公司占领了。

一、转基因技术的基本内容

转基因技术（Transgenic Techniques）是基因工程（Gene Engineering）的别称，其操作对象是遗传信息的载体 DNA，所以又称 DNA 重组技术，是指在分子水平上，提取（或合成）不同生物的遗传物质，在体外切割，再和一定的载体拼接重组，然后把重组的 DNA 分子引入细胞或生物体内，使这种外源 DNA（基因）在受体细胞中进行复制与表达，按人们的需要繁殖扩增基因或生产不同的产物或定向地创造生物的新性状，并能稳定地遗传给下代的技术，最终目的就是把一个生物体中的遗传信息转入到另一个生物体中。它和遗传工程、分子克隆和基因工程等有相似的含义。转基因生物（Genetically Modified Organisms，GMOs）是指遗传物质经过转基因技术改变，而不是以自然增殖或自然重组的方式产生的生物，包括转基因植物、转基因微生物和转基因动物三大类。

转基因食品（Genetically Modified Food，GMF）又称基因改性食品，是指用转基因生物制造或生产的食品、食品原料及食品添加剂等。它是通过一定的遗传学技术将有利的基因转移到另外的微生物、植物或动物细胞内而使它们获得有利特性，如增强动植物的抗病虫害能力、提高营养成分等，由此可增加食品的种类、提高产量、改进营养成分的构成、延长货架期等。通俗地说，就是将植物、动物或微生物的基因从细胞中取出并插入到另外的生物细胞中去，以获得某些有利特性的新生物，由这些生物制成的食品或食品添加剂就是转基因食品。

目前批量商业化生产的转基因食品中 90% 以上为转基因植物及其衍生产品，因此，现阶段所说的转基因食品实际上主要是指转基因植物性食品。转基因植物性食品与传统食品的主要差异在于前者含有来源于其他生物体的外源基因。转基因食品按其原料可分为 3 类。

（1）转基因微生物食品　直接用作食品的转基因微生物，市场上还未曾出现，但利用转基因微生物发酵生产的产品却并不鲜见，如干酪、葡萄酒、啤酒、酱油、食品用酶和食品添加剂等。

（2）转基因动物食品　此类研究与开发主要用于医药领域，而在食品方面几乎没有。

（3）转基因植物食品　主要有转基因大豆、玉米、番茄、马铃薯、油菜及其产品，另外，全世界范围内还有大量作为食品来源的转基因植物等待批准进入市场。

转基因技术研究中，由于目的不同，具体的转基因方法也不完全相同。不过总体来说，与宏观的工程一样，基因工程的操作也需要经过“切”、“接”、“贴”和“检查修复”等过程，只是各种操作的“工具”不同，其被操作的对象是肉眼难以直接观察的核酸分子。一个典型的转基因技术实验通常包括以下 5 个步骤（图 6 -1）。

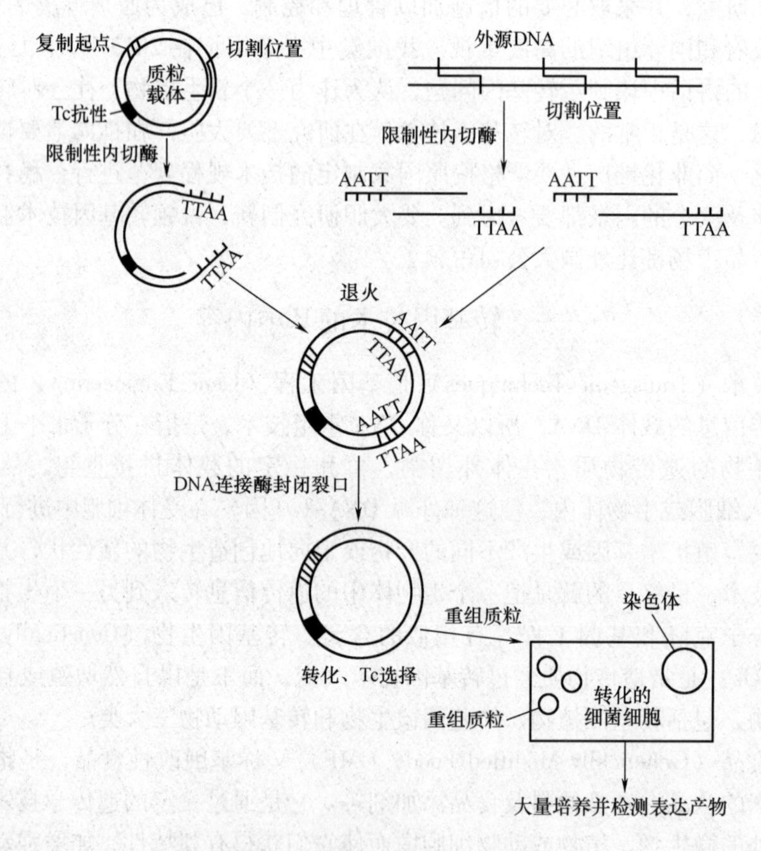

图 6 -1　基因工程的基本过程

第一步，提取供体生物的基因，用限制性内切酶切割，分离出特定的 DNA 基因片段，称为外源基因（Foreign Gene），又称目的基因（Objective Gene）或靶基因（Target Gene）。

第二步，制备载体 DNA（质粒、病毒或噬菌体），再把获得的目的基因与制备好的载体用 DNA 连接酶连接组成重组 DNA 分子，利用细菌繁殖扩增重组 DNA。

第三步，将该重组 DNA 分子转入受体细胞，又称宿主细胞，使之在受体细胞中复制保存，这个过程称为转化（Transformation）。

第四步，对成功转化了重组 DNA 的受体细胞进行筛选和鉴定。

第五步，对含有重组 DNA 的细胞进行大量培养，检测外源基因是否表达。为了从分子水平鉴定目的基因是否已经整合到受体细胞中、是否转录、是否表达，经常用到基因探针杂交技术，即用已知基因片段（往往是目的基因片段）制作的探针，与待测样品的基因片段进行核酸分子杂交，从而判断二者的同源程度。到目前为止，这一技术日臻完善，已广泛应用于食品生物技术的研究中。

二、转基因食品的发展现状

自古以来，人们就从不断繁衍的动物、植物群体中有选择地获取自己所需要的食物。通过有性杂交、观察和选择具有优良性状的动物、植物品种进行扩大繁殖、改良，以满足人们摄取更高水平食物的需要。传统的杂交育种工作耗费时间长，通常需要 8 ~ 10 年的时间。如中国工程院院士袁隆平研究成功世界首创的杂交水稻，就用了整整 10 年时间。随着世界可耕地面积持续减少，而人口却以每年 0.8 亿 ~ 1.0 亿的速度增长，因此能够提高食物的产量和品质、增加营养物含量的新技术越来越受到广泛的关注。

自 1953 年 Watson 和 Crick 揭示了遗传物质 DNA 双螺旋结构，现代分子生物学的研究进入了一个新的时代。20 世纪 60 年代末斯坦福大学 Berg 等人尝试用来自细菌的一段 DNA 与猴病毒 SV40 的 DNA 连接起来，获得了世界第一例重组 DNA。不过 SV40 病毒是一种小型动物的肿瘤病毒，可以将人的细胞培养转化为类肿瘤细胞，如果研究中的一些材料扩散到环境中将会对人类造成巨大的灾难。因此世界各国和国际组织约定，基因工程改良技术研究须受限于人类的道德伦理规范。在确定了生物性状是由特定基因决定的理论基础后，生物改良基因工程技术得到了快速发展。利用转基因技术定向改造作物，大大加速了优良作物的筛选和培育过程。到目前为止，基因工程已经在动、植物和微生物的基因改良中广泛应用。转基因食品由此产生、发展，并成为食品领域的新热点。1983 年世界上出现了第一株转基因植物——一种对抗生素产生抗体的烟草；1990 年第一例转基因棉花种植试验成功；1993 年，美国食品药物管理局（FDA）批准 Calgene 公司研制的 Flavr savr 延熟番茄进入商业化；1994 年一种可以抵御番茄环斑病毒病的西红柿被 FDA 批准在美国上市销售；1996 年美国人又最早将部分转基因食品（大豆、玉米、油菜、马铃薯和番茄）推上商业化的进程。2008 年，美国共有 43 种动、植物转基因产品通过了食品药物管理局认证，世界上众多国家（其中包括发达国家和发展中同家）也都紧随美国之后开始对转基因食品进行研究。截至 2013 年，全世界共有 36 个国家和地区（35 个国家 + 欧盟 27 个成员国）的涉及 27 种转基因作物、336 个转基因事件的 2833 项监管审批得到监管机构批准，其中有 1321 项审批关于转基因作物用于食品（直接使用或进行加工处理），918 项审批关于转基因作物用于饲料（直接使用或进行加工处理），599 项审批关于转基因作物种植或释放到环境中。转基因作物正在形成可观的产业规模。

近几年，转基因作物及其由这些作物加工而成的食品以难以想象的速度迅猛发展（图 6 - 2），世界各国已试种的转基因植物超过 4500 种，批准商业化种植的已超过 90 余种。2007 年全球转基因作物种植经过连续 12 年以两位数增长后，种植面积达 1.143 亿 hm^2（2.824 亿英亩），与 1996 年的 170 万 hm^2 相比增长了 67 倍。到了 2013 年其种植面积又增加至 1.752 亿 hm^2，比 2007 年增长了 53.2%。而且在 1996—2013 年的 18 年间，种植转基因作物的国家数量也翻了五倍多，从 1996 年的 6 个、1998 年的 9 个、2000 年的 13 个、

2003 年 18 个、2007 年的 23 个、2009 年 25 个，直至 2013 年的 27 个国家，目前这 27 个国家中有 19 个是工业化国家，8 个是发展中国家，排名前 10 位的国家种植转基因作物的面积均超过 100 万 hm^2。

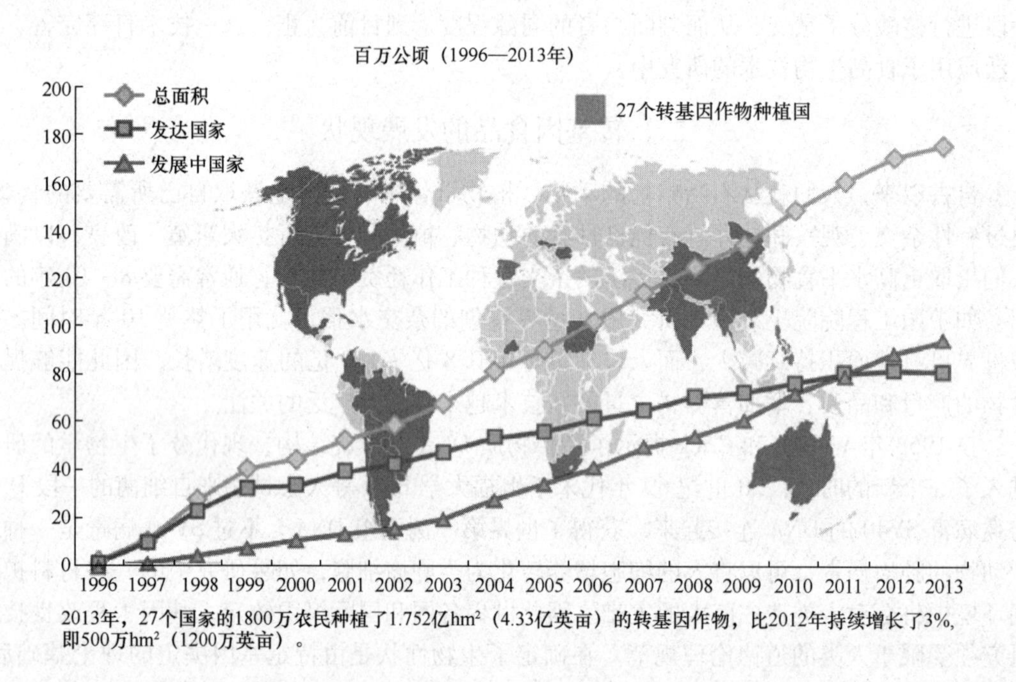

图 6-2　不同年份转基因作物的种植面积（Clive James，ISAAA，2014）

2000 年，转基因作物种植面积位居前 4 位的国家占了种植总面积的 99%。需要注意的是，它们是两个发达国家——美国和加拿大，以及 2 个发展中国家——阿根廷和中国。其中美国占 68%，阿根廷占 23%，加拿大占 7%，中国占了 1%。到了 2013 年，转基因作物种植面积超过 5 万 hm^2 的国家发展为 19 个，其中超过 250 万 hm^2 的国家占了种植总面积的 95%。它们是两个发达国家——美国和加拿大，以及 6 个发展中国家——巴西、阿根廷、印度、中国、巴拉圭和巴基斯坦。其中美国占 40%、巴西占 23%、阿根廷占 14%、印度占 6.1%、加拿大占 6.1%、中国占 2.4%、巴拉圭占 2% 和巴基斯坦占 1.6%。其他转基因作物种植面积超过 5 万 hm^2 的国家中，只有澳大利亚和西班牙是工业化国家，其他均为发展中国家。可以看出，转基因作物种植在发展中国家的增长态势较发达国家更为迅猛，发展中国家的农民们因气候、产量等因素更容易选择转基因作物。

尽管转基因食品的研究已有几十年的历史，但真正的商业化是 20 世纪 90 年代以后的事。自 20 世纪 90 年代初第一个转基因食品出现在美国市场上以来，越来越多的转基因食品在世界范围内被认同。到目前为止，外源基因表达的产物以及基因工程技术的影响在美国的农作物种植和食品加工的各环节中无处不在。从牛乳、乳酪到水果、蔬菜等，到处都存在转基因食品。美国的转基因作物种植面积占世界 40%，94% 左右的大豆、90% 左右的玉米和 90% 的油菜为转基因品种（数据来源于美国农业部 2011 年 6 月 30 日发布的最新数据）。据不完全统计，美国国内生产和销售的转基因大豆、玉米、油菜、番茄和番木瓜等植物来源的转基因食品超过 3000 个种类和品牌，加上凝乳酶等转基因微生物来源的食品，美国市场销售的含转基因成分的食品则超过5000种。目前美国市场上的包装食品中含有转基因成分的已占70%，且对转基因食品没有强制性标识要求，美国市场转基因食品销售额超过200亿美元。

加拿大、阿根廷、澳大利亚、西班牙、法国、南非等国也都在大力开展这方面的研究和开发。最近的调查表明，美国、加拿大两国的消费者大多已接受了转基因食品，仅有27%的消费者认为食用转基因食品可能会对健康造成危害，并且随着认识水平的提高，这个百分数还在不断降低。对转基因食品持抵制态度的欧盟各国，实际上也已被转基因食品敲开了大门。另外，转基因动物如转基因鱼、转基因兔、转基因鸡、转基因羊等多种动物新品系已被成功培育。目前在国际市场上可获得的转基因食品（表6－1）已经通过风险评估，在这类食品已经获得批准的国家中，没有对人类健康影响的负面报道。

表6－1　　国际市场上流通的转基因食品

作物	特性	批准的国家/地区
玉米	抗虫害	阿根廷、加拿大、南非、美国、欧盟
玉米	耐受除草剂	阿根廷、加拿大、美国、欧盟
马铃薯	耐受除草剂	阿根廷、加拿大、南非、美国、欧盟（仅适用于加工）
甘蓝型油菜	耐受除草剂	加拿大、美国
菊苣	耐受除草剂	欧盟（仅适用于加工）
南瓜	抗病毒	加拿大、美国
马铃薯	抗虫害/耐受除草剂	加拿大、美国

我国是最早开展转基因作物研究的国家之一，目前转基因食品的研究和开发居世界中等水平，正在研究的转基因生物有48种，其中作物11种，涉及的基因种类超过100种。种植的品种主要有大豆、烟草、棉花、番茄、水稻、玉米、小麦、白菜、甜瓜、木瓜、花生和广藿香等，其中种植面积较大的为棉花，2013年达420万hm^2，其次是抗病毒木瓜和白杨，约为0.6万hm^2。农业部自1997年开始受理农业转基因生物的安全性评价，当年批准了第一个转基因植物——耐储藏番茄的商品化生产，成为第三个将转基因番茄投放市场的国家。1999年经国务院批准，科技部、财政部联合启动了“国家转基因植物研究与产业化专项”，共资助课题116个。至2003年6月，农业部共收到转基因植物类申请821项，批准582项，其中，中间试验325项、环境释放154项、生产性试验48项、生产应用安全证书55个。至2005年，我国已批准了6种转基因植物进行商品化生产：耐储藏番茄与抗病毒番茄、观赏矮牵牛、保铃棉与抗虫棉、抗病毒甜椒等。2009年，农业部批准了转植酸酶基因玉米和转*Bt*基因水稻两种转基因粮食作物的生产应用安全证书。基因工程疫苗、植酸酶基因重组酵母等12个动物用或植物用微生物产品也已批准商品化生产。

转基因动物技术的研究也在不断进步，许多国家以此作为生物反应器，开发生产有经济价值的食品和药物。许多有价值的蛋白质、多肽类激素如胰岛素、干扰素、生长素等都能在基因动物中表达。我国在转基因动物方面也开展了大量工作，有的已达到了国际领先水平。1984年，我国科学家朱作言等将人生长激素导入鱼中培育出世界上第一批转基因鱼，此后在国外也开始普遍研究转基因鱼类。中国科学院水生生物研究所的转生长激素

（GH）基因鲤鱼和中国水产科学院黑龙江水产所的转大麻哈鱼生长激素基因鲤鱼现已完成实验研究，处于中试阶段。现已培育出生长加速的红鲤、普通鲫鱼、银鲫和白鲫等转基因鱼。此外，生长激素转基因猪等研究也在进展中。

世界各国近期公开的转基因食品研究主要成果如下。

（1）美国杜邦公司已育成了抗营养因子（如寡糖、水苏糖、棉籽糖和半乳糖等）水平较低的大豆新品系。在大豆油品质改良方面也取得新进展。目前这种新品系大豆已开始大规模种植。

（2）在1998年举行的第二届国际农业生物技术大会上，美国科学家Prakash博士报告了利用转基因技术改良甘薯蛋白含量及品质方面的进展。他们将人工合成的富含人体必需氨基酸的贮藏蛋白基因整合到甘薯基因组后，两个转基因品系的贮藏蛋白含量比对照增加2.5~5.0倍，而且产量也略有增加。

（3）病害是马铃薯生产的主要制约因子。布宜诺斯艾利斯遗传工程与分子生物学研究所的专家们利用农杆菌介导法已创建了16个转基因马铃薯新品系，每个新品系均具有2个不同的抗病毒、抗真菌或抗细菌病基因，其中抗*Erwinia*细菌病的转基因新品系已在智利和巴西进行田间试验。

（4）木薯是世界上继水稻和玉米之后的第三大热量来源植物，是非洲国家的主食之一。目前，木薯产量因真菌、细菌和病毒病的危害而徘徊不前。10年前，国际热带农业和生物技术实验室（ILTAB）、国际热带农业研究中心（CITA）和木薯生物技术网络共同发起了木薯基因组计划，旨在利用分子生物学手段加速木薯的品种改良。至今，该计划已定位了300多个分子标记，而且已利用ILTAB创立的农杆菌介导体系将抗木薯花叶病毒基因和另一种表达复制酶的抗病基因导入到木薯基因组中，并得到了转基因植株。如果能将这些新品系应用于大田生产的话，预计木薯可增产10倍，达80~100t/hm^2。目前的问题是从事这方面研究的科学家较少，进展没有预期的那样大。

（5）目前，香蕉的转基因研究主要集中于提高抗病性和可食疫苗上。比利时科学家在前人的研究基础上，已将编码抗*Mycosphaerella fijiensis*（能导致香蕉黑条叶斑病——香蕉最严重的真菌病害）的基因整合到香蕉的基因组中。同样，位于纽约的Boyce Thom Pson植物研究所正致力于利用香蕉生产腹泻和*Norwalk*病毒疫苗的研究。

（6）德国种下了一批转基因葡萄植株，这是德国首次允许试种用于酿造葡萄酒的转基因葡萄。霉菌是决定葡萄酒质量的重要因素。过去，酿造业一直通过品种杂交来改善抗霉菌性能，但这样会影响上乘葡萄酒的纯正口味。德国葡萄育种研究所利用植物基因技术，对德国雷司令等3个上乘葡萄品种进行转基因培育，经过近10年的试验，培育出了能抗霉菌的转基因葡萄。

（7）2009年11月27日，中国工程院院士、中国农业科学院生物技术研究所范云六研究员带领的科研团队，历经12年完成的转植酸酶基因玉米研究项目，目前获得农业部正式颁发的转基因生物安全证书，该转基因玉米是我国完全具有自主知识产权的主粮作物。

（8）2009年8月，农业部批准了中国科学院院士、华中农业大学张启发教授带领的研究团队开发的转基因抗虫水稻“华恢1号”和“Bt汕优63”的生产应用安全证书；同年10月，“华恢1号”和“Bt汕优63”出现在中国生物安全网公布的《2009年第二批农业转基因生物安全证书批准清单》，由于涉及十几项国外专利，该转基因水稻商业化种植将要付出高昂的专利费用。

（9）2012年美国食品药品管理局（FDA）公布了一份针对转基因鲑鱼（又称三文鱼）的评估草案，草案认为由美国Aqua Bounty公司研制的“转基因大西洋鲑鱼”不会对人类构成重大健康或对环境方面形成威胁，这意味着转基因鲑鱼有可能将会成为世界上首个可食用的转基因动物。

转基因技术之所以能够快速发展，其中一个重要原因是它为解决人类的食物短缺提供了有效的办法。据预测，到2030年，世界人口将为100亿，人类面临着环境问题、能源危机、食物短缺等。转基因生物不仅可以解决人类食品短缺问题，还可以增加食品的种类，改进食品的营养成分，延长货架期，增加作物的抗虫害、耐严寒、抗高温、耐盐碱、抗倒伏的能力等。因此，通过转基因所产生的生物，能够丰富生物品种的多样性，为满足人们日益增长的物质需要提供了新的途径，具有潜在而巨大的经济效益和社会效益。

第二节　转基因技术在食品生产和加工中的应用

DNA重组技术在食品工业中有着广泛的应用，通过DNA重组技术进行转基因植物，能使食品原料得以改良，营养价值大为提高，而且谷氨酸、调味剂、人工甜味剂、食品色素、酒类和油类等也都能通过基因工程技术生产。

一、改造食品微生物

1. 改造发酵食品和活菌制剂的菌株

最早成功应用的基因工程菌（采用基因工程改造的微生物）是面包酵母（*Saccharomyces cerevisiae*）。人们把具有优良特性的酶基因转移至该食品微生物中，使该酵母含有的麦芽糖透性酶（Maltose Permease）及麦芽糖酶（Maltase）含量大大提高，面包加工中产生的CO_2气体量高，用这种菌制造出的面包膨发性能良好、松软可口，深受消费者的欢迎。1990年，英国已经批准允许使用这种酵母。

又如，啤酒生产中要使用啤酒酵母，但由于普通啤酒酵母菌种中不含α-淀粉酶，所以需要利用大麦芽产生的α-淀粉酶使谷物淀粉液化成糊精，生产过程比较复杂。现在人们已经采用基因工程技术，将大麦中α-淀粉酶基因转入啤酒酵母中并实现高效表达。这种酵母可直接利用淀粉进行发酵，无需利用麦芽生产α-淀粉酶的过程，可缩短生产流程、简化工序，推动啤酒生产的技术革新。

利用基因工程技术还可将霉菌的淀粉酶基因转入大肠杆菌（*E. coli*）中，并将此基因进一步转入单细胞酵母中，使之直接利用淀粉生产酒精。这样，可以省掉酒精生产中的高压蒸煮工序，可节约能源60%，并大大缩短了生产周期。

乳酸菌发酵产品，如酸乳、干酪、酸奶油、酸乳酒等，应用的乳酸菌基本上为野生菌株，有的本身就含多种抗生素。从食品安全性角度，应选择没有或尽可能少的可转移耐药因子的乳酸菌作为发酵食品和活菌制剂的菌株。利用基因工程技术可选育无耐药基因菌株，当然也可去除生产中已应用菌株的耐药质粒，保证食品用乳酸菌和活菌制剂菌株的安全性。

2. 改造食品添加剂或加工助剂用的生产菌株或酶制剂等

许多食品生产中所应用的食品添加剂或加工助剂，如氨基酸、维生素、增稠剂、有机酸、乳化剂、表面活性剂、食用色素、食用香精及调味料等，都可以采用基因工程菌发酵生产而得到。如氨基酸的生产，现在国外用发酵法和酶法生产的氨基酸多达数十种。产量最大的氨基酸为谷氨酸和赖氨酸。目前国外正在积极利用基因工程和细胞融合技术改造产生苏氨酸和色氨酸的生产菌，经改造的工程菌已正式投产，其氨基酸产量大大超过了一般菌的生产能力。日本的味精公司也利用了细胞融合和基因工程的方法改造菌株，使谷氨酸的产量提高了几十倍。

有机酸方面，目前柠檬酸生产菌主要是黑曲霉。国外正大力研究通过基因工程手段用酵母和细菌来生产柠檬酸，工程菌的使用使乳酸、苹果酸等有机酸的产量也逐年增加。故基因工程对微生物菌种改良大有可为。

酶制剂方面，凝乳酶（Chymosin）是第一个应用基因工程技术把小牛胃中的凝乳酶基因转移至细菌或真核微生物生产的一种酶。1990 年，美国 FDA 已批准在干酪生产中使用这种酶。由于这种酶产生的寄主基因工程菌不会残留在最终产物上，符合 GRAS（Generally Recognized as Safe）标准，被认定是安全的，无需要标识。

二、改善食品原料的品质

1. 动物性食品原料的改良

利用转基因技术生产的动物生长激素（Porcine Somatotropin，PST）在加速动物的生长、改善饲养动物的效率及改变畜产动物及鱼类的营养品质等方面都具有广阔的应用前景，举例如下。

为了提高乳牛的产乳量，又不影响乳的质量，将采用基因工程技术生产出的牛的生长激素（Bovine Somatotropin，BST）注射到母牛体内，便可达到提高母牛产乳量的目的。

为了提高猪的瘦肉含量或降低猪的脂肪含量，则采用基因重组的猪生长激素，并注射到猪体内，便可使猪瘦肉型化，有利于改善肉食品品质。

“AF 蛋白”公司将两种鱼类基因移入大西洋鲑鱼体中，这两种基因分别是生长激素基因和激活该生长激素基因的基因，转基因鲑鱼生长速度可达正常鱼的 10 倍。

在肉的嫩化方面，可利用生物工程技术对动物体内的肌肉生长发育基因进行调控，通过转基因技术获得嫩度好的肉。

2. 改造植物性食品原料

植物性食品原料也可用转基因技术改良，如豆油中富含反式脂肪酸或软脂酸，摄入后都会增加冠心病的发生率。美国研究人员利用基因工程技术，挑选出合适的基因和启动子，改造豆油中的组分构成。转基因技术改造过的马铃薯可以提高抗褐变的能力，便于保证马铃薯加工品如油炸薯条的质量。经转基因技术改造后的大豆（Soybean）、芥花菜（Canola），其植物油组成中不饱和脂肪酸的比例较高，可提高食用油的品质。Mazur 等（1999）获得了种子油酸相对含量高达 85% 的大豆新品系，而且农艺性状优良。

转基因技术可改善农作物种子蛋白质质量，如小麦、玉米等谷物种子缺乏赖氨酸，豆类作物种子缺乏蛋氨酸，将富含赖氨酸和蛋氨酸的种子基因进行分离鉴定，并转入相应的作物中去，可望得到营养品质较为完全的蛋白质；将巴西坚果或豌豆蛋白基因转入大豆中，获得含有较高量的含硫必需氨基酸的转基因大豆，使大豆的必需氨基酸模式更趋合理，提高营养价值。

将红葡萄酒中白藜芦醇、花青素、儿茶酸等聚合酚基因转入提子中就可得到与葡萄酒相同的保护心血管功能。

2006 年，我国学者利用 SAM 合成酶反义基因和 TCS 基因双链干涉技术进行转基因、培育低咖啡因茶树，获得了咖啡因含量明显低于"浙农 129"和"福鼎大白茶"的低咖啡因茶树克隆，为低咖啡因茶树育种资源创新和筛选奠定了基础。

3. 改善园艺产品的采后品质

近年来，采用基因工程方法调控细胞壁代谢如 PG、乙烯生物合成，延缓果蔬成熟、控制果实软化、提高抗病和抗陈能力，均已得到广泛应用。

美国 Colgene 公司研制的转反义多聚半乳糖醛酸酶（PG）基因番茄 FLAVAR SAVRTM 在美国通过美国 FDA 认可，在 1994 年 5 月 21 日推向市场，成为第一个商业化的转基因食品。

乙烯是一种重要的植物成熟衰老激素，调控乙烯的生物合成就可调控植物的成熟衰老进程，进而提高水果蔬菜的储藏品质。采用转基因技术将反义 ACC 合成酶基因或者反义 ACC 氧化酶基因导入水果蔬菜，可以获得耐储性良好的产品（图 6－3）。1991 年，Oeller 等获得成熟受阻碍的反义 ACC 合成酶番茄，该转基因番茄果实在室温下放置 90～120d 也不变红、不变软。1995 年，罗云波、生吉萍等人在国内首次培育出转反义 ACS 的转基因番茄果实，该果实在植株上表现出明显的延迟成熟性状，采收以后室温下放置 15d 果实仍为黄绿色，在室温下储藏 3 个月仍具有商品价值。1990 年，Hamilton 等将反义 ACC 氧化酶基因转入番茄，获得了耐受"过度成熟"能力和抗皱缩能力的加工特性得到改善的番茄。

图 6－3　转基因番茄

三、改进食品生产工艺

1. 改进啤酒生产工艺

前面已讨论过将大麦中 α－淀粉酶基因转入啤酒酵母中，无需再利用麦芽生产 α－淀粉酶的过程，可缩短生产流程，简化工艺。另在啤酒制造中对大麦醇溶蛋白含量有一定要求。大麦中醇溶蛋白含量过高会影响发酵，使啤酒易产生浑浊、过滤困难等。采用基因工程技术，将另一蛋白基因克隆至大麦中，可相应地使大麦降低醇溶蛋白，以适应生产的要求。

2. 改进果糖和乙醇生产方法

通常以谷物为原料生产乙醇和果糖时，要使用淀粉酶等分解原料中的糖类物质。这些酶造价高，而且只能使用一次，通过转基因技术对这些酶进行改进，可大大降低果糖和乙醇的生产成本。

3. 提高牛乳的热稳定性

在牛乳加工中如何提高其热稳定性是关键问题。牛乳中的酪蛋白分子含有丝氨酸磷酸，它能结合钙离子而使酪蛋白沉淀。现在可以采用基因操作，增加 k - 酪蛋白编码基因的拷贝数，k - 酪蛋白分子中 Ala - 53 被丝氨酸置换，便可提高其磷酸化程度，使 k - 酪蛋白分子间斥力增加，以提高牛乳的热稳定性，这对防止消毒乳沉淀和炼乳凝结起重要作用。

四、生产食品添加剂及功能性食品

氨基酸在食品工业中非常重要，如可用做增味剂、抗氧化剂、营养补充剂等。提高氨基酸产量的传统方法主要是通过突变筛选过量表达某一种氨基酸的菌株，但效率低、费工费时，缺点很多。转基因技术可以调控某一个特定的代谢途径中的某一个特定的成分，以达到提高氨基酸产量的目的。例如，生产色氨酸，在正常的色氨酸生物合成途径中，其限速步骤所涉及的酶是邻氨基苯甲酸合成酶，把编码这种酶的基因转入生产菌，就会达到增加色氨酸的产量的目的。

将药物蛋白基因转入羊、牛体内，使乳汁中含有“药”，利用转基因动物生产功能性蛋白质，将是全新的药物生产模式。2003 年 10 月 4 日我国成功地获得了世界上第一头转有人岩藻糖转移酶基因的体细胞克隆牛，其牛乳中含有岩藻糖抗原，可以用来防治各种胃病，具有重要的医学价值和经济社会价值。

将编码有效免疫原的基因导入可食用植物细胞的基因中，免疫原即可在植物的可食用部分稳定地表达和积累，人类和动物通过摄食达到免疫接种的目的。如用马铃薯表达乙型肝炎病毒表面抗原已在动物试验中获得成功，德国科学家最近培育出了可产生乙肝疫苗的转基因胡萝卜。这类疫苗尚在初期研制阶段，它具有口服、易被儿童接受等优点。

转基因技术可改善果蔬的营养成分，使其具有保健功能。如将红葡萄酒中白藜芦醇、花青素、儿茶酸等聚合酚基因转入提子中（图 6 - 4），就可得到与葡萄酒相同的保护心血管功能。日本农水省生物资源研究所开发出的含牛乳成分的基因重组番茄，该番茄能生产母乳中所含的功能蛋白质——乳铁蛋白。瑞士联邦技术研究所已成功地开发了含高维生素 A 和铁的水稻新品种，称为“金稻”（Golden Rice）（图 6 - 5）。

图 6 - 4　转基因提子

图 6 - 5　转基因金稻

但是，迄今为止，英国或其他国家尚未批准将转基因微生物用于生产诸如酸乳和乳酪等食品，转基因动物也没有批准用于生产各种食品。目前用于转基因食品生产的主要是转基因植物，以及用转基因微生物发酵的酶类、食品添加剂等。

第三节　转基因生物（GMOs）对生态环境和食品可能造成的影响

转基因生物（GMOs）产业化十多年来，生产的食品越来越多，在人类日常生活中的应用也越来越普遍。近年来，有关转基因技术和转基因食品的争议不但没有平息，反而越来越激烈，主要是因为转基因食品在为人类造福的同时，也为人类健康和环境安全带来一些潜在的风险（图6-6）。

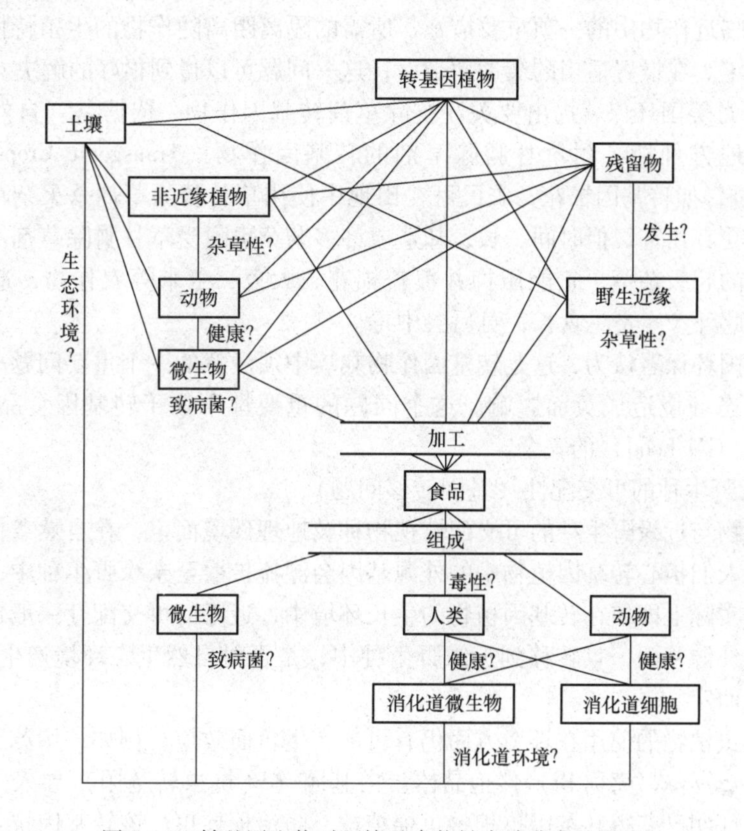

图6-6　转基因生物对环境及食物链中消费者的影响

一、GMOs 的环境安全性

环境安全性分析包括生存竞争性、生殖隔离距离（通过花粉传播引起的转基因漂流）、与近缘野生种的可交配性、对非靶生物的影响及病毒的重组和异源包装等内容。

1. 生存竞争性

人们的担心之一是转基因植物在生存竞争方面具有的优势可能导致生物多样性的减少，影响了生物多样性。转基因水稻、马铃薯、杨树、甜瓜、亚麻、芦苇等的田间试验结果表明，转基因植株的生长势与非转基因植株差别不大，一般情况下转基因植株的生长比非转基因植株差，一旦离开特定的选择压力生存竞争性就不再增加，甚至会丧失。

1998年美国DPL公司和美国农业部获准的“终止子技术”专利，可使作物成熟后的种子不育。这一技术在国际上引起了广泛的担忧，因为终止子技术的种子外观没有特异特征，容易在出售和流通中混淆，导致种植地区的巨大损失。于是，很多国家和组织纷纷要求禁止终止子技术的应用。

2. 生殖隔离距离（杂草化问题）

人们的担心是基因是否会发生不可控制的水平转移。花粉漂流可能将抗除草剂基因转移到可交配的杂草上，使杂草获得相应抗性。特别是在同一地区推广具有不同除草剂抗性的作物时，更应考虑这样的风险性。多种抗除草剂基因转入同一种作物时，其后代与近缘杂草杂交而变为超级杂草，从而使多种除草剂丧失应用价值。生殖隔离是田间试验中为防止基因漂流至临近作物中的一项重要措施，所需的隔离距离随作物的生殖特性、传粉方式及环境条件而定。在设置适当的缓冲地带后，这一问题可以得到很好的解决。

2014年6月美国环保署提出要关注抗除草剂转基因作物。依据是《自然》杂志刊文称，美国很多地方种植了耐草甘膦除草剂的转基因作物（Transgenic Crops；Genetically Modified Crops），如转基因棉花，农民可在田地中使用草甘膦除草剂杀灭杂草，转基因棉花等作物不会受其伤害，但时间一长，却造成许多杂草也耐受草甘膦除草剂了，最致命的是称为长芒苋的超级杂草，它能压抑并覆盖棉花、大豆、玉米等农作物，造成作物减产11%～74%。此外，家畜觅食长芒苋后会中毒。

因此，美国环保署认为，这是转基因作物栽培中须注意的一个重要问题——转基因作物是否会对生态环境造成负面影响。这个问题的重要性不亚于转基因食品（Genetically Modified Food，GM Food）的安全。

3. 与近缘野生种的可交配性（基因转移问题）

转基因植物与近缘野生种的可交配性视物种及地理环境而定，在自然条件下，可交配性一般很小。人们担心转基因植物中的外源基因会漂流扩散至亲缘野生种中，从而破坏自然生态平衡。实际上即使在转基因植物的生长环境中，近缘的可交配性一般也都很小。转基因植物中的外源基因一旦转移到近缘野生种中，是否对自然生态环境产生不利的影响，应视具体情况而定。

转基因抗虫植物的使用在环境方面仍有可能产生负面效应。例如，用苏云金芽孢杆菌（*Bacillus thuringiensis*，简称Bt）伴孢晶体蛋白基因（Bt抗虫转基因）导入大面积推广的棉花品种中，证明已获得转基因抗棉铃虫棉植株，防治棉铃虫。该转基因抗虫棉不仅能够控制棉铃虫及其对其他作物的侵害，而且能够总体上减少杀虫剂的使用量。但不同作物中转入同一抗虫或抗病基因，会不会加大对某一种害虫或病原体的选择，使该种害虫或病原体加速突变产生抗性，发生害虫寄主转移现象？目前还不得而知。中国农科院植保所吴孔明博士的论文“在中国种植含Bt棉的地区，棉铃虫在多种作物中受到抑制”发表于20008年9月19的《自然》杂志上。1997年，我国批准Bt棉种植商业化。至2007年，全国Bt棉种植面积为380万hm^2，超过棉花总面积的70%。研究发现，Bt棉的大规模种植破坏了棉铃虫在华北地区季节性多寄主转换的食物链，不仅有效控制了棉铃虫对棉花的危害，而且还减少了周边没有进行Bt遗传改良的农作物的虫害。使用Bt棉所面临的主要挑战是害虫可能会发生进化，对该杀虫剂产生抗性，增加了环境污染的风险。因而，文章坚持认为，尽管 Bt 棉价值可观，仍然只能被视作是病虫害整体控制的一个组成部分。

4. 对非靶生物的影响

转基因植物花粉会通过风、雨、鸟、蜜蜂、昆虫、真菌、细菌以至整个生物链传播使外源基因逃逸，从而造成基因污染，这不像化学污染，基因污染没有治理或清洁的可能，而且会永远繁殖。

5. 毒性和过敏问题

大多数作物转基因或生物体可作为人类食物和动物饲料，如果转入的外源基因增加了受体植物的毒性，则会对人类或其他动物健康造成威胁。2001 年墨西哥玉米基因的污染事件，以及 2002 年转基因食品的 DNA 在人体内残留的实验结果，加剧了人们对转基因食品安全性的担心。此外，自然界有许多物质是人类的过敏原，如果外源基因转入受体作物后，其产物是人类的过敏原，那么将增加受体作物引起过敏的可能性。

6. 病毒发生异源重组或异源包装的可能性

自然界中存在着植物病毒之间的异源重组。病毒的异源包装可改变病毒的寄主范围。转基因植物存在病毒的重组、衣壳转移和协生作用的风险。虽然转基因植物中的病毒外壳蛋白本身是无毒害的，但体外试验中可包装入侵的另一种病毒的核酸，产生一种新病毒。衣壳转移主要发生在利用有包装和传播功能的外壳蛋白（CP）基因转化的转基因植物中。协生作用的风险包括转化植物的基因产物可加重其他病毒的症状，或使病毒在浸染组织中的浓度增高及使转基因植物成为病毒的系统寄主等。不少植物病毒学家提出，转基因植物会增加病毒基因在植物整个生长期内的所有细胞都表达的风险，其后果难以预测。但迄今在田间试验中尚未发现病毒的异源包装，以转基因甜瓜及甜菜的田间试验为例，均未发现不同病毒 CP 与核酸之间的异源包装。据推测，即使在转基因植物中发生病毒的异源包装，该病毒在再次入侵非转基因寄主时，也会因无法形成 CP 而消亡。

二、GMOs 的食品安全性

转基因食品作为一种新型的食品种类，自出现的那天起，就备受世人的关注，其安全性问题一直是科学界、政府、消费者所关注的热点。虽然转基因食品的安全性问题是人们最关心、最重要的问题，但其结果又是不很确定的。目前还没有足够科学证据表明转基因食品对人类健康无害或是有害，由于基因与人类疾病和健康的关系十分复杂，人们对改变基因的远期健康效应知之甚少。

目前对转基因食品的担忧主要集中于所转化的外源基因上。在转基因食品中，外源基因主要包括两大类，即目的基因和标记基因。目的基因是人们期望宿主生物获得的某一或某些性状的遗传信息载体。标记基因是帮助在植物遗传转化中筛选和鉴定转化的细胞、组织和再生植株的一类外源基因，包括选择标记基因和报告基因。常用的选择标记基因具有抗生素抗性基因和除草剂抗性基因。常用的报告基因有荧光素酶、氯霉素乙酰转移酶以及绿色荧光蛋白酶等。有时标记基因本身就是目的基因，如除草剂抗性基因。

1. 转基因食品外源基因的食用安全性

（1）有无直接毒性　任何 DNA 都是由 4 种碱基组合而成的，所有生物食品都会有大量 DNA，食品中的 DNA 及其降解产物对人体无毒害作用。目前转基因食品中所用的外源基因，其组成与普通 DNA 并无差异。此外，转基因食品中外源基因的含量很小，通过转基因食品摄入的外源基因是微不足道的。

（2）基因水平转移的可能性　人们食用转基因食品后其中绝大部分DNA降解，并在胃肠中失活，极小部分（$<0.1\%$）是否会有安全性问题？如标记基因特别是抗生素标记基因会否水平转移至肠道微生物或上皮细胞，并成功地结合和表达，影响到人或动物的安全。目前的结论是，这种可能性非常小，理由如下。

①DNA从植物细胞中释放出来，很快被降解为小片段，甚至核苷酸。因此，植物DNA在进入人肠道微生物存在的小肠下段、盲肠、结肠前已被降解。

②即使有完整的DNA存在，DNA转移整合受体并进行表达也是一个非常复杂的过程，包括基因的转移、表达和对抗生素功能的影响。另外还要有合适的调控系统。目前尚未发现有消化系统中的植物DNA转移至肠道微生物的现象，而上皮细胞又因半衰期很短而被不断取代，不可能保留下来。

因此，摄入体内的外源基因发生水平转移并进行表达的可能性很小。

2. 未预料的基因多效性

在转基因生物中，由于外来基因插入宿主，原来的遗传信息被打乱，有可能发生一些意外的效应。

（1）位置效应　在外来基因插入的位置，宿主的某些基因可能被破坏；插入基因及其产物还可能诱发沉默基因的表达。

（2）干扰代谢作用　插入基因的产物可能与宿主代谢途径中的一些酶相互作用，干扰代谢途径，使某些代谢产物在宿主积累或消失。

（3）食品营养品质改变　外源基因可能使食品营养产生改变，有些增加，有些降低。

（4）潜在毒性　遗传基因在打开目的基因的同时，可能无意中提高了天然植物的毒素。某些天然毒素的基因，如马铃薯茄碱、豆类蛋白酶抑制剂、木薯和利马豆的氰化物等，有可能被打开。

目前，尚无随机插入激活毒性代谢途径的报道，尚无外源基因插入不同位点而引起特殊的次生效应或多效性的证据。基因的多效性分析应作个案处理。

3. 转基因食品中外源基因编码蛋白的食用安全性

（1）有无直接毒性　可以从两个方面对外源编码蛋白的食用安全性进行评价。一是根据外源基因编码蛋白的化学组成判断其毒性，常用的方法是将外源基因编码蛋白与已知的毒性蛋白进行同源性比较；二是采用动物试验或模拟试验的方法评判外源基因编码蛋白的毒性。

目前，经过严格审查后被批准商业化生产的转基因食品中的外源基因编码蛋白对人体无直接毒性。

（2）外源基因编码蛋白的过敏性　过敏蛋白具有对T细胞和B细胞的识别区，可以产生专一性的免疫球蛋白E（IgE）抗体。因此，过敏原含有两类抗原决定簇。

转基因食品中外源蛋白是否会产生过敏性，可通过以下几方面进行评判。

①外源基因是否编码已知的过敏蛋白。

②外源基因编码蛋白与已知过敏蛋白氨基酸序列在免疫学上是否有明显的内源性。

③外源基因编码蛋白属某类蛋白成员，此类蛋白家庭的有些成员是过敏蛋白。

已被批准的转基因食品中，外源编码蛋白过敏性均已经过相关审查。

（3）外源基因编码蛋白的抗药性 目前，转基因植物食品中常用的标记基因是抗生素抗性基因。因此，食用含抗生素抗性基因的转基因食品是否会产生抗药性是转基因食品安全性评价的一个方面。当酶在消化道中仍有功能活性时有可能发生，应计算转基因植物材料的大量摄入总量和食品中抗生素等抗性蛋白的摄入量。

人们怀疑转基因食品可能对环境和人类健康带来影响，这就需要对转基因食品的安全性进行深入研究，进而对转基因食品的安全性做出正确评价。例如，2006年8月，拜耳公司对外公布未经批准的转基因水稻LLRice601少量混入商品稻米中，立即引起日本和欧盟采取紧急措施限制进口美国大米。8月21日，日本厚生劳动省马上宣布停止进口美国长粒米。8月23日，欧盟采取紧急措施，规定只有提交独立实验室按照认可的检测方法出具的检测报告证明不含有LLRice601，美国长粒大米才能进入欧盟市场。结果导致美国米出口下挫41%，农民控告拜耳公司要求赔偿的案件超过25件，多国禁止美国长粒米进口，许多国家要求测试进口米，对中粒和短粒米的市场也造成影响，美国米可能再也无法以“非转基因稻米”出售。又如，法国500强企业之一，也是法国最大的华人食品销售公司——陈氏集团2006年9月5日紧急回收其所属的所有超市里的中国广东生产的肇庆排米粉，原因是绿色和平组织将一包此排米粉送德国基因化验所分析，发现是欧盟一直严禁进口的BT63转基因稻米。转基因稻米的特点是米的基因编码经过改造，能释放出Cry1Ac毒素，可防止虫害，保障水稻生长。有专家认为这样的稻米对曾经注射肝炎、肺炎疫苗的人会产生不良影响。欧盟已立法禁止成员国出售和进口所有形式的转基因稻米。

由于历史、文化、种族、宗教和伦理等因素的影响，必将会有一部分公众对转基因存在异议，需要加强宣传教育的力度，使公众对转基因生物有一个正确、全面的认识。销售转基因产品时是否需要加标签？这也是目前讨论的热门问题。一般认为，若转基因产品与目前市售的产品具有实质等同性，则不必加特殊标签；若转基因产品中含对部分人群有过敏反应的蛋白，则需加标签，以便消费者做出选择。目前，美国、加拿大自愿加贴标签，我国、欧盟等强制加贴标签。

总之，任何人类活动、技术发明都有风险性，关键是要权衡其效益和风险的利弊。实际上，现实生活中大多数事务，如电器、汽车、飞机旅行、免疫等都包含潜在的风险，但并未妨碍人们对它们的利用。目前情况是：基因转化已被证明是改良农作物产量和品质的有效途径，很多重要植物遗传转化的成功也已经给工农业生产展示了诱人的前景，但由于在稳定性及安全性方面尚存有疑问，使其在生产和商业上的应用推广受到了限制。随着生物化学、植物生理生化等方面基础研究的进展及真核生物基因表达调控研究的深入，必定会有更多的来源于微生物、真菌甚至动物和人的有用蛋白的基因被导入植物中，从而开发植物生产系统的巨大潜力，造福于人类。

第四节 转基因食品的安全性评价与管理

著名外交家、美国前国务卿基辛格曾经说过：“如果你控制了粮食，你就控制了所有的人。”近年来，我国的粮食自给率已经突破《国家粮食安全中长期规划纲要（2008—2020年）》所制定的95%的红线，粮食安全问题已经凸显。因此，在转基因技术方面，我们要顺应时代需求，确保和促进我国生物技术研究开发及产业化的健康发展，在粮食安全问题上必须掌握主动权。转基因作物的食用安全评价和管理不仅关系到我国人民的身体健康和环境安全，而且也关系到我国农业生物技术产业的可持续发展。对转基因作物的食用安全性评价是转基因食品进入市场的前提条件，也是政府管理转基因产品的依据。

一、转基因食品安全性评价

1. 转基因食品的安全性评价原则

科学、客观地分析转基因食品的安全性，以引导消费者理性认识转基因食品，了解转基因食品，获取真实的信息安全性评价是安全管理的核心和基础之一。在转基因食品进入市场前，转基因食品要经过严格的食用安全性评价，包括营养学、毒理学、过敏性等方面的安全评估，遵循的主要原则如下。

（1）实质等同性（Substantial Equivalence）原则　1993 年，经济合作发展组织（OCED）在绿皮书《现代生物技术食品的安全性评价：概念与原则》中，提出对现代生物技术食品采用实质等同性的评价原则。

实质等同性比较内容包括：①生物学特性比较，主要比较形态、生长、产量、抗病性、繁殖性、生理特性等。②主要营养成分比较，主要比较蛋白质、脂肪、碳水化合物、矿物质、维生素等。③天然有毒物质比较，如番茄中的α－番茄素，马铃薯中的茄碱，葫芦科作物的葫芦素等。④抗营养因子比较，抗营养因子是指能够影响人对食品中营养物质的吸收和对食物消化的物质，如豆科作物的蛋白酶抑制剂、脂肪氧化酶及植酸等。⑤过敏原比较，过敏原（Allergen）是指能够造成某些人群食用后产生过敏反应的物质。过敏蛋白质在加工过程及消化过程中不易被降解，不易被糖基化。

1996 年，FAO/WHO 将转基因植物、动物、微生物产生的食品分为三类：①与现有传统食品具有实质等同性，则不考虑毒理和营养方面安全，两者同等对待；②除某些特定差异性外（如引入的遗传物质是否改变内源成分、是否产生新的化合物等），与传统食品具有实质等同性。这时评价主要考虑外源基因的产物和功能，针对一些可能存在的差异和主要营养成分进行比较分析。③与传统食品无实质等同性，并不意味着一定不安全，但必须进行新食品的安全性和营养成分评价。

应用实质等同性原则评价转基因食品时，应根据不同国家地区、不同文化背景、不同宗教习俗差异进行评价。

（2）预先防范（Precaution）原则　为了更好地利用生物技术，防止潜在的风险威胁人类的健康，必须采取以科学为依据，对公众透明，结合其他评价的原则，对转基因食品进行评估，防患于未然。

（3）个案评估（Case by Case）原则　针对不同转基因食品逐个地进行评估，该原则也是世界许多国家采取的方式。

（4）逐步评估（Step by Step）原则　逐步评估的原则就是要求在每个环节上对转基因生物及其产品进行风险评估，并且以前一步的实验结果作为依据来判定是否进行下一阶段的开发研究。评估步骤一般包括实验室研究、中间试验、环境释放、生产性试验、商业化生产等。

（5）风险效益平衡（Balance of Benefits and Risks）原则　在对转基因食品进行评估时，应该采用风险和效益平衡的原则，综合进行评估，以获得最大利益的同时，将风险降至最低。

（6）熟悉性（Familiarity）原则　所谓的熟悉是指了解转基因食品的有关性状、与其他生物或环境的相互作用、预期效果等背景知识。在风险评估时，应该掌握这样的概念：熟悉并不意味着转基因食品的安全，而仅仅意味着可以采用已知的管理程序；不熟悉也并不能表示所评估的转基因食品不安全，也仅意味着对此转基因食品熟悉之前，需要逐步地对可能存在的潜在风险进行评估。

2. 转基因食品安全性评价内容

（1）遗传工程体（GMO）的特性分析　这有助于判断某种新食品与已有食品是否有显著差异。主要分析如下内容。

①供体：包括来源、分类、学名、食用历史、关键营养成分、是否有毒性史、过敏性、传染性、抗营养因子、生理活性物质、与其他物种关系等。

②被修饰基因及插入的外源 DNA：包括来源、结构、功能、用途、转移方法、介导物的名称、来源、特性及安全性。

③受体：包括与供体相比的表型特性和稳定性、外源基因拷贝量、引入基因的功能与特性、引入基因移动的可能性等。

（2）营养学分析　主要针对蛋白质、淀粉、纤维素、脂肪、脂肪酸、氨基酸、矿物质元素、维生素、灰分等与人类健康营养密切相关的物质，以及抗营养因子（如蛋白酶抑制剂、植酸和凝集素等）和天然毒素（如芥酸、棉酚和硫苷等）等，与传统食品进行比较，如果结果有统计学差异，还应充分考虑这种差异是否在这一类食品的参考范围内。

（3）毒理学分析　包括对食品中的新表达物质的评价和全食品的评价。新表达的物质通常为蛋白，包括与已知毒素和抗营养因子氨基酸序列相似性的比对、热稳定性试验、体外模拟胃肠液消化稳定性试验等。新表达的物质如果为非蛋白质，如脂肪、碳水化合物、核酸、维生素及其他成分等，应包括毒物代谢动力学、遗传毒性、亚慢性毒性、慢性毒性/致癌性、生殖发育毒性等方面。对全食品的毒理学评价目前通常采用动物试验来观察转基因食品对人类健康的长期影响，目前用到的主要有大鼠、小鼠、奶牛、鲑鱼、猕猴、公牛、猪、绵羊、山羊、肉鸡、母鸡和鹌鹑等。

（4）致敏性分析　评价致敏性的目的是预防在食品中出现新的过敏原，保护敏感性人群。目前，国际上公认的转基因食品中外源基因表达产物的过敏性评价策略是 2001 年由 FAO/WHO 颁布的过敏评价程序和方法。主要评价方法包括基因来源、与已知过敏原的序列相似性比较、过敏患者的血清特异 IgE 抗体结合试验、定向筛选血清学试验、模拟胃肠液消化试验和动物模型试验等，最后综合判断该外源蛋白的潜在致敏性的高低。

（5）非期望效应评价　非期望效应指转基因作物可能产生的超过预期效应之外的变化，不确定的非期望效应对推动转基因作物的发展产生了一定的阻碍。从研究对象来看，非期望效应包含两部分：食品本身营养成分中出现的非期望效应和食用了转基因食品后的动物生理上的非期望变化。从研究方法来看，非期望效应的研究主要包括三个领域：功能基因组、蛋白质组和代谢组，抗氧化系统也能反映潜在的非期望效应。

（6）肠道健康分析　肠道状态能反映人体健康，通过评价肠道健康可以了解转基因食品对人体健康造成的影响，这可以作为转基因食品安全评价的一个参考因素（见图 6-7）。

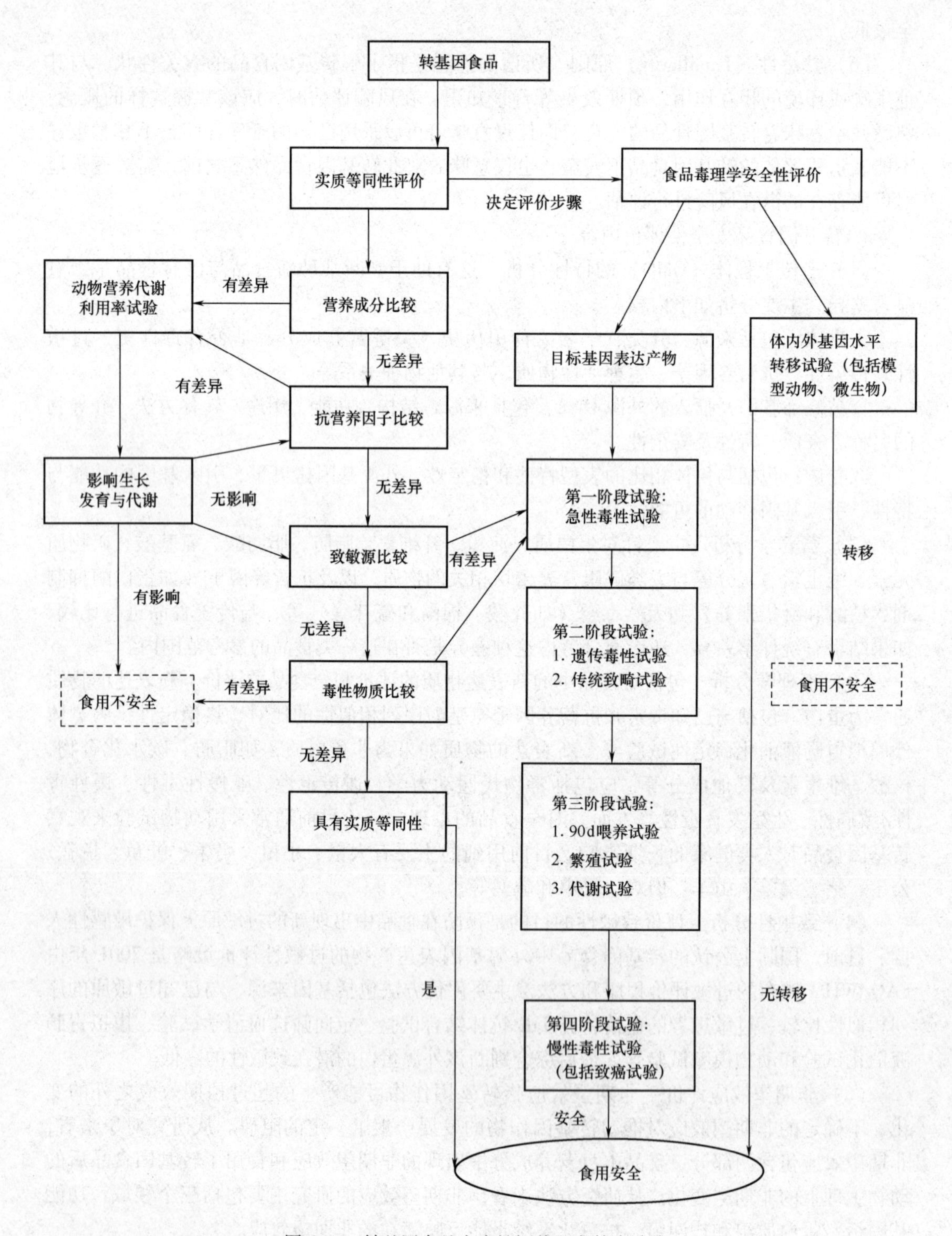

图6－7　转基因食品安全性评价研究技术路线

3. 转基因食品安全评价方法

转基因食品安全评价方法一般有四种：实质等同性比较法；等同性与相似性比较法；

Fangan 改良法；树状决策法。

（1）实质等同性比较法　遵循实质等同性原则，将两类生物进行比较。美国 FDA 采用两步比较法：①对目的基因及相应产物进行评价。②对宿主接受外源基因后出现的意外性状进行评价。

（2）等同性与相似性比较法　国际生命科学学会（International Life Science Institute，ILSI）欧洲分会于 1996 年提出"等同性"与"相似性"相结合比较法（Safety Assessment of Food by Equivalence and Similarity Targeting，SAFEST），将转基因食品分为 3 个等级：实质等同或极为相似；十分等同或非常相似；既不等同也不相似。

（3）Fangan 改良法　由 J. B. Fangan 于 1996 年提出，包括以下内容。

①对已知毒素、过敏原、营养成分的检测，查明寄生植物原有的过敏原、毒素是否存在、营养成分是否变化。

②对未知毒素、过敏原鉴定，通过动物试验和人体试验，明确是否有不良反应。

③此外还要进行市场信息反馈和社会调查，验证其安全性。

（4）树状决策法　1998 年国际生物技术委员会和国际生命科学研究院提出，常用于潜在过敏性评价。

二、转基因食品的管理

（一）中国转基因食品管理

我国《转基因食品卫生管理办法》第一条就规定，转基因食品安全管理的目的是保障消费者的健康权和知情权。因此，转基因食品安全管理与广大消费者、经营者的权益是密切相关的。虽然中国实施转基因标识制度已有多年，但有的食品含有转基因成分却未明确标识，转基因食品的标识混乱，部分市售转基因食品并未明确标识。不少市面销售的转基因食品存在标识不清的情况，部分使用转基因原材料加工制成的食品标识"羞答答"，有些甚至没有任何标识。为此，2015 年修订的《食品安全法》明确规定，生产经营转基因食品应当按照规定显著标识。未按规定进行标识的，由县级以上人民政府食品药品监督管理部门没收违法所得和违法生产经营的食品、食品添加剂，并可没收用于违法生产经营的工具、设备、原料等物品，最高可处货值金额五倍以上十倍以下罚款，情节严重的责令停产停业，直至吊销许可证。我们有必要了解转基因食品安全管理的有关内容和方法，为转基因食品营造有序的生产、经营和消费环境，维护广大消费者的合法权益。

在我国，转基因食品安全管理主要集中在四个环节：生产、销售、进口和经常性监督。

1. 农业转基因生物生产的管理

我国《农业转基因生物安全管理条例》和《农业转基因生物安全评价管理办法》规定，从事农业转基因生物生产、加工的单位和个人，应当向省级以上人民政府农业行政主管部门提出申请，由农业行政主管部门组织对农业转基因生物的安全性进行评价，根据农业转基因生物对人类、动植物、微生物和生态环境的危险或者潜在的风险，确定其安全等级。安全性评价合格的农业转基因生物，由国务院农业行政主管部门颁发安全证书。无安全证书的农业转基因生物不得进行生产和加工，更不得用作食品和食品原料。

2. 转基因食品生产的管理

我国《转基因食品卫生管理办法》规定，在我国境内自行研究试验生产的转基因食品，或者以进口的转基因食品为原料生产的转基因食品，在投放市场前必须经过产品的安全性评价和审批。评价和审批分为三个步骤：第一步，由国家认可的验证机构对产品的食用安全性进行检验和评价；第二步，由国家设立的转基因食品专家委员会对转基因食品的食用安全性资料进行审核和认可；第三步，经国家行政主管部门设立的专门机构审查批准后方可生产销售。

为了保证申报的产品是经过研究试验阶段安全性评价证明为安全的、稳定的和成型的产品，要求产品的研究试验者具有省级以上农业行政部门批准从事转基因生物研究试验的资格，产品具有确定的名称、转基因食品特性、功能、用途、定型的生产工艺、加工工艺、产品特征及配方，具有批量生产、加工或经营的规模，相应的转基因生物品种必须经过稳定遗传 4 代以上，同时还要求产品具有国家农业行政部门颁发的批准进行生产性试验的安全证书。

3. 转基因食品销售的管理

我国《农业转基因生物标识管理办法》规定，对在中国境内销售的大豆、玉米、油菜、棉花、番茄 5 大类 17 种转基因的种子及其直接加工制品进行强制标识，其他转基因农产品可自愿标识。规定转基因动植物（含种子、种畜禽、水产苗种）和转基因微生物产品，含有转基因动植物、微生物或其产品成分的种子、种畜禽、水产苗种、农药、兽药、肥料和添加剂等产品，直接标注“转基因××”。《转基因食品卫生管理办法》第十六条规定，食品产品中（包括原料及其加工的食品）含有基因修饰有机体的，要标注“转基因××食品”或“以转基因××食品为原料”。转基因农产品的直接加工品，标注为“转基因××加工品（制成品）”或者“加工原料为转基因××”。如目前市场上销售的食用油产品，若是用转基因大豆为原料的，须在配料中注明“转基因大豆”。用农业转基因生物或用含有农业转基因生物成分的产品加工制成的产品，最终销售产品中已不再含有或检测不出转基因成分的产品，标注为“本产品为转基因××加工制成，但本产品中已不再含有转基因成分”或者标注为“本产品加工原料中有转基因××，但本产品中已不再含有转基因成分”。例如，如果某面食的加工中使用了转基因豆油，但制成品中已检测不出转基因成分，仍要注明“本产品加工原料中含有转基因豆油，但本产品中已不含有转基因成分”。又如，前面所述的转抗菌肽 DB 基因抗青枯病辣椒，应标注“转基因辣椒”。以其为原料生产的辣椒制品，应标注“以转基因辣椒为原料”。由于抗菌肽 DB 基因来源于对部分人产生致敏反应的蚕蛹，转基因辣椒还应标注“本品含转蚕蛹食物基因，蚕蛹食物过敏者应注意”。

所有的标识都应采用规范中文，并且必须明显，易于消费者辨别。转基因食品的标签应当真实、客观，不得有下列内容：明示或暗示可以治疗疾病，虚假、夸大宣传产品的作用和卫生部规定的禁止标识的其他内容。

2014 年 10 月 9 日，央视发布禁用“非转基因更安全”广告词的通知，“对我国乃至全球均无转基因品种商业化种植的作物如水稻、花生及其加工品的广告，禁止使用非转基因广告词；对已有转基因品种商业化种植的大豆、油菜等产品及其加工品广告，除按规定收取证明材料外，禁止使用非转基因效果的词语，如更健康、更安全等误导性广告词。”

而且不仅除“非转基因更健康、更安全”的说法被禁，就连“非转基因水稻”“非转基因花生油”的提法也不允许出现。

4. 进口转基因食品的管理

我国《农业转基因生物进口安全管理办法》和《转基因食品卫生管理办法》规定，进口转基因食品（包括成品或原料），必须经国家行政主管部门审查批准后方可进口。未经审查批准的转基因食品不得进口，也不得用作食品和食品原料。

申请进口转基因食品应当提供出口国（地区）政府批准在本国（地区）生产、经营、使用的证明文件。

进口的转基因食品，在投放市场前必须经过产品的安全性评价和审批。其评价和审批的内容和步骤与国产转基因食品相同。

转基因食品进口时，须在贸易合同和报关单上标注。投放市场进行销售时，标注方法与国产转基因食品相同。

5. 转基因食品的经常性监督管理

我国《食品安全法》、《农业转基因生物安全管理条例》和《转基因食品卫生管理办法》规定，各级政府行政主管部门负责管辖范围内的转基因食品安全的经常性监督管理工作。转基因食品安全监督管理工作的主要内容是：对从事转基因食品生产、销售和进口的单位或个人，查验生产批文和进口批文，检查产品的包装及标识，检查生产、储运和销售的卫生条件，以及受理转基因食品的安全性投诉等。对转基因食品的生产经营组织定期或者不定期监督抽查，并向社会公布监督抽查结果，对违法生产、销售、进口转基因食品的行为进行行政处罚。

2013 年 5 月 18 日，哈尔滨出入境检验检疫局在入境邮件中截获 21 箱来自美国的玉米种子，共计 115kg，检测后发现其为转基因种子，这是黑龙江省检验检疫系统首次截获含有转基因成分的入境玉米种子。这些玉米种子将被销毁。

6. 在转基因食品消费中消费者如何维护自身的权益

消费者在转基因食品的消费中，可以根据自己对转基因食品特性及其安全性的了解，对转基因食品产品作出选择。首要的选择方法是正确识别产品的标注，尤其是产品的致敏性标注和保健功能标注。譬如说，你对花生产品过敏，那么你一般都会注意不要食用花生食品或花生制品。但转花生某个基因的食品有可能会将花生的某种致敏蛋白带进了食品中，如果你在选择商品时不注意产品的标注，就有可能对自己造成损害。

同时，广大消费者也是转基因食品安全和卫生监督的重要力量。《食品安全法》规定，“鼓励社会组织、基层群众性自治组织、食品生产经营企业开展食品安全法律、法规以及食品安全标准和知识的普及工作，倡导健康的饮食方式，增强消费者食品安全意识和自我保护能力。”“任何组织或者个人有权举报食品安全违法行为，依法向有关部门了解食品安全信息，对食品安全监督管理工作提出意见和建议”。社会各界和广大消费者对转基因食品的安全和卫生也具有监督的权利。如果消费者自身具备较强的法制意识和自我保护意识，同时又对转基因食品科学知识有所了解，在转基因食品的消费中，就能更好地维护自己的合法权益。

（二）国外转基因食品管理

尽管世界各国对发展转基因食品产业的政策不同，但在重视对转基因食品安全管理方面却非常一致。

1. 国际组织

国际经济合作与发展组织（OECD）在1993年就提出了评价转基因食品安全性的实质等同性原则（SE），包括两方面的内容：①表型性状的等同，如植物的形态、生长、产量、抗病性及育种的农艺性状；②成分等同，包括主要营养成分、有害物质、抗营养因子、毒物和变应性蛋白等方面。

1995年，世界卫生组织（WHO）将实质等同性原则正式应用于转基因食品安全性评价，联合国2000年制定的转基因产品贸易协定已经有62个国家签署。这一协定被称作《卡塔赫纳生物安全协定书》规定：任何含有GMO的产品都必须粘贴“可能含有GMO”的标签，并且出口商必须事先告知进口商，他们的产品是否含有GMO，政府或进口商有权拒绝进口含有GMO的产品。GMF的生产大国美国国会反对签署，而美国代表表示愿意遵守，但是对于如何履行约定以及处罚等问题没有一个明确的态度。

2001年，出席“蒙特利尔生物安全国际会议”的130多个国家的代表通过了《生物安全议定书》。该议定书规定基因改良产品的出口商必须在产品标签上加标注“可能含有基因改良成分”字样；同时各国有权禁止他们认为可能对人类及环境构成威胁的基因改良食物进口。该议定书具有与WTO相当的法定效力，但是不能凌驾于WTO和其他国家贸易协定之上。

WHO和FAO2001年联合宣布：联合国食品法典委员会已经制定了世界首批评价GMF是否符合健康标准的原则，即GMF在推向市场前，其卫生标准必须经过政府的检验和批准，特别需要检验的是“引起变态反应的能力”。

2002年3月8日联合国粮农组织（FAO）和世界卫生组织（WHO）宣布，食品法典委员会的特别工作组已经达成生物技术食品的风险评估的最后草案，226个国家一致表示欢迎。协议所规定的原则将会为评估转基因食品的安全和营养方面提供一个指导框架，并规定了必须逐案对转基因食品在投放市场前进行风险评估的原则。根据联合国两个组织的要求，风险评估应该同时调查有意、无意的影响，鉴定出新的变化，或者危险性发生变化而影响人类健康的问题，特别是关于重要营养物质和潜在的过敏原组成部分的变化。协议要求各国应当大力提高管理机关的能力，尤其是在发展中国家，应该加大努力评价和管理转基因食品的安全，有关管理机关应充分考虑到风险评估过程中鉴定出来的不确定因素，并且采取适当措施处理。

2. 美国

美国制定了《生物技术管理协调大纲》，对转基因食品安全管理的原则、程序、方法提出了指导性意见。直接参与转基因食品安全管理的部门包括：动植物卫生检验局（A-PHIS）、食品药品监督管理局（FDA）和美国环保局（EPA）。这些机构制定了一系列法规，用以检测、控制转基因生物及其食物产品的安全性。任何一种转基因生物本身及其生产过程都必须根据具体情况经过上述三个机构中一个或多个进行的审查，如转基因抗虫作物必须经由APHIS、FDA和EPA同时审查，转基因园艺作物由APHIS单独审查。在一般情况下，每种新研制的转基因作物品种都需要在APHIS的监督下进行5年的田间测试，以收集各种相关数据，之后这些部门还要用两年的时间对各种数据进行汇总和综合审查。

3. 欧盟

欧盟主张对转基因产品采取谨慎预防态度，欧盟委员会和欧洲食品安全局出台了《新食品法》、《转基因食品和饲料管理条例》和《转基因生物追溯性及标识办法以及含转基因生物物质的食品及饲料产品的追溯性管理条例》等法规，对各类转基因或转基因成分的食物实行监管销售及标签制度，规定从 2004 年 4 月起，在欧盟国家含有转基因产品成分超过 0. 9% 的食用产品都需进行标注。同时，通过转基因途径获得的不含蛋白质和脱氧核糖核酸的食用产品也需进行商标标注，所有基因产品的基因成分可以被追踪。

4. 日本

日本有文部科学省、通产省、农林水产省和厚生劳动省 4 个部门进行转基因食品安全的管理，出台《转基因食品标识法》、2 个关于重组 DNA 生物体试验的指南和 6 个关于重组 DNA 生物体产业应用的指南，规定 2001 年 4 月 1 日起，所有转基因食物都必须经过安全检验，转基因成分超过 5% 的食物执行强制性标签制度。

5. 俄罗斯

2002 年 9 月 1 日起，根据卫生防疫条例《食品安全及营养价值卫生学要求》的规定，开始对通过转基因途径获得的食品采取强制性商标标注。所有利用转基因技术获得的饮食产品和含有转基因产品成分超过 0. 9% 的饮食产品都应进行商标标注，并列出了需加贴商标的使用转基因微生物获得的以及不含有脱氧核糖核酸和蛋白质的产品目录。

三、中国转基因食品的法规

1993 年 11 月，我国科技部就制定并颁布了《基因工程安全管理条例》；1996 年 7 月，农业部又颁布《农业生物遗传工程的安全管理实施办法》，以规范转基因技术的应用和管理。农业部专门成立了农业转基因工程安全管理办公室，负责审批在中国境内开展的转基因作物商品化生产的审批工作。1998 年 5 月，农业部生物工程安全委员会批准了 6 个准许商业化的许可证，其中有 3 个涉及到食品，即抗病番茄、抗病甜椒和耐贮番茄。2001 年 5 月国务院签署了《农业转基因生物安全管理条例》（以下简称《条例》）。农业部该《条例》，于 2002 年 1 月发布了三个新的有关农业转基因生物安全管理的办法，即《农业转基因生物安全评价管理办法》《农业转基因生物进口安全管理办法》《农业转基因生物标识管理办法》，于 2002 年 3 月正式实施。2004 年 5 月，国家质检总局发布了《进出境转基因产品检验检疫管理办法》。目前，《条例》和四个配套管理办法是我国农业转基因生物安全管理的主要法律依据。

制定《条例》的目的是为了加强农业转基因生物安全管理，保障人体健康和动植物、微生物安全，保护生态环境，促进农业转基因生物技术研究。《条例》中规定了部际联席会议制度、安全评价制度、生产许可制度、经营许可制度、标识管理制度、进口安全审批制度等，将转基因生物安全管理从研究试验延伸到生产、加工、经营和进出口活动的全过程。

1. 部际联席会议制度

条例规定，农业转基因生物安全管理部际联席会议由农业、科技、环境保护、卫生、外经贸、检验检疫等有关部门的负责人组成，负责研究、协调农业转基因生物安全管理工作中的重大问题。

2. 安全评价制度

安全评价按照植物、动物、微生物三个类别，四个安全等级和实验研究、中间试验、环境释放、生产性试验和申请生物安全证书五个阶段进行报告或审批。由国家农业转基因生物安全委员会负责农业转基因生物的安全评价。

转基因生物安全评价主要包括环境安全评价和食用安全评价两个方面。以转基因植物为例，环境安全评价主要考虑：转基因植物演变为有害生物的可能性；转基因植物引发新的环境问题，如除草剂抗性问题、Bt 抗性与治理问题、新病毒问题；起源中心和基因多样性中心保护问题；基因漂流对生态环境和农业生产的影响；在长期大规模应用后发生不可预见的环境问题。食用安全评价主要考虑：毒性，过敏性，抗营养因子，营养成分的改变及利用率，抗生素抗性，其他非预期效应。

3. 生产、经营许可制度

《条例》规定，生产或经营转基因植物种子、种畜禽、水产苗种的单位和个人，应当取得国务院农业行政主管部门颁发的种子、种畜禽、水产苗种生产许可证或经营许可证。

4. 标识管理制度

从 2002 年 3 月 20 日开始，中国对转基因农产品贴上标志标签（图 6 - 8），并对进口转基因农产品进行认证管理。标签内容应包括：转基因生物的来源，过敏性，伦理学考虑，在成分、营养价值、效果等方面不同于传统食品。标注的方式有几种：定型包装的转基因食品，在标签的明显位置上标注；散装的转基因食品，在价签上或另行设置的告示牌上标注；转运的转基因食品，在交运单上标注。列入第一批被贴上标签的农业转基因生物目录的有 5 大类 17 种商品：大豆种子、大豆、大豆粉、大豆油、豆粕，玉米种子、玉米、玉米粉、玉米油，油菜种子、油菜籽、油菜籽油、油菜籽粕，棉花种子，番茄种子、鲜番茄、番茄酱。不按规定进行标识的，不得进口或销售。10 余年来由于批准产业化种植、进口作为食品加工原料的农作物没有增加和改变，所以至今转基因标识目录没再更新过。

图 6 - 8　中国转基因标志

目前，全世界只有中国采取了最严格的定性标识，也就是不管转基因含量与否，只要有就须标识，而其他国家均采取定量强制标识，甚至包括美国在内的一些国家采取的是自愿标识。所谓定量标识是为转基因成分设定一个阈值，超过者需标识。如前所述，欧盟转基因成分超过 0.9% 的食品才要求标识；日本阈值更高，为 5%；韩国为 2%；澳大利亚为 1%。因此，包括两院院士在内的多位科学家呼吁改革我国转基因的标识制度，采取国际较为通行的定量标识制度。专家们认为，转基因食品标识管理的趋势，是从定性强制标识到定量强制标识，最终是自愿标识。

5. 进口安全审批制度

《农业转基因生物进口安全管理办法》规定，对进口农业转基因生物按照用于研究试验、用于生产、用作加工原料三种类型实施安全管理。对进口农业转基因生物的安全评价申请，在 270d 之内作出批准或不批准的决定，与《国际生物安全议定书》一致。

另外，《进出境转基因产品检验检疫管理办法》对进境的转基因动植物及其产品实行申报制度，对过境转移的农业转基因产品实行许可制度。对申报进境的转基因产品，要求提供农业部颁发的《农业转基因生物安全证书》和《农业转基因生物标识审查可批准文件》，对于试验材料，则要求提供农业部颁发的《农业转基因生物材料入境审批书》。未经审查批准的转基因食品不得进口，也不得用作食品和食品原料。

2010 年中国总共进口大豆及加工产品 5633 万 t，玉米及加工产品 160 万 t，油菜籽 160 万 t，棉花初级产品 284 万 t。

思考题

1. 什么是转基因技术？它的基本内容和主要技术有哪些？
2. 转基因技术可用来改变食品的哪些性状？
3. 转基因技术在食品加工中有哪些应用？
4. 怎样看待转基因技术对食品安全的影响？
5. 转基因食品主要存在哪些安全性问题？
6. 如何对转基因食品进行安全管理？
7. 谈谈你对转基因食品安全性的看法。
8. 简述转基因生物目录、转基因食品的标注方法和标识分类。

参 考 文 献

1. 祁潇哲，黄昆仑. 转基因食品安全评价研究进展. 中国农业科技导报，2013，15（4）：14 ~ 19

2. 许文涛，贺晓云，黄昆仑等. 转基因植物的食品安全性问题及评价策略. 生命科学，2011，23（2）：179 ~ 185

3. 连丽霞，王永佳. 美国与欧盟各国转基因食品安全管理比较研究. 中国农业科技导报，2010，12（5）：51 ~ 56

4. Wu. K. , Y. Lu, H. Feng, *et al.* Suppression of Cotton Bollworm in Multiple Crops in China in Areas with Bt Toxin - containing Cotton. Science，2008，321（5896）：1676 ~ 1678

5. ISAAA 全球生物技术转基因作物商业化发展态势，2007—2013

6. 朱宏飞，王海英，刘莹. 转基因食品的利弊分析. 中国科技信息，2007（1）：256 ~ 261

7. 何宏. 转基因食品及其发展. 食品科学，2006（5）：4 ~ 7

8. 钟耀广主编. 食品安全学. 北京：化学工业出版社，2006

9. 孟凡乔主编. 食品安全性. 北京：中国农业大学出版社，2005

10. 吕选忠，于宙. 现代转基因技术. 北京：中国环境科学出版社，2005，119 ~ 122

11. 薛达元，朱鑫泉，Chee Yoke Ling. 转基因生物风险与管理. 转基因生物与环境国际研讨会论文集. 北京：中国环境科学出版社，2005

12. 张占路，薛文通，吴燕民. 转基因植物对食品工业的影响. 食品科学，2004，25. 增刊 259 ~ 262

13. 陈俊红. 日本转基因食品安全管理体系. 中国食物与营养. 2004，1：20 ~ 22

14. 闫新甫主编. 转基因植物. 北京：科学出版社，2003

15. 陈君石，闻之梅主译. 转基因食品. 北京：人民卫生出版社，2003

16. 殷丽君，孔瑾，李再贵. 转基因食品. 北京：化学工业出版社，2002

17. 刘谦，朱鑫泉主编. 生物安全. 北京：科学出版社，2001

18. 樊龙江，周雪平. 转基因作物安全性争论与事实. 北京：中国农业出版社，2001

19. 张学文．转基因食品——现状、前景及其安全性．食品与发酵工业，2003，29（9）：82～86

20. 王关林，方宏筠．植物基因工程原理与技术．北京：科学出版社，1998

21. OECD. Safety Evaluation of Foods Derived by Modern Biotechnology：Concepts and Principles. Paris：1993

第七章　食品生产过程对食品安全性的影响

第一节　概　　述

20世纪末尤其是进入21世纪以后，中国的经济得到了飞速发展，人民的生活水平发生了很大的变化，饮食生活更加丰富多彩，人们在初步解决了温饱问题之后，要求吃得更好，吃得更放心，这是社会发展进步的大势所趋。当中国加入WTO以后，进口食品大幅度增加，食品流通更加广泛和国际化。在这种情况下，如何提高食品的质量与安全性的问题日益突出。食品是人类生存活动的物质保证，是人类自身发展的基本条件。食品的卫生与安全、营养价值、色、香、味、形等感官指标以及食品的功能性等，是衡量食品质量的基本标准。

食品首先必须具备的条件是安全性，它直接关系到食用者的健康与生命。因此，任何食品在生产、储存、分配、运输和经营过程中，都必须注意食品卫生工作，要注意各个环节存在的或潜在的危害因素并采取必要的预防措施，努力提高食品卫生质量。减少或避免食品污染，预防食物中毒，保护食用者的安全。

在加工过程中影响食品安全的因素是多方面的，主要有以下几方面。

（1）食品加工企业设计不规范，生产环境不符合食品企业卫生的要求，未能远离有毒、有害物污染源，以及风向、采光、通风、防尘、污水处理等不合理。

（2）食品生产过程中所用的容器、包装材料、工具、管道使用不当或清洗、消毒不当，使其中的有害物析出，造成食品污染。

（3）生产用原辅材料、生产用水不符合卫生要求，使用腐败或霉变、虫蛀甚至受有毒物质污染的原辅材料，造成食品污染。

（4）生产工艺不符合卫生要求，造成食品污染。

（5）使用不符合卫生要求的食品添加剂或加工助剂，造成食品污染。

（6）食品的掺假及假冒。

（7）个人卫生和环境卫生不良造成食品的微生物污染。

食品加工是影响食品安全性的一个重要环节，从食品原料、添加剂、包装容器和材料、加工设备、工具、生产工艺到食品生产场所和环境，无论哪一方面不符合卫生要求，都直接影响食品的安全性。其中有的是食品加工技术、加工设备和运输储藏器皿以及厂房的建筑本身就存在影响食品安全的隐患；有的是由于操作不当或不按应有的规则操作，导致食品在加工过程中受到污染，从而影响食品的安全性。本章将着重就食品加工过程中影响食品安全与卫生的因素加以讨论。

第二节　生产环境影响

一、厂址及环境卫生影响

良好的环境条件是食品生产的基本要求，食品厂应选择城镇郊区、周围环境较好的地方建设。这有利于减少食品厂的原料和产品的运输半径，保障食品品质，降低生产成本。厂区要远离污染区域，周围也不宜有虫害大量滋生的潜在场所，比如，水泥厂、化工厂、垃圾场、污水处理厂和医院等，因其会散发有害气体、烟雾、粉尘、异味、放射性以及其他扩散性危害食品卫生的污染源，而食品生产过程及其产品是极易被污染的，影响食品质量与安全。此外，工厂也不宜建在人口稠密的居民区，若周围有居民，应建在居民区的下风侧，河流的下游。另外，工厂应选择建在地势较高，不易发生洪涝灾害的地区，以及厂址地形与外形整齐、平坦（自然坡度最好在5/1000以下）、有利于排水的地方，避免周围有水倒流入。

食品企业的选址不当会造成周围环境对食品安全产生不良影响。涉及食品安全方面的主要问题还有以下方面。

（1）水源　如水源含有的病原微生物或有毒化学物质超标会造成食品污染。

（2）污染源　某些能产生较多毒害性物质的化工厂、垃圾堆放处等，若与食品企业距离太近，都会对食品形成污染。此外，一些散发花粉的植物也会在一定程度上污染食品。

（3）风向　即使在与污染源有一定距离的情况下，如果食品企业处在污染源的当地主导风向的下风口，污染物也会因风力作用而对食品生产形成污染。

（4）运输条件　厂区内外的运输条件设置不尽合理，未能将生与熟、人流和货流分开，容易造成交叉污染。

二、厂区布局及卫生影响

厂区的规划和布局要合理，应考虑环境给食品生产带来的潜在污染风险，并采取适当的措施将其降至最低水平。厂区应合理布局，各功能区域划分明显，并有适当的分离或分隔措施，防止交叉污染。生产区和生活区要分开，以避免生活区对生产区造成污染。生产区内的加工、仓储、办公室等场所的布局既要方便生产，又要便于生产过程的卫生管理。厂区内道路应硬化（铺设混凝土、沥青或者其他硬质材料）；路面要平坦，不易积水，无尘土飞扬。厂区的空地应进行绿化，所种植的花草和树木必须是对产品安全无危害的品种，绿化应与生产车间保持适当距离，植被应定期维护，以防止虫害的滋生。特别需注意的是清洁区的室外不要种植枝繁叶茂的高树，以免引停飞禽、蚊蝇，以及树叶累积尘埃等，影响清洁区的进气质量，造成食品安全隐患。

厂区的卫生间要配有完善的防蝇、防虫、防鼠设施。内部的墙壁应用浅色、平滑、不易渗水、耐腐蚀、易清洁的材料建造，并配有冲水和洗手设施。为避免蚊蝇等虫害的滋生，以及异味的散发等影响，厂区内的垃圾和生产废料除须用加盖密封的容器盛装外，还须远离加工车间堆放，并于当日清理出厂。以煤为主要燃料的工厂，烟囱也要位于车间的下风向，并且要安装除尘装置。烟尘排放要符合国家的环保卫生要求，以减少对大气的污染和对PM2.5的贡献率。厂区内不得饲养动物。试验用的动物或待宰禽畜区应与生产车间保持一定的距离，并应考虑风向，防止对加工区造成污染。

由于厂房设施、设备的不合理而影响食品安全的问题也较多，常见的有以下几种情形。

1. 生产布局

厂房设施、设备布局的不合理是一个普遍存在的影响食品安全的问题。对部分食品加工企业的一项调查显示，不少企业生产工艺流程未按规定分开排列，整个生产线排列混乱，无污染区和洁净区的划分，甚至多个流程在同一地点进行；工厂生产区和工人生活区距离太近，有些工厂混合在一起，这样就存在生活垃圾污染食品的可能性。此外，卫生间的合理布局也十分重要，一般设在更衣室附近，与生产车间有良好封闭措施；在进入车间入口处，应合理设置高压空气间或风幕机、胶鞋清洗池、手的清洗与消毒盆等。食品生产车间如图 7－1 所示。

图 7－1　食品生产车间

2. 地面、天花板与墙壁

加工车间的地面没用耐水、耐热、耐腐蚀材料铺成，凹凸不平，未有一定的坡度和排水沟以便排水，形成积水，地面不光滑或未及时清洁，都会使微生物滋生；房间内温度调控不当，或室内外温差大，天花板、墙壁没涂一层光滑、色浅、抗腐蚀的防水材料，离地面 2m 以下的墙裙部分也未铺设白瓷砖或其他材料，均易产生水珠，发生霉变；天花板、墙壁色彩太暗，污染物不易看清，不利于清除和消毒；生产车间四壁与屋顶交界处在设计上存在死角，未呈弧形以防结垢，造成清洁上的困难；作业环境的照明不够，易使作业人员疲劳，影响工作，还可能会分不清异物是否进入食品，从而带来食品安全上的种种问题。

3. 防鼠类、昆虫的设施

造成鼠类、昆虫污染的可能原因很多，如车间与工厂内排水处理场、垃圾集中处、垃圾处理场等未隔离，作业人员进门时昆虫随之而入，鼠类及昆虫从下水沟进入，诱虫灯与捕鼠器的设置不当等。

4. 空气的洁净程度

空气中的尘埃、浮游菌、沉降菌是造成食品污染的重要原因之一。粉状食品原料的处理、地面的冲洗都会使尘埃污染周围的空气。在生产环境中，排水沟、人体、包装材料等都可能成为尘埃发生源。车间内送风机与排风机设计不合理，容易造成室内负压，那样会大大影响空气的质量。

5. 设备的材质

接触食品的工器具、设备和管道材料对食品安全有直接影响。如铜制设备，由于铜离子的作用，会使食品变色、变味、油脂酸败等。设备表面的光洁度低，或有凹坑、缝隙、被腐蚀残缺等，会增加对微生物的吸附能力，易形成生物膜，增加清洁和消毒的难度，使微生物残存量增加，从而增加污染食品的机会。接触食品的设备和管道材料应是不锈钢的材质。

6. 设备的安装

设备、管道的安装若存在死角、盲端，管道、阀门或接头拆卸不便，会造成清洁上的困难，使得微生物容易滋生；此外机械设备及输送带的润滑油中，含有对人体有害的多氯联苯，如无适当措施，也可能污染食品。

7. 厂房、设备的清洗

有些企业未严格执行清洗制度或清洗方法不当，会造成厂房内环境和设备表面微生物的滋生、清洁剂残留等问题，也是危害食品安全性的原因之一。

8. 污水的处理

生产过程产生的废水排放要符合国家的环保要求，根据排放物的情况，确定污水处理工艺。如果污水处理不当，一方面造成排放超标，另一方面给厂区带来卫生问题，甚至影响周围的环境。工厂的污水处理设施要远离生产车间，并设在生产和生活区的下风向，以免污水处理的异味等影响生产和生活人员的正常活动，以及食品的风味等。

9. 厂区面积

厂区应有足够的场地面积以利于全厂总平面图的合理布置，厂区道路和绿化整齐有序，尤其是道路不可积水，以免滋生蚊蝇，影响环境卫生。

工厂大门至少应设置两个以上，包括正门（指职工出入门）、侧门（指产品、材料出入口）、后门（指原料、燃料、废料进出口）等，畜禽进厂的大门应设有车轮消毒池。厂内设有运输车辆清洗消毒的设施，避免人、物流和成品、原料交叉，影响食品安全。

三、车间卫生影响

车间良好的卫生条件是保证产品卫生质量的关键。食品加工车间应具备以下几个方面的条件。

1. 防蝇、虫设施

车间的门窗要有严密的防蝇、防虫设施。熟制品加工或包装应选用密闭车间。车间内非封闭式的窗户应安装纱窗。纱窗应疏密适宜，并易于拆卸和清洗。人员、原料、成品出入通道应设置风幕、水帘等，防止蚊蝇和其他昆虫飞入。

2. 人员卫生设施

我国指导性国家标准 GB/Z 1—2010《工业企业设计卫生标准》规定，工业企业应设置生产卫生室（更衣室），更衣室可按每人 0.3 ~ 0.4m^2设计，内部设有更衣柜、淋浴室和厕所。更衣室内装设紫外灭菌灯或臭氧发生器，以便经常进行室内消毒。更衣柜应用易清洗消毒的材料制成，柜顶应呈45°斜面以便清洁。工人上班前在更衣室内完成个人卫生处理后再进入生产车间，在清洁程度不同的工序工作的人员，如生品加工区和熟品加工区工作的人员应分设更衣室，并从不同入口进入各自的工作区，以防止人为因素影响食品生产及产品卫生。

3. 洗手消毒设施

洗手消毒设施是食品加工车间必备的卫生设施。洗手龙头必须是非手动开关的，因洗手后手动关水龙头易遭二次污染。洗手应提供温水，并配有洗手液和消毒液，以及不会导致交叉污染的干手用品，这些洗手消毒液须为非香型的，否则其香味会干扰或破坏食品原有的风味。

为了保持加工车间内部的清洁，减少污染，在车间的入口处要有鞋底消毒设施，如鞋靴消毒池或消毒鞋垫。一般消毒池的宽度应与门同宽，长度以人不能跨过为宜。消毒液的深度一般为 5 ~ 10cm。必要时，要设车轮消毒池和分离吸尘设施。

4. 车间布局

（1）车间面积　要与生产能力相适应，生产车间内加工人员的人均占有面积、车间的天花板高度等都应按国家相应行业的 GMP 或 QS 规定要求设置。车间内设备与设备之间、设备与墙壁之间、设备与天花板留有足够的距离，以便于生产人员、设备的维护人员和生产物料的通行。否则过于拥挤的工作环境不仅妨碍生产操作，而且人员之间过多的接触和碰撞很容易造成产品的污染。

（2）墙壁和顶　车间的墙壁和天花板应有耐腐蚀、无毒、防水、防霉、不易脱落、易清洗的白色或浅色的材料修建，例如涂料或瓷砖。在有水蒸气产生的车间，天花板应有一定的斜度，以避免冷凝水滴落到产品上，防止虫害和霉菌滋生。蒸汽、水、电等配件管路应避免设置于暴露食品的上方；如确需设置，应有能防止灰尘散落及水滴掉落的装置或措施。车间内所有的角（墙角、壁角、柱角和顶角）都要按规定呈一定的弧形，利于除尘和清洁。

（3）地面和门窗　地面应用坚固、不渗水、耐腐蚀、防滑、易清洁的材料铺设。整个地面应平坦，并按 GMP 或 QS 要求设有一定的斜坡度，以便于排水和防止地面积水。车间最好采用无窗台结构，若需设窗台应呈 45°斜面并离地面一定距离，否则易积存尘埃，影响环境卫生。门窗不应使用易腐烂的木质材料，应用不透水、坚固、不变形的材料制成。开启的窗户应装有易于清洁的防虫害窗纱。窗户玻璃应使用不易碎材料，若使用普通玻璃，应采取必要的措施防止玻璃破碎后对原料、包装材料及食品造成污染。

（4）供水和排水　食品加工用水的水质应符合 GB 5749 的规定，对加工用水水质有特殊要求的食品应符合相应规定。间接冷却水、锅炉用水等食品生产用水的水质应符合生产需要。食品加工用水与其他不与食品接触的用水（如间接冷却水、污水或废水等）应以完全分离的管路输送，避免交叉污染。各管路系统应明确标识以便区分。自备水源及供水设施应符合有关规定。车间排水系统的设计和建造应保证排水畅通、便于清洁维护；应适应食品生产的需要，保证食品及生产、清洁用水不受污染。用水量大的车间，排水应为明沟或加盖，沟底应砌成弧形，以方便清洗。排放废水或污水的管道系统与供水管道不能交叉连接，并确保废水不会回流，以防供水被污染。排水系统入口应安装带水封的地漏等装置，以防止固体废弃物进入及浊气逸出。排水系统出口应有适当措施以降低虫害风险。室内排水的流向应由清洁程度要求高的区域流向清洁程度要求低的区域，且应有防止逆流的设计。污水在排放前应经适当方式处理，以符合国家污水排放的相关规定。

（5）通风与照明　车间应通风良好，分自然通风和机械通风两种。采用自然通风的车间，一般通风面积与地面面积之比应≥1/16。机械通风的车间须按新版 QS 要求，保证足够换气量和次数，气流方向应是由清洁区流向非清洁区，以驱除生产性蒸汽、油烟及人体呼出的 CO_2，保证空气质量（CO_2 与 O_2 交换）。车间通气口必须安装耐腐蚀、可拆卸清洗的网罩。在蒸煮、油炸、烟熏、烘烤等有蒸汽和油烟产生的区域要配置足够数量的排气设施。然而目前食品清洁区的空气清洁度是在静态状态下测试的，与药品洁净区要求仍有一定的差距，因其是分 A、B、C、D 级，不仅在静态状态下，还要求在动态（人与物等工作）状态下检测空气中的颗粒物与微生物，控制难度大大增加。今天的药品管理要求就是明天的食品管理要求，请食品加工者予以高度关注。

车间内有充足的采光和照明，要求采光门窗与地面比例为 1∶4。加工操作台、检验工作区、PLC中控室和瓶装液体产品灯检工作区等的采光照度，应按GMP或QS的相应要求设置。总的原则要求采用灯光照明的光线应尽量保持所加工产品的本色。食品加工区照明灯要安装防护罩，以防止灯具破碎时污染产品。

（6）温、湿度控制　易受加工过程的环境温、湿度影响的食品，加工车间要安装相应的温度和湿度调控设施，并在车间内配置温、湿度监测记录装置，以便随时观察车间温、湿度的变化。采用中央空调的车间，空调的进风口应该设在车间的上方，出风口设在下方，以便能形成良好的室内气流循环。水管、蒸汽管和电路线缆灯管线要集中走向，并尽量避免从食品加工上方通过，防止冷凝水或污物对食品造成污染。

（7）工具、容器的清洗消毒　生产车间使用过的工器具应及时清洗和消毒，以免影响产品质量和造成环境交叉污染。车间应专设工器具的清洗、消毒和存放区域，配置必要的清洗消毒设施，如清洗槽和消毒槽，并供有82℃以上的热水。同时在车间内的适当处设置足够的洗手消毒设施，以便工人在操作过程中洗手消毒。洗过手的水要通过导管引入下水道，不得派往地面。一次性用品、纸巾应妥善处理，防止污染食品和加工场所。

总之，车间生产布局对食品卫生和质量影响很大，既要便于各个生产环节之间的相互衔接，保证生产顺利进行，又要注意避免生产过程的交叉污染。一般可以按照生产工艺流程的先后顺序安排各道工序，避免在流程中出现逆向和交叉。在车间适当的位置设置下脚料专用出口，出口应配有严密的盖板和防蝇设施，下料最好能直接倒入车间外面的容器。产品的包装区域应与其他的工作区域隔离，尤其是熟制品的包装，应在专设的密封包装间内进行。室内温度和湿度要符合工艺要求。冷冻产品的包装间应与冷库相连接。包装材料存放间应与包装间相连，便于存放近期使用的包装材料，并经过必要的消毒处理和组装后送入包装间使用。

产品加工在不同的楼层内进行时，电梯或楼梯的设计应便于生产过程的卫生控制。运载原料、半成品和成品的电梯分开使用。电梯所用的材料要便于清洗、消毒。

第三节　食品加工影响

在食品生产过程中要利用多种加工技术，但加工技术本身的缺陷或运用不当，都会存在很多安全隐患。食品加工是食品生产的一个重要环节，它不仅涉及食品安全问题，还直接关系到农畜产品资源充分利用和增值的问题。

一、食品加工的基本原则

1. 遵循可持续发展原则

在全球范围内，生态环境退化、食物和能源短缺是整个人类目前所面临的共同问题。为了给子孙后代留下一个可持续发展的地球，以食物资源为原料进行的食品加工，必须坚持可持续发展的原则，节约能源，综合利用原料。

2. 注重食品营养物质最小损失原则

食品加工需要最大程度地保持原料的营养成分，减少其在加工过程中的损失。因此，在食品加工过程中，尽量保持食品天然的色、香、味，并赋予产品一定的形状，还可通过不同的加工方式提高食品的营养价值和吸引力。一般来说，食品加工过程中温度、时间与滴定酸度的控制值的乘积越小，食品中色、香、味与营养物质的损失也越小。

3. 加工过程无污染原则

食品的加工过程是一个复杂的过程，从原料入库到产品出库的每一个环节和步骤都要严格控制，以免因加工造成二次污染。需要注意以下几个方面：

（1）加工设备无污染　食品加工设备应选用对人体无害的材料制成，特别是与食品接触的部位，避免对食品造成污染。食品设备大多用不锈钢材料制造。

（2）加工工艺合理　尽量选用天然食品添加剂及无害的洗涤剂，避免交叉污染。

（3）选用适宜的储藏和运输方法　选用安全的储藏和运输方法及容器，减少因混装等造成的污染。

（4）原料来源明确　绿色食品加工的主要原料应经过专门的认证机构认可，辅料也尽量使用已经得到认证的产品。

（5）企业管理完善　绿色食品加工企业要求管理严格，并经过认证人员考察。

4. 无环境污染原则

食品加工企业不仅要注意自身的洁净，还需考虑对环境的影响，加工后生产的废水、废气、废料等都需经过无害化处理，以避免对周边环境造成污染。

二、食品加工过程中的质量控制

1. 厂区环境

苍蝇、蟑螂、老鼠以及灰尘可以携带和传播致病性微生物，它们是厂区环境中威胁食品质量安全的主要危害。因此，控制厂区环境卫生的主要任务就是最大限度地消除和减少鼠类、昆虫和灰尘对产品质量安全的影响，保持厂区道路的清洁。生产过程中产生的废弃物要用加盖的密封容器存放，并于当日清理出厂。所用容器要经常清洗消毒，要清除厂区内一切可能聚集、滋生蚊蝇和藏匿老鼠的场所。企业要制定具体的灭鼠计划，并落实专人负责。

2. 原料、辅料

（1）食品原料、辅料的控制　食品生产所有原料和辅料的卫生质量是保障食品质量安全的第一关，必须有效控制。《食品安全法》2015 年修订本规定，用超过保质期的食品原料、食品添加剂生产食品、食品添加剂等违法行为，尚不构成犯罪的由县级以上人民政府食品药品监督管理部门没收违法所得和违法生产经营的食品、食品添加剂，并可以没收用于违法生产经营的工具、设备、原料等物品；最高可处货值金额 10 倍以上 20 倍以下罚款；情节严重的，吊销许可证。构成犯罪的，将依法追究刑责。这就要求工厂对所有的原料和辅料中可能存在的卫生危害因素有足够的了解，以便采取相应的控制对策。

畜禽必须采自安全非疫区，并经兽医检疫，健康无病，具有产地检疫证明。畜禽在饲养过程中不得使用违禁药物。任何食品所用的畜禽原料应该来自经过检验检疫部门注册的加工厂。水产原料必须来自无污染海域，贝类原料须来自允许捕捞的海域，鳗鱼须来自经检验检疫机构登记的鳗鱼养殖场。原料在运输过程中要避免受到污染。果蔬类原料除品质符合要求外，还应特别注意农药残留量需符合规定要求。所有原料须经验收合格方可投产使用。生产过程中所有的食品添加剂必须符合我国和进口国的标准规定。

（2）水质控制　食品加工用水和制冰用水必须符合国家 GB 5749《生活饮用水卫生标

准》要求，必要时，须对生产用水进行净化和消毒处理。生产用水进行过滤、净化和消毒处理应该注意，当使用化学消毒剂对水消毒时应使消毒剂与水有足够的接触时间，以保证消毒的效果。如加入 NaClO 等氯类消毒剂，接触的时间应不小于 20min。自备水源的工厂要有防止水源受到污染的措施。蓄水池用无毒、不污染的材料建造，并且要经常清洗消毒。非饮用水可作为工厂的锅炉、消防和绿化用水，但饮用水和非饮用水的供水管路必须严格分开，不得相互串通，并且采用明显的颜色加以标识区分。工厂应有供水网络图，清晰表明供水管道的布局和走向，以及各供水口和生产现场取样检测水中的余氯含量，并定期检测生产用水的微生物指标，每年按国家标准进行 1 ~2 次全项目检测分析。

3. 生产、加工过程

（1）防止交叉污染　各类食品的生产加工应根据具体的工艺要求进行合理的组织和安排，做到便于生产和操作，避免交叉污染。应根据产品不同要求按不同工序的清洁程度划分清洁区和非清洁区，采用必要的隔离措施，对不同区域之间的人员和物品的流动实施相应的限制。凡由非清洁区进入清洁区的物料，应须先除去外包装，再经杀菌通道，然后才能在清洁区内打开包装。不同工序使用的工器具应通过不同的标志加以区分，不可混用。盛放产品的容器不能直接与地面接触，放置下脚料和废料的容器应有明显的标志。在加工不同的产品时可能发生污染，根据情况可采用不同车间、不同时间隔离或封闭等方式有效避免产品间的相互污染。卫生要求严格的产品加工车间或包装间在开始工作前应采用紫外线或臭氧进行灭菌消毒。

（2）温度控制　食品加工中对加工时间和温度要进行必要的控制，防止时间长和环境温度高导致病菌繁殖和产毒，必要时，应安装空调降温设施和对加工过程的半成品进行加冰保鲜。冷冻产品的速冻过程应实施温度监控，以确保冷冻的效果和质量。需作冷冻处理的产品，预冷库温度应在 0 ~4℃范围内，速冻库的温度应达到 -35℃以下。用冷冻品作原料的工厂，原料应采用吊挂或搁架式的解冻方法，解冻过程中要注意避免造成新的污染。经过蒸煮和漂烫处理的原料必须迅速冷却至适当的温度，并尽快转入下道工序。各工序需要根据品种制定相应的时间和温度控制限值，以免产生积压造成湿热性细菌的繁殖。采用加热杀菌的产品，应严格控制影响杀菌效果的因素和操作。对加热设备应进行热分布测定，证明杀菌效果，并应配备温度自动控制和记录装置。杀菌人员应经培训合格后上岗操作，并如实记录操作情况。

（3）密封质量控制　密封容器包装的产品，容器必须按照有关规定进行密封质量的检验，防止造成二次污染。

（4）安全危害分析与控制　工厂要对加工过程中可能出现和存在的安全卫生危害进行分析，找出危害的关键控制点，并制定相应的监控计划，即 HACCP 计划，使各关键控制点得到连续有效的监控。工厂对加工的产品要制定相应的生产操作规程或作业指导书，具体说明每一工序的操作方法和各项工艺技术要求，以便对生产作业实施有效的技术指导和规范化管理。

4. 车间、设备和工器具

（1）清洁计划　生产车间的设备及工器具的清洁卫生状况是影响产品质量安全的一个重要因素。认真做好生产车间、生产设备和工器具的清洁工作是保证产品质量安全的基础性措施，为此，工厂的质量管理人员要为清洁工作制定出一份具体的清洁工作计划。在计划中将所有要清洁的对象一一列出，具体明确它们在规定时间内的清洁次数、清洁方法、清洁要求和责任人员。食品加工厂的生产设备、设施和工器具的清洁过程一般分为清洗和消毒两个部分。

（2）设备、用具清洁　在清洗设备之前，首先要做好有关准备工作，如切断设备的电源，将需要放水的设备部件遮盖好，将残留在设备上的半成品、边角料消除掉，然后开始用水枪冲洗设备表面。设备表面经过初次冲洗后，操作者可用刷子蘸上洗涤剂，对设备表面进行刷洗。所用洗涤剂要符合国家有关卫生标准要求，不得含有荧光增白物质，并在正常使用的条件下，能有效地清除食品残渣和污物，利于用水冲洗掉，不会对设备造成腐蚀，不会造成环境污染。刷洗时要刷尽设备与产品接触面的每一个部位，尤其是注意沟缝和直角处，必要时可将设备部件拆卸下来清洗。产品残渣和各种污物必须刷洗干净，否则任何有机物残留都会明显降低消毒剂的杀菌效果。

洗刷设备用的刷子，应选用非木质柄、非动物毛和金属丝毛的刷子，以便用后对其进行清洗消毒，并且不会对设备产品接触面造成污染和损失。用于不同工序和不同设备的刷子应分开使用，对此可通过采用不同的颜色和相应编号对其加以区分。用过的刷子应清洗干净，并进行消毒，然后放在通风的地方晾干。用于不同工序的刷子要分开存放，防止相互污染。用工器具刷洗后，用清水将洗涤剂从设备表面冲洗干净。

三、加工技术对食品安全的影响

在食品加工过程中常会用到一些分离技术（如过滤、萃取、絮凝以及膜技术）、干燥技术、油炸熟化技术、蒸馏技术、焙烤和冰淇淋用的氢化油技术、发酵技术、加工助剂技术和清洗技术等，这些技术运用的本身或过程或多或少都会对食品安全产生影响。

1. 分离技术

（1）过滤　在食品的生产中常使用硅藻土等助滤剂提高过滤效率，但是由于助滤剂易受污染而使过滤介质堵塞，因此存在一个过滤周期的问题。如果在操作中不适当地提高滤速就会导致过滤周期不成比例地缩短，这将会影响产品的质量，并可能使一些有害物质残留。还有一些加工厂在硅藻土助滤剂中加入适量的蛇纹石棉纤维，依靠电动吸附机理滤除细菌，然而石棉纤维有可能使食品污染致癌物质。

（2）萃取　食品加工过程中经常使用有机溶剂提取食品中的脂溶性成分（如脂溶性维生素、生物碱或色素）和精炼油脂。大多数有机溶剂都具有一定毒性，尤其是苯、氯仿、四氯化碳等毒性较强的溶剂，如在食品中残留，会造成严重的危害；在使用气体萃取剂进行分离的过程中常用乙烷、乙烯、丙烯、SO_2、H_2O 以及乙苯、氟里昂、N_2O 和 NH_3 作为萃取剂，这些萃取剂往往对设备有一定的腐蚀作用，或本身就有毒性。因此，加工过程中严格按标准要求操作和控制尤为重要。

（3）絮凝　在食品分离技术中常用到絮凝的方法，加入铝、铁盐和有机高分子类的凝剂，其中铝离子对人体有一定危害；而有机高分子类絮凝剂虽有絮凝能力高、絮凝体粗大、沉降速率快、处理时间短等优点，但这类絮凝剂具有一定的毒性，使用时可能残留于产品中，产生安全性问题。

（4）膜分离　近几年来，膜技术广泛地被行业采用，特别是食品行业。膜分离技术是利用膜组件和膜对食品原料进行分离加工，此项技术具有无变相、节能及能在常温下分离等特点，但是也存在着潜在的食品安全问题。比如，由于膜的孔径很小，在分离过程中杂质堵塞孔径，过滤压力升高，从而缩短膜的使用寿命或对膜造成损害。同时，由于膜自身不具备杀菌功能，膜一侧富集了大量营养丰富的培养基，促使杂菌迅速地繁殖。膜一旦出现短路将会引起大量的杂菌污染，并且将大大影响膜的使用寿命。目前，国内超滤膜（UF 膜）的生产技术比较成熟，但是产品的质量不稳定，个别企业存在粗制滥造的现象，如短路的膜用胶封堵后出售，给使用者带来了极大的损失。

2. 干燥技术

食品工业中，干燥技术发展极为迅速，其应用也越来越广泛。空气对流干燥、滚筒干燥、真空干燥、冷冻干燥、泡沫干燥等技术的应用已经十分普及，但是这些技术均存在着一些安全问题。

传统的干燥方法是利用自然条件进行干燥（如晒干和风干），但此方法干燥时间长，易受到外界条件影响，特别是遇到阴雨天气时产品容易霉烂；选择地点不当时，还会沾染灰尘、碎石以及众多腐败微生物，尤其是易吸引蚊虫，造成食品的污染。例如，2005 年发生的个别浙江金华火腿生产企业因晒腿时为防蚊蝇叮咬而涂抹农药敌敌畏（DDW），引起央视曝光的食品安全事件。

采用机械设备干燥时会大大降低污染的概率，但是仍然有可能出现安全问题。静态干燥时，可能存在切片搭叠而形成的死角；动态干燥时，干燥速率加快，对于一些内阻较大的物料，干燥至一定程度时，由于其内部水分扩散较慢，干燥速率会降低，干燥时间延长。这样食品中的酶或微生物不能得到及时地抑制，可能引起食品风味和品质发生变化，甚至变质，这在油脂含量较高的食品中显得尤为突出。另外食品加热干燥，控制失当可能会发生美拉德反应，严重者甚至会产生焦化。

已得到广泛应用的真空冷冻干燥技术，在我国由于机械设备方面存在着一些不足，如因为隔板温度的不均一而造成食品的干燥程度不均一，使食品局部水分过高，有可能引起微生物的生长。同时由于冷冻干燥的食品很快会吸潮和氧化，所以必须进行适当的包装（在包装中注入氮气）以防止其吸收空气中的水分和氧气，从而影响食品的储存稳定性。

3. 油炸熟化技术

油炸食品由于其色、香、味齐全，外加松脆，十分受消费者，尤其是少年儿童的喜爱，已成为价廉物美的快餐食品的主打产品。然而油炸过程是在高温的沸油中进行的，由此可能带来的食品安全问题已越来越引起人们的关注。例如，2005 年的肯德基炸薯条（丙烯酰胺）事件，曾引起全国轰动，乃至全世界的争议。生马铃薯原料与煮熟马铃薯中不含丙烯酰胺，但马铃薯中主要的氨基酸——天冬氨酸，是丙烯酰胺的主要前体，会在高温油炸时与还原糖在美拉德反应中形成丙烯酰胺。

4. 蒸馏技术

蒸馏技术在食品加工中也是常采用的方法之一，一般用于提取或纯化一些有机成分，如白酒、甘油、丙酮及某些萃取过程中的溶剂回收等工艺中均采用该技术。在蒸馏的过程中，由于高温及化学酸碱试剂的作用，产品容易受到金属蒸馏设备溶出重金属离子的污染。同时，由于设备的设计不当或技术陈旧，蒸馏出的产品可能存在副产品污染的问题，比较典型的例子就是酒精生产过程中的馏出物中有甲醇、杂醇油、铅的混入。

5. 发酵技术

食品发酵技术在食品中的应用越来越广泛，但发酵过程中形成的有些副产品或工艺不当会形成有毒物质而危害人体健康。

（1）发酵生产中会不同程度地产生一些对人体有危害的副产品，如酒精发酵过程中形成的甲醇、杂醇油等。

（2）发酵工艺控制不当，造成染菌或代谢异常，有可能在发酵产品中引入毒害性物质。

（3）某些发酵菌种如曲霉等在发酵过程中可能产生某些毒素，危害到食品的安全。

（4）某些发酵添加剂本身就是有害物质，如在啤酒的糖化过程中不能将甲醛排出干净，则会危害啤酒消费者的健康。

（5）通气发酵设备的空气过滤器是非常关键的部位，发酵过程中需要不断地补入无菌空气。如果空气过滤器发生问题，会使空气污染，造成发酵异常。如某味精厂就发生过，生产过程中由于噬菌体的污染，连续倒罐，给生产带来惨重的损失。

（6）发酵罐的涂料受损后，罐体自身金属离子的溶出，造成产品中某种金属离子的超标，严重者使产品产生异味。酱油生产中常出现铁离子的超标，造成酱油出口时抽检不合格，就是由于罐体中的铁离子溶出造成的。

6. 焙烤和冰淇淋用的氢化油技术

饼干、面包、奶油蛋糕、咖啡伴侣和冰淇淋都是消费者十分喜爱的食品，然而近期研究发现这些产品中长期使用的类似奶油的原料（称为“起酥油”和“人造奶油或氢化植物油”）中含有较多的反式脂肪酸。目前，医学已确认反式脂肪酸对人体的主要危害有：增加患动脉硬化的风险、干扰婴幼儿生长发育、诱发妇女患Ⅱ型糖尿病、造成大脑功能衰退、减少男性荷尔蒙分泌等。

反式脂肪酸是在以双键（烯键）结合的不饱和脂肪酸中进行氢化处理，打开双键接入氢原子，部分成为单键饱和状态，改变油脂的物理性能，达到类似奶油的要求。若两氢原子均在双键的一侧为顺式不饱和脂肪酸，若两氢原子分别在双键两侧的不同位置为反式不饱和脂肪酸。顺式脂肪酸的油脂多呈液态，熔点较低；反式脂肪酸的油脂多呈固态或半固态，熔点较高。饼干、面包、奶油蛋糕、咖啡伴侣和冰淇淋等产品加工中，就是利用了这种高熔点的固态或半固态特点。反式脂肪酸自然界存在不多，仅有少数动物性油脂中含有少量。

7. 食品生产加工助剂

为了保证食品生产的正常进行，或提高生产效率、降低生产成本，或保持生产卫生要求，往往需要采用加工助剂，比如消泡剂、消毒剂等。不过对于这些加工助剂用的消泡剂、消毒剂，要求在使用中或使用后能被消除。然而无论如何消除都有残留的存在，只不过是含量多少的问题。例如，前几年轰动国内外的啤酒甲醛事件就是一例。甲醛具有较高的毒性，能与核酸中的氨基或羟基结合，使之失去活性，影响代谢机能。人一次误服10～20mL甲醛即可导致死亡。世界卫生组织确定甲醛为致癌和致畸形物质，是公认的变态反应源，也是潜在的强致突变物之一。

在啤酒发酵过程中，常利用甲醛对设备进行消毒和将其作为加工助剂。由于甲醛可与啤酒大麦芽中的多酚物质发生发应，能有效地降低啤酒色度，避免多酚物质与啤酒内蛋白质结合产生沉淀，又可大大缩短出酒时间，因而啤酒行业在啤酒酿造过程中添加甲醛作为加工助剂已有很长的历史。虽然甲醛可在啤酒后期的加工中挥发消除，但仍有微量甲醛残留。我国绿色啤酒标准规定，啤酒中甲醛残留限量为0.2mg/L，据国家多次抽检我国大多品牌的啤酒都能达到这一要求，只有少数企业，尤其是一些小企业尚未达标。目前，我国绝大多数企业已采用天然消毒剂和吸附剂替代甲醛作为加工助剂。

8. 清洗技术

食品加工过程中，对设备和窗口的清洗和消毒不可避免地会用到洗涤剂和消毒剂，而洗涤剂和消毒剂在使用中可能会产生危害，其原因如下：配制的化学药品对人体有危害；配制过程中所采用的化学药品发生性变，由无毒的化学药品在环境（如高温高压、强酸强碱等）的影响下变成有毒物质；由于使用不当带来危害；清洗剂对设备的腐蚀，造成设备使用寿命缩短，同时也存在着安全隐患，比如用含氯离子高的清洗剂（如次氯酸钠）对不锈钢材质的设备进行清洗时会腐蚀设备，同时一些重金属离子会溶出污染食品。

9. 臭氧杀菌技术

臭氧常用于空气杀菌、水处理等。但是臭氧有较重的臭味，对人体有害，故对空气杀菌时需要在生产停止时进行，因而对连续生产的场所不适用。

瓶装纯净水生产企业大多采用自来水为水源，水里含有溴化物，在生产过程中使用臭氧消毒，会有产生溴酸盐的可能。正常情况下，水中不含溴酸盐，普遍含有溴化物。当用臭氧对水消毒时，溴化物与臭氧反应，氧化后会生成溴酸盐。国际癌症研究中心（IARC）认为，溴酸钾对实验动物有致癌作用，但溴酸盐对人的致癌作用还不能肯定，为此将溴酸盐列为对人可能致癌物质。因此在新的瓶桶装饮用水的标准中增加了溴酸盐检验项目。1993年世界卫生组织在《饮用水水质准则》中，将水中溴酸盐的限值定为0.025mg/L，2004年修改为0.01mg/L。我国现行的《生活饮用水卫生标准》也规定溴酸盐限值为0.01mg/L，与世界卫生组织的标准一致。

生产中要严格控制臭氧流量（流量的大小、消毒的时间），在保证消毒效果的同时保证溴酸盐的含量不超标。

综上所述，各种食品加工技术存在不同程度的食品安全问题。进一步完善食品加工的技术和正确地使用各种加工技术，解决其中的安全隐患问题也日趋重要。即使在发达国家，利用各种加工技术时也同样存在着食品安全的问题，因而解决食品加工技术中存在的安全问题已是世界食品发展的关键问题。

第四节　消毒杀菌（灭菌）

一、杀菌（灭菌）方法分类

食品工厂及其产品的消毒杀菌（灭菌）是保证食品卫生和质量的关键，对食品安全的影响（生物因素）极大，杀、灭菌一般分为热杀菌和冷杀菌。

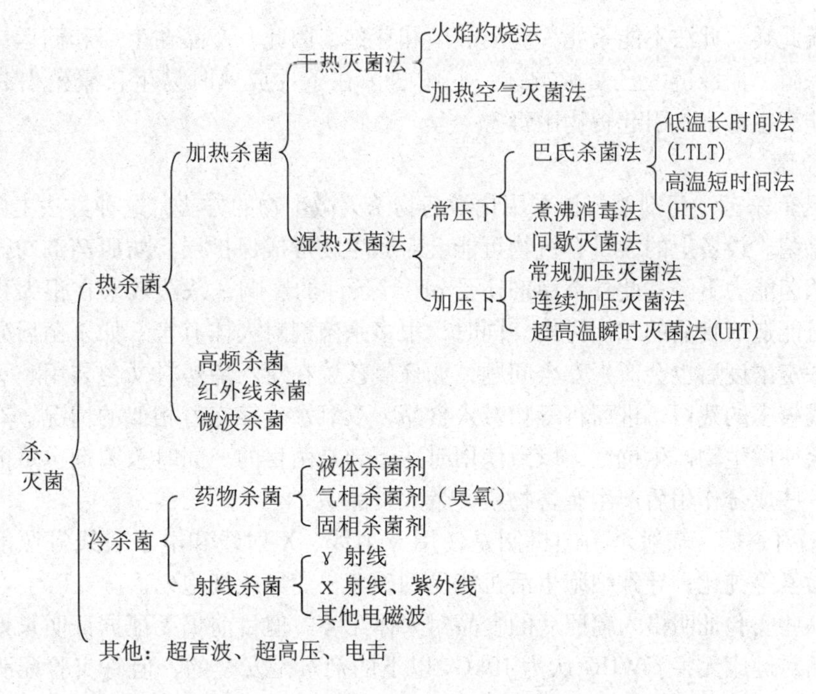

二、常见的杀（灭）菌方法

1. 加热杀（灭）菌

（1）高压蒸汽灭菌　此法将食品（如罐头食品）预先装入容器，密封后采用100℃以上的高压蒸汽进行杀菌（图7-2）。一般认为121℃、15~20min的杀菌强度就可杀死所有的微生物（包括细菌芽孢）。但因食品的种类不同，一般不采用统一的灭菌条件。有些经过高温后，色泽、品味上会有变化，所以采用较低的杀菌强度，使之达到商业无菌的状态，但此种灭菌方式并不能保证完全杀灭其中所有的芽孢，有可能造成细菌的繁殖而使食品变质，甚至引起食物中毒。如肉毒梭状芽孢杆菌耐热性很强，虽杀菌彻底，但可能有个别芽孢存活时，能在pH 4.5以上的罐头中生长繁殖，并产生肉毒毒素引起食物中毒。

（2）巴氏（杀菌）消毒法　巴氏（杀菌）消毒法指采用低于100℃的温度杀死绝大多数病原微生物的一种杀菌方式（图7-3），目的是杀灭病原菌的营养体，如传统消毒牛乳

图7-2　高压灭菌设备

图7-3　巴氏杀菌设备

的方法就属此类。此法不能杀死一些耐热菌和芽孢，因此，产品在生产和储运销售过程须有冷链作保障。但冷链一旦受影响，一些耐热菌在条件成熟时易生长繁殖引起食物的腐败，有的能产生毒素，引起食物中毒。

2. 冷杀菌

（1）药剂杀菌　药剂杀菌指采用化学药物杀灭微生物的方法，这种方法主要用于设备及场地的杀菌。设备上的大量有机物可能会对微生物形成保护层，妨碍药剂与微生物的接触，使其杀菌能力下降；此外杀菌剂还受 pH 等条件的影响，杀菌效果在很大程度上受到制约，有可能造成食品的二次污染。同时，很多杀菌剂对人体有害，如杀菌后残留在食品中，达到一定浓度后也会产生安全问题，如环氧乙烷在对乙烯塑料（包装用）灭菌时，会在其中形成较多的残留，进而将毒物带入食品。双氧水也存在着相似的情况。有些杀菌剂长期使用会使微生物产生抗性，以致使用时达不到杀菌目的。同时杀菌剂也可能与微生物细胞内的一些成分作用后产生有害物质，带入食品中。

（2）辐射杀菌　辐射杀菌的机制是使用 γ 射线、X 射线和电子射线等照射后，使核酸、酶、激素等钝化，导致细胞生活机能受到破坏、变异或细胞死亡。

尽管一些实验证明摄入辐照后的食品对人体无害，但目前仍无证据证明长期服用高剂量照射食品对健康无害。WHO 认为 10kGy 以下的剂量是安全的，但有实验证明在培养基灭菌实验中，20kGy 还不能达到完全杀菌的要求。因此具有灭菌作用的辐射剂量用于食品可能导致安全性问题。有资料显示，经辐照处理过的肉和鱼，可能仍残留有形成芽孢的 E 型肉毒梭菌；此外，经较高剂量处理后，非病原菌可能会变异为病原菌或使菌的毒性提高；另外，高脂鱼类用辐射处理，可能会引起肉毒毒素的产生。

（3）紫外线　主要用于空气、水及水溶液、物体表面杀菌。只能作用于物体表面，对物体背后和内部均无杀菌效果，对芽孢和孢子作用不大。此外，如果直接照射含脂肪丰富的食品，会使脂肪氧化产生醛或酮，形成安全隐患。

（4）臭氧　臭氧杀菌是近几年发展较快的一种杀菌技术，常用于空气杀菌、水处理等。但是臭氧有较重的臭味，对人体有害，故对空气杀菌时需要在生产停止时进行，对连续生产的场所不适用。

（5）酸性电生功能水　是指自来水或稀盐溶液等经较低直流电压电解处理得到的功能水总称。电解处理时在通电的正极和负极得到的水 pH 不同，分别偏酸性和偏碱性。因此电生功能水分为酸性电生功能水（又称酸性离子水）和碱性电生功能水（又称碱性离子水）。酸性电生功能水被发现几乎可以杀灭一切微生物，甚至连耐受 100℃ 高温的芽孢菌也不例外，而且杀菌后即还原为普通水，没有有害残留。电生功能水达到甚至超过了 75% 医用酒精的消毒效果，用于食品工厂生产线的清洗消毒，可完全替代有化学残留的二氧化氯、次氯酸钠等化学消毒剂，对生产设备无任何腐蚀。

（6）光氢离子化（PHI）一种由美国 RGF 环境集团综合高级氧化技术及光催化技术开发的光氢离子化空气净化技术，可在生产进行状态下，即时、全面、主动杀灭环境中的有害微生物，分解挥发性有害气体，消除异味分子等空气污染物，并可沉降空气中的可吸入颗粒物，达到净化空气的目的。PHI 技术已在美国军事、医疗、食品等多个领域中广泛应用。它的原理如下：用高强度的广谱紫外线照射多种稀有金属化合物（催化剂）而激发空气中少量的氧气的水分子，产生 PHI 净化因子。这些高效的净化因子能够迅速杀灭细菌、病毒和真菌等微生物污染物，并能分解挥发性有机气体及异味分子。PHI净化因子可与几乎所有的有机物发生链式反应，将有机物的碳分子逐个从有机分子上剥离，生成二氧化碳，直至将有机物彻底分解为水和二氧化碳。

第五节　食品包装的影响

一、包装材料对食品安全性的影响

1. 纸类包装材料及制品

纸可以制成纸袋、纸箱、纸杯（图7－4）、纸罐等容器，作为传统的包装材料历来占据了主导地位。在发达国家曾一度大力发展塑料包装，但后来逐渐认识到塑料制品等人工合成包装材料对环境会造成很大的危害，故人们主动放弃塑料制品等，开始重新使用纸制品，这就导致了纸和纸制品应用范围越来越广泛。根据不同纸类包装材料的性能应用在食品、轻工、化工、医药等各个领域，可为这些行业提供销售包装和运输包装。虽然纸制品具有优异的包装性能，同时相对于其他包装材料，廉价、成本低，制造容易，使用简便易操作，在食品行业广泛运用。同时它也有许多弊端，主要包括以下4方面。

图7－4　纸杯

（1）加工处理时，特别是在纸制品的加工过程中，通常有一些杂质残留下来，如纸浆中的化学残留物（包括碱性和酸性两大类）、纸板间的黏合剂、涂料和油墨等，若处理和使用不当均可以污染食品，轻则造成产品中出现异味，重则将某些有害物质渗透到食品中。

（2）由于包装用纸和纸制品直接与食品接触，故不得用废纸、废纸浆为原料加工，由于原材料本身不清洁、存在重金属、农药残留等污染源的存在，容易将化学性、生物性污染传到食品；但在实际生产中还是有很多厂家出于经济利益考虑使用不合规范的上述材料。

（3）生产过程使用荧光增白剂、防渗剂、漂白剂、染色剂等。厂家为了除去纸张的黄色或灰白色，大量使用荧光增白剂以达到补色美白的作用。但荧光增白剂含有大量化学污染物，很容易污染食品。

（4）在纸张中含有过高的多环芳烃化合物，同时像塑料包装材料一样，纸张也存在着油墨印染问题。

2. 塑料包装材料及制品

塑料是以一种高分子聚合物树脂为基本成分，再加入一些用来改善性能的各种添加剂为辅料制成的高分子材料。它广泛用于食品的包装，取代了玻璃、金属和纸类等传统包装材料，成为目前食品销售包装最主要的包装材料（图7－5）。塑料包装材料以其轻便、廉

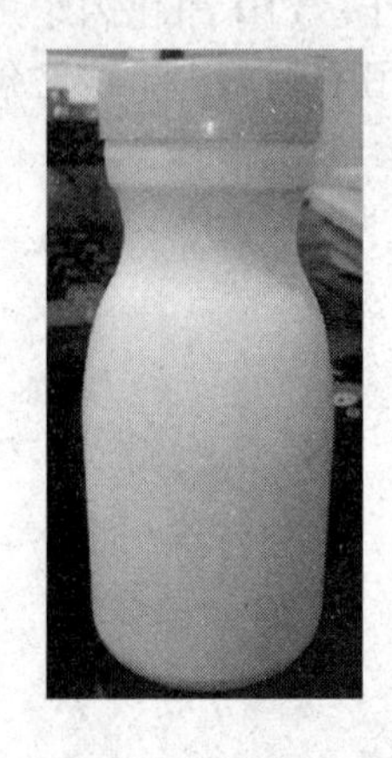

图7-5　塑料瓶

价、容易携带的优势被广泛应用。作为食品包装材料，塑料制品存在以下问题。

（1）塑料树脂的安全问题　用于食品包装的大多数塑料树脂材料是无毒的，但它们的单体分子却大多有毒性，并且有的毒性较强，有的已证明为致癌物。如聚苯乙烯树脂中的苯乙烯单体对肝脏细胞有破坏任用；丙烯腈塑料的单体是强致癌物，在一些国家禁用该种材料。

（2）塑料添加剂的安全问题　塑料添加剂一般包括增塑剂、稳定剂、着色剂、润滑剂、胶黏剂等。例如，食品包装过程中会使用胶黏剂，而大部分胶黏剂单体是芳香族异氰酸酯。芳香族异氰酸酯水解后生成的芳香胺以及高温裂解后产生的低相对分子质量物质是致癌物质。胶黏剂会使用单一高纯度乙酸乙酯作为溶剂，但个别生产供应商使用不纯净醋酸乙酯，或是掺和甲苯，危害人体健康。胶黏剂的重金属含量跟油墨存在一样问题，不允许重金属含量超标。又如增塑剂，台湾称“塑化剂”，DEHP，邻苯二甲酸二酯，是一种有毒的化工物品，其毒性比三聚氰胺毒20倍。用于塑料软化剂，属无色、无味液体，添加后能增加塑料延展性、弹性及柔软度。增塑剂不是食品添加剂，但台湾不法商家为降低成本却将其用于果汁、果酱、饮料等食品中，引起著名的食品安全事件。增塑剂被称为“环境荷尔蒙”，作用于腺体，影响人体内分泌，危害男性生殖能力并促使女性性早熟，长期大量摄取可能会导致肝癌，甚至造成畸胎、癌症的危险。幼儿正处于内分泌系统生殖系统发育期，它对幼儿带来的潜在危害会更大，动物试验也证明了这点。另外虽没将增塑剂用作食品添加剂，但车间使用的软管也可能产生增塑剂的迁移问题，因此软管材质要符合GB 4806.1—1994《食品用橡胶制品卫生标准》的要求，并用SN/T 2249—2009《塑料及其制品中邻苯二甲酸酯类增塑剂的测定 气相色谱-质谱法》来进行检测。

（3）油墨的安全性问题　食品包装对油墨要求较高，一些包装生产企业贪图自身利益，油墨用含有甲苯的混合溶剂来进行稀释，大量使用较便宜的甲苯，在缺乏严格的生产操作工艺情况下，使包装材料中残留大量的苯类物质，严重残害人体健康。同时，制作油墨所使用的染料，包含重金属、苯胺或稠环化合物等有毒物质物质，严重影响食品卫生和人体健康。

3. 金属包装材料及制品

由于金属包装材料的高强度、高阻隔性及加工使用性能的优良，在食品包装中占有非常重要的地位，成为食品包装的四大支柱材料之一，在包装材料中仅次于纸制品而居第二位。目前，最常用的是马口铁、无锡钢板、铝和铝箔等。金属包装材料及制品可能存在的安全问题如下。

（1）由于金属包装材料及制品的化学稳定性能较差，不耐酸、碱，尤其对酸性食品敏感，因此，有金属包装的食品放置一定时间后，涂层溶解，使金属离子析出，影响产品的质量。食品包装用的马口铁罐（图7-6），其安全问题主要在于它的镀锌层，特别是中缝焊锡，接触食品后会发生迁移，污染罐内食品。铝质包装材料主要是指铝箔和铝合金薄板，安全性问题在于回收铝中的杂质难以控制，易造成食品污染。另外铝食品包装材料含有铅、锌等元素，长期摄入会造成积蓄中毒。铝抗腐蚀差，易发生化学反应产生有害物质。总之金属包装一般分为箔材和罐材两种。铝箔对材质的纯度要求非常高，必须达到 99.99%，几乎没有杂质，因其存在小气孔，很少单独使用，通常与塑料薄膜粘合在一起使用。

(2) 由于金属材料的阻隔性优于其他材料，故放置一定时间后包装内部处于无氧或少氧的状态，所以厌氧或兼性厌氧的微生物有增殖的可能。特别是高含动物蛋白质类的食品，应注意肉毒梭状芽孢杆菌的存在，它产生的毒素虽不耐热，但是其毒力比氰化钾大 1 万倍。

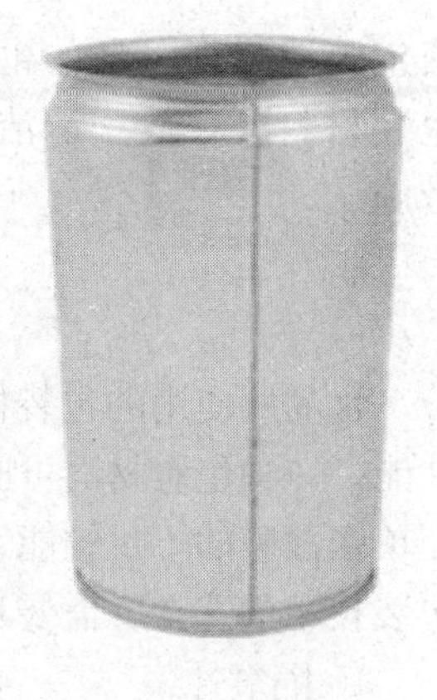

图 7-6　金属罐

4. 玻璃包装材料及制品

玻璃的特性是透明，为了防止有害光线对内容物的损害，通常用各种着色剂使玻璃着色。食品包装用的玻璃主要是钠-钙-硅系玻璃，主要分为两类：细口和广口容器，其中约 80% 的容器为广口瓶和罐。一般广口瓶用于盛装粉状、粒状、膏状或块状食品，细口瓶用于盛装液体类食品。

玻璃材料本身不存在安全性问题，但这类包装材料一般都是循环使用，在使用过程中瓶内可能存在异物和清洗消毒剂的残留。

5. 陶瓷与搪瓷包装材料及制品

在食品行业，陶瓷包装的使用是一种传统的方法，有着悠久的历史，主要有瓶、罐、缸、坛等，用于酒类、调味品以及传统食品的包装（图 7-7）。

图 7-7　陶瓷包装瓶

陶瓷与搪瓷食品包装材料相对而言，本身并没有什么害处。但该类食品包装材料都要经过表面处理，如染油漆等涂料、上釉，以达到美观的效果。涂料、釉料多是化学品（釉含硅酸钠和金属盐铅等），容易挥发、析出化学污染物给食品带来安全隐患。陶瓷包装封口的安全问题主要是釉，陶瓷表面釉层中重金属元素铅或镉的溶出，对人体健康造成危害。

6. 橡胶制品

橡胶可分为天然橡胶与合成橡胶两大类。天然橡胶是天然的长链高分子化合物，本身对人体无害，其主要的食品安全性问题在于生产不同工艺性能的产品时所加入的各种添加剂。合成橡胶是由单体聚合而成的高分子化合物，影响食品安全性的问题主要是单体和添加剂残留。因此同塑料制品一样，也要符合 GB 4806.1—1994《食品用橡胶制品卫生标准》的要求。

二、包装材料的选择

用于食品包装的材料必须清洁卫生，直接接触产品的材料必须无毒、无异味，各项卫生指标需符合国家的有关卫生标准要求和进口国的有关规定。外包装纸箱须来自获包装质量许可证的生产企业。标签用纸不得含有有毒有害物质，而且应不易褪色。包装材料应存放于清洁、干燥的专用库房内，内外包装要分开放置，并有防尘、防鼠措施。

三、包装技术的选择

食品所使用的包装材料大部分是塑料。塑料具有比纸和金属等包装材料更广泛的包装性能，一种包装材料可同时具有几种性能。而且塑料薄膜的层压粘贴或涂层技术还可以补充单张薄膜的不足性能，利用层压、涂层技术可开发出多种用途的薄膜。对于包装材料和包装技术的选择，需要考虑以下几项因素。

1. 隔氧性

隔氧性就是隔绝氧气的透过性。不仅是氧气，其他气体也一样，透过塑料薄膜的量与气体的分子大小是没有关系的。通常它是通过两个步骤进行的，最初是气体溶解在薄膜的分子里，然后再通过扩散渗透进去。以肉制品为例，薄膜的阻氧性对除生肉以外的所有肉制品的包装都适用，特别是在真空包装、充气包装的时候更重要。由于氧的作用，把血色素变成了高铁血红素，引起产品褪色、促进脂肪氧化和好氧性微生物的增殖。所以阻止产品与氧的接触，对于保持产品质量、提高保存性都是极为重要的。

2. 防湿性

防湿性就是阻挡水蒸气透过的性质。薄膜分子中不含亲水性的羟基、羧基时，就认为其防湿性好。防湿性随温度发生较大的变化。薄膜的防湿性适用于所有的肉制品包装。若产品水分以水蒸气形式从包装薄膜内侧透过来，或产品吸收从外侧透进来的水蒸气，则产品的风味、组织、内容量也会发生变化。防湿性特别是对含水分很少的干香肠类的包装，以及防止定量制品的自然损耗是极其重要的。

3. 遮光性

特别是薄膜对紫外线中320~380nm波长的、起光学作用的光具有遮挡性。此性质对真空包装的切片产品和着色产品、烟熏制品是很重要的。透明的薄膜是没有遮挡紫外线功效的。防止紫外线透射的方法很多，早先是往包装材料中加紫外线吸收剂，但近年来食品包装材料已禁止使用紫外线吸收剂。因此，又研究出一种利用光的性质遮光的方法。即利用印刷油墨吸收光或者反射光的方法，或者是利用缎纹加工滚筒，机械地在薄膜面上挤出凹凸花纹，对光产生反射作用的方法。使用印刷油墨时，黑色具有吸光性，而白色具有反射光线的作用。除黑色外，所有浅颜色几乎都没有吸收光的作用，深颜色按黑、蓝、绿、黄色，其遮光性依次变差，红色和紫色没有作用。一般有遮光作用的薄膜都是不透明的，缺点是看不见包装袋中产品。为了弥补不透明薄膜的缺陷，最近研制出一种将油墨超微粒化的方法，在薄膜内部利用波长比较短的紫外线的散射遮光，既让波长较长的可见光通过，又可以看见包装袋中的产品的印刷薄膜。

4. 耐冲击性

耐冲击性质适用于所有包装，特别是对重的东西、肠衣和产品之间没有空隙的紧缩包装更为重要。包装材料的耐冲击性，可以通过材料的拉伸强度、拉伸延伸度和冲击强度三者的平衡来保证。这种薄膜有聚乙烯醇、聚氯乙烯、聚偏二氯乙烯、拉伸尼龙等。

5. 耐寒性

即使在低温情况下，薄膜也不变脆，仍能保持其强度和耐冲击性的性质。一般在 -10～0℃保存肉制品是没有问题的，但是若在 -15℃条件下保存冷冻肉制品，就必须考虑薄膜的耐寒性，因为它直接影响到密封强度。耐寒性的包装有聚酰胺树脂、聚乙烯（低密度）、聚酯、聚丙烯（拉伸）、聚丙烯（无拉伸）等。

6. 耐热性

耐热性是指软化点高，即使加热后也不变形的性质（例如聚氯乙烯）。由于在加热时制品发生膨胀，所以必须保证薄膜的耐热强度。这种性质，适合于进行二次杀菌的包装。聚酯、聚偏二氯乙烯、聚丙烯（无拉伸）、聚丙烯（拉伸）、聚乙烯（高密度）的耐热性较好。

7. 成型性

成型性指用空气将加热后变软的薄膜吹塑成型（气压成型），或通过吸气（真空成型），使薄膜沿成型模成型（紧缩包装时沿着制品成型）的性质。成型性好是指用很小的力就能将加热后的薄膜四边均匀地拉伸开。薄膜一经加热马上就可拉伸变大，当加热温度达到某一温度后就处于平稳状态，这个平稳的温度带越宽，薄膜越容易成型，包装操作越容易进行。成型性好的薄膜也必须考虑其阻隔性和密封性的影响，具有这些综合特性的薄膜称为复合膜。现在市场上使用的包装膜多为复合膜。成型薄膜有无拉伸尼龙 6、无拉伸聚丙烯、聚氯乙烯、聚偏二氯乙烯、聚乙烯、乙烯醋酸共聚物等。

8. 热收缩性

热收缩性就是指一经加热薄膜就收缩的性质。此性质适用于脱气收缩包装和真空包装，利用薄膜遇热收缩特性，达到固定袋中制品位置、提高保存效果的目的。收缩性是将热塑性薄膜加热到软化点温度以上时，运动着的分子之间由于拉伸给予薄膜的性质，即恢复原状的复原性。将薄膜拉伸时，薄膜就被拉薄，但是在拉伸方向上由于薄膜中分子发生了重新排列，因此，其韧性、隔气性、防湿性能也都被提高了。聚丙烯、聚酯、聚氯乙烯、聚乙烯的热收缩性较好。

四、食品包装的标签要求

1. 食品标签的作用

食品标签是指食品包装上的文字、图形、符号及一切说明物。食品标签的作用有：向消费者传递有关食品特征和性能的信息、展示产品的优越性等，可以引导、指导消费者选购食品，促进销售；因在标签上展现了食品的营养成分、质量和安全性，从而保护消费者的利益和健康；由于在标签上标明生产日期、保质期或保存期，当超出上述期限或消费者、经销者未按标签上标明储藏条件进行储藏销售或食用，导致食品发生意外时，食品制造者不承担责任，也维护了食品制造者的合法权益。引导、指导消费者选购食品。

2. 食品标签要求

食品标签必须按食品安全国家标准 GB 7718—2011《预包装食品标签通则》、GB 28050—2011《预包装食品营养标签通则》和 GB 13432—2013《预包装特殊膳食用食品标签》等的要求标注。须标签的主要内容有：食品名称、配料表、净含量及固形物含量、制造者或经销者名称和地址、日期标志（生产日期、保质期或保护期）和储藏指南、产品类型、质量（品质）等级、产品标准号，以及包括 QS 在内的特殊标注内容等。

第六节　食品储运

一、食品储藏和运输的方式

《食品安全法》2015 年修订本规定，贮存、运输和装卸食品的容器、工具和设备应当安全、无害，保持清洁，防止食品污染，并符合保证食品安全所需的温度等特殊要求，不得将食品与有毒、有害物品一同运输。食品的储藏与保鲜是把食品或其原料，经过从生产到消费的整个环节保持其品质不降低的过程。食品品质主要是指商品价值、营养价值和卫生安全程度，这些均由食品的化学组成、物理性质和有无有害微生物污染等所决定。

在储藏、流通期间，食品品质的降低主要与由食品外部的微生物一再侵入，在食品中繁殖所引起的复杂的化学和物理变化有关。此外，也与食品成分间相互反应以及食品成分和酶之间的纯化学反应，还有食品组织中原先存在的酶引起的生化反应等有关。因而，储藏与保鲜的意义也就在于：在制造和储藏之际，杀灭食品中存在的微生物和酶（或者钝化），此后没有外部微生物的污染并阻止食品中微生物的繁殖，以物理或化学处理来阻止酶和非酶化学反应，以保持食品的品质，达到保藏食品的目的。

用于食品保藏的手段主要有加热、干燥、冷藏、放射线照射、增加酸或碱浓度、添加防腐剂、气相置换等方法。由于其中一些食品的保藏方法存在着微生物细胞并未完全杀灭，酶也非完全钝化的情况，因此处理完毕后，若环境条件改变则这些微生物和酶还能重新活动，应引起注意。

二、食品储藏和运输中可能发生的安全性问题

粮油、蔬菜、食品等都可能由于储藏不当引起食品安全问题。

玉米、稻谷、花生、棉籽、椰子、核桃及其他坚果等由于储藏不当而发生霉变。霉菌毒素广泛存在于自然界中，致病性强，因而随时都有可能污染食品从而带来安全问题，黄曲霉毒素就是其中一种毒性极强的霉菌毒素。黄曲霉菌易在玉米、稻谷、花生、桃仁、果仁等粮食和坚果上生长，黄曲霉毒素污染整粒花生、玉米、稻谷和小麦。黄曲霉毒素对热不敏感，100℃/20h 也不能将其全部破坏，蒸煮、油炸等都不能将黄曲霉毒素去除，因而卫生学家提倡对付黄曲霉毒素的最佳方法是预防。为了防止产生黄曲霉毒素，最好将桃仁、果仁、谷物储藏在密封和干燥的地方，储藏过程中有效的控制措施为防潮，保持粮食、干果等的水分活度（A_W）低于 0.70。此外，不要吃发霉的食品，尤其是发霉的桃仁、花生、大米（黄霉米）和玉米。

马铃薯储藏不当也会引起食物中毒，这是因为马铃薯的芽及其周围的皮层组织中存在着有毒的龙葵素，如果食入超量就会产生恶心、腹泻、腹痛等胃肠障碍，还会产生头眩、胸闷、轻度神经症状等，严重时甚至危及生命。马铃薯收获后的储藏方法与龙葵素的关系极大。储藏过程中，马铃薯块茎受光，皮层表面逐渐变成绿色，这种现象称为绿化。马铃薯绿化是由于产生了叶绿素之故，在此同时也积累了龙葵素。因此发芽和绿化的马铃薯不能食用。在光照条件下，储藏温度不同其绿化程度也不同，温度低则绿化受到抑制，所以

储存马铃薯的温度最高也不能超过10℃，并且要严格避光。

许多食品在生产过程中采用巴氏杀菌进行消毒，需要在冷藏条件下进行储藏、运输和销售（冷链）。如果未采用冷藏条件或在冷藏条件下超过保质期，食品中的微生物就会大量繁殖，可能导致食物中毒的发生，冰箱中超过保质期的鲜乳、酸乳、开盖后冷藏超过7d的果汁饮料等都不能食用。

思考题

1. 试述食品加工企业的厂址环境卫生对食品安全性的影响。
2. 食品厂房布局时应考虑哪些食品安全因素？
3. 简述食品加工的基本原则。
4. 简述食品加工过程中的质量控制。
5. 论述食品加工技术与食品安全的关系。
6. 简述常见杀菌方式对食品安全的影响。
7. 试分析食品热杀菌和冷杀菌的优缺点，及与食品安全的关系。
8. 食品质量是靠检验得到的吗？请说明理由。
9. 简述食品包装对食品安全的影响。
10. 食品包装选择应注意哪些因素。
11. 食品储藏过程中可能存在的安全因素分析。

参考文献

1. 孟凡乔．食品安全性．北京：中国农业大学出版社，2005
2. 钟耀广．食品安全学．北京：化学工业出版社，2005
3. 王竹天，杨大进．食品安全与健康．北京：化学工业出版社，2005
4. 张国农．食品工厂设计与环境保护．北京：中国轻工业出版社，2005
5. 杨芙莲．食品工厂设计基础．北京：机械工业出版社，2005
6. 中国食品发酵工业研究院，江南大学等．食品工程全书（第三卷）食品工业工程．北京：中国轻工业出版社，2005
7. 张根生．危害分析与关键控制点在现代食品加工企业中的应用．北京：中国计量出版社，2004
8. 杨洁彬，王晶，王柏琴等．食品安全性．北京：中国轻工业出版社，2002
9. 章建浩．食品包装技术．北京：中国轻工业出版社，2001
10. 陈炳卿，刘志诚，王茂起．现代食品卫生学．北京：人民卫生出版社，2001
11. 王如福．食品工厂设计．北京：中国轻工业出版社，2001
12. 冯叙桥，赵静．食品质量管理学．北京：中国轻工业出版社，1995
13. 联合国粮农组织．食品质量控制手册．北京：中国科学技术出版社，1994

质量控制篇

第八章　食品安全检测技术

第一节　概　　述

食品安全正越来越受到人们的广泛关注，与食品安全紧密相关的检测技术也随之进入了发展的快速通道。2015 年修订的《食品安全法》第十四条也规定，“国家建立食品安全风险监测制度，对食源性疾病、食品污染以及食品中的有害因素进行监测。国务院卫生行政部门会同国务院食品药品监督管理、质量监督等部门，制定、实施国家食品安全风险监测计划”。然而我国食品工业科技水平与世界发达国家的差距较大，在技术层面上主要体现为食品加工制造核心技术的研发和关键设备的研制能力相对薄弱、食品安全检测技术相对落后等，特别是食品安全检测技术已引起了中国政府的高度重视，并将食品安全检测作为国家中长期发展规划中的重点支持方向。

一、食品安全检测技术的研究内容

检测是保证食品安全最为基础的手段。在食品不安全因素无法检出的情况下，安全是无法保证的。如果没有检测技术，首先不能确定一种食品是否存在不安全因素，其次也无法知道这种不安全因素程度如何，这就可能导致人们长期受其危害却浑然不觉。比如“三聚氰胺”和“塑化剂”等对食品的污染，如果没有相应的检测技术出现，人们至今还不知道有这种污染，更无法去防范它。解决食品安全问题，也就是要减少食源性疾病的问题，而我们要知道哪种疾病与食物中的哪种因素有关，少了检测技术是不可想象的。

食品安全检测主要包括农药残留检测、兽药残留检测、重金属检测、真菌毒素检测、食品添加剂检测、加工中食品安全检测、包装过程食品安全检测、食品微生物检测技术等研究内容。

检测内容涉及各种快速检测方法的基本原理、技术方法和实验过程中的质量保证。例如，PCR 是一种快速、特异、灵敏、简便、高效的检测新技术，用于食品致病性微生物方

面的检测效果显著。又如，酶联免疫吸附测定（ELISA）检测微量的特异性抗原和抗体，有着简便、快速、灵敏、稳定、重复性和线性关系好等特点，可用于检测被有机农药等污染了的食品。食品安全检测通常分常规检测技术和快速检测技术。常规检测技术主要包括样品前处理技术、滴定分析法、分光光度计法、气相色谱法（GC）、液相色谱法（LC）和质谱法（MS），以及气相色谱－质谱联用（GC－MS）技术和液相色谱－质谱联用（LC－MS）技术等；食品安全快速检测技术主要包括近红外光谱检测技术、免疫学技术、聚合酶链式反应技术（PCR）、生物传感器技术、生物芯片技术等。

二、食品安全检测技术

1. 食品安全常规检测技术

食品安全常规检测技术一般包括样品前处理技术和仪器测试分析技术。

（1）样品前处理技术　在食品安全检测过程中，样品前处理技术非常关键，直接关系了检测数据的准确与否，特别是针对有毒有害成分的检测，需要把这些痕量成分从食品中提取出来，并采用恰当的方式进行净化处理，才能进行下一步的仪器测试。前处理包含如下步骤或技术。

①均质（Homogeneity）：是食品中最为常见的技术，主要目的是将食品样品中各种成分均质化，使得在取试样时均匀性好，具有代表性。

②有机溶剂萃取（Organic Solvent Extraction）：主要针对脂溶性的成分，如食品中维生素A，需采用正己烷、三氯甲烷等有机溶剂将维生素A从食品中萃取出来。

③超声萃取（Ultrasonic Extraction）：主要针对水溶性成分，如食品中硝酸盐和亚硝酸盐，一般采用去离子水将食品中硝酸盐和亚硝酸盐从食品中通过超声的方式萃取出来，需要用到超声波清洗器。

④旋转蒸发或氮吹（Rotary Evaporation or *N*－EVAP）：主要是针对有机溶剂，如甲醇、乙腈、正己烷、石油醚、乙醚、二氯甲烷、三氯甲烷等低沸点的成分，如蔬菜水果中有机磷农药，采用以上有机溶剂萃取到有机磷农药后，采用旋转蒸发或氮吹的方式将有机溶剂蒸发掉，达到浓缩的目的。这种浓缩技术也用于兽药残留，如肉类食品中氯霉素、土霉素等。

⑤固相萃取（Solid－phase Extraction，SPE）：食品检测中最为常见的痕量成分净化技术，固相萃取可将大量非目标杂质去除，达到初步纯化目的，大大减少仪器分析的复杂度。如乳粉中三聚氰胺、肉类食品中四环素类（土霉素、四环素、金霉素和强力霉素）、蔬菜水果中有机磷农药残留等。根据固相萃取柱中填料性质不同，又可分活性炭、C18柱、阳离子柱、阴离子柱等类别。这些类别的使用需根据具体实验对象的性质而定，需要用固相萃取装置。

⑥消化技术（Digestion）：主要用于金属元素分析，将有机食品通过消化，分解成水、二氧化碳、金属元素氧化物等无机小分子，便于进行后续的光谱检测。消化方式一般分为两种：湿法消化和干法消化。湿法消化又称湿灰化法或湿氧化法，在适量的食品中加入氧化性强酸，并同时加热消煮，使有机物质分解氧化成CO_2、水和各种气体，为加速氧化进行，可同时加入各种催化剂，这种破坏食品中有机物质的方法就称作湿法消化，如果是采用微波加热的方式，则称为微波消解（除了采用硝酸、盐酸外，微波消解一般还添加H_2O_2）。干法消化是将食品干燥后，采用高温碳化，使有机物在高温下氧化，分解为无机

小分子。由于湿法消化有机物分解比较彻底，试样处理均匀性好，目前大部分的金属元素分析采用湿法消化。

（2）测试分析技术　试样通过前处理后，需要仪器进行下一步的测试分析，获得数据，通过计算得出最终结果。食品安全常规测试分析技术分如下类别。

①滴定分析法（Titrimetric Analysis）：又称容量分析法，将已知准确浓度的标准溶液，滴加到被测溶液中（或者将被测溶液滴加到标准溶液中），直到所加的标准溶液与被测物质按化学计量关系定量反应为止，然后测量标准溶液消耗的体积，根据标准溶液的浓度和所消耗的体积，算出待测物质的含量。这种定量分析的方法称为滴定分析法，它是一种简便、快速和应用广泛的定量分析方法，在常量分析中有较高的准确度。滴定分析法为食品安全测试分析最基本的技术之一，如食用油中酸价、过氧化值的测定。

②分光光度计法（Spectrophotometer）：是利用分光光度法，通过测定被测物质在特定波长处或一定波长范围内光的吸收度，对该物质进行定性和定量分析的一种方法。不同种类的分光光度计的基本原理相似，都是利用一个可以产生多个波长的光源，通过系列分光装置，从而产生特定波长的光源。光源透过测试的样品后，部分光源被吸收，通过测量样品的吸光值，经过计算可以转化成样品的浓度。样品的吸光值与样品的浓度成正比。分光光度计也常作为分析仪器的检测器，如液相色谱。

分光光度计按照波长及应用领域的不同可以分为以下几种。

可见光分光光度计：测定波长范围为400～760 nm的可见光区；

紫外分光光度计：测定波长范围为200～400nm的紫外光区；

红外分光光度计：测定波长范围为大于760nm的红外光区；

荧光分光光度计：用于扫描液相荧光标记物所发出的荧光光谱；

原子吸收分光光度计：光源发出被测的特征光谱辐射，被经过原子化器后的样品蒸气中的待测元素基态原子所吸收，通过测定特征辐射被吸收的大小，来求出被测元素的含量。

③气相色谱法（Gas Chromatography，GC）：用气体作为流动相的色谱法，基本原理与液相色谱相同。气相色谱法由于所用的固定相不同，可以分为两种，用固体吸附剂作固定相的叫气固色谱；用涂有固定液的单体作固定相的称为气液色谱。按色谱分离原理来分，气相色谱法亦可分为吸附色谱和分配色谱两类，在气固色谱中，固定相为吸附剂，气固色谱属于吸附色谱，气液色谱属于分配色谱。

按色谱操作形式来分，气相色谱属于柱色谱，根据所使用的色谱柱粗细不同，可分为一般填充柱和毛细管柱两类。一般填充柱是将固定相装在一根玻璃或金属的管中，管内径为2～6mm。毛细管柱则又可分为空心毛细管柱和填充毛细管柱两种。空心毛细管柱是将固定液直接涂在内径只有0.1～0.5mm的玻璃或金属毛细管的内壁上，填充毛细管柱是近几年才发展起来的，它是将某些多孔性固体颗粒装入厚壁玻管中，然后加热拉制成毛细管，一般内径为0.25～0.5mm。

气相色谱仪主要由气源系统、进样系统、柱系统、检测系统、数据采集及处理系统、温控系统等部位组成。气相色谱仪可使用的检测器有很多种，最常用的有火焰电离检测器（FID）与热导检测器（TCD）。这两种检测器都对很多种分析成分有灵敏的响应，同时可以测定一个很大的范围内的浓度。TCD从本质上来说是通用性的，可以用于检测除了载气之外的任何物质（只要它们的热导性能在检测器检测的温度下与载气不同），而FID则主要对烃类响应灵敏。FID 对烃类的检测比 TCD 更灵敏，但却不能用来检测水。两种检测器都很强大。由于 TCD 的检测是非破坏性的，它可以与破坏性的 FID 串联使用（连接在 FID 之前），从而对同一分析物给出两个相互补充的分析信息。

④液相色谱法（Liquid Chromatography，LC）：液相色谱法就是用液体作为流动相的色谱法，通过液相色谱技术将不同性状的成分分离开来，再采用特定的检测器对不同成分进行定性和定量。分离机理是基于混合物中各组分对两相亲和力的差别。根据固定相的不同，液相色谱分为液固色谱、液液色谱和键合相色谱。应用最广的是以硅胶为填料的液固色谱和以微硅胶为基质的键合相色谱，如键合在硅胶上的十八烷基色谱柱（ODS RP－C18）。根据固定相的形式，液相色谱法可以分为柱色谱法、纸色谱法及薄层色谱法。按吸附力可分为吸附色谱、分配色谱、离子交换色谱和凝胶渗透色谱。近年来，在液相柱色谱系统中加上高压液流系统，使流动相在高压下快速流动，以提高分离效果，因此出现了高效（又称高压）液相色谱（HPLC）法。

液相色谱仪主要由泵、进样阀、色谱柱、检测器、数据采集和处理系统等部分组成。液相色谱的检测器有紫外检测器、荧光检测器、电位检测器（多用于离子色谱）、蒸发光检测器（用于糖的检测）等。

⑤质谱法（Mass Spectrometry，MS）：用电场和磁场将运动的离子（带电荷的原子、分子或分子碎片，有分子离子、同位素离子、碎片离子、重排离子、多电荷离子、亚稳离子、负离子和离子－分子相互作用产生的离子）按它们的质荷比（*M/Z*）分离后进行检测的方法。测出离子准确质量即可确定离子的化合物组成。这是由于核素的准确质量是一多位小数，决不会有两个核素的质量是一样的，而且决不会有一种核素的质量恰好是另一核素质量的整数倍。分析这些离子可获得化合物的相对分子质量、化学结构、裂解规律和由单分子分解形成的某些离子间存在的某种相互关系等信息。

质谱法的仪器种类较多，根据使用范围，可分为无机质谱仪和有机质谱计。按离子源类型可分电子轰击质谱 EI－MS、场解吸附质谱 FD－MS、快原子轰击质谱 FAB－MS、基质辅助激光解吸附飞行时间质谱 MALDI－TOFMS、电子喷雾质谱 ESI－MS 等，不过能测量相对分子质量的是 MALDI－TOFMS 和 ESI－MS，其中 MALDI－TOFMS 可以测量的相对分子质量达 100000。实验室常用的质谱有 EI－MS、ESI－MS、MALDI－TOFMS 等。

质谱仪一般由进样系统、高真空系统（质谱计必须在高真空下才能工作）、进样系统、离子源、质量分析器、收集器等部件组成。一般质谱与气相色谱仪或液相色谱仪相连，称为气相色谱－质谱联用仪（GC－MS）或液相色谱－质谱联用仪（LC－MS）。质谱在食品安全检测技术方面得到了广泛的应用，如食品中农药残留、兽药残留、多环芳烃、非法添加物等。

2. 食品安全快速检测技术

由于食品现场监管或食品快速生产、销售的需要，食品安全快速检测技术的发展也随之加快，这些技术主要包括近红外光谱检测技术、免疫学技术、聚合酶链式反应技术（PCR）、生物传感器技术、生物芯片技术等。

（1）近红外光谱技术（Nearinfrared Spectroscopy，NIR）　是指波长介于可见区与中红外区的电磁波，波数范围为 4000～12500 nm。近红外光谱分析技术是一种间接的分析技术，通过建立校正模型对样品进行定性或者定量分析。近红外光谱技术具有速度快、无需制备样品以及成本低等优势，已经应用于部分食品安全分析方面。如水果蔬菜的无损检测、牛乳质量控制等。但近红外光谱技术对不同食品或不同生产方式及配方的食品需要单独建立分析模型，且只对均一性好的食品应用较理想，不适合固体样品或不均一的食品。

（2）免疫学技术（Immunology） 包括酶联免疫技术（Enzyme Linked Immunosorbent Assay，ELISA）、荧光免疫技术（Fluorescence Immunoassay，FIA）、免疫胶体金技术（Immuno - colloidal Gold Technology，ICGT）等。这些技术核心原理是通过抗原抗体的特异性结合，来识别待测成分。抗原抗体结合后采用酶联、荧光或胶体金等方式将信号放大到可识别的程度。免疫学技术检测速度快，操作简便，常用于现场快速初筛。如水果、蔬菜中的农药残留、肉类食品中的兽药残留、牛乳中的黄曲霉毒素等。

（3）聚合酶链式反应技术（Polymerase Chain Reaction，PCR）是一种分子生物学技术，用于放大扩增特定的 DNA 片段。可看作生物体外的特殊 DNA 复制。PCR 技术适用于生物样品的检测，在食品安全中，多用于调查由微生物引起的食品源疾病及鉴定相应病原菌，以及食品转基因的检测。

（4）生物传感器技术（Biosensor） 是一种将生物识别元素与目标物质结合的物理传感器，具有特异性和灵敏度高、反应速度快、成本低等优点。生物传感器在食品安全检测中在某些领域中得到一定程度的应用，如水果中葡萄糖含量，酒中乙醇含量等。

（5）生物芯片技术（Biochip） 是一项综合分子生物技术、微加工技术、免疫学、计算机等技术的全新微量分析技术，将分析过程集成在芯片上完成，实现样品检测的连续化、集成化、微型化和信息化。在食品安全检测中可应用于食源性微生物、病毒、药物、真菌毒素以及转基因食品等的检测分析。

食品安全快速检测技术优点明显，即快速，一般在几个小时甚至几分钟内可得出检测结果；而且操作简便，成本较低，一般不需要精密贵重的分析仪器，便于在实验室外进行快速筛选检测。其缺点是对检测结果的准确性不够稳定、灵敏，尤其是微量成分的检测，准确度和灵敏度仍需常规分析技术来确证。总之，快速检测技术是常规方法的一种补充，在很大程度上弥补了常规分析技术的不足。

第二节 微生物检验技术

微生物是存在于自然界的一大群形体微小、结构简单、肉眼不能直接看到，必须借助光学显微镜或电子显微镜放大数百至数万倍才能看到的微小生物，微生物一般包括病毒、细菌和真菌。微生物常规技术包括灭菌和消毒技术、无菌操作、显微技术、染色技术、培养基制备技术、接种、分离纯化、菌种保藏技术、微生物的计数技术，以及微生物常规鉴定技术等。

1. 灭菌和消毒技术（Sterilization or Disinfection）

灭菌是指用物理或化学的方法杀灭全部微生物，包括致病和非致病微生物以及芽孢，使之达到无菌水平。食品检验过程中，常用的灭菌技术有干热灭菌（如火焰灼烧、高温烘箱）、湿热灭菌（巴氏灭菌、高压蒸汽灭菌等）、辐射灭菌（紫外线）等。消毒是指杀死病原微生物、但不一定能杀死细菌芽孢的方法，通常用化学药物消毒的方法，如75%的乙醇、H_2O_2 等。灭菌与消毒是食品微生物检验过程中常用的技术。

2. 无菌操作（Aseptic Technique）

无菌操作是用于防止微生物进入待检样品或其他无菌范围的操作技术。执行无菌操作前，先戴帽子、口罩、洗手，并将手擦干，注意空气和环境清洁。无菌物与非无菌物应分别放置。无菌物品必须保存在无菌包或灭菌容器内，一经打开即不能视为绝对无菌，应尽早使用。无菌操作是食品微生物检验必需要求。

3. 显微技术（Microtechnique）

显微技术是微生物检验技术中最常用的技术之一，也是应用比较早的技术。实验室中常用的有普通光学显微镜、暗视野显微镜、相差显微镜、荧光显微镜和电子显微镜等。利用血细胞计数器在显微镜下直接计数是一种常见的微生物计总数方法。

4. 革兰染色技术（Gram's Staining Techniques）

革兰染色技术是细菌学中广泛使用的一种鉴别染色法。通过革兰染色，可初步判断微生物的外部形态，并根据颜色将待检微生物分成革兰阴性（红色）和阳性（紫色）两大类，根据革兰染色结果，进一步采用其他相应的技术进行后续的菌种鉴定。革兰染色包括（草酸铵结晶紫）初染、（碘液）媒染、（乙醇）脱色和（番红染色液）复染4个基本步骤。

5. 培养基（Medium）制备技术

培养基是供微生物、植物组织和动物组织生长和维持用的人工配制的养料，一般都含有碳水化合物、含氮物质、无机盐（包括微量元素）以及维生素和水等。有的培养基还含有抗菌素和色素，用于单种微生物培养和鉴定，如显示培养基。食品微生物检验用的培养基大部分是配置好的商品化干粉，或制成的成品，在一定程度上保证了产品的稳定性。

6. 接种、分离纯化（Microbial Inoculation，Isolation and Purification）

将微生物接到适于它生长繁殖的人工培养基上或活的生物体内的过程称作接种。含有一种以上的微生物培养物称为混合培养物（Mixed Culture）。如果在一个菌落中所有细胞均来自于一个亲代细胞，那么这个菌落称为纯培养（Pure Culture）。在进行菌种鉴定时，所用的微生物一般均要求为纯的培养物。得到纯培养的过程称为分离纯化。接种、纯化的方式基本相似，常见的方式有划线、穿刺、涂布、倾注平板等。常用的工具有接种针、接种环、接种钩、玻璃涂棒、接种圈、接种锄等。

7. 菌种保藏技术（Culture Collection）

菌种保藏方法很多，但原理大同小异。首先要挑选优良纯种。利用微生物的孢子、芽孢及营养体；其次，根据其生理、生化性，人为创造低温、干燥或缺氧等条件，抑制微生物的代谢作用，使其生命活动降低到极低的程度或处于休眠状态，从而延长菌种生命以及使菌种保持原有的性状，防止变异。不管采用哪种保藏方法，在菌种保存过程中要求不死亡、不污染杂菌和不退化。常见的保藏方法有斜面保藏法、穿刺保藏法、干燥保藏法、冷冻保藏法、冷冻干燥保藏法等。

8. 微生物计数技术（Microbial Count）

微生物计数技术是测量微生物数量的技术，一般包括两种方式：一是显微镜直接计数，即将一定体积的待测液体样品均匀平铺在血球计数板上，盖上盖玻片，在显微镜下，直接数出细菌的数目，有时也会采用染色技术，使计数更为准确；另一是平板计数法，平板菌落计数法是将待测样品经适当稀释之后，其中的微生物充分分散成单个细胞，取一定量的稀释样液涂在平板上，经过培养，由每个单细胞生长繁殖而形成肉眼可见的菌落，也称菌落形成单位（Colony - forming Unit，cfu），即一个单菌落应代表原样品中的一个单细胞。统计菌落数，根据其稀释倍数和取样接种量即可换算出样品中的含菌数。食品微生物数量的检验大多采用平板计数法。

9. 微生物常规鉴定技术（Microbiological Assay）

包括形态结构和培养特性观察、生理生化试验、血清试验等内容。

（1）形态结构和培养特性观察　是微生物鉴定的第一步，微生物有杆菌、球菌和螺形菌（包括弧菌）等形态，菌落特征包括菌落的大小、形状、表面光滑与否、透明度、边缘是否整齐、有无光泽等。

（2）生理生化试验　由于各种微生物具有不同的酶系统，所以它们能利用的底物不同，或虽利用相同的底物但产生的代谢产物却不同，因此可以利用各种生理生化反应来鉴别不同的细菌，尤其是在肠杆菌科细菌的鉴定中，生理生化试验占有重要的地位。常见的生化试验类别有碳水化合物代谢试验、蛋白质/氨基酸分解试验、碳利用试验、酶类试验等。

（3）血清学试验　是抗原抗体在体外出现可见反应的总称，又称抗原抗体反应，可以用已知抗体（细菌抗血清）检测未知抗原（待检细菌），也可以用已知抗原（已知病原菌）检测患者血清中相应细菌抗体及效价。食品微生物检验中，一般是采用已知抗体去检验致病菌。

除此以外，微生物鉴定还有分子生物学法、质谱特征图谱法等新型方法。这些新型方法是现阶段食品微生物检测标准方法体系的一种补充，也是今后食品检验技术发展的新方向。

第三节　化学滴定检测技术

化学滴定检测技术是定量分析中的一个重要组成部分，也是食品质量安全最为常见的检测方法之一，大多有国家标准支撑。如食品中蛋白质含量、亚硝酸盐、酸价、过氧化值等项目的检测分析，分别参照食品安全国家标准 GB 5009.5《食品中蛋白质的测定》和 GB 5009.33《食品中亚硝酸盐与硝酸盐的测定》，及国家标准 GB/T 5009.37《食用植物油卫生标准的分析方法》等。

1. 蛋白质含量的测定（凯氏定氮法）

食品中的蛋白质在催化加热条件下被分解，产生的氨与硫酸结合生成硫酸铵，称为消化，若人工操作须注意通风排气，一般在通风橱中进行。碱化蒸馏使氨游离，用硼酸吸收后以硫酸或盐酸标准滴定溶液滴定，目前常用的方法仍是凯氏定氮法，必备的仪器设备有定氮蒸馏装置或自动凯氏定氮仪。根据酸的消耗量确定定氮量，再乘以换算系数，即为蛋白质的含量。具体方法见食品安全国家标准 GB 5009.5《食品中蛋白质的测定》。

蛋白质的含量计算时应注意氮换算为蛋白质的系数，一般食物为 6.25；纯乳与纯乳制品为 6.38；面粉为 5.70；玉米、高粱为 6.24；花生为 5.46；大米为 5.95；大豆及其粗加工制品为 5.71；大豆蛋白制品为 6.25；肉与肉制品为 6.25；大麦、小米、燕麦、裸麦为 5.83；芝麻、向日葵为 5.30；复合配方食品为 6.25。

2. 酸价的测定

食品中油脂采用乙醚 - 石油醚方法提取，游离脂肪酸用氢氧化钾标准溶液滴定，酚酞液作指示剂，每克油脂消耗氢氧化钾的毫克数，称为酸价。具体方法见国家标准 GB/T 5009.37《食用植物油卫生标准的分析方法》。

3. 过氧化值的测定

食品中油脂的过氧化物在酸性条件下能使碘化钾中的碘反应而析出。析出的碘用硫代硫酸钠标准溶液滴定，淀粉作指示剂（10g/L），根据硫代硫酸的用量来计算油脂的过氧化值。具体方法见国家标准 GB/T 5009.37《食用植物油卫生标准的分析方法》。

第四节　气相色谱 - 质谱联用

气相色谱是一种具有高分离能力、高灵敏度和高分析速度的分析技术，但在定性分析方面，由于它仅利用保留时间作为主要依据而受到很大限制。质谱是一种具有很强结构鉴定能力的定性分析技术，把气相色谱和质谱两种技术有机地结合起来可扬长避短，大大扩展了应用的范围，气相色谱 - 质谱联用仪（简称 GC - MS）就是由气相色谱仪和质谱仪通过色质联用接口连接而成的。

1957 年，霍姆斯（J. C. Holmes）和莫雷尔（F. A. Morrell）首次实现了气相色谱仪和质谱仪的联用。随后，GC - MS 仪的发展经历了填充柱气相色谱仪和单聚焦磁质谱仪的联用、填充柱气相色谱仪 - 四极质谱 - 计算机联用、小型台式毛细管柱 GC - MS 联用以及主机一体化全自动控制的小型台式 GC - MS - MS 联用四个阶段，GC - MS 仪的发展方向是小型化、自动化、多功能化、高灵敏度化、高稳定性和普及化。

一、GC - MS 系统组成

气相色谱 - 质谱联用系统一般由气相色谱仪、质谱仪、气相色谱质谱的中间连接装置（即接口）和计算机四个部分组成。

气相色谱仪分离样品中各组分，起着样品制备的作用；接口把分离后的各组分送入质谱仪进行检测，起着气相色谱仪和质谱仪之间工作流量和气压匹配器的作用；质谱仪对接口依次引入的各组分进行定性、定量分析，相当于气相色谱仪的检测器。样品中进入质谱仪，有机分子在高真空下，受电子流程轰击或电场作用，离解成各种具特征质量的碎片离子和分子离子。这些具有不同质荷比（离子质量与它所带电荷的比值，M/Z）的离子，在磁场中被分离。收集、记录这些离子的信号及强度，便可得到各组分的质谱图。在质谱图中，横坐标表示质荷比（M/Z），纵坐标表示离子丰度，根据该图可进行谱库检索，即获得有关相对分子质量与结构方面的特征信息，然后由计算机进行数据处理。计算机系统控制着气相色谱仪、接口、质谱仪的运行，并对它们传递来的信息进行数据处理，是GC - MS 的中央控制单元。

对于 GC - MS 上的气相色谱仪除了应满足高效分离的要求外，还应兼顾质谱仪的某些要求。

二、GC - MS 联用中的主要技术问题

1. 色谱柱的选择

应尽量避免高温时色谱柱固定液的流失问题，因为流失的固定液会随着样品组分进入

质谱仪，污染离子源，造成高的质谱仪本底，干扰质谱图的解释。为此，应采用耐高温的色谱柱固定相，或采用键合型固定相，此外，还可以在柱后加一个流失吸附柱。

GC－MS中所选择色谱柱的长度和内径应与接口（或质谱仪）要求的流量相匹配，太短或内径过大将使质谱仪真空度下降，质谱图变差，仪器的灵敏度和分辨率下降。

2. 接口技术

气相色谱仪的工作条件是高于大气压，而质谱仪的工作条件为真空系统，接口技术要解决的问题是两者的联结和匹配。接口目的就是要把气相色谱柱流出物中的载气尽可能地除去，保留或浓缩待测物，协调色谱仪和质谱仪的工作流量。

3. 扫描速度

没有与色谱仪联接的质谱仪一般对扫描速度要求不高。一方面与气相色谱仪联接后，因气相色谱峰很窄，有的仅几秒钟时间，而一个完整的色谱峰通常需要6个以上数据点，这样就要求质谱仪有较高的扫描速度，才能在很短时间内完成多次全质量范围的质量扫描；另一方面，要求质谱仪能很快地在不同的质量数之间来回切换，以满足选择离子检测的需要。

三、GC－MS联用技术在食品安全检测中的应用

1. 食品中氯霉素残留量的GC－MS分析方法

（1）样品前处理方法

①肌肉、肝、肠衣、水产品等样品：称取10g均匀样品，加入10g无水硫酸钠，分别用2～15mL乙酸乙酯提取，每次均质2min，离心10min。合并上清液，旋转蒸发至干。

②乳粉、乳酪、蜂蜜、蜂王浆等样品：称取10g均匀样品，加入20mL水（乳酪样用温水），搅拌成浆状。加20g硅藻土，充分搅匀成酥松状，填入玻璃层析柱中，放置15min。用100mL正已烷淋洗，弃去流出液（乳清粉、蜂蜜、蜂王浆等含脂肪少的样品，可省去这一步），用80mL乙酸乙酯洗脱，将乙酸乙酯洗脱液蒸发至干。

（2）GC－MS－MS检测条件　色谱柱为CP－SIL8（60 mm×0.25mmID，膜厚0.25μm）；载气为氦气，20cm/s；柱温在60℃保持0.5min，以10℃/min升至300℃，保持10min；进样口温度为280℃；无分流进样，0.75min后放空。

接口温度为220℃；离子化方式为EI；质谱检测方式为MS/MS，母离子*M/Z*为225，子离子*M/Z*分别为208和178。

（3）GC－MS/NCI检测条件　色谱柱为DB－5（30mm×0.25mmID，膜厚0.25μm）；载气为氦气，反应气为甲烷；进样方式为脉冲无分流；监测离子CAP为*M/Z*466（70）、*M/Z*468（70）、*M/Z*376（30）、*M/Z*378（30）；D5－CAP内标为*M/Z*471（70）。

2. 食品中苯并［a］芘的GC－MS分析方法

（1）样品前处理方法

①粮食或水分少的食品：称取40.0～60.0g均匀样品，装入滤纸筒内，用70mL环已烷润湿样品。接收瓶内装6～8g氢氧化钾、100mL95%的乙醇及60～80mL环已烷，然后将脂肪提取器连接好，于90℃水浴上回流提取6～8h。将皂化液趁热倒入500mL分液漏斗中，并将滤纸筒中的环已烷也从支管中倒入分液漏斗，用50mL95%的乙醇分两次洗涤接收瓶。将洗涤液合并于分液漏斗中，加入100mL水，振摇提取3min，静置分层（约需20min）。下层液放入第二个分液漏斗，再用70mL环已烷振摇提取一次，待分层后弃取下

层液。将环己烷层合并于第一个分液漏斗中，并用6～8mL环己烷淋洗第二个分液漏斗，洗涤液合并。用水洗涤合并后的环己烷提取液三次，每次100mL，三次水洗液合并于原来的第二个分液漏斗中，用环己烷提取两次，每次30mL振摇0.5min，分层后弃取水层液，收集环己烷液并入第一个分液漏斗中，于50～60℃水浴中减压浓缩至40mL，加入适量无水硫酸钠脱水，供测定。

②油脂样品：称取20.0～25.0g均匀油样，用100mL环己烷分次洗入250mL分液漏斗中，以环己烷饱和过的二甲基甲酰胺（DMF）提取三次，每次40mL，振摇1min。合并DMF提取液，用40mL经DMF饱和过的环己烷提取一次，弃去环己烷层。DMF提取液合并于预先装有240mL硫酸钠溶液（20g/L）的500mL分液漏斗中，混匀，静置数分钟后，用环己烷提取两次，每次100mL，振摇3min，环己烷提取液合并于第一个500mL分液漏斗。用40～50℃温水洗涤环己烷提取液两次，每次100mL，振摇0.5min，分层后弃去水层液，收集环己烷层，于50～60℃水浴上减压浓缩至40mL，加入适量无水硫酸钠脱水，供测定。

（2）色谱、质谱条件　色谱柱为HP－5MS（30mm×0.25mmID，膜厚0.25μm）；柱温在60℃保持2min，以10℃/min升至290℃，保持20min；进样口温度为260℃；接口温度为280℃；电离模式为EI；电离电压为70eV；选择离子（*M/Z*）为252、253、126。

3. 水产品中多氯联苯残留量的GC－MS分析方法

（1）样品前处理方法　称取10g均匀样品，加40g无水硫酸钠，高速捣碎几分钟，将样品转入索氏抽提器中。在抽提瓶中加入50mL1mol/L硫酸钠乙醇溶液和130mL石油醚－丙酮（8∶2），回流提取6h。

提取液中加入20g/L硫酸钠水溶液100mL，振摇1min，静置分层。水层用30mL石油醚提取3次，合并石油醚层，加入20g/L硫酸钠水溶液150mL于分液漏斗中，振摇，分层，弃去水层。

向石油醚提取液中加入浓硫酸（提取液和浓硫酸的比例为10∶1，以体积计）进行净化，并重复净化操作1～2次，每次振摇30s，酸液呈无色或淡黄色。然后加20g/L硫酸钠溶液100mL洗涤。将石油醚相通过无水硫酸钠柱脱水后，浓缩至约10mL，定量加入灭蚊灵（内标物）标准溶液，供测定。

（2）色谱、质谱条件　色谱柱为CP－Sil19CB（50mm×0.25mmID，膜厚0.20μm）；柱温在75℃保持2min，以15℃/min升至150℃，再以1.5℃/min升至300℃；进样口温度为270℃；进样1.5min开阀；质谱模式为SIM。

四、GC－MS联用技术展望

随着新材料、电子和计算机技术的高速发展，气相色谱分离技术和质谱分析技术得到飞速发展。气相色谱－质谱联用仪正在向小型化（即台式GC/MS）、自动化（仪器调试、控制、数据处理）、高灵敏度、高稳定性、多级质谱和普及化发展。

分析器是气相色谱－质谱联用仪的核心部件，应用最普遍的离子分析器是四级杆和离子阱分析器，用于同位素分析的有高分辨磁质谱分析器。四级杆的材料在不断改进，独立控温、整体式、真正双曲面的石英镀金四级杆技术，可以得到最佳的离子比率的准确性和高稳定性。同时加热功能取消了四级杆的温度梯度，保证了质谱的高重现性和可靠性，并且进一步防止四级杆污染。离子阱分析器是发展气质联用中的多级质谱分析（MS/MS）的主要手段，通过多级质谱可以降低噪声、提高灵敏度，对于食品安全检测来说是非常重要的技术。

真空系统是气质联用的关键部分，由于成本和技术问题，油扩散泵应用较多，分子涡轮泵应用很少。随着材料技术和制造业水平的提高，分子涡轮泵的使用寿命提高，制造成本下降，加上分子涡轮泵具有易稳定、排气量大、背景噪声低的特点，而广泛应用，正在逐渐取代油扩散泵。

计算机技术应用于气－质联用，加快数据的采集速度和提高信息容量。采用保留时间锁定（RTL）技术，使得在方法转换、校正维护方面都可以保证相同的保留时间。提高质谱库的检索速度和检索准确度，利用计算机技术和人工智能技术对质谱图进行解析。

总之，更加灵敏和稳定的气质联用技术在食品安全领域有极其广泛的应用，在农药残留、兽药残留、真菌毒素、食品添加剂和其他化学污染物的检测与确证方面发挥重要作用。开发灵敏的、稳定的、多组分的同时定量检测和确证技术将是气相色谱－质谱联用技术应用的重点和方向。

第五节　液相色谱－质谱联用

一、概　　述

从20世纪90年代开始，随着电喷雾（ESI）和大气压化学电离源（APCI）等大气压电离技术的运用，较为成功地解决了液相色谱与质谱间的接口难题，液相色谱－质谱联用技术在世界范围内出现了飞速发展。John Fenn因应用电喷雾液相色谱－质谱联用技术，在生物大分子研究中的贡献而获得2002年度诺贝尔化学奖。目前，我国已有数百台不同类型的液相色谱－质谱联用仪被应用在科研、检验、生产等不同领域。

液相色谱－质谱联用仪（LC－MS）是分析仪器中组件比较多的一类仪器，其组成部分中液相色谱、接口、质量分析器、检测器中的任何一项，均有不同种类。按接口技术可分为移动接口、热喷雾接口、粒子束接口、快原子轰击接口、基质辅助激光解析接口、电喷雾接口和大气压化学电离接口等。按质量分析器可分为：四极杆、离子阱、飞行时间、傅立叶质谱等。同时，按质量分析器还可以有两个或两个以上的相同或不同种类质量分析器串联，形成多级质谱，如由三个四极杆串联形成四级质谱。具体来说，液质联用仪具有以下用途和特点。

1. 解决气－质联用仪难以解决的问题

LC－MS可以分析易热裂解或热不稳定的物质（蛋白质、多糖、核酸等大分子物质），弥补了GC－MS在这一分析领域的不足。

2. 用于生命科学研究

利用LC－MS技术应用于生命科学研究是近百年来最突出的成就。LC－MS的使用，可以从分子水平上研究生命科学，比如蛋白质、核酸、多糖等物质的组成等。

3. 解决液相色谱分离组分的定性、定量能力

与液相色谱的常用检测器相比，质谱作为检测器使用时，可以提供相对分子质量和大

量碎片结构信息。它在提供保留时间以外，还能提供每个保留时间下所对应的质谱图，相应增加了定性能力。同时，以四极杆为代表的质量分析器也同时具有很强的定量能力。

4. 增强液相色谱的分离能力

LC－MS 可以利用选择离子等方法将相同保留时间但具有不同质荷比的色谱峰分离，从而增强了液相色谱的分离能力。

5. 提高质谱灵敏度的检测限

质谱具有很高的灵敏度，通过选择离子（SIM）或多级反应监测（MRM）模式，检测限可以进一步提高。

6. 通用型检测器

质谱是一种通用型监测器，从相对分子质量几十的小分子到相对分子质量几十万的蛋白质大分子都可以检测。目前液相色谱－质谱联用技术在诸多领域具有相当普遍的应用。比如：

生命科学——蛋白质、核酸的研究；

食品科学——食品添加剂、致癌物质、食品功能性成分、食品组成等；

兽药行业——抗生素、激素、B－兴奋剂等；

司法鉴定——兴奋剂、毒品、爆炸物及其残余物等；

制药行业——药代产物、药代动力学、药物中杂质等；

环境保护——农药残留物、有机污染物等；

二、LC－MS 联用仪的基本结构和工作原理

液－质联用仪一般有液相色谱、接口（离子源）、质量分析器、检测器、数据处理系统等组成。分析样品经液相色谱分离后，进入离子源离子化，经质量分析器分离，检测器检测。

1. LC－MS 联用的进样技术

液－质联用（HPLC－MS）一般采用直接进样、流动注射和液相色谱进样三种方式。

（1）直接进样　液质联用仪一般配有注射泵，或者直接液体导入接口。注射泵可将液体泵入接口。在分析纯度较高物质时，可采用直接进样。同时还可以利用直接进样来优化 LC－MS 分析中与化合物相关的参数。

（2）流动注射　流动注射是采用泵将流动相经过六（或十）通阀泵入接口。与此同时，将要分析的样品由六（或十）通阀注入，经过点动开关或者手搬动，样品由流动相带入接口。这种进样技术与液相色谱的手动进样相似，只是被分析的对象未经色谱柱分离，直接被引入至接口后被分析。该技术适用于快速筛选分析。

（3）液相色谱进样　液相色谱进样方式是利用泵－分离柱－接口的串联方式，将样品在色谱模式下分离，经过物质离子化后进入质谱而检测。

2. LC－MS 联用的接口

（1）移动带接口　移动带接口技术所用的离子源主要是电子轰击电离源（EI）和化学电离源（CI）。与气相色谱－质谱联用技术（GC－MS）一样，该技术可以得到典型的 EI 质谱图，从而可以建立质谱库进行检索。但是，该技术不能分析沸点较高的物质，灵敏度也较底。当移动带上残留难挥发物质时，容易形成记忆效应，干扰正常分析。

（2）粒子束接口　粒子束接口是20世纪80年代被广泛使用的液-质联用接口。其原理是流动相和分析对象被喷雾成气溶胶，并经过加热的转移管进入质谱。在该过程中，被分析物质和溶剂往往形成直径小于微米级的中性粒子或者粒子集合体，经喷嘴喷出后，溶剂与被分析物质的相对分子质量一般都有较大差异，从而具有动量差。

（3）电喷雾电离（ESI）接口　经液相色谱分离的样品溶液流入离子源，在物化气流下转变成小液滴进入强电场区域，强电场形成的库仑力使小液滴表面达到瑞利极限，使样品离子化。借助于逆流加热气分子离子颗粒表面少量液体进一步蒸发而达到Coulomb点，分子离子相互排斥，形成微小分子离子颗粒。这些离子可能是单电荷或者多电荷，取决于带有正或负电荷的分子中酸性或碱性基团体积和数量。

（4）大气压化学电离源（APCI）接口　大气压化学电离源接口与电喷雾接口的主要区别在于：一是增加了一根电晕放电针，其作用是发射自由电子，启动离子化进程；二是对喷雾气体加热，经过加热的喷雾气体增加了流动相挥发的速度，因此，APCI可以使用含水较多的流动相。

三、LC-MS联用技术在食品安全检测中的应用

随着HPLC-MS技术的不断完善，该技术现在已被广泛用于食品分析，如被用于农药残留、兽药残留、生物毒素、色素、抗氧化剂检测等诸多领域。

1. 水果和蔬菜中农药残留的LC-MS分析方法

（1）样品前处理方法　称取8g均匀样品，加入70g硫酸钠、2g碳酸氢钠、50mL乙酸乙酯，匀浆2min。过滤，残渣加入50mL乙酸乙酯，继续匀浆2min，过滤。合并滤液，浓缩至约2mL，供测定。

（2）色谱、质谱条件　色谱柱Hypersil C18 BDS柱（100 mm×4.6 mm ID，3μm粒径），流动相为30% 10 mmol/L乙酸铵水溶液-70%甲醇，流速为0.5mL/min（柱后分流，至质谱2mL/min）。

2. LC-MS在兽药残留分析中的应用

LC-MS技术现在已被广泛用于兽药残留分析中。四环素类、磺胺类、β-内酰胺类、大环内酯等兽药大都是极性较强、热不稳定的物质，以前多用HPLC进行检测，但是能力有限。利用HPLC-MS技术，特别是HPLC-MS/MS技术分析此类物质，则较好地解决了HPLC定性困难和基体干扰等问题。

3. 食品中四环素类药物的LC-MS分析方法

四环素类药物（TCs），主要有土霉素（Oxytertracyline，OTC）、四环素（Tetercycline，TC）、金霉素（Chlortetracycline，CTC）、强力霉素（Doxycycline，DC）。去甲基金霉素（Demethylchlortetracycline，DMCTC）经常被用做内标。

四环素类药物在高pH条件下，极易与金属离子结合，给色谱分析造成负面影响。在HPLC-MS分析TCs时，常用于控制酸度的是甲酸、乙酸、草酸等具有一定挥发性的酸性物质。

（1）样品前处理方法　称取5g均匀样品，加入20mL0.1mol/L Na_2EDTA-Mcllvaine缓冲液（pH4.0），充分混匀，2500r/min离心15min，倒出上清液。残渣再用20mL、10mL缓冲液重复提取，合并上清液，过滤。滤液用Bond E露天ENV固相萃取柱净化。

（2）色谱、质谱条件　色谱柱 Bakerbond C8 柱（250mm×4.6mm ID，5μm 粒经），流动相为甲醇－乙腈－5mmol/L 草酸（18∶27∶5），流速为 1mL/min，DMCTC 为内标，APCI 接口。

4. 牛乳中 β－内酰胺类药物的 LC－MS 分析方法

β－内酰胺类抗生素按照母核的结构特点可以分为青霉素类（Penicillins，PENs）、头孢菌素类（Cephaloporins，CEPs）、头孢霉素类（Oxacephems）、单环 β－内酰胺类（Monobactams）和碳青霉烯类（Carbaphenems）等。青霉素类和头孢菌素类是发展较快和应用最为广泛的两类药物。

（1）样品前处理方法　20mL 牛乳以 13800r/min 高速离心 30min，去蛋白。取 12mL 上清液与等体积 0.1mol/L 磷酸缓冲液（pH9.2），混匀 1min。加入 12mL 正己烷，剧烈混匀并离心后，吸去有机相，除去杂质。水相转移至预先用 10mL 甲醇、10mL 水和 5mL 2% 氯化钠溶液活化的 BAKERBONDC18 SPE（500mg）柱，分别用 2mL 2% 氯化钠、2mL 水淋洗，1.5mL 50mmol/L 磷酸缓冲液（用 1% 甲酸调节 pH 为 8.0）与乙腈（1∶1）混合液洗脱。洗脱液于 45～50℃ 氮气流吹至小于 0.75mL，加入 70μL 1% 甲酸，pH 调节至 6～7，用水定容至 1mL。方法回收率 76%～94%（添加 4μg/kg 水平），LOD 0.40～1.05μg/kg。

（2）色谱、质谱条件　色谱柱为 YMCODS－AQ 色谱柱（50mm×2mm ID，3μm 粒径）；流动相：A 为水，B 为 35% 水～65% 乙腈，A、B 均含 0.1% 甲酸，流速为 0.3mL/min。

5. 黄曲霉毒素的 LC－MS 分析方法

（1）样品前处理方法　样品用 20mL 95% 甲醇于 165r/min 旋转振荡器提取 2h，室温下 1500r/min 离心 5min，残渣重复提取 30min，离心，合并上清液，加入 2μg 利血平内标。分两次加入 20mL 正己烷萃取，甲醇层 35℃ 旋转蒸发至近 2mL。将其转移至预先用水（含 0.5% 甲醇）活化的 SPE 柱中，用含 10mmol/L 乙酸铵的 0.5% 甲醇洗涤，甲醇洗脱。35℃ 氮气吹干，200μL 甲醇定容。

（2）色谱、质谱条件　色谱柱为 LichroCart250－3、Purospher RP－18；流动相为甲醇与 10mmol/L 乙酸铵（含 20μmol/L 乙酸钠），梯度洗脱。

第六节　酶联免疫吸附测定技术

酶免疫实验技术是 20 世纪 60 年代在免疫荧光和组织化学基础上发展起来的一种新技术，最初用酶代替荧光素标记抗体作生物组织中抗原的鉴定和定位，随后发展为用于鉴定免疫扩散及免疫电泳板上的沉淀线。到 1971 年，Engwall 等用碱性磷酸酶标记抗原或抗体，建立了酶联免疫吸附测定（ELISA），这一技术的建立被认为是血清学实验的一场革命，是目前令人瞩目的有发展前途的一种新技术。

酶免疫技术发展迅猛、种类繁多。酶免疫技术分为酶免疫组化技术和酶免疫测定技术，酶免疫测定技术又分为均相酶免疫测定和异向酶免疫测定技术，异向酶免疫测定技术又分为固相酶免疫测定技术和液相酶免疫测定技术，本节主要讨论应用最广泛的固相酶免疫测定技术中的酶联免疫吸附测定技术。

一、酶联免疫吸附测定（ELISA）原理

一个抗体分子与靶抗原结合之后，形成的抗原抗体复合物肉眼是不可见的，如将抗体（或抗原）与某种显色剂偶联，抗原与抗体结合形成的复合物就由不可见变为可见，从而确定样品中是否存在某种抗原（或抗体）。酶免疫技术就是用酶（如辣根过氧化物酶）标记已知抗体（或抗原），然后与样品在一定条件下反应，如果样品中含有相应抗原（或抗体），抗原抗体相互结合的复合物中所带酶分子遇到底物时，能催化底物水解、氧化或还原，产生显色反应，这样就可以定性、定量测定样品中的抗原（抗体）。

酶联免疫吸附测定（Enzyme - linked Immunosorbent Assay，简称 ELISA），是在酶免疫技术（Immunoenzymatic Techniques）的基础上发展起来的一种新型免疫测定技术，其基本原理是抗体（抗原）与酶结合后，仍能与相应的抗原（抗体）发生特异性结合反应。将待检样品事先吸附在固相载体表面称为包被，加入酶标抗体（抗原）、酶标抗体（抗原）与吸附在固相载体上相应的抗原（抗体）发生特异性结合反应，形成酶标记的免疫复合物，不能被缓冲液冲掉。当加入酶的底物时，底物发生化学反应，呈现颜色变化，颜色的深浅与待测抗原或抗体的量相关，借助分光光度计的光吸收计算抗原（抗体）的量，也可用肉眼定性观察，因此可定量或定性的测定抗原或抗体。

二、测定方法的特点

ELISA 准确测定方法的特点是，不论定性还是定量，都必须严格按照规定的方法制备试剂和实施测定。如缓冲液可于冰箱中短期保存，但使用前仍需观察是否变质；蒸馏水最好是用新鲜蒸馏的，因不合格的蒸馏水可使空白值升高。测定实验中，应力求各步骤操作的标准化。下面以板式 ELISA 为例，介绍有关注意事项。

1. 加样

在 ELISA 中除了包被外，一般需进行 4 ~ 5 次加样，定量测定的加样量应力求准确。标本和结合物的稀释液应按规定配制，加样时应将液体加在孔底，避免加在孔壁上部，并注意不可出现气泡。

2. 保温

ELISA 中一般有二次抗原抗体反应，即加标本后和加结合物后。此时反应的温度和时间应按规定的要求，保温容器最好是水浴箱，可使温度迅速平衡。各 ELISA 不应折叠在一起。为避免蒸发，板上应加盖，或将板平放在底部垫有湿纱布的湿盒中。湿盒应该是金属的，传热容易。如用保温箱，空湿盒应预先放在其中以平衡温度，这在室温较低时更加重要。加入底物后，反应的时间和温度通常不做严格要求，室温即可。ELISA 板可避光放在实验台上，以便不时观察，待对照管显色时，即可终止酶反应。

3. 洗涤

洗涤在 ELISA 过程中不是反应步骤，但却是决定实验成败的关键。洗涤的目的是洗去反应液中没有与固相抗原或抗体结合的物质，以及在反应过程中非特异性吸附于固相载体的干扰物质。聚苯乙烯等塑料对蛋白质的吸附作用是普遍性的，因此在 ELISA 测定反应过程中，应尽量避免非特异性吸附，而在洗涤时又应把这种非特异性吸附的干扰物质洗涤下来。

聚梨山酯（吐温，Tween）是聚氧乙烯去山梨甲醇脂肪酸酯，为非离子型表面张力物质，常用作助溶剂，ELISA 中最常用的是聚山梨酯 - 20。在标本和结合物的稀释液和洗涤液中加入此类物质，可达到减少非特异性吸附和增强抗原抗体结合的作用。

ELISA 板的洗涤一般可采用以下方法：吸干孔内反应液；将洗涤液注满孔板；放置 2min，略做摇动；吸干孔内液，可倾去液体后在吸水纸上拍干。洗涤的次数一般为 3 ~ 4 次，有时甚至需洗 5 ~ 6 次。

4. 比色

ELISA 实验结果可用肉眼观察，也可用酶标仪测定。肉眼观察也有一定准确性，将凹孔板置于白色背景上，用肉眼观察结果。每批实验都需要阳性和阴性对照，如颜色反应超过阴性对照，即判为阳性。若要获精确实验结果，需用酶标仪来测量光密度，所用波长随底物而异。

5. 结果判定

（1）用“+”或“-”表示　超过规定吸收值（0.2 ~ 0.4）的标本均属阳性，此规定的吸收值是根据事先测定大量阴性标本取得的，是阴性标本的均值加两个标准差。

（2）直接以吸收值表示　吸收值越大，阳性反应越强，此数值是固定实验条件下得到的结果，而且每次都伴有参考标本。

（3）以终点滴度表示　将标本稀释，最高稀释度仍出现阳性反应（即吸收值仍大于规定吸收值时），为该标本的滴度。

（4）以 P/N 表示　求出该标本的吸收值与一组阴性标本吸收值的比值，大于 1.5 倍即判为阳性。

三、ELISA 技术的分类

ELISA 常用的方法有直接法、间接法、双抗体夹心法、双夹心法和竞争法。

（1）直接测定抗原

①将待测抗原吸附在载体表面；

②加酶标抗体，形成抗原 - 抗体复合物；

③加底物，底物的降解量与抗原量呈正相关。

（2）间接法测定抗体

①将抗原吸附于固相载体表面；

②加待测抗体，形成抗原 - 抗体复合物；

③加酶标二抗（抗抗体）；

④加底物，底物的降解量与抗体量呈正相关。

（3）双抗体夹心法测定抗原

①将已知特异性抗体吸附于固相表面；

②加待测抗原，形成抗原 - 抗体复合物；

③加酶标抗体，形成抗体 - 抗原 - 抗体复合物；

④加底物，底物的降解量与抗原量呈正相关。

（4）竞争法测定抗原

①A1、A2、A3 将抗体吸附在固相载体表面；

②B1 加入酶标抗原；

③B2、B3 加入酶标抗原和待测抗原；

④C1、C2、C3 加底物，样品孔底物降解量与待测抗原量呈负相关。

四、ELISA 在食品安全检测中的应用

1. 食品中毒素的测定

真菌毒素是其产生菌在适合产毒的条件下所产生的次生代谢产物。黄曲霉毒素是一种致毒性和致癌性很强的真菌毒素，各国都严格限制其在食品中的含量。它是一组化学结构类似的化合物，目前已分离鉴定出 12 种。1977 年，Lawell 等首先采用了 ELISA 法来检测黄曲霉毒素，利用小分子黄曲霉毒素 B_1 结合蛋白质免疫动物得到抗黄曲霉毒素 B_1 的免疫球蛋白（抗体），并合成了酶标黄曲霉毒素 B_1 结合物，建立了直接竞争 ELISA 法检测黄曲霉毒素 B_1。随后，美国、英国等国学者分别改进了直接法并建立了间接竞争 ELISA 法。

我国 GB/T 5009.22—1996《食品中黄曲霉毒素 B_1 的测定》国家标准中，黄曲霉毒素的检测采用间接竞争法。样品中的黄曲霉毒素 B_1 经提取、脱脂、浓缩后与定量特异性抗体反应，多余的游离抗体则与酶标板内的包被抗原结合，加入酶标记物和底物后显色，与标准比较来测定含量，最低检出浓度可达 0.01μg/kg。小麦及其制品中 T-2 毒素的酶联免疫吸附测定（ELISA）可用 GB/T 5009.118—2008《谷物中 T-2 毒素的测定》中间接竞争法和直接竞争法进行测定，最低检出量为 1μg/kg。

2. 食品中病原微生物的筛选

病原微生物是食品生物性污染的重要来源。ELISA 法可检测食品中沙门菌、大肠杆菌 O-157 等微生物，其中沙门菌是细菌性食物中毒中最常见的致病菌，它严重影响着食品安全。传统的沙门菌检测法繁杂、检测周期长，而 ELISA 试剂盒则能方便而又快速地筛选出沙门菌污染的食品或饲料。

用 ELISA 法来筛选沙门菌，基本步骤是首先包被抗沙门菌的单克隆抗体（多克隆抗体），然后在微孔板内加入经过前增菌和选择性增菌的待检样品，样品中如有沙门菌存在，则与微孔板内的特异性抗体结合形成复合物。洗涤掉多余的反应物，加入酶标二抗，则形成抗原抗体酶标二抗复合物。加入底物，测定光密度，当光密度值大于或等于临界值时，即可推断为阳性。

Lyer MS 和 Cousin MA 等人研究了用间接 ELISA 法来测食品和饲料中镰刀菌的灵敏度和特异性，可检测出 $10^2 \sim 10^3$cfu/mL 的含量。

3. 食品中农药残留的测定

蔬菜农药残留已成为我国人民膳食的主要食品安全问题，也是影响我国农产品出口的一个重要因素。常用的农药残留检测方法如薄层层析法和气相色谱法已不适应目前的检测要求，而 ELISA 法在农药的检测方面已得到了初步应用和发展。

农药属于小分子物质，是一种半抗原，无免疫原性。检测时首先要根据农药的结构选择合成路线，人工合成抗原，然后免疫小鼠，利用杂交瘤技术则可制备出针对农药小分子的 McAb。由于 McAb 可以大量产生，且 McAb 来自统一细胞，质地均匀，易于标准化管理，比较容易制备试剂盒。可用 ELISA 检测的农药残留种类包括：有机磷农药、除虫菊酯类农药、有机氯类农药。

4. 动物食品兽药残留和违禁药物的测定

主要兽药残留有抗生素类、磺胺药类、呋喃药类、激素药类和驱虫药类。饲料中使用瘦肉精，它导致肉品中有残留，严重影响动物食品安全。瘦肉精是盐酸克伦特罗（Clenbuterol，CL）的俗名，是一种β-肾上激素受体激动剂。对瘦肉精的分析国际上有色谱技术、免疫技术和生物传感技术等，目前ELISA法广泛应用于饲料中瘦肉精的初筛。国家质量监督检验检疫总局推荐英国Randox公司生产的ELISA试剂盒为我国检测动物激素和抗生素残留的首选试剂，我国也研制出了同类试剂盒。

5. 转基因食品的检测

转基因食品的安全性是最近有关食品安全性研讨的热点，由于现还在争议之中，许多国家都有严格的法规来管理转基因食品。其中有一条规定就是要求在转基因食品包装上贴上标签，让消费者有知情权，这就需要对转基因食品进行检测。检测方法有：PCR技术直接检测转基因：ELISA法间接检测转基因表达的目的蛋白质。FDA已研究用双夹心ELISA法来检测食品是否含转基因玉米。

第七节　聚合酶链式反应（PCR）检测技术

核酸研究已有100多年的历史，20世纪60年代末、70年代初人们致力于研究基因的体外分离技术，1985年美国PE-Cetus公司的Mullis等发明了具有划时代意义的聚合酶链式反应（Polymerase Chain Reaction，简称PCR）。1988年Saiki等从温泉中分离的一株水生嗜热杆菌（*Thermus aquaticus*）中提取到一种耐热Taq DNA聚合酶（Taq DNA Polymerase）。此酶具有耐高温、热变性时不会被钝化等特点，每次扩增反应后再加新酶，大大提高了扩增片段的特异性和扩增效率，增加了扩增长度（2.0kb），为PCR技术的广泛应用起到了促进作用。

然而PCR创立之前，DNA的扩增非常困难。首先将DNA酶切、连接和转化后，构建成含有目的基因或基因片段的载体，然后导入细胞中扩增，最后从细胞中分离筛选目的基因，操作麻烦、耗时长。PCR技术的发明大大地简化了DNA的扩增过程，克服了传统扩增方法的缺点。现PCR已被广泛应用于分子生物学、微生物学、医学、分子遗传学、农学和军事学等诸多领域，并发挥着越来越大的作用，已成为实验室的常规技术。该技术发明人Mullis也因此获得1993年诺贝尔化学奖。

一、PCR的原理

PCR的原理并不复杂，实际上它是在体外试管中模拟生物细胞DNA复制的过程。PCR特异性是由两个人工合成的引物序列决定的。在微量离心管中，除加入与扩增的DNA片段两条链两端已知序列分别互补的两个引物外，需加入适量缓冲液、微量DNA模板、四种脱氧核苷三磷酸（dNTP）溶液、耐热Taq DNA聚合酶、Mg^{2+}等。反应时，首先使模板DNA在高温下变性，双链解开为单链状态；然后是退火，降低溶液温度，使合成引物在低温下与其靶序列特异配对（复性），形成部分双链；在合适条件下，以dNTP为原料，由耐热Taq DNA聚合酶催化，形成新的DNA片段，该片段又可作下一轮反应的模板，此即引物的延伸。如此改变温度，由高温变性、低温复性和适温延伸组成一个周期，反复循环，使目的基因得以迅速扩增。因此，PCR 是一个在引物倡导下反复进行变性—退火—引物延伸三个步骤而扩增 DNA 的循环过程。

1. 模板 DNA 变性

模板 DNA 在高温时，双螺旋结构的氢键断裂，双链解开成为单链，称为 DNA 的变性。变性温度与 DNA 中 G - C 含量有关，因为 G - C 之间由三个氢键连接，而 A - T 之间只有两个氢键相连，所以 G - C 含量高，其解链温度（T_m）就高。在一般 PCR 中，变性温度为 90 ~ 95℃，加热时间 1 ~ 2min。

2. 模板 DNA 与引物的退火（复性）

将反应混合物降温（37 ~ 65℃），使寡聚核苷酸引物与单链 DNA 模板（或从 mRNA 反转录而来的 cDNA）上互补的序列复性，形成模板 - 引物复合物，即退火。退火所需要的温度和时间，取决于引物与靶序列的同源性程序及寡聚核苷酸的碱基组成。一般要求引物的浓度要大大高于模板 DNA 的浓度，并由于引物的长度显著短于模板的长度，因此在退火时，引物与模板中的互补序列配对速度比模板之间重新配对成双链的速度要快得多，退火时间一般为 1 ~ 2min。

3. 引物的延伸

PCR 扩增过程中，链的延伸是有方向性的。DNA 模板 - 引物复合物在 Taq DNA 聚合酶的作用下，以靶序列为模板，dNTP 为反应原料，按碱基配对与半保留复制原理，合成一条与模板 DNA 链互补的新链，新链延伸的方向仍然是 5′→3′，延伸所需要的时间取决于模板 DNA 的长度。

经过上述高温变性 - 低温退火 - 中温延伸这样一个循环，模板 DNA 拷贝数增加一倍，在以后进行的循环过程中，新合成的 DNA 链都起着模板的作用。n 次循环后，拷贝数增加 2^n 倍，进行 25 ~ 30 个循环，拷贝数即可扩增上百万倍（10^6），扩增的 DNA 片段长度基本上都限定在两引物 5′端以内，在凝胶电泳上显示为一条特定长度的 DNA 区带。每完成一个循环需 2 ~ 4min，一次 PCR 经过 30 ~ 40 次循环，需 2 ~ 3h。

4. PCR 扩增产物

PCR 扩增产物可分为长产物片段和短产物片段两部分。短产物片段的长度严格地限定在两个引物链 5′端之间，短产物片段和长产物片段是由于引物所结合的模板不一样而形成的。以一个原始模板为例，在第一个反应周期中，以两条互补的 DNA 为模板，引物是从 3′端开始延伸，其 5′端是固定的，3′端则没有固定的止点，长短不一，这就是“长产物片段”。进入第二周期后，引物除与原始模板结合外，还要同新合成的链（即“长产物片段”）结合。引物在与新链结合时，由于新链模板的 5′序列是固定的，这就等于这次延伸的片段 3′被固定在了止点，保证了新片段的起点和止点序列是固定的，都限定于引物扩增序列以内，形成长短一致的“短产物片段”。

二、PCR 的特点

1. 特异性强

PCR 反应特异性的决定因素为：引物与模板 DNA 的正确结合；碱基配对原则；Taq DNA 聚合酶合成反应的忠实性；靶基因的特异性与保守性。其中引物与模板的正确结合是关键，它取决于所设计引物的特异性及退火温度。在引物确定的条件下，PCR 退火温度越高，扩增的特异性越好。由于Taq DNA聚合酶的耐高温性质，使反应中引物能在较高的温度下与模板退火，从而大大增加PCR结合的特异性。

2. 灵敏度高

从PCR的原理可知，PCR产物的生成是以指数方式增加的，即使按75%的扩增效率计算，单拷贝基因经25次循环后，其基因拷贝数也在10^6倍以上，即可将极微量（pg级）DNA，扩增到紫外光下可见的水平。

3. 简便、快速

现已有多种类型的PCR自动扩增仪，只需把反应体系按一定比例混合，置于食品上，反应便会按所输入的程序进行，整个PCR反应在数小时内就可完成。扩增产物的检测也比较简单，可用电泳分析，不用同位素，无放射性污染且易推广。

4. 对标本的纯度要求低

不需要分离病毒或细菌及培养细胞，DNA粗制品及总RNA均可作为扩增模板。可直接用各种生物标本，如血液、体腔液、洗漱液、毛发、细胞、活组织等粗制的DNA扩增检测。

三、PCR的类型

近年来，PCR技术被大力发展和应用，许多PCR改良方法相继出现，PCR相关技术发展很快，这些PCR改良方法主要与临床诊断和应用有关，表8-1列出了目前常用的几种PCR技术，主要有巢式PCR、复式PCR、不对称PCR和定量PCR等。

表8-1　常用的PCR相关技术

名称	主要用途
简并引物扩增法	扩增未知基因片段
巢式PCR	提高PCR敏感性、特异性，可分析突变
复式PCR	同时检测多个突变或病原
反向PCR	扩增已知序列两侧的未知序列，致产物突变
单一特异引物PCR	扩增未知基因组DNA
单侧引物PCR	通过已知序列扩增未知cDNA
锚定PCR	分析具备不同末端的序列
增效PCR	减少引物二聚体，提高PCR特异性
固着PCR	有待于产物的分离
膜结合PCR	去除污染的杂质或PCR产物残留
表达盒PCR	产生合成或突变蛋白质的DNA片段
连接介导PCR	DNA甲基化分析、突变和克隆等
cDNA末端快速扩增	扩增cDNA末端
定量PCR	定量mRNA或染色体基因
原位PCR	研究表达基因的细胞比例等
臆断PCR	鉴定细菌和遗传作用
通用引物PCR	扩增相关基因或检测相关病原
集合扩增表型分析（Mapping）	同时分析少量细胞的mRNA

1. 巢式 PCR

有时由于扩增模板含量太低，为了提高检测灵敏度和特异性，可采用巢式 PCR（Nested PCR，nPCR 或 N－PCR），nPCR 是 PCR 改良方法中最常用的。nPCR 能够极大地增加 PCR 扩增反应的敏感性和特异性，而这种高敏感性和高特异性是通过第二对引物（内引物）与由第一对引物（外引物）在第一轮扩增中产物的靶 DNA 内的序列进行退火杂交后进行的第二轮扩增而达到的。对应的序列在模板外侧的引物称为外引物（Outer－primer），互补序列在同一模板外引物的内侧引物，称为内引物（Inner－primer），即外引物扩增产物较长，含有内引物扩增的靶序列，这样经过两次 PCR 放大，可将单拷贝的目的 DNA 片段扩增出来。

在典型的 nPCR 扩增方法中，第一轮 PCR 扩增使用外引物扩增 15～30 个循环，然后将第一轮扩增产物转移至一个新的反应管内，使用一对内引物进行第二轮扩增反应，第二轮扩增一般为 15～30 个循环，最后用凝胶电泳鉴定扩增产物。nPCR 常用于检测低拷贝的病原体及某些细菌。

2. 反转录 PCR（RT－PCR）

自从 1987 年 Powell 等报道了 mRNA 的反转录并对所合成的 cDNA 进行 PCR 扩增以后，RT－PCR 已经作为一种快速、敏感和特异性的技术被广泛地用作检测癌细胞、遗传疾病和许多不同病原体的实验室检测方法，为疾病的诊断、疾病的进程、疾病愈后的判断以及药物的疗效提供了有价值的信息。目前，RT－PCR 在我国临床分子诊断中主要用于 RNA 病毒的检测。有些病毒基因组只以 RNA 形式存在，而且在它们的病毒复制周期中不经过 RNA 反转录至 DNA 的过程，因此检测病毒的 RNA 可以诊断由这类病毒感染而引起的传染病。另外，RNA 的检测也可以应用到鉴定含有数千个 mRNA 或 rRNA 分子的较高级微生物，如细菌和真菌。

从 RNA 反转录至 cDNA 需要反转录酶，然而这些酶不耐高温，在 24℃以上容易失活，并由于单链模板 RNA 易形成稳定的二级结构，以使 RNA 反转录成为 cDNA 的效率变化很大。反转录的最低效率只有 5%，因此反转录酶的低效率是影响特异性检测 RNA 靶序列的一个大障碍。1994 年，已经上市的重组 Tth DNA 聚合酶（rTth 酶）能够同时进行反转录和 PCR 扩增。在 cDNA 合成之前，高温破坏 mRNA 二级结构的稳定性，使热稳定性酶如 rTth 酶增加了 RT－PCR 检测的敏感性而产生极其有效的反转录。高温也能够增加反转录的特异性，在高温下只有特异性引物与靶 mRNA 退火杂交。使用具有反转录和 DNA 扩增两种功能的酶，可以避免 cDNA 的转移和降低污染的可能性，简化了操作过程。

3. 多重 PCR

普通 PCR 由一对引物扩增，只产生一个特异的 DNA 片段。许多情况下，欲检测的基因十分宏大，可达上千个 kb，这些基因常常多处发生突变或缺失，而且这些改变相距数十至数百个 kb，超过 PCR 扩增 DNA 片段的长度，欲检测整个基因的异常改变，采用一般 PCR 需分段进行多次扩增，费时费力，采用多重 PCR（Multi－plex PCR）则可克服上述问题。多重 PCR 就是在同一 PCR 反应体系里加上两对以上引物，每对引物之间核苷酸长度尽量不同，以使扩增后电泳分析时有各处的条带位置，然后将多对引物加入反应体系，进行常规 PCR 扩增，30～40 个循环后，对 PCR 产物进行电泳检测。如果基因某一区段缺失，则相应的电泳图谱上此区段 PCR 扩增长度变短或片段消失，从而发现基因异常。多重 PCR 具有灵敏、快速的特点，适用于检测单拷贝基因重排、插入等异常改变，其结果与 Southern 杂交结果同样可靠，且多重 PCR 尚可检测小片段缺失。

引物的设计及各对引物浓度的确定，对多重 PCR 的成功尤为重要，各个引物的 3′端要避免互补，引物长度比一般 PCR 反应引物稍长，以 22 ~ 30bp 为宜。引物的浓度需根据具体实验确定，加入终浓度为 10% 的 DMSO 可提高反应的灵敏度。

4. 不对称 PCR

不对称 PCR（Asymmetric PCR）的目的是扩增产生特异长度的单链 DNA。其原理为 PCR 反应中采用两种不同浓度的引物，经若干轮循环后，低浓度的引物被消耗尽，以后的循环只产生高浓度引物的延伸产物，结果产生大量单链 DNA，因 PCR 反应中使用的两种引物浓度不同，因此称为不对称 PCR，此法产生的单链 DNA 可用作杂交探针或 DNA 测序的模板。

进行不对称 PCR 有两种方法：PCR 反应开始时即采用不同浓度的引物；进行二次 PCR 扩增，第一次 PCR 用等浓度的引物，以期获得较多的目的 DNA 片段，提高不对称 PCR 产率，取第一次扩增产物（含双链 PCR 片段）用单引物进行第二次 PCR 扩增产生单链 DNA。

第一种方法的缺点是只能用限定浓度的引物，大大地降低了 PCR 产率，此外，当引物缺乏、有游离 dNTP 存在时，PCR 的特异产物和非特异产物会相互引发新链的合成，降低反应的特异性。所以，不对称 PCR 反应中，dNTP 浓度应比标准 PCR 反应低。

第二种方法由于第一次扩增产生了大量的目的 DNA，直接将目的 DNA 从琼脂糖凝胶中回收，除去不需要的引物及非特异产物，用单引物进行第二次 PCR 扩增，此法可将单链 DNA 的产率提高达皮摩尔（pmol）。不足之处是二次分离步骤增加 PCR 污染的概率。为了克服上述方法的缺点，有人设计同一反应管中的不对称 PCR，即设计第 3 个引物，位于前一对引物内侧，其 T_m 值比前一对引物 T_m 值高 10℃，前若干轮循环采用低温退火，产生大量双链 DNA，后面的循环高温退火，只有第 3 个引物可与模板结合、延伸，结果产生单链 DNA。

5. 反向 PCR

对于已知序列的 DNA 片段，只要设计合适的引物，常规 PCR 就可扩增位于两个引物之间的 DNA 片段，但不能扩增引物外侧的 DNA。然而在分子生物学研究中，经常需要鉴定紧邻已知顺序的 DNA 片段，如编码 DNA 的上游及下游区域，转位因子插入位点等。在 PCR 技术出现以前，要测定已知基因两侧未知的序列是非常繁杂的。一般都需先用限制性内切酶进行消化，再用已知顺序的侧翼区段作为探针进行 Southern 杂交，来鉴定合适大小的末端片段，然后从制备性凝胶上纯化这些片段，克隆到载体上，得到的重组子进一步与已知顺序的侧翼区探针杂交，以鉴定合适的克隆。为测定未知的侧翼区顺序，还常需亚克隆出各种片段。

反向 PCR（Inverse PCR，IPCR）可以扩增一个已知 DNA 片段的旁侧序列，该方法的基础是将侧翼区 DNA 转变为引物内围区域。其做法是首先用合适的限制性内切酶在已知序列之外切割，再将形成的限制性 DNA 片段自身连接成环状分子，经过一般的 PCR 扩增之后，其产物就是该环状分子中未知序列的 DNA 片段。也可将环化 DNA 线性化后再进行 PCR 扩增，有报道认为，用线性化 DNA 进行 IPCR 扩增，效率可提高 100 倍。

限制性内切酶的选择对IPCR很重要，将已知的DNA序列称为核心DNA，第一步消化基因组模板时，必须选择核心DNA上无酶切位点的限制性内切酶，若产生黏性末端DNA片段则更易于环化。此外，限制性内切酶消化后产生的DNA片段大小要适当，太短（<200~300bp）则不能环化，太长的DNA片段则受PCR本身扩增片段有效长度的限制。

反向PCR主要优点是简单、快速，可以研究许多独立的克隆，但也有其局限性：第一，由于旁侧序列是未知的，故在选择合适的限制性内切酶时，常需要用几种酶做预试验，或者要选择几种酶来共同完成酶切过程；第二，许多常用的限制性内切酶不但在插入序列上有切点，同时在载体上不合适的位置也有切点。

6. 增效PCR

PCR反应中引物浓度一般为0.1μmol/L。实验证明，当模板数小于1000个拷贝，而引物浓度很高，由于引物二聚体的形成及非特异产物竞争引物和酶，PCR产量会明显减少。采用增效PCR（Booster PCR，BPCR）扩增模板量很低的样品时，可明显提高PCR产量。

这种方法的原理是：在适当稀释的引物条件下，反应中引物相对碰撞机会减少，而利于引物与模板复性。但由于引物的减少会明显影响待扩增序列的产量，因此需在扩增一定循环后再补加引物，于正常PCR条件下扩增，使产物呈指数增加。增效PCR是分两期进行的，第一期在引物与模板均少的状态下进行，引物浓度仅为每升数十皮摩尔，延长退火时间，进行15~20个循环。这一期扩增的主要目的是增加模板量，有效地防止第二期扩增时加入过多引物间的相互反应，阻止引物二聚体的形成。第二期中补加引物至0.1μmol/L，再于常规条件下进行20个循环。由此可见，增效PCR的第一期是为增加特异性，第二期是为增加特异靶序列产量而设计的。

7. RNA的聚合酶链式反应

目前，常用的RNA检测方法有原位杂交、点杂交、Northern印迹杂交及核酸酶保护试验等，这些方法的普通缺点是难以检测低丰度的mRNA，且操作烦琐。将RNA反转录和PCR结合起来建立的RNA聚合酶链式反应（RT-PCR），则可克服上述困难。RT-PCR先在反转录酶的作用下以mRNA为模板合成cDNA，再以cDNA为模板进行PCR反应，这样低丰度的mRNA被扩增放大，易于检测。RT-PCR是一种快速、简便且敏感性极高的检测RNA方法，运用此法可检测单个细胞中少于10个拷贝的特异RNA。RT-PCR可应用于：分析基因的转录产物，克隆cDNA及合成cDNA探针、改造cDNA序列等。

RT-PCR中的关键步骤是RNA的反转录，要求RNA模板必须是完整的，且不含DNA、蛋白质等杂质。若RNA模板中污染了微量DNA，扩增后会出现特异DNA的PCR产物，而cDNA扩增产物却很少，必要时可用无RNase的DNase处理反转录产物，消除DNA后再进行PCR扩增。蛋白质未除净可与RNA结合，从而影响反转录和PCR反应。

8. 锚定PCR

人们经常要分析一端序列未知的基因片段，而一般的PCR必须预先知道欲扩增DNA片段两侧的序列，这就限制了PCR技术的应用。锚定PCR（Anchored PCR，APCR）则可克服未知序列带来的障碍。该法的基本原理是：在基因未知序列端添加同聚物尾，人为赋予未知基因序列信息，再用人工合成的与多聚尾互补的引物作为锚定引物，在与基因另一侧配对的特异引物参与下，扩增带有同聚物尾的序列。反应步骤如下：提取总RNA或

mRNA，以mRNA为模板，在反转录酶作用下合成cDNA；在DNA末端转移酶作用下，在cDNA 3′端添加Poly dC尾；加入与目的基因特异配对的引物作为3′端引物，锚定引物Poly dC作为5′端引物，为了保证扩增特异性，锚定引物多核苷酸dC长度需大于12，同时为了克隆操作的试剂盒，其5′端含有限制性内切酶的识别位点或其他序列信息，PCR扩增出带有PolydC尾的dDNA序列。锚定PCR对分析未知序列基因有特殊价值。另外，当已知某蛋白质氨基端或羧基端氨基酸序列时，APCR还可用于从基因组DNA克隆该蛋白质的基因。

9. 免疫-PCR

免疫-PCR（Immuno-PCR）是新近建立的一种灵敏、特异的抗原检测系统。它利用抗原-抗体反应的特异性和PCR扩增反应的极高灵敏性来检测抗原，尤其适用于极微量抗原的检测。

免疫-PCR主要包括3个步骤：抗原-抗体反应；与嵌合连接分子结合；PCR扩增嵌合连接分子中的DNA（一般为质粒DNA）。该技术的关键环节是嵌合连接分子的制备，它在免疫-PCR中起桥梁作用，有两个结合位点，一个与抗原-抗体复合物中的抗体结合，一个与质粒DNA结合。例如，链霉亲和素-蛋白A复合物（Streptavidin-protein A）就可以作为嵌合体，它具有双特异性结合能力，一端为链霉亲和素，可以与被生物素标记的质粒DNA结合，另一端的蛋白A可以与IgG的Fc段结合，从而可特异地把生物素化的质粒DNA分子和抗原-抗体复合物连接在一起。

免疫-PCR的基本原理与ELISA相似，不同之处在于其中的标记物不是酶而是质粒DNA，在操作反应中形成抗原抗体-连接分子-DNA复合物，通过PCR扩增DNA来判断是否存在特异性抗原。免疫-PCR优点为：特异性较强，因为它建立在抗原抗体特异性反应的基础上；敏感度高，PCR具有惊人的扩增能力，免疫-PCR比ELISA敏感度高10^5倍以上，可用于单个抗原的检测；操作简便，PCR扩增质粒DNA比扩增靶基因容易得多，一般实验室均能进行。

第八节　生物芯片检测技术

一、生物芯片的基本概念

生物芯片（Biochip）的概念源自于计算机芯片。狭义的生物芯片是指包被在固相载体（如硅片、玻璃、塑料和尼龙膜等）上的高密度DNA、蛋白质、细胞等生物活性物质的微阵列（Microarray），主要包括cDNA、微阵列、寡聚核苷酸微阵列和蛋白质微阵列。这些微阵列是由生物活性物质以点阵的形式有序地固定在固相载体上形成的，在一定的条件下进行生化反应，反应结果用化学荧光法、酶标法、同位素法显示，再用扫描仪等光学仪器进行数据采集，最后通过专门的计算机软件进行数据分析。对于广义生物芯片而言，除了上述被动式微阵列芯片外，还包括利用光刻技术和微加工技术在固体基片表面构建微流体分析单元和系统，以实现对生物大分子进行快速处理和分析的先进设备，包括核酸扩增芯片、阵列毛细管电泳芯片、主动式电磁生物芯片等。

在生物技术领域里，一个完整的实验分析过程通常包括三个步骤：样品制备、生化反应以及结果检测，目前这三个步骤往往是在不同的实验装置上进行的。而生物芯片发展的最终目标是将这三个过程通过微加工技术，整合到一块芯片上去，以实现所谓的微型全分析系统或称缩微芯片实验室（Lab - on - a - chip)。1998 年 6 月，美国 Nanogen 公司首次报道了通过芯片实验室来实现从样品制备到反应结果显示的全部分析过程，与传统的研究方法相比，生物芯片技术具有以下优点。

（1）信息的获取量大、效率高　目前生物芯片的制作方法有接触点加法、分子印章DNA 合成法和原位合成法等，能够实现在很小的面积内集成大量的分子，形成高密度的探针微阵列。这样制作而成的芯片就能并行分析成千上万组杂交反应，实现快速、高效的信息处理。

（2）生产成本低　由于采用平面微细加工技术可实现芯片的大批量生产，集成度提高，降低了单个芯片的成本。

（3）所需样本和试剂少　因为整个反应体系缩小，相应样品及化学试剂的用量减少，且作用时间短。

（4）容易实现自动化分析　生物芯片发展的最终目标是将生命科学研究中样品的制备、生物化学反应、检测和分析的全过程，通过采用微细加工技术，集成在一个芯片上进行构成所谓的微型全分析系统，或称之为在芯片上的实验室，实现了分析过程的全自动化。

二、生物芯片在食品安全检测中的应用

1. 生物芯片在转基因食品安全性检测中的应用

（1）转基因食品的检测方法　转基因食品的检测方法是对转基因食品进行确认、生产和管理的必要手段。转基因食品的检测，其实质就是检测转基因产品中是否存在外源 DNA序列或重组蛋白产物。转基因农作物的种类多、数量大，所以检测难度很大。与庞大的植物基因组相比，转基因作物中外源 DNA 的含量实在是太少了，这就要求检测技术的灵敏度非常高。

由于转基因生物的特征是表现出含有外源基因和导入基因的性状，因此目前国际社会对植物性转基因食品检测所采用的技术路线有两条：一是检测插入的外源基因，主要应用PCR 法、Nothern 杂交及 Southern 杂交、生物芯片技术、基因的酶法检测等；二是检测表达的重组蛋白，主要采用 ELISA 法、Western 杂交及生物学活性检测等。对转基因成分进行检测，必须快速、准确、灵敏、可靠。但是含有转基因成分的农产品种类多、数量大，尤其是含有转基因成分的食品，成分复杂，待检测成分（核酸或蛋白质）往往已被降解或破坏，且大多在 10^{-6}，有的甚至在 10^{-9} 或 10^{-12} 数量级范围，检测难度很大。

（2）转基因食品的生物芯片检测　生物芯片是转基因食品检测的新方法。目前对于转基因食品的检测，主要检测用于制造该食品的植物、动物性原料是不是转基因的。我国成都百奥生物信息科技有限公司生产的 BT - TGP 转基因植物检测型芯片，通过检测外来的基因序列（DNA 序列)，可鉴定该植物是否含有转基因成分。这类方法和目前已知的同类PCR 相比，除操作简便、快速、结果准确外，具有高通量的特性，解决了转基因检测中样品核酸制备中的困难，同时可降低检测成本和所需时间，这是转基因食品检测的发展方向之一。上海联合基因科技（集团）有限公司也开发了转基因植物检测基因芯片。生物芯片

技术检测转基因食品的流程如下。

①转基因食品原料（作物）检测基因芯片的制备：目前对于外源基因的检测主要是通过对转入的外源基因进行 PCR 扩增，然后进行紫外或荧光检测。要进行 PCR 扩增必须知道待扩增 DNA 的序列。转基因食品中的外源基因不仅仅包活外源蛋白编码序列，还包括选择性标记基因和对于外源基因发挥作用所必需的功能基因。

选择合适的基因片段后，分别设计扩增引物，PCR 扩增得到探针。纯化、浓缩、高温水浴变性后，利用基因芯片全自动点样仪，将探针和阴性对照点样于包埋有氨基的载玻片上。玻片经水合、干燥、UV 交联后用 SDS 洗涤后稍作处理，晾干备用。

②转基因食品原料（作物）DNA 的提取：选用转基因作物（如大豆、玉米）颗粒饱满的种子，浸泡过夜后加入 20mL 提取液，捣碎后加入 Triton－100，搅拌 45min 后过滤。中速离心，去上清液，沉淀中加入另一提取液，混匀后中速离心去上清液。沉淀中加入 SDS，混匀后中速离心 5min。将上清液转移到 10mL 的离心管中。加入 10% 体积的 NaAc，2 倍体积无水乙醇沉淀，轻轻混匀，待絮状物出现后，离心后用一弯管小心勾出 DNA 沉淀，置于另一 eppendorf 管中，用 70% 乙醇漂洗后，溶于适量 TE 中。若转基因作物为有叶作物，则以叶为新鲜材料，提取 DNA。

③ 目的片段的扩增和标记：采用多重 PCR 方法对提取的被检测转基因作物样品进行扩增和 Cy3 或 Cy5 标记。选用适当的反应体系、适宜的反应程序进行扩增。扩增产物加入 5μg 鲑鱼精 DNA，经乙醇共沉淀后再溶解于 15μL 杂交液中。

④ 杂交和洗涤：标记探针于 95℃ 水浴变性后，取 15μL 铺在芯片表面，用一片盖玻片覆盖其上，然后放置在杂交盒中，于 60℃ 杂交 4～6h。依次用 SDS 水溶液、0.2×SSC 溶液、SSC 水溶液洗涤芯片，晾干。

⑤ 杂交结果的检测与结果分析：杂交结果于基因芯片扫描仪上在波长为 560nm（Cy3 标记）或 660nm（Cy5 标记）处进行扫描检测，利用软件分析杂交信号，最后对结果进行分析得到结论。

2. 生物芯片在食品安全检测方面的应用

目前，食品营养成分的分析，食品中有毒、有害化学物质的分析、检测（农药、化肥、重金属、激素等），食品中污染的致病微生物的检测，食品中生物毒素（细菌毒素、真菌毒素）的检测等大量的监督检测工作几乎都可以用生物芯片来完成。例如，基因芯片用于检测致病菌。

常见食源性致病菌主要包括单核细胞增生李斯特菌（*L. monocytogenes*）、大肠杆菌 O157∶H7（*Escherichia coli* O157∶H7）、鼠伤寒沙门菌（*Salmonella typhimurium*）、空肠弯曲菌（*Campylobacter jejun*）、志贺菌（*Shigella flxneri*）、副溶血性弧菌（*V. parahaemolyticus*）、霍乱弧菌（*Vibrio cholerae*）、耶尔森菌（*Yersinia enterocolitica*）等。

检测主要试剂可以采用 DNA 提取试剂盒、芯片杂交试剂盒、芯片显色试剂盒、PCR 基因扩增试剂盒。检测的具体实验方法包括基因组 DNA 的抽提、引物和氨基化探针的制备、质控的设立、芯片探针点样液的配制、芯片点样后处理、PCR 扩增、基因芯片的杂交等过程，其中重要的过程如下。

（1）杂交过程　将 PCR 扩增液放在 PCR 扩增仪上，98℃、变性 5min；迅速放于 0℃ 的冰上，5min。取 10μL PCR 反应液与 200μL 杂交缓冲液混匀。在反应舱中加入 200μL

预杂交液，于44℃下静置5min，然后吸除预杂交液。将反应液与200μL杂交缓冲液的混合液全部加入到反应舱中。把芯片放入预热至杂交温度的恒温箱内，进行杂交反应，时间为20min。待反应完毕后，吸除反应舱中的溶液。在反应舱中加入200μL预热至杂交温度的洗液1，在杂交温度下保温5min，吸除反应舱中溶液，重复2次。向反应舱中加入200μL洗液2，室温放置2min，吸除反应舱中溶液。向反应舱中加入抗体液，室温下放置20min，吸除反应舱中溶液。向反应舱中加入200μL洗液2，室温放置5min，重复1次，吸除反应舱中溶液。向反应舱中加入200μL洗液3，室温下放置2min。向反应舱中加入200 μL显色液，室温下放置40min，吸除反应舱中溶液。揭去反应舱，用纯净水冲洗芯片显色区。将芯片烘干，放于检测仪上检测。

（2）杂交结果的处理　基因芯片检测结果的分析最主要依据的数据是信噪比值，即阳性信号值与背景值的比值。一个有效的杂交结果要符合两点要求：空白对照点的信号强度平均值要小于10倍，背景信号平均值也要小于10倍；标志点信号的平均值要高于背景平均值30倍以上，并且标志点的重复性要好，所有的标志点都要出现显色的信号。只有这样，才被认为结果有效。

特异性杂交的信号出来符合上面的两点之外，还要符合两点：阳性点的信号平均值要高于背景平均值15倍以上，即信噪比≥15；所有的阳性点都要出现信号。满足了以上条件才被认为是可靠的阳性杂交信号；相反，非特异性的信号的判定标准为非特异性点的信号平均值要小于背景平均信号值10倍，即信噪比<10。这样的信号被认为是非特异性的杂交产生的信号。

第九节　生物传感器检测技术

生物传感器是在生命科学和信息科学之间发展起来的一门交叉学科，作为一种新型的检测技术，具有方便、省时、精度高，便于利用计算机收集和处理数据，又不会或很少损伤样品或造成污染，可小型化和自动化，及现场检测等优点。生物传感器可以广泛的应用于食品中的添加剂、农药及兽药残留、对人体有害的微生物及其产生的毒素以及激素等多种物质的检测。在现代食品安全性分析中，这些项目都是进行食品安全性评价的重要依据。

一、生物传感器分类

1. 生物传感器的基本组成

生物传感器一般由分子识别元件、信号转换器件及电子测量仪表组成。

信号转换器是将分子识别元件进行识别时产生的化学或物理的变化转换成可用信号的装置，以酶电极为例，就是利用酶能特异性地催化底物发生反应，从而使特定物质的量有所改变的原理，由将这类物质的量变转化为电信号的装置与固定化的酶偶合，组成酶传感器。

2. 生物传感器的分类方式

生物传感器主要有两种分类方式

（1）根据生物传感器中信号检测器上的敏感物质分类　生物传感器与其他传感器的最大区别在于生物传感器的信号检测中含有敏感的生命物质。根据敏感物质的不同，生物传感器可分为酶传感器、微生物传感器、组织传感器、细胞器传感器、免疫传感器等，目前生物学方面采用这种分类方法的较多。

（2）根据生物传感器的信号转换器分类　生物传感器是利用电化学电极、场效应晶体管、热敏电阻、光电器件、声学装置等来作为信号转换器的。因此，又将生物传感器分为电化学生物传感器、半导体生物传感器、测热型生物传感器、测光型生物传感器、测声型生物传感器等，目前在电子工程学方面采用这种分类方法较多，当然以上两种分类方法之间可以互相交叉。

二、生物传感器在食品安全检测中的应用

1. 食品添加剂的分析

过量使用食品添加剂往往会对人体产生危害。目前，已研制出了一些检测食品添加剂的生物传感器，如检测亚硫酸盐的传感器。Groom 用导电介体四氰基对醌二甲烷（TC. NQ）、四硫富瓦烯（TTF）和亚硫酸盐氧化酶顺序沉积在玻璃碳电极敏感面上，结合 FIA 制成测定亚硫酸盐的传感器，线性范围 0～5mmol/L，检出限为 5nmol/L。也有人采用亚硫酸盐氧化酶为敏感材料，制成电流型二氧化硫酶电极，测定线性范围为 0～0. 6mmol/L。

另外，还有检测亚硝酸盐的传感器。Carla C Rosa 等利用光学生物传感器对亚硝酸盐进行检测，其检测限为 0. 93mol/L，这大大低于欧盟所要求的最大限量 2. 2mol/L。它是用络合沉淀凝胶法（CPG 法）将一种亚硝酸盐还原酶固定在光纤一端的可控微孔玻璃珠上，当亚硝酸盐与酶发生接触反应时，会发生一系列分光变化，且这种光学变化与亚硝酸盐的浓度在一定范围内呈线性关系，通过检测这些光学变化即可对亚硝酸盐进行定量分析。Mesarost 等曾采用一种卟啉微电极，测定了一些食品中的亚硝酸盐，这种方法简便、快速，准确度和精确度也很好。

1998 年，Stanislav Miertus 报道了一种多功能生物传感器。它相当于把分别检测几种食品添加剂的几个传感器（酶电极）集成到一起，实现了同时检测乳酸、苹果酸和亚硫酸盐，其实验结果表明有比较好的线性范围，灵敏度和稳定性也都很好。

2. 农药和兽药残留的检测

近年来，人们对生物传感器用于食品中农药和兽药残留的检测作了有益的探索。Starodub 等分别用乙酰胆碱酯酶（AchE）和丁酰胆碱酯酶（BchE）为敏感元件，利用农药对靶标酶的活性抑制作用研制的离子酶场效应晶体管酶传感器，用于蔬菜等样品中有机磷农药的测定，检测限为 10^{-7}～10^{-5} mol/L。Fernando 等采用光寻址电位型传感器测定了有机磷和氨基甲酯类农药，生物敏感材料是采用鳗鱼乙酰胆碱酯酶，可检测出 10mmol/L 的马拉硫磷。多氯化联苯（PCBs）也是一种杀虫剂，在水中、食物、牛乳中可检测到它们的存在，人体过量摄入可引起脑瘤，Zhao 等人用多克隆抗 PCB 抗体制作的敏感膜光纤免疫传感器对其进行测定，下限为 10ng/mL，时间仅几分钟。

磺胺和盘尼西林是兽药中常用的抗生素，其残留会污染动物性食品。Stemesj 采用免疫传感器测定牛乳中硫胺二甲嘧啶，Avon 用抗体酶共轭物为敏感材料结合光度分析测定了牛乳中的盘尼西林。

近年来，畜牧养殖业中违禁使用激素类药物的事件常有发生，快速准确地检测食品中

激素残留就显得尤为迫切和重要。目前主要使用的是免疫学以及色谱学的一些方法，大多存在步骤烦琐、操作复杂、耗费时间长、不方便现场检测等不足。生物传感器检测法有望弥补这些不足，但有关生物传感器检测激素的报道在国内外都还很少。目前，上海交通大学农业与生物学院根据竞争酶免疫反应原理设计的传感器在检测肉类食品中激素残留方面获得了较好的效果。例如，己烯雌酚传感器，是由过氧化氢电极和己烯雌酚抗体膜组成，将一定量的过氧化氢酶标记的己烯雌酚加到待测样品中，酶标记的及未标记的抗体发生竞争反应，测定酶标与抗体的结合率便可知食品中己烯雌酚的含量。

3. 微生物与生物毒素的检测

微生物及其产生的毒素是危害食品安全的主要因子。食品检测急需一种快速简便的分析方法，以对食品中微生物污染进行监测。生物传感器的出现掀起了微生物检测方法学上的一场革命，也使食品工业生产和包装过程中微生物自动检测成为可能。据资料报道，截至2005年，用于检测食品中病原微生物的生物传感器的销售额达3800万美元，并以每年6.0%的速率递增加。

生物毒素是微生物的代谢产物，有很强的毒性，大多有致癌、致畸、致突变作用。为防止毒素超标的食品进入食物链，加强对其检测至关重要。Ogert采用光纤传感器测定了食品中的肉毒杆菌毒素A，检测下限可达5μg/L，1min内可完成测定。

应用光纤免疫传感器检测火腿中的葡萄球菌肠毒素B，将兔抗SEB共价结合到光纤上用以结合SEB，然后用结合上Cy5标记的羊抗SEB检测抗体与SEB结合，使之在光纤表面形成荧光复合物，其检测下限可达5μg/L。

三、生物传感器发展趋势

生物科学、信息科学和材料科学发展推动了生物传感器技术飞速发展，但生物传感器的广泛应用仍面临着一些困难。今后一段时间里，生物传感器的研究工作将主要围绕选择活性强、选择性高的生物传感元件，提高信号检测器和转换器的使用寿命，生物响应的稳定性和生物传感器的微型化、便携式等问题，未来的生物传感器将具有以下特点。

1. 功能多样化

未来的生物传感器将进一步涉及医疗保健、疾病诊断、食品检测、环境监测、发酵工业的各个领域。目前，生物传感器研究中的重要内容之一就是研究能代替生物视觉、嗅觉、味觉、听觉和触觉等感觉器官的生物传感器，也就是仿生传感器。

2. 微型化

随着微加工技术和纳米技术的进步，生物传感器将不断地微型化，各种便携式生物传感器的出现使人们在家中进行疾病诊断、在市场上直接检测食品成为可能。

3. 智能化、集成化

未来的生物传感器必定与计算机紧密结合，自动采集数据、处理数据，更科学、更准确地提供结果，实现采样、进样、结果一条龙，形成检测的自动化系统。同时，芯片技术将引入传感器，实现检测系统的集成化、一体化。

4. 低成本、高灵敏度、高稳定性、高寿命

生物传感器技术的不断进步，必然要求不断降低产品成本，提高灵敏度、稳定性和寿命。这些特性的改善也会加速生物传感器市场化、商品化的进程。不久的将来，生物传感

器将会给人们的生活带来巨大的变化。

思考题

1. 食品安全检测技术研究的内容主要有哪些？
2. 食品安全检测技术主要有哪些方法？
3. 举例说明现代检测技术在食品安全检测中的应用。
4. 生物芯片技术在食品安全检测中有哪些应用？
5. 谈谈气相色谱－质谱联用技术。
6. 液相色谱－质谱联用技术的特点有哪些？
7. 与传统的分析方法相比，生物传感器具有哪些优点？
8. 简述生物传感器在食品安全检测中的应用。
9. 谈谈酶联免疫吸附测定技术在食品安全检测中的应用。
10. 名词解释：生物芯片、生物传感器、酶联免疫吸附技术、PCR 技术。
11. PCR 技术在食品安全检测中有哪些应用？

参考文献

1. 朱将伟，刘国艳，史贤明．生物传感器在食品安全检测中的应用．中国公共卫生，2006，22（7）：883～884

2. 钟耀广．食品安全学．北京：化学工业出版社，2005

3. 刘荣，徐致远，李保国等．生物传感器在食品分析检测中的应用．2005，6：246～249

4. 唐英章．现代食品安全检测技术．北京：科学出版社，2004

5. 陈福生，高志贤，王建华．食品安全检测与现代生物技术．北京：化学工业出版社，2004

6. 周先碗，胡晓倩．生物化学仪器分析与实验技术．北京：化学工业出版社，2004

7. 范世福．分析检测技术与分析仪器的现代化发展．分析仪器，2003（1）：1～5

8. 司士辉．生物传感器．北京：化学工业出版社，2003

9. 王元平，吴清平，张菊梅等．芯片技术及其在食品卫生微生物检测中的应用．中国卫生检验杂志，2002，12（2）：254～255

10. 马立人，蒋中华．生物芯片．北京：化学工业出版社，2002

11. 汪正范，杨树民，吴侔天等．色谱联用技术．北京：化学工业出版社，2001

12. 梁国栋．最新分子生物学实验技术．北京：科学出版社，2001

13. 郭新竹，宁正祥．PCR 技术在食品检验中的应用．广州食品工业科技，2001，17（2）：60～63

第九章　食品安全性评价

食品的安全性直接关系到人民的健康，也是食品卫生管理、食品生产、食品研究等方面必须注意的问题。随着社会的发展，人类生存环境中物质的种类和数量正大量增加。这些物质可能通过各种途径进入食品，被人类食入后，有的可能会对机体造成伤害。“剂量决定危害”，16世纪德国著名毒理学家帕拉塞尔苏斯曾说“万物皆有毒，无无毒之物。量微者则无毒，超量食用，即显毒性。”譬如食盐，是人体不可或缺的一种元素，但若一次性大剂量食用的话，就可能造成人的急性致死。卤水点豆腐没事，但直接喝，就会致命。因此，追求食品的绝对安全是不可能的，重要的是对食物及食物中的特定物质进行科学、客观的安全性评价，确定其产生危害的水平，并以此制定该物质在食品中的限量标准，保证人体健康。

对食品中任何组分可能引起的危害进行科学测试、得出结论，以确定该组分究竟能否为社会或消费者接受，据此以制定相应的标准，这一过程称为食品安全性评价（Food Safety Evaluation）。食品安全性评价的范围包括：①食品生产、加工、运输、销售和保藏等过程中使用的化学和生物物质，如食品添加剂、食品加工用微生物等物质的安全性评价；②食品生产、加工、运输、销售和保藏等过程中产生和接触到的有害物质和污染物，如农药、重金属和生物毒素等以及包装材料的溶出物、放射性物质和洗涤消毒剂（用于食品、容器和食品用工具）等物质的安全性评价；③新食物资源及其成分的安全性评价；④食品中其他有害物质的安全性评价。食品安全性评价的目的主要是阐明某种食品是否可以安全食用，食品中有关危害成分或物质的毒性及其风险大小，利用足够的毒理学资料确认物质的安全剂量，通过风险评估进行风险控制。

第一节　概　　述

一、食品安全性评价的意义

外来化合物的安全性是指一种化合物在规定的使用方式和用量条件下，对人体健康不产生任何损害，即不引起急性、慢性毒性，也不至于对接触者（包括老、弱、病、幼和孕妇）及其后代产生潜在的危害。人类长期直接或间接地接触这些外来化合物所引起的毒性以及致畸、致突变和致癌作用，越来越受到人们的重视和关注。因此，为防止外来化合物对人体可能带来的有害影响，对各种已投入或即将投入生产和使用的化合物进行毒性试验研究，据此做出安全性评价并提供毒理学方面的科学依据，就成为一项极为重要的任务。

食品安全性毒理学评价是通过动物试验和对人群的观察，阐明某种食品的毒性及潜在的危害，对该食品能否投放市场作出判断，这种对食品的安全性做出评价的研究过程称为食品安全性毒理学评价。对某种食品进行安全性评价时，必须掌握该食品的成分、理化性质等基本资料、动物试验资料及对人群的直接观察资料，最后进行综合评定。所谓绝对的安全实际上是不存在的。在掌握上述三方面资料的基础上进行最终评价时，应全面权衡其利弊和实际的可能性，确保结论是在发挥该食品最大效益以及对人体健康和环境造成最小危害的前提下做出的。食品安全性评价在食品安全性研究、监控和管理上具有重要的意义，也受到国家的高度重视。2015 年新修订的《食品安全法》就规定，“国家建立食品安全风险评估制度，运用科学方法，根据食品安全风险监测信息、科学数据以及有关信息，对食品、食品添加剂、食品相关产品中生物性、化学性和物理性危害因素进行风险评估。国务院卫生行政部门负责组织食品安全风险评估工作，成立由医学、农业、食品、营养、生物、环境等方面的专家组成的食品安全风险评估专家委员会进行食品安全风险评估。”

二、基本概念

1. 外源化学物

外源化学物（Xenobiotics）又称外源生物活性物质，是在人类生活的外界环境中存在、可能与机体接触并进入机体，在体内呈现一定的生物学作用的一些化学物质。

2. 毒性

毒性（Toxicity）是指外源化学物与机体接触或进入体内的易感部位后，能引起损害作用的相对能力，或简称为损伤生物体的能力，也可简述为外源化学物在一定条件下损伤生物体的能力。

物质毒性的高低仅具有相对意义，只要达到一定的数量，任何物质对机体都具有毒性；除此之外，毒性还与物质本身的理化性质、与机体接触的途径等因素有关。

3. 损害作用

当机体间断或连续地接触一定剂量的外来化合物后，引起机体功能容量的降低或对额外应激状态代偿能力的损伤、机体维持体内稳态的能力降低以及对其他外界不利因素影响的易感性增高。

4. 剂量

剂量（Dose）是决定外来化合物对机体损害作用的重要因素，它既可指与机体接触的化学物的量，或在实验中给予机体受试物的量，又可指化学毒物被吸收的量或在体液和靶器官中的量。由于后者的测定不易准确进行，所以一般剂量的概念是指给予机体的外来化合物数量或与机体接触的数量。剂量一般具有如下概念。

（1）致死量（Lethal Dose）　为经口一次或 24h 内多次给予受试物后，可以造成机体死亡的剂量。但在一群体中，死亡个体数目的多少有很大的差别，所需的剂量也不一致。

（2）半数致死量（Median Lethal Dose，LD_{50}）较为简单的定义是指经口一次或 24h 内多次给予受试物后，引起一群受试对象 50% 个体死亡所需的剂量。因为 LD_{50} 并不是实验测得的某一剂量，而是根据不同剂量组而求得的数据，故精确的定义是指统计学上获得的，预计引起动物半数死亡的单一剂量。LD_{50} 的单位为 mg/kg 体重，LD_{50} 的数值越小，表示毒物的毒性越强；反之，LD_{50} 数值越大，毒物的毒性越低。

LD_{50} 在毒理学中是最常用于表示化学物毒性分级的指标。LD_{50} 值可受许多因素的影响，如动物种属和品系、性别、接触途径等，因此，表示 LD_{50} 时，应注明动物种系和接触途径。雌雄动物应分别计算，并应有 95% 可信限。

（3）绝对致死量（Absolute Lethal Dose，LD_{100}）　指某实验群体中引起一组受试动物全部死亡的最低剂量。由于个体差异，使群体100%死亡的剂量变化很大，因此很少使用LD_{100}来描述一种物质的毒性。

（4）最小致死剂量（Minimal Lethal Dose，MLD或MLC或LD_{01}） 指某实验群体的一组受试动物中仅引起个别动物死亡的剂量，其低一档的剂量即不再引起动物死亡。

（5）最大耐受剂量（Maximal Tolerance Dose，MTD或LD_0或LC_0） 指某实验群体的一组受试动物中不引起动物死亡的最大剂量。

（6）最小观察到损害作用剂量（Lowest Observed Adverse Effect Level，LOAEL） 也称最小有作用剂量（Minimal Effective Dose）或阈剂量或阈浓度，是指在一定时间内，一种毒物按一定方式或途径与机体接触，能使某项灵敏的观察指标开始出现异常变化或使机体开始出现损害作用所需的最低剂量，也称中毒阈剂量。

（7）未观察到有害作用剂量（No Observed Adverse Effect Level，NOAEL） 也称最大无作用剂量（Maximal No - effective Dose），是指在一定时间内，一种外源化学物按一定方式或途径与机体接触，用最灵敏的实验方法和观察指标，未能观察到任何对机体的损害作用的最高剂量。未观察到有害作用剂量是根据28d经口毒性试验的结果确定的，是评定外来化合物对机体损害作用的主要依据。以此为基础可制定一种外来化合物的每日允许摄入量（ADI）和最高允许浓度（MAC）。

（8）每日允许摄入量（Acceptable Daily Intake，ADI） 是指人类每日摄入某物质直至终生而不产生可检测到对健康产生危害的量。按体重计，可以表示为mg/（kg·d）。

（9）安全系数（Safety Factor） 是根据未观察到有害作用剂量（NOAEL）计算每日容许摄入量（ADI）时所用的系数，即将NOAEL除以一定的系数得出ADI。所用的安全系数的值取决于受试物毒作用的性质、受试物应用的范围和用量、适用的人群以及毒理学数据的质量等因素。

5. 效应和反应

（1）效应（Effect） 即生物学效应，指机体在接触一定剂量的化学物后引起的生物学改变。生物学效应一般具有强度性质，为量化效应或称计量资料。例如，有神经性毒剂可抑制胆碱酯酶，酶活性的高低则是以酶活性单位来表示的。效应用于叙述在群体中发生改变的强度时，往往用测定值的均数来表示。

（2）反应（Response） 指接触一定剂量的化学物后，表现出某种生物学效应并达到一定强度的个体在群体中所占的比例，生物学反应常以“阳性”、“阴性”并以“阳性率”等表示，为质化效应或称计数资料。例如，将一定量的化学物给予一组实验动物，引起50%的动物死亡，则死亡率为该化学物在此剂量下引起的反应。

“效应”仅涉及个体，即一个动物或一个人；而“反应”则涉及群体，如一组动物或一群人。效应可用一定计量单位来表示其强度；反应则以百分率或比值表示。

6. 剂量 - 效应关系和剂量 - 反应关系

剂量 - 效应关系是指外来化合物的剂量与个体或群体中发生的量效应强度之间的关系。剂量 - 反应关系是指外来化合物的剂量与其引起的质化效应发生率之间的关系。剂量 - 效应关系和剂量 - 反应关系是毒理学的重要概念，如果某种毒物引起机体出现某种损害作用，一般就存在明确的剂量反应关系（过敏反应例外）。剂量反应关系可用曲线表示，不同毒物在不同条件下引起的反应类型是不同的。

毒理学（Toxicology）是一门既古老又年轻的学科，是从生物医学角度研究化学物质对生物体的损害作用及其机制的科学。近年来，毒理学的研究范围已扩大到各种有害因素如放射性、微波等物理因素以及生物因素等对机体的损害作用及其机制，不只限于化学物质。食品安全性评价就是毒理学的具体应用。经典方法中对安全系数做了许多附加修正，以提高种属之内与之间推导预测的精确性。近年来已提出了新的方法，尽可能使用实际数据而不是人为的假设来确定安全系数。如对致癌物质的评定将使用一种定量的模型，它所重视的是从高剂量到低剂量的推导，而不是从动物到人的种属间的推导。

第二节　食品安全性的风险分析

安全是人类生存的第一需要。一般来说，如果某种危险发生的概率低于十万分之一，属于低风险，如飞机失事后果是严重的，但其危险发生的概率仅为二十五万分之一，属于较低风险；但如果危险发生的概率较高，就必须采取适当的防范措施。规避风险是人类的本能，对风险进行分析，根据风险程度采取相应的管理措施，是可以控制或者降低风险的。

食品是人类生存的基本要素，但食品中可能含有危害人体健康的物质。食源性危害主要表现在物理性、化学性以及生物性危害上。就目前的控制手段而言，风险评估所面临的主要难点是食品中有关生物性危害的作用和结果，这是因为与公众健康有关的生物性危害包括致病性细菌、病毒、蠕虫、原生动物、藻类以及它们产生的某些毒素，这些生物性危害的界定和控制均有较大的不确定性。当然，某些食品本身也可能含有对健康产生危害的成分。所有的食品安全性问题都与上述三类因素密切相关，也就是上述3类危害都将对消费者健康产生不良后果，有的甚至是严重后果。如自20世纪90年代以来，由食品而引出的重大安全事件不断发生，造成重大影响的有1996年英国的疯牛病，2001年法国的李斯特杆菌污染事件，2003年亚洲国家出口欧盟、美国和加拿大的虾类产品氯霉素残余等，使食品安全成为人们日益关注的问题。为了保证各种措施的科学性和有效性，最大限度地利用现有的食品安全管理资源，并对各种管理措施和制度的有效性进行评价，食品风险分析应运而生。

食品法典委员会（CAC）将风险分析引入食品安全性评价中，并把风险分析分为风险评价、风险控制和风险交流三个必要部分。其中风险评价在食品安全性评价中占据中心位置。在进行整体的食品安全性评价过程中，要进行食品中某危害成分的单项评价、某食品综合评价、膳食结构的综合评价以及最终的风险评价，同时要把化学物质评价、毒理学评价、微生物学评价和营养学评价统一起来得出结论，这也是目前食品安全性评价的发展趋势。

食品风险分析是针对食品安全性的一种宏观管理模式，已被认为是制定食品安全标准的基础，由风险评估、风险管理和风险情况交流三部分组成，风险评估是整个风险分析体系的核心和基础，其总体目标在于确保公众健康得到保护。

要求食品安全性没有任何问题，也就是讲具有零风险几乎是不可能的，何况食品安全性风险对于不同的人群也有一个相对性问题。分析食源性危害，确定食品安全性保护水平，采取风险管理措施，使食品在安全性风险方面处于可接受的水平，这就是风险分析在食品安全性管理中的作用。

一、风 险 评 估

1. 风险评估目的与内容

食品安全风险评估指通过使用毒理数据、污染物残留数据分析、统计手段、暴露量及相关参数，对食品、食品添加剂中生物性、化学性和物理性危害对人体健康可能造成的不良影响所进行的科学评估，包括危害识别、危害特征描述、暴露评估、风险特征描述等。

（1）危害识别　识别可能产生健康不良效果并且可能存在于某种或某类特别食品中的生物、化学和物理因素。据流行病学、动物试验、体外试验、结构－活性关系等科学数据和文献信息确定人体暴露于某种危害后是否会对健康造成不良影响、造成不良影响的可能性，以及可能处于风险之中的人群和范围。

（2）危害特征描述　对与危害相关的不良健康作用进行定性或定量描述。可以利用动物试验、临床研究以及流行病学研究确定危害与各种不良健康作用之间的剂量－反应关系、作用机制等。如果可能，对于毒性作用有阈值的危害应建立人体安全摄入量水平。危害特征描述一般是由毒理学试验获得的数据外推到人，计算人体的ADI值。

（3）暴露（量）评估　描述危害进入人体的途径，估算不同人群摄入危害的水平。根据危害在膳食中的水平和人群膳食消费量，初步估算危害的膳食总摄入量，同时考虑其他非膳食进入人体的途径，估算人体总摄入量并与安全摄入量进行比较。

暴露评估主要是根据膳食调查和各种食品中化学物质暴露水平调查的数据进行的。暴露量评估必须考虑食品被污染的频度、污染物随时间变化的含量水平。这些因素受污染物的特性、原料最初污染情况、卫生设施水平、对加工进程的控制、加工工艺、包装材料、储存、销售以及食用前的处理等影响。因此，暴露（量）评估应该描述食品从生产到食用整个过程，预测可能与食品接触的方式。

（4）风险特征描述　在危害识别、危害特征描述和暴露评估的基础上，综合分析危害对人群健康产生不良作用的风险及其程度，同时应当描述和解释风险评估过程中的不确定性。

通常情况下，危害识别采用的是定性方法，其他三个步骤可以采用定性方法，但最好采用定量方法。

对于有阈值的化学物质，比较暴露量和ADI值，暴露量小于ADI值时，对健康产生不良效果的可能性在理论上为零；对于无阈值物质，人群的风险是暴露和效力的综合结果。同时，风险描述需要说明风险评估过程中每一步所涉及的不确定性。

2. 风险评估要求

《食品安全法》规定有下列情形之一的，应当进行食品安全风险评估。

（1）通过食品安全风险监测或者接到举报发现食品、食品添加剂、食品相关产品可能存在安全隐患的；

（2）为制定或者修订食品安全国家标准提供科学依据需要进行风险评估的；

（3）为确定监督管理的重点领域、重点品种需要进行风险评估的；

（4）发现新的可能危害食品安全的因素的；

（5）需要判断某一因素是否构成食品安全隐患的；

（6）国务院卫生行政部门认为需要进行风险评估的其他情形。

二、风险管理

风险管理就是根据风险评估的结果，选择和实施适当的管理措施，尽可能有效地控制食品风险，从而保障公众健康。风险管理可以分为四个部分：风险评价、风险管理的选择评价、执行风险管理决定、监控和回顾。

（1）风险评价　确认食品安全性问题，描述风险概况，就风险评估和风险管理的优先性对危害进行排序，为进行风险评估制定风险评估政策，进行风险评估，风险评估结果的审议。

（2）风险管理的选择评价　确定现有的管理选项，选择最佳的管理选项（包括考虑一个合适的安全标准），最终的管理决定。

（3）执行风险管理决定　依据最终的管理决定，执行一种或多种改变风险的措施，包括改变风险事件发生的可能性或后果的措施。

（4）监控和回顾　对实施措施的有效性进行评估，在必要时对风险管理和/或评估进行回顾。

为了做出风险管理决定，风险评价过程的结果应当与现有风险管理选项的评价相结合。保护人体健康应当是首先考虑的因素，同时可适当考虑如经济费用、效益、技术可行性、对风险的认知程度等因素，可以进行费用－效益分析。执行管理决定之后，应当对控制措施的有效性以及对暴露消费者人群的风险的影响进行监控，以确保食品安全目标的实现。

三、风险交流

风险交流就是在风险评估人员、风险管理人员、消费者和其他有关的团体之间就与风险有关的信息和意见进行相互交流。风险交流的对象可以包括国际组织（CAC、FAO、WHO 以及 WTO 等）、政府机构、企业、消费者和消费者组织、学术界和研究机构以及大众传播媒介（媒体）。进行有效的风险交流应该包括：风险的性质、利益的性质、风险评估的不确定性、风险管理的选择 4 个方面的要素。

（1）风险的性质　危害的特征和重要性，风险的大小和严重程度，情况的紧迫性，风险的变化趋势，危害暴露量的可能性，暴露量的分布，能够构成显著风险的暴露量，风险人群的性质和规模，最高风险人群。

（2）利益的性质　与每种风险有关的实际或者预期利益，受益者和受益方式，风险和利益的平衡点，利益的大小和重要性，所有受影响人群的全部利益。

（3）风险评估的不确定性　评估风险的方法，每种不确定性的重要性，所得资料的缺点或不准确度，估计所依据的假设，估计对假设变化的敏感度，有关风险管理决定估计变化的效果。

（4）风险管理的选择　控制或管理风险的行动，可能减少个人风险的个人行动，选择一个特定风险管理选项的理由，特定选择的有效性，特定选择的利益，风险管理的费用和来源，执行风险管理选择后仍然存在的风险。

需要指出的是，在进行一个风险分析的实际项目时，并非风险分析的风险评估、风险管理和风险情况交流三个部分的所有具体步骤都必须包括在内，但是某些步骤的省略必须建立在合理的前提之上，而且整个风险分析的总体框架结构应当是完整的。

第三节　食品安全性的毒理学评价

通过动物试验和对人群的观察，阐明某种物质的毒性及潜在的危害，对该物质能否投放市场做出决定，或提出人类安全的接触条件，即对人类使用这种物质的安全性作出评价的研究过程称为安全性毒理学评价（Toxicological Safety Evaluation）。它实际上是在了解某种物质的毒性及危害性的基础上，全面权衡其利弊和实际应用的可能性，从确保该物质的最大效益、对生态环境和人类健康最小危害性的角度，对该物质能否生产和使用作出判断或寻求人类的安全接触条件的过程。

食品的安全性评价主要目的是评价某种食品是否可以安全食用。具体就是评价食品中有关危害成分或者危害物质的毒性以及相应的风险程度，这就需要利用足够的毒理学资料确认这些成分或物质的安全剂量。我国于 2014 年 12 月新颁布了《食品安全性毒理学评价程序》GB 15193. 1—2014，比较原《食品安全性毒理学评价程序》GB 15193. 1—2003 版本，内容上做了较大改动，取消原 2003 版标准分四个阶段进行食品安全性毒理学评价，改为根据毒理学评价的要求和目的直接进行内容项试验，表述上更加准确合理，目的性和操作性更强。

一、食品安全性毒理学评价程序的基本内容

1. 试验前的准备

在受试物（如食品）进行食品安全性评价试验前，必须掌握下列基本情况。

（1）对受试物的要求

①应提供受试物的名称、批号、含量、保存条件、原料来源、生产工艺、质量规格标准、性状、人体推荐（可能）摄入量等有关资料。

②对单一成分的物质，应提供受试物（必要时包括其杂质）的物理、化学性质（包括化学结构、纯度、稳定性等）。对于混合物（包括配方产品），应该提供受试物的组成，必要时应提供受试物各组成成分的物理、化学性质（包括化学名称、化学结构、纯度、稳定性、溶解度等）有关资料。有时可根据化合物结构对其毒性作出初步估计。

③若受试物是配方产品，应是规格化产品，其组成成分、比例及纯度应与实际应用的相同。特别要了解杂质成分，有些低毒受试物，在动物试验中可因其中含有杂质而增加其毒性。若受试物是酶制剂，应该使用在加入其他复配成分以前的产品作为受试物。

（2）了解生产过程中所用的原料和中间体。

（3）了解受试物的应用情况和用量，包括人体接触受试物的途径，受试物所产生的社会效益、经济效益、人群健康效益等，尽量估计人体通过各种途径实际可能接触的最大剂量，为毒性试验的设计和实验结果进行综合评价，以及采取生产使用的安全措施提供参考。例如，对于食品添加剂应掌握其加入食品中的数量；对于环境污染物，则应掌握其在水体、空气或土壤中的含量等。

（4）作为受试物的样品，应是实际生产使用的、与人类实际接触的产品。要求生产工

艺流程和产品成分规格必须稳定，必要时对受试样品用紫外或红外分光光度法、气相色谱法、薄层层析法等进行分类，取得吸收光谱或色谱测试资料，以控制样品的纯度一致性。在一般情况下，应采用工业品或市售商品，而不是纯品。如需确定毒性作用是来自受试物本身还是其所含杂质，则可采用纯品和工业品分别试验，进行比较。

（5）实验动物的选择　选择实验动物时，要求其在接触受试物之后的毒性反应应当与人接触该受试物的毒性反应基本一致，且易于饲养管理、试验操作方便、易于获得、品系纯化、价格较低。为了有利于预测受试物对人的危害，一般要求选择两种以上的实验动物，最好一种为啮齿类，一种为非啮齿类。因此，在实际工作中实验动物以大鼠和小鼠为主，其中尤以大鼠使用较多。

大鼠和小鼠喂养时的室温应控制在22℃ ±3℃，相对湿度30% ~73%，无对流风。每笼动物数以不干扰动物个体活动及不影响试验观察为度，必要时可单笼饲养。饲养室采用人工昼夜为好，早6时至晚6时进行12h光照，其余12h为黑暗。一般食用常规饲料，自由饮水。

2. 染毒方法

染毒方法是指受试物给予实验动物的方式或受试物进入动物机体的途径，对受试物在动物体内引起的生物学反应有显著影响。通常在食品毒理学研究中，受试物多以经口方式给予动物，主要有以下三种方法。

（1）灌胃法　将液态的受试物或固态、气态物溶于某种溶剂中，配制成一定浓度，装入注射器等定量容器，经过导管注入动物的胃内。染毒前禁食，以免胃内残留食物对外来受试物的毒性产生干扰，染毒后继续禁食3 ~4h，自由饮水。

由于成年实验动物的胃容量与体重之间有一定的比例，受试物的灌胃体积可以实验动物单位体重所用的体积数表示，这样受试物的吸收速度相对较为稳定。小鼠1次灌胃体积在0.2 ~1.0mL/只或0.1 ~0.5mL/10g体重较合适，大鼠1次灌胃体积不超过5mL/只（通常用0.5 ~1.0mL/100 g），家兔不超过10mL/2kg，狗不超过50mL/10kg。

（2）吞咽胶囊　将一定剂量的受试物装入药用胶囊内，放到动物的舌后咽部，迫使动物咽下。此种方式剂量准确，尤其适用于易挥发、易水解和有异味的化合物。家兔及猫、狗等大动物可用此法。

（3）掺入饲料　将受试物溶于无害的溶液中拌入饲料或饮用水中，使动物自行摄入含受试物的饲料或水，然后依每日食入的饲料与水量来推算动物实际摄入受试物的剂量。

掺入饲料喂饲动物的优点是动物接触受试物的方式符合人类接触食物与水的方式，方法简便、易操作。但是由于动物（尤其是啮齿类动物）进食时浪费、损失饲料很多，往往摄入受试物的量不准确，仅适用于动物数量较多的毒理学实验。如果受试物有异味，动物可能拒食，如果受试物在室温下可挥发，或可在饲料或水中水解，则剂量也不准确。掺入饲料喂饲法为了计算每只动物摄入受试物的剂量，一般要求单笼饲养。

3. 食品安全性毒理学评价试验的内容

安全性评价首先是对受试物进行毒性鉴定，通过一系列的毒理学试验测试该受试物对实验动物的毒理作用和其他特殊毒性作用，从而评价和预测对人体可能造成的危害。依据《食品安全性毒理学评价程序》GB 15193.1—2014，我国对农药、食品、化妆品、消毒产品等健康相关产品的毒理学安全性评价一般要求有急性经口毒性试验、遗传毒性试验、

28d 经口毒性试验、90d 经口毒性试验、致畸试验、生殖毒性试验和生殖发育毒性试验、毒物动力学试验、慢性毒性试验、致癌试验、慢性毒性和致癌合并试验等十项试验内容。可根据各类物质依照的法规或试验目的与诉求的不同，选择不同的试验内容项，可能的话结合人群资料进行。

二、毒理学安全性评价程序的运用原则

1. 基本原则

（1）凡属我国首创的物质，特别是化学结构提示有潜在慢性毒性、遗传毒性或致癌性或受试物产量大、使用范围广、人体摄入量大，应进行系统的毒性试验，包括经口毒性试验、遗传毒性试验、90d 经口毒性试验、致畸试验、生殖发育毒性试验、毒物动力学试验、慢性毒性试验和致癌试验（或慢性毒性和致癌合并试验）。

（2）凡属与已知物质（指经过安全性评价并允许使用者）的化学结构基本相同的衍生物或类似物，或在部分国家和地区有安全食用历史的物质，则先进行急性经口毒性试验、遗传毒性试验、90d 经口毒性试验和致畸试验，根据试验结果判定是否需进行毒物动力学试验、生殖毒性试验、慢性毒性试验和致癌试验等。

（3）凡属已知的或在多个国家有食用历史的物质，同时申请单位又有资料证明申报受试物的质量规格与国外产品一致的，则可先进行急性经口毒性试验、遗传毒性试验和 28d 经口毒性试验，根据试验结果判断是否进行进一步的毒性试验。

2. 食品添加剂、新食品原料、食品相关产品、农药残留和兽药残留的安全性毒理学评价试验的选择

（1）食品添加剂

①香料：凡属世界卫生组织（WHO）已建议批准使用或已制定日容许量者，以及香料生产者协会（FEMA）、欧洲理事会（COE）和国际香料工业组织（IOFI）四个国际组织中的两个或两个以上允许使用的，一般不需要进行试验。

凡属资料不全或只有一个国际组织批准的，先进行急性毒性试验和遗传毒性试验组合中的一项，经初步评价后，再决定是否需进行进一步试验。

凡属尚无资料可查、国际组织未允许使用的，先进行急性毒性试验、遗传毒性试验和 28d 经口毒性试验，经初步评价后，决定是否需进行进一步试验。

凡属用动、植物可食部分提取的单一高纯度天然香料，如其化学结构及有关资料并未提示具有不安全性的，一般不要求进行毒性试验。

②酶制剂：由具有长期安全食用历史的传统动物和植物可食部分生产的酶制剂，世界卫生组织已公布日容许摄入量或不需规定日容许摄入量者或多个国家批准使用的，在提供相关证明材料的基础上，一般不要求进行毒理学试验。

对于其他来源的酶制剂，凡属毒理学资料比较完整，世界卫生组织已公布日容许摄入量或不需规定日容许摄入量者或多个国家批准使用的，如果质量规格与国际质量规格标准一致，则要求进行急性经口毒性试验和遗传毒性试验。如果质量规格标准不一致，则需增加 28d 经口毒性试验，根据试验结果考虑是否进行其他相关毒理学试验。

对其他来源的酶制剂，凡属新品种的，需要先进行急性经口毒性试验、遗传毒性试验、90d 经口毒性试验和致畸试验，经初步评价后，决定是否需进行进一步试验。凡属一

个国家批准使用，世界卫生组织未公布日容许摄入量或资料不完整的，进行急性经口毒性试验、遗传毒性试验和28d经口毒性试验，根据试验结果判定是否需要进行进一步的试验。通过转基因方法生产的酶制剂按照国家对转基因管理的有关规定执行。

③其他食品添加剂：凡属毒理学资料比较完整，世界卫生组织已公布日容许量或不需规定日容许量者或多个国家批准使用的，如果质量规格与国际质量规格标准一致，则要求进行急性经口毒性试验和遗传毒性试验。如果质量规格标准不一致，则需增加28d经口毒性试验，根据试验结果考虑是否进行其他相关毒理学试验。

凡属一个国家批准使用，世界卫生组织未公布日容许摄入量或资料不完整的，则可进行急性经口毒性试验、遗传毒性试验、28d经口毒性试验和致畸试验，根据试验结果判定是否需要进行进一步的试验。

对于由动、植物或微生物制取的单一组分、高纯度的食品添加剂，凡属新品种的，需要先进行急性经口毒性试验、遗传毒性试验、90d经口毒性试验和致畸试验，经初步评价后，决定是否需进行进一步试验。

凡属国外有一个国际组织或国家已批准使用的，则进行急性经口毒性试验、遗传毒性试验和28d经口毒性试验，经初步评价后，决定是否需进行进一步试验。

（2）新食品原料　按照《新食品原料申报与受理规定》（国卫食品发［2013］23号）进行评价。

（3）食品相关产品　按照《食品相关产品新品种申报与受理规定》（卫监督发［2011］49号）进行评价。

（4）农药残留　按照GB 15670《农药登记毒理学试验方法》进行评价。

（5）兽药残留　按照《兽药临床前毒理学评价试验指导原则》（中华人民共和国农业部公告1247号）进行评价。

三、食品安全性毒理学评价试验

1. 急性经口毒性试验

（1）目的　急性毒性是指机体（人或实验动物）一次（或24h内多次）接触外来受试物之后短期内所引起的中毒或死亡效应。有的受试物在给予实验动物致死剂量后，几分钟内动物即出现中毒症状，甚至瞬间死亡；相反有的要在几天后才在动物身上出现明显的中毒症状或致死。

凡经口接触和注射接触，“一次”是指在瞬间将受试物输入实验动物体内。当受试物毒性过低或一次染毒剂量受机体容量限制，需给予较大剂量时，则可在24h内分次染毒，即为“多次”。“短期内”，一般限定为7d内。

急性经口毒性试验是检测和评价受试物毒性作用最基本的一项试验，即经口一次性或24h内多次给予受试物后，在短期内观察动物所产生的毒性反应，包括中毒体征和死亡。该试验目的是提供在短期内经口接触受试物所产生的健康危害信息；作为急性毒性分级的依据；为进一步的毒性试验提供剂量选择和观察指标的依据；初步估测毒作用的靶器官和可能的毒作用机制。

（2）试验方法

表示急性毒性最常用的指标是LD_{50}，常用的试验方法有霍恩（Horn）法、寇氏（Korbor）法、限量法（Limit Test）、上－下法（Up－down Procedure，UDP）、几率单位－对数图解法和急性联合毒性试验法。

具体试验方法见《急性经口毒性试验》GB 15193.3—2014。

（3）急性毒性评价　为了评价外来受试物急性毒性的强弱及其对人类的潜在危害程度，国际上提出了外源化学物的急性毒性分级，我国急性毒性（LD_{50}）剂量的分级标准原分为六级，2014 年重新修订并颁布实施的 GB 15193.3《急性经口毒性试验》中改为五级，见表 9－1。

表 9－1　急性毒性（LD_{50}）剂量分级

急性毒性分级	大鼠经口 LD_{50}/（mg/kg 体重）	相当于人的致死剂量	
		mg/kg 体重	g/人
极毒	<1	稍尝	0.05
剧毒	1～50	500～4000	0.5
中等毒	51～500	4000～30000	5.0
低毒	501～5000	30000～250000	50.0
实际无毒	>5000	250000～500000	500

如 LD_{50} 小于人的推荐（可能）摄入量的 100 倍，则一般应放弃该受试物用于食品，不再继续进行其他毒理学试验。

2. 遗传毒性试验

（1）目的　遗传毒性试验目的是了解受试物的遗传毒性以及筛查受试物的潜在致癌作用和细胞致突变性。

遗传毒性试验内容包括：细菌回复突变试验、哺乳动物红细胞微核试验、哺乳动物骨髓细胞染色体畸变试验、小鼠精原细胞或精母细胞染色体畸变试验、体外哺乳类细胞 *HGPRT* 基因突变试验、体外哺乳类细胞 *TK* 基因突变试验、体外哺乳类细胞染色体畸变试验、啮齿类动物显性致死试验、体外哺乳类细胞 DNA 损伤修复（非程序性 DNA 合成）试验、果蝇伴性隐性致死试验。

遗传毒性试验的方法较多，一般采用试验组合的形式进行。试验方法的选择一般应遵循原核细胞与真核细胞、体内试验与体外试验相结合的原则。根据受试物的特点和试验目的，推荐下列遗传毒性试验组合。

组合一：细菌回复突变试验；哺乳动物红细胞微核试验或哺乳动物骨髓细胞染色体畸变试验；小鼠精原细胞或精母细胞染色体畸变试验或啮齿类动物显性致死试验。

组合二：细菌回复突变试验；哺乳动物红细胞微核试验或哺乳动物骨髓细胞染色体畸变试验；体外哺乳类细胞染色体畸变试验或体外哺乳类细胞 *TK* 基因突变试验。

其他备选遗传毒性试验：果蝇伴性隐性致死试验、体外哺乳类细胞 DNA 损伤修复（非程序性 DNA 合成）试验、体外哺乳类细胞 *hgprt* 基因突变试验。

（2）试验方法　细菌回复突变试验、哺乳动物红细胞微核试验和小鼠精原细胞或精母细胞染色体畸变试验常用方法分别为鼠伤寒沙门菌回复突变试验（又称 Ames 试验），小鼠骨髓细胞微核试验（简称微核试验）和精子畸形试验。

①细菌回复突变试验（Ames 试验）：以营养缺陷型的突变菌株为指标生物检测受试物对微生物（细菌）的基因突变作用的体外试验，预测其遗传毒性和潜在的致癌作用。常用的菌株有组氨酸营养缺陷型鼠伤寒沙门菌和色氨酸营养缺陷型的大肠杆菌。试验菌株只有在有组氨酸和色氨酸的培养基上才能正常生长。致突变物存在时可以回复突变为原养型，在无组氨酸和色氨酸的培养基上也可以生长，为此可根据菌落形成数量来衡量受试物是否为致突变物。某些致突变物需代谢活化后才能使试验菌株产生回复突变，受试物要同时在有和没有代谢活化系统的条件下进行试验。

具体试验方法见《食品安全国家标准 细菌回复突变试验》GB 15193. 4—2014。

②哺乳动物红细胞微核试验（微核试验）：通过分析动物骨髓和（或）外周血红细胞，用于检测受试物引起的成熟红细胞染色体损伤或有丝分裂装置损伤，导致形成含有迟滞的染色体断片或整条染色体的微核。这种情况的出现通常是受到染色体断裂剂作用的结果。此外也可能在受到纺锤体毒物的作用时，主核未能形成而代之以一组小核，此时小核比一般典型的微核稍大。微核是细胞有丝分裂后期染色体有规律地进入子细胞形成细胞核时，仍留在细胞质中的整条染色单体或染色体的无着丝断片或环，在末期单独形成一个或几个规则的次核，被包含在细胞的胞质内而形成。

试验方法见《食品安全国家标准 哺乳动物红细胞微核试验》GB 15193. 5—2014。

③小鼠精原细胞或精母细胞染色体畸变试验（精子畸形试验）：经口给予实验动物受试样品，在一定时间后处死动物，观察睾丸精原细胞或精母细胞染色体畸变情况，以评价受试样品对雄性生殖细胞的致突变性。动物处死前，用细胞分裂中期阻断剂处理，处死后取出两侧睾丸，经低渗、固定、软化及染色后制备精原细胞或精母细胞染色体标本，在显微镜下观察中期分裂相细胞，分析精原细胞或精母细胞染色体畸变。精原细胞为雄性哺乳动物曲精管上皮中能经过多次有丝分裂增殖并经减数分裂产生精母细胞的干细胞，为原始的雄性生殖细胞，具有体细胞相同的染色体数目。精母细胞为精原细胞经减数分裂产生的能最终分化成成熟精子的细胞，分初级精母细胞和次级精母细胞，次级精母细胞染色体数减半。

具体试验方法见《食品安全国家标准 小鼠精原细胞或精母细胞染色体畸变试验》GB 15193. 8—2014。

（3）结果判定　如遗传毒性试验组合中两项或两项以上试验阳性，则表示该受试物很可能具有遗传毒性和致癌作用，一般应放弃该受试物应用于食品。如遗传毒性试验组合中一项为阳性，则再选两项备选试验（至少一项为体内试验）。如再选的试验均为阴性，则可继续进行下一步的毒性试验；如其中有一项试验阳性，则应放弃该受试物应用于食品。如三项试验均为阴性，则可继续进行下一步的毒性试验。

3. 28d 经口毒性试验

（1）目的　在急性毒性试验的基础上，进一步了解受试物毒作用性质、剂量－反应关系和可能的靶器官，确定在 28d 内经口连续接触受试物后引起的毒性效应，了解受试物剂量－反应关系和毒作用靶器官，确定 28d 经口最小观察到有害作用剂量（LOAEL）和未观察到有害作用剂量（NOAEL），初步评价受试物经口的安全性，为评价受试物能否应用于食品提供依据，并为下一步长期毒性和慢性毒性试验剂量、观察指标、毒性终点的选择提供依据。

（2）试验方法　具体试验方法见《食品安全国家标准　28d 经口毒性试验》GB 15193.22—2014。

（3）结果判定　对只需要进行急性毒性、遗传毒性和28d 经口毒性试验的受试物，如试验未发现有明显毒性作用，综合其他各项试验结果可做出初步评价；若试验中发现有明显毒性作用，尤其是有剂量－反应关系时，则考虑进行进一步的毒性试验。

由于动物和人存在物种差异，试验结果外推到人有一定的局限性，但可为初步估计人群允许接触水平提供有价值的信息。

4. 90d 经口毒性试验

（1）目的　观察受试物以不同剂量水平经较长期喂养后对实验动物的毒作用性质、剂量－反应关系和靶器官，得到90d 经口未观察到有害作用剂量，为慢性毒性试验剂量选择和初步制定人群安全接触限量标准提供科学依据。

（2）试验方法　具体试验方法见《90d 和 30d 喂养试验》GB 15193.13—2003。

（3）结果判定　根据试验所得的未观察到有害作用剂量进行评价，遵循如下原则。

①未观察到有害作用剂量小于或等于人的推荐（可能）摄入量的 100 倍表示毒性较强，应放弃该受试物用于食品；

②未观察到有害作用剂量大于100 倍而小于300 倍者，应进行慢性毒性试验；

③未观察到有害作用剂量大于或等于 300 倍者则不必进行慢性毒性试验，可进行安全性评价。

上述的急性经口毒性试验、遗传毒性试验、28d 经口毒性试验和 90d 经口毒性试验是每个受试物食品安全性毒理学评价需做的基本试验，通过这些试验结果的评价来判断是否进行下一步的试验。

5. 致畸试验

（1）目的　外源性受试物与机体接触后，通过母体作用于胚胎，而引起胎儿出生时某种器官形态结构异常的现象称为致畸作用。致畸作用往往是一种不可逆过程。致畸试验是通过在致畸敏感期（器官形成期）对妊娠动物染毒，在妊娠末期观察胎仔有无发育障碍与畸形来评价受试物是否具有致畸性。能了解受试物是否具有致畸作用和发育毒性，并可得到致畸作用和发育毒性的未观察到有害作用剂量。

（2）试验方法　具体试验方法见《致畸试验》GB 15193.14—2003。

（3）结果评定　通过计算致畸指数以比较不同有害物质的致畸强度。致畸指数 = 雌鼠 LD_{50}/最小致畸剂量。暂以致畸指数 10 以下为不致畸，10 ~ 100 为致畸，100 以上为强致畸。为表示有害物质在食品中存在时人体受害几率，可计算致畸危害指数，致畸危害指数 = 最大不致畸剂量/最大可能摄入量，如指数大于 300 说明该物对人危害小，100 ~ 300 为中等，小于 100 为大。

根据试验结果评价受试物是不是实验动物的致畸物。如致畸试验结果阳性则不再继续进行生殖毒性试验和生殖发育毒性试验。在致畸试验中观察到的其他发育毒性，应结合 28d 和（或）90d 经口毒性试验结果进行评价。

6. 生殖毒性试验和生殖发育毒性试验

（1）目的　了解受试物对实验动物繁殖及对子代的发育毒性，如性腺功能、发情周期、交配行为、妊娠、分娩、哺乳和断乳以及子代的生长发育等。得到受试物的未观察到有害作用剂量水平，为初步制定人群安全接触限量标准提供依据。生殖毒性是对雄性和雌性功能或能力的损害和对后代的有害影响，生殖毒性既可发生于雌性妊娠期，也可发生于妊前期和哺乳期，表现为外源化学物对生殖过程的影响，如生殖器官及内分泌系统的变化，对性周期和性行为的影响，以及对生育力和妊娠结局的影响等。发育毒性是个体在出生前暴露于受试物、发育成为成体之前（包括胚期、胎期以及出生后）出现的有害作用，表现为发育生物体的结构异常、生长改变、功能缺陷和死亡。

受试物如能引起生殖功能障碍，干扰配子形成或直接损伤生殖细胞，其结果除可影响受精卵着床而导致不孕外，还可能影响胚胎的发生和胎仔的发育，如胚胎死亡流产、胎仔发育迟缓以及出现畸形胎仔等。受试物对母体的毒害作用则可能出现妊娠、分娩和乳汁分泌的异常以及胎仔生产后发育的异常。

（2）试验方法　具体试验方法见《食品安全国家标准 生殖发育毒性试验》GB 15193. 25—2014。

（3）结果判定　根据试验所得的未观察到有害作用剂量进行评价，遵循以下原则。

①未观察到有害作用剂量小于或等于人的推荐（可能）摄入量的100倍表示毒性较强，应放弃该受试物用于食品。

②未观察到有害作用剂量大于100倍而小于300倍者，应进行慢性毒性试验。

③未观察到有害作用剂量大于或等于300倍者则不必进行慢性毒性试验，可进行安全性评价。

7. 毒物动力学试验

（1）目的　毒物动力学试验，也称代谢试验，是一种阐明外来化学物质进入机体后在体内吸收、分布与排泄等生物转运过程和转变为代谢物的生物转化过程的试验。对一组或几组实验动物分别通过适当的途径一次或在规定的时间内多次给予受试物，然后测定体液、脏器、组织、排泄物中受试物和（或）其代谢产物的量或浓度的经时变化，进而求出有关的动物毒力学参数，探讨其毒理学意义。其目的是了解受试物在体内的吸收、分布、排泄速度以及蓄积性等相关信息，寻找可能的靶器官，为选择慢性毒性试验的合适动物种（Species）、系（Strain）提供依据，并了解有无毒性代谢产物的形成。毒物动力学是指受试物在体内吸收、分布、生物转化和排泄等过程随时间变化的动态特性。

（2）试验方法　具体试验方法见《食品安全国家标准 毒物动力学试验》GB 15193. 16—2014。

（3）结果判断

①根据吸收速率、组织分布及排泄情况，估计受试物在体内的代谢速率和蓄积性。

②根据主要代谢产物的结构和性质，推断受试物在体内的可能代谢途径以及有无毒性代谢物的产生情况。

8. 慢性毒性试验

（1）目的　慢性毒性是指外源化学物质（受试物）长时间（大于1/10生命期）少量反复作用于机体后所引起的损害作用。研究受试动物长时间少量反复接触受试物后，所致损害作用的试验称慢性毒性试验，又称长期毒性试验。所谓长期是指实验动物整个生命期的大部分或终生，有时可包括几代的试验。各种实验动物寿命长短不同，慢性毒性试验期限也不相同。在使用大鼠或小鼠时，食品毒理学一般要求接触1～2年。目的是观察实验动物长期经口重复给予受试物引起的慢性毒性效应，尤其是进行性和不可逆的毒性作用，了解受试物剂量-反应关系和毒作用靶器官，确定化学物毒性下限，即确定机体长期接触该化学物造成机体受损害的最小观察到的有害作用剂量（阈剂量）和对机体无害的未观察到有害作用剂量。为制定外源化学物的人类接触安全限量标准提供毒理学依据，如最大容许浓度、日容许量（ADI）等，为受试物能否用于食品的最终评价和制定健康指导值提供依据。

（2）试验方法　慢性毒性试验中实验动物接触受试物的期限，原则上要求实验动物生命的大部分时间或终生长期接触受试物。在使用大鼠或小鼠时，一般要求接触1~2年。具体试验方法见《慢性毒性和致癌试验》GB 15193.17—2003。

（3）结果判定　根据慢性毒性试验所得的未观察到有害作用剂量进行评价的原则如下。

①未观察到有害作用剂量小于或等于人的推荐（可能）摄入量的50倍者，表示毒性较强，应放弃该受试物用于食品。

②未观察到有害作用剂量大于50倍而小于100倍者，经安全性评价后，决定该受试物可否用于食品。

③未观察到有害作用剂量大于或等于100倍者，则可考虑允许使用于食品。

食品毒理学要求实验动物染毒1~2年。但经验证明，接触受试物1年以上，大鼠也不再出现新的毒性效应（致癌试验除外）。因此认为以大鼠为试验对象时，连续接触外来化合物90d，即可确定受试物的长期未观察到有害作用剂量水平。但目前这种观点还存有争论，因此在进行慢性毒性试验时，时间仍以2年为好。

9. 致癌试验

（1）目的　近年来肿瘤发病率和死亡率不断增高，癌症发生年龄也年轻化，现已查明遗传因素和病毒虽与肿瘤的发生有关，但并非是导致肿瘤发病率增高的主要原因，而环境中的化学污染和某些物理有害因素如紫外线、铀、镭、氡等，它们与肿瘤发病率密切相关，因此化学致癌问题成为当今社会关注的热点之一。有些致癌物可以不经过代谢活化即具有活性，称为直接致癌物，这类物质绝大多数是合成的有机物，如亚胺类；而大多数致癌物必须经代谢活化才具有致癌活性，称为间接致癌物。多数化学致癌物具有遗传毒性。

致癌试验是检验受试物或其代谢产物是否具有致癌或诱发肿瘤作用的慢性毒性试验方法。目的是确定在实验动物的大部分生命期间，经口重复给予受试物引起的致癌效应，了解肿瘤发生率、靶器官、肿瘤性质、肿瘤发生时间和每只动物肿瘤发生数，为预测人群接触该受试物的致癌作用以及最终评定该受试物能否应用于食品提供依据。

（2）试验方法　致癌试验是检测受试物是否有诱发肿瘤形成能力的试验，分为体外试验、短期致癌试验和长期致癌试验3类。致癌试验通常采用的方法如下所示。

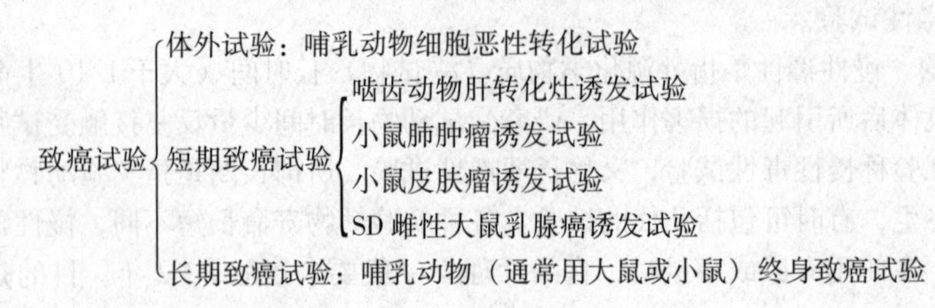

具体试验方法见《慢性毒性和致癌试验》GB 15193.17—2003。

（3）结果判断　根据致癌试验所得的肿瘤发生率、潜伏期和多发性等进行试验结果的判定，原则是：凡符合下列情况之一，可认为致癌试验结果阳性。如存在剂量－反应关系，则判断阳性更可靠。

①肿瘤只发生在试验组动物，对照组中无肿瘤发生。

②试验组与对照组动物均发生肿瘤，但试验组发生率高。

③试验组动物中多发性肿瘤明显，对照组中无多发性肿瘤，或只是少数动物有多发性肿瘤。

④试验组与对照组动物肿瘤发生率虽无明显差异，但试验组中发生时间较早。

10. 慢性毒性和致癌合并试验

通过慢性毒性试验和致癌试验了解经长期接触受试物后出现的毒性作用以及致癌作用；确定未观察到有害作用剂量，为受试物能否应用于食品的最终评价和制定健康指导值提供依据。

11. 人群接触资料

由于存在着动物与人之间的种属差异，在评价食品的安全性时，应尽可能收集人群接触受试物后的反应资料。人群接触资料是受试物对人体毒作用和致癌危险性最直接、最可靠的证据，在食品安全性评价中具有决定性作用。这些资料的来源有不同的方式，如职业性接触和意外事故接触等。另外一些资料来自于人群流行病学调查，这为安全性再评价提供了更加宝贵的资料。需注意的是应将人群接触资料因素分析与实验资料综合起来进行评价，因为志愿受试者的体内代谢资料对于将动物试验结果推论到人具有很重要的意义。在确保安全的条件下，可以考虑遵照有关规定进行人体试食试验。

思考题

1. 名词解释

毒性、外源化学物、剂量、半数致死量、每日允许摄入量、安全系数、未观察到有害作用剂量。

2. 食品安全性风险评价的范围和目的是什么？

3. 我国《食品安全法》对风险评估的要求有何规定？

4. 食品安全性毒理学评价对受试物有何要求？

5. 食品安全性毒理学评价的基本原则有哪些？

6. 简述急性经口毒性试验、28d 经口毒性试验、90d 经口毒性试验、慢性毒性试验的主要目的是什么？

7. 简述遗传毒性试验的目的、主要内容和试验方法。

8. 致癌试验常用的方法有哪些？

参考文献

1. 陈宗道，刘金福，陈绍军. 食品质量与安全管理. 第2版. 北京：中国农业大学出版社，2013

2. 江汉湖. 食品安全性与质量控制. 第2版. 北京：中国轻工业出版社，2012

3. 石阶平．食品安全风险评估．北京：人民出版社：2010
4. 钟耀广．食品安全学．第2版．北京：化学工业出版社，2010
5. 严卫星，丁晓雯．食品毒理学．北京：中国农业大学出版社，2009
6. 董明盛，贾英民．食品微生物学．北京：中国轻工业出版社，2006
7. 孟凡乔．食品安全性．北京：中国农业大学出版社，2005
8. 顾祖维．现代毒理学概论．北京：化学工业出版社，2005
9. 李朝伟，唐光江，叶志平．食品安全性管理的发展趋势．http：//21cbpc.com/cqo/200612/32086.html，2004，6：29
10. 杨丽，刘文．食品安全微生物风险分析的原则和应用．世界标准信息，2003（11）：9～10
11. 史贤明．食品安全与卫生学．北京：中国农业出版社，2003
12. 中华人民共和国食品安全国家标准．食品安全性毒理学评价程序和方法，GB 15193.1—2003
13. 吴浩，袁伯俊．毒理学新技术与发展趋势．医药资讯网，2003，7：3
14. 何计国，甄润英．食品卫生学．北京：中国农业大学出版社，2003
15. 金泰．毒理学基础．上海：复旦大学出版社，2003
16. 李寿祺．毒理学原理与方法．成都：四川大学出版社，2003
17. 陈柳钦．加强风险分析关注食品安全．消费经济，2002（2）：47～48
18. 张艺兵，张鹏，宋小岩．食品供应中真菌毒素的风险分析方法．食品工业科技，2002，23（7）：76～78

第十章　良好生产规范（GMP）、食品生产许可（QS）和卫生标准操作程序（SSOP）

第一节　概　述

一、GMP 起源和发展

GMP 是良好生产规范（Good Manufacturing Practice）的缩写，又称良好操作规范、食品生产卫生规范，它是为保证食品安全、食品质量而制定的包括食品生产、加工、包装、储存、运输和销售等全过程的一系列方法、监控措施和技术的规范性要求。主要内容是要求生产企业具备合理的生产过程、良好的生产设备、正确的生产知识与严格的操作规范、完善的质量控制与管理体系，要求从原料接收到成品出厂的整个过程中，进行完善的质量控制管理。主要目标是确保食品企业生产加工出安全卫生的食品。一般情况下，以法规、推荐性法案、条例和准则等形式公布。

GMP 起源于美国，首先是从药品中发展起来的。直接原因是源于欧洲 20 世纪 60 年代波及世界的最大药品灾难。1961 年以前的 6 年间，原联邦德国（西德）发现 6000 ~ 8000 个海豹肢体畸形儿，经调查是药品“反应停”所致，是典型的外源化学物致畸作用。“反应停”是国产商品名，学名酞胺哌啶酮（Thalidomide），通用名沙利度胺，由原西德格仑南苏制药厂生产，具有抗流行性感冒、抗惊厥、和较好的镇静安眠作用，广泛用作止吐剂，防止妊娠反应呕吐等。但该药品一是缺乏严格的临床试验，二是西德工厂隐瞒了收到的 100 多例有关该药品毒性反应的报告。而且在查清原因后，该药品居然改头换面继续在 17 个国家造成危害，日本到 1963 年才禁止使用，引起约 1000 例畸胎。

当时美国 FDA 发现该药品缺乏足够的临床试验数据而拒绝进口，避免了这场药品灾难。但是药品灾难事件的严重后果，引起了人们的巨大不安，也逐步认识到以成品抽样分析检验结果为依据的质量控制方法有一定缺陷，不能保证生产的药品都做到安全并符合质量要求。为此，美国 FDA 于 1963 年颁布了世界上第一部药品 GMP，此后引用到食品中，于 6 年后的 1969 年又公布了食品 GMP《食品制造、加工、包装、贮存通用良好生产作业规范》。世界卫生组织（WHO）在 1969 年第 22 届世界卫生大会上，向各成员国首次推荐了 GMP；1975 年，WHO 向各成员国公布了实施 GMP 的指导方针。国际食品法典委员会（Codex Alimemtarius Commission，简称 CAC）制定的许多国际标准中都有 GMP 的内容，1985 年 CAC 制定了《食品卫生通用 GMP》。

目前，世界上许多国家都在逐步制定和完善 GMP 管理制度，并将 GMP 应用于各种食品的质量控制与管理。如日本 1974 年公布了日本药品 GMP，于 1979 年又公布了食品 GMP，先后制定了《食品制造流通基准》《食品卫生规范》等 GMP 管理制度。我国于 1984 年作为行业要求，卫生部于 1988 年作为正式法规，起草并颁布了药品 GMP。1994 年，卫生部参照 FDA/WHO 食品法典委员会 CAC/RCP Rev. 2 - 1985《食品卫生通则》，并结合我国国情，制定了国家标准《食品企业通用卫生规范》（GB 14881—1994），现已修订为食品安全国家标准 GB 14881—2013《食品生产通用卫生规范》，以此国标作为我国食品 GMP 的总则，迄今为止共制定了 19 类食品加工企业的卫生规范。

目前我国已在药品行业强制执行 GMP，否则取消生产、经营资格，保健食品也开始推行。食品行业虽尚未开始强制推行 GMP，但已开始实行 QS 食品生产许可制（大多数条款来源于 GMP），作为食品生产与经营的基本准入条件强制执行。浙江省已于 2003 年，在国内率先颁布了食品 GMP 地方标准《食品企业良好作业规范》DB33/T456，同时开始试行食品加工企业 GMP 考核。

GMP 大致可分为三种类型：由国家政府机构颁布的 GMP，如美国 FDA 公布的低酸性罐头食品 GMP、面包及焙烤食品 GMP，我国卫生部发布的《保健食品良好生产规范》《膨化食品良好卫生规范》等；行业组织制定的 GMP，作为行业内的食品企业可参照执行、自愿遵守的管理规范；食品企业自订的 GMP，作为企业内部管理的规范。

GMP 为工厂设计、原料、人员管理、清洗和卫生操作提供了一般指南，是从管理层面上确定的食品卫生质量的技术基础。应用 GMP 可以确定产品的加工设施、方法、操作和控制是否安全，以及这些产品是否在适合的卫生状况下加工。GMP 是确保生产卫生食品所必须的最低卫生和操作要求。就本质而言，GMP 涉及食品生产、加工、包装、储存、运输及一切相关活动中的建筑与设施、设备、过程控制以及个人卫生操作。

二、我国实施 QS 的起因和依据

食品生产许可证是从事食品生产经营依法取得行政许可的凭证。实行食品质量安全市场准入制度，是从我国的实际情况出发，为保证食品的质量安全所采取的一项重要措施。根据国家质量监督检验检疫总局《关于使用企业食品生产许可证标志有关事项的公告》（总局 2010 年第 34 号公告），企业食品生产许可证标志以“企业食品生产许可”的拼音“Qiyeshipin Shengchanxuke”的缩写“QS”表示，并标注“生产许可”中文字样。2010 年 6 月 1 日以前“QS”则是“质量安全”（Quality Safety）的缩写（图 10 - 1），更改的原因是“生产许可”的表述方式更为科学。

图 10 - 1　QS 标识

食品是一种特殊商品，它最直接地关系到每一个消费者的身体健康和生命安全。20 世纪末 21 世纪初，人民群众生活水平不断提高，同时，食品质量安全问题也日益突出。我国食品工业的生产技术水平总体上同国际先进水平还有较大差距。许多食品生产加工企业规模极小，加工设备简陋，环境条件很差，技术力量薄弱，质量意识淡薄，难以保证食品的质量安全。因食品质量安全问题造成的中毒及伤亡事故屡有发生，已经影响到人民群众的安全和健康。2001 年，国家质检总局对全国米、面、油、酱油、醋 5 类产品的生产加工企业进行了专项调查结果显示，半数以上的生产企业不具备产品检验能力。产品出厂不检验；很多企业管理混乱，不按标准组织生产。这引起了党中央、国务院的高度重视，明确要求一定要管好关系人民生命健康的食品，从食品生产加工的源头上确保食品质量安全。为此必须制定一套符合我国社会主义市场经济要求、运行有效、与国际通行做法一致的食品质量安全监管制度，从企业的生产条件上把住市场准入关。

我国政府于2001年建立了食品质量安全市场准入制度。2004年1月，第一批5类产品开始实施QS市场准入制度，包括小麦粉、大米、食用植物油、酱油、食醋；2005年1月，第二批10类产品，包括肉制品、乳制品、饮料、调味品（糖和味精）、方便面、饼干、罐头食品、冷冻饮品、膨化食品及速冻米面制品；2007年1月，第三批13类产品，包括咖啡、糖果、啤酒、黄酒、葡萄酒和果酒、蜜饯、可可制品、淀粉和淀粉制品、炒货、水产品、蛋制品、茶叶、酱腌菜；2007年底，所有食品生产企业都实施了QS食品生产许可制。未获得市场准入资格者一律严禁生产和销售。

2009年6月1日，《中华人民共和国食品安全法》（以下简称《食品安全法》）正式实施，《食品安全法》第二十九条规定：国家对食品生产经营实行许可制度。从事食品生产、食品流通、餐饮服务，应当依法取得食品生产许可、食品流通许可、餐饮服务许可。至此，沿用了几十年的食品卫生许可证被三种新的许可证取代，分别是质监部门发放的食品生产许可证、工商部门发放的食品流通许可证和食药监部门发放的餐饮服务许可证。《食品安全法》2015年修订本第三十五条仍规定“国家对食品生产经营实行许可制度。从事食品生产、食品销售、餐饮服务，应当依法取得许可。但是，销售食用农产品，不需要取得许可。”同时也规定“县级以上地方人民政府食品药品监督管理部门应当依照《中华人民共和国行政许可法》的规定，审核申请人提交的本法第三十三条第一款第一项至第四项规定要求的相关资料，必要时对申请人的生产经营场所进行现场核查；对符合规定条件的，准予许可；对不符合规定条件的，不予许可并书面说明理由”。没有取得《食品生产许可证》的企业不得生产食品，任何企业和个人不得销售无证食品。

2013年3月，党的十八届二中全会和十二届全国人大一次会议审议通过了《国务院机构改革和职能转变方案》（以下简称《方案》）。根据《方案》，组建国家食品药品监督管理总局，国家质量监督检验检疫总局的生产环节食品安全监督管理职责、食品药品监督管理部门相应的食品安全监督管理队伍和检验检测机构划转食品药品监督管理部门。因此QS的申请、材料审核、发证等监管职能也相应划转到食品药品监督管理部门。

三、SSOP的主要内容

1995年初颁布的《美国肉、禽产品HACCP法规》中第一次提出要求生产企业建立一种书面操作程序“Sanitation Standard Operating Procedure”，即卫生标准操作程序（SSOP）。它是食品加工企业为了保证其生产操作达到GMP所规定的要求，确保加工过程中消除不良因素，使其所加工的食品符合卫生要求而制定的，指导食品生产加工过程中如何实施清洗、消毒和卫生保持的作业指导性文件。目的是促使生产者自觉实施GMP法规中的各项要求，以确保生产出安全、无掺杂使假的产品。SSOP的正确制定和有效执行，对控制危害是非常有价值的。

SSOP具体列出了卫生控制的各项目标，包括了食品加工过程中的卫生、工厂环境的卫生和为达到良好生产规范（GMP）的要求所采取的行动。根据美国FDA水产品HACCP法规（21CFR，123.11部分），SSOP至少包括以下8个方面的内容。

（1）与食品或食品表面接触的水的安全性或生产用冰的安全。

（2）食品接触表面（包括设备、手套和外衣等）的卫生情况和清洁度。

（3）防止发生食品与不洁物、食品与包装材料、人流与物流、高清洁度区域的食品与低清洁度区域的食品、生食与熟食和其他食品接触面（包括工器具、手套、外衣）之间的交叉污染。

（4）手的清洗、消毒以及厕所设施的维护。

（5）保护食品、食品包装材料和食品接触面避免与润滑剂、燃油、杀虫剂、清洁化合物、消毒剂、冷凝水和其他化学的、物理的和生物的污染。

（6）有毒化合物的正确标识、储存和使用。

（7）可以导致微生物污染食品、食品包装材料和食品接触面的员工健康状况的控制。

（8）食品工厂虫害的控制及去除（防虫、灭虫、防鼠、灭鼠）。

这八个方面也已被国家认证认可监督管理委员会（简称国家认证监委）所接受。国家认证监委在2002年发布的《食品生产企业危害分析与关键控制点（HACCP）管理体系认证管理规定》（2006年7月1日起已由《食品安全管理体系　食品链中各类组织的要求》GB/T 22000—2006/ISO22000：2005，IDT替代）中已明确，企业必须建立和实施卫生标准操作程序，达到以上8个方面的卫生要求，也就是说，企业制定的SSOP计划应至少包括以上八个方面的卫生控制内容，企业可以根据产品和自身加工条件的实际情况增加其他方面的内容。SSOP各个方面的内容应该是具体的、具有可操作性的，还应该有一整套相关的执行记录、监督检查和纠偏记录，否则将成为一低空文。

四、实施食品GMP、QS和SSOP的意义

1. 实施食品GMP的意义

推行食品GMP的主要目的是为了提高食品的品质与卫生安全，保障消费者与生产者的权益，强化食品生产者的自主管理体制和促进食品工业的健全发展。GMP在许多国家和地区的推广实践证明，这是一种行之有效的科学而严密的生产管理系统。推行食品GMP的意义主要体现在以下几个方面。

（1）确保食品质量　GMP对从原料进厂直至成品的储运及销售整个生产销售链的各个环节，均提出了具体控制措施、技术要求和相应的检测方法及程序，实施GMP管理系统是确保每件终产品合格的有效途径。

（2）促进食品企业质量管理的科学化和规范化　食品企业实施GMP，是以标准形式颁布，具有强制性和可执行性。贯彻实施GMP可使广大企业，特别是技术力量较差的企业依据GMP的规定，建立和完善自身的科学化质量管理系统，规范生产行为，为ISO9000和ISO22000（HACCP）的实施打下良好的基础，推动食品工业质量管理体系向更高层次发展。

（3）有利于食品进入国际市场　GMP的原则已被世界上许多国家，特别是发达国家认可并采纳。GMP是衡量一个企业质量管理优劣的重要依据，在食品企业实施GMP，将会提高其在国际贸易中的竞争力。

（4）提高卫生行政部门对食品企业进行监督检查的水平　对食品企业进行GMP监督检查，可使食品卫生监督工作更具科学性和针对性，提高对食品企业的监督管理水平。

（5）促进食品企业的公平竞争　企业实施GMP，势必会大大提高产品的质量，从而

带来良好的市场信誉和经济效益。通过加强 GMP 的监督检查，可淘汰一些不具备生产条件的企业，起到扶优汰劣的作用。

2. 实施食品 QS 的意义

食品生产许可制度又称市场准入制度，是指为保证食品的质量安全，具备规定条件的生产者才允许进行生产经营活动，具备规定条件的食品才允许生产销售的监管制度。因此，实行食品生产许可制度是一种政府行为，是一项行政许可制度，是从我国的实际情况出发，为保证食品的质量安全所采取的一项重要措施。其意义如下。

（1）实行食品生产许可制度是提高食品质量、保证消费者安全健康的需要。食品是一种特殊商品，它最直接地关系到每一个消费者的身体健康和生命安全。近年来，食品质量安全问题较多。大部分中小食品企业生产工艺水平较低，产品抽样合格率不高，为从食品生产加工的源头上确保食品质量安全，必须制定一套符合社会主义市场经济要求、运行有效、与国际通行做法一致的食品质量安全监管制度。

（2）实行食品生产许可制度是保证食品生产加工企业符合基本条件，强化食品生产法制管理的需要。我国食品工业的生产技术水平总体上同国际先进水平还有较大差距。许多食品生产加工企业规模极小，加工设备简陋，环境条件很差，技术力量薄弱，质量意识淡薄，难以保证食品的质量安全。为保证食品的质量安全，必须加强食品生产加工环节的监督管理，从企业的生产条件上把住市场准入关。

（3）实行食品生产许可制度是适应改革开放、创造良好经济运行环境的需要。在我国的食品生产加工领域中，降低标准、偷工减料、以次充好、以假充真等违法情况较多。为规范市场经济秩序，维护公平竞争，适应加入 WTO 以后我国社会经济进一步开放的形势，保护消费者的合法权益，也必须实行食品生产许可制度，采取审查生产条件、强制检验、加贴标识等措施，对此类违法活动实施有效的监督管理。

3. 实施食品 SSOP 的意义

SSOP 是将 GMP 法规中有关卫生方面的要求具体化，使其转化为具有可操作性的作业指导文件。SSOP 的正确制定和有效实施，可以减少 HACCP 计划中的关键控制点（CCP）数量，使 HACCP 体系将注意力集中在与食品或其生产过程中相关的危害控制上，而不是在生产卫生环节上。国家认证认可监督管理委员会发布的《食品生产企业危害分析与关键控制点（HACCP）管理体系认证管理规定》中规定：企业必须建立和实施卫生标准操作程序（SSOP），达到规定的卫生要求。也就是说，危害是通过 SSOP 和 HACCP 的 CCP 共同予以控制的。

第二节　GMP 基本要求

一、环境卫生要求

食品生产有它的特殊性，要求能防止污染，所要求的环境主要指与食品生产相关的空气、水、地面、生产车间、设备、空气处理系统、生产介质和人。食品生产中，不同的生产区域对环境卫生有不同的要求，食品企业应根据生产能力等不同的生产要求，提供合适的厂房和相应的卫生设施。

1. 周围环境的要求

《食品安全法》要求食品加工企业应“具有与生产经营的食品品种、数量相适应的食品原料处理和食品加工、包装、贮存等场所，保持该场所环境整洁，并与有毒、有害场所以及其他污染源保持规定的距离”；应选择在环境卫生状况比较好的区域建厂，注意远离（最好保持1～1.5km距离）粉尘、有害气体、放射性物质和其他扩散性污染源。工厂所处的位置应在地势上相对周围要高些（相对标高应该在最高洪水位的0.5 m以上），以便工厂废水的排放和防止厂外污水和雨水倒灌流入厂区，一般不宜建在闹市区和人口比较稠密的居民区。

2. 对水源的要求

充足的、符合卫生要求的水源是保证食品生产正常进行的基本条件，因此，建厂的地方必须有充足的水源供应。工厂自行供水者，水源的水质必须符合国家规定的生活饮用水卫生标准。如果要取用井水，水需经过至少6.0m厚泥土层的过滤，井的周围附近不得有人畜粪池、垃圾掩埋场等污染源。同时，要经过布点勘探取样进行水质分析，各项物理、化学、微生物等指标符合国家标准GB 5749《生活饮用水卫生标准》，饮料用水最好能达到纯净水，甚至纯化水的要求，否则必须采取相应的水处理措施，如沉淀、过滤、电渗析、离子交换、超滤、反渗透和消毒等，使水质达到卫生要求后方可用于生产。

3. 对工厂布局要求

各个工厂应按照产品生产的工艺特点、场地条件等实际情况，本着既方便生产的顺利进行，又便于实施生产过程的卫生质量控制这一原则进行厂区的规划和布局。生产区与生活区应当隔离，且应在生活区的当地主导风向的下风向。

工厂应该为原料运入、成品的运出分别设置专用的门口和通道，这一点在肉类加工厂特别重要，运送活畜活禽入厂的大门应该设置一个与门同宽（长3m、深10～15cm）的车轮消毒池。肉类加工厂最好能为人员的出入和生产废料和垃圾的运出分设专用的门道。

厂区的道路应该全部是用水泥或沥青铺制的硬质路面，路面要平坦，不积水，无尘土飞扬。厂区内要植树种草进行立体绿化，厂区的空地应采取必要措施，如铺设草坪或植草、铺绿化砖等方式，保持环境清洁，防止正常天气下扬尘和积水等现象的发生。

生产废料和垃圾放置的位置、生产废水处理区、厂区卫生间以及肉类加工厂的畜禽宰前暂养区，要远离加工区，并且不得处于加工区的上风向。生产废料和垃圾应该用有盖的容器存放，并于当日清理出厂。厂区的污水管道至少要低于车间地面50cm。厂区卫生间要有严密的防蝇防虫设施，内部用易清洗、易消毒、耐腐蚀、不渗水的材料建造，安装有冲水、洗手设施。

加工车间要与厂外公路至少保持25m的距离，并在中间采用植树、建墙等方式进行隔离。此外，厂区内不得兼营、生产和存放有碍食品卫生的其他产品。

二、食品生产车间的卫生要求

《食品安全法》要求食品生产车间应“具有与生产经营的食品品种、数量相适应的生产经营设备或者设施，有相应的消毒、更衣、盥洗、采光、照明、通风、防腐、防尘、防蝇、防鼠、防虫、洗涤以及处理废水、存放垃圾和废弃物的设备或者设施；具有合理的设备布局和工艺流程，防止待加工食品与直接入口食品、原料与成品交叉污染，避免食品接触有毒物、不洁物”。具体的卫生要求主要包括以下几个方面。

1. 车间结构

食品加工车间以采用钢混或砖砌结构为主，并根据不同产品的需要，在结构设计上，适合具体食品加工的特殊要求。

车间的空间要与生产相适应，一般情况下，生产车间内的加工人员的人均拥有面积（除设备外）应不少于1.5m^2。否则相互拥挤碰撞，易造成交叉污染。车间的顶面高度不应低于3m，蒸煮间不应低于5m。

加工区与加工人员的卫生设施，如更衣室、淋浴间和卫生间等，在建筑上为联体结构。水产品、肉类制品和速冻食品的冷库与加工区也为联体式结构。

2. 车间布局

车间的布局既要便于各生产环节的相互衔接，又要便于加工过程的卫生控制，防止生产过程交叉污染的发生。

食品加工过程基本上都是从原料→半成品→成品的过程，即从非清洁到清洁的过程，因此，加工车间的生产原则上应该按照产品的加工进程顺序进行布局，使产品加工从不清洁的环节向清洁环节过渡，不允许在加工流程中出现交叉和倒流。清洁作业区与非清洁作业区之间要采取相应的隔离措施，以便控制彼此间的人流和物流，从而避免产生交叉污染，加工品传递通过传递窗进行。

要在车间内适当的地方设置工器具清洗、消毒间，配置供工器具清洗、消毒用的槽、罐等设施，必要时，有冷热水供应，热水的温度应不低于82℃。

3. 车间地面、墙面、顶面及门窗

车间的地面要用防滑、坚固、不渗水、易清洁、耐腐蚀的材料铺制，车间地面要平坦、不积水。车间整个地面的水平在设计和建造时应该比厂区的地面水平略高，地面有1.5~2.0%的斜坡度。在生产时有液体流至地面、生产环境经常潮湿或以水洗方式清洗作业的区域，其地面的坡度应根据流量大小设计在1.5%~3.0%，以便于排水和防止地面积水。

车间的墙面应该铺有2m以上的墙裙，墙面用耐腐蚀、易清洗消毒、坚固、不渗水的材料铺制及用浅色、无毒、防水、防霉、不易脱落、可清洗的材料覆涂。车间的墙角、地角和顶角曲率半径不小于3cm，呈弧形。

车间的顶面用的材料要便于清洁，有水蒸气产生的作业区域，顶面所用的材料还要不易凝结水球，在建造时要形成适当的弧度，以防冷凝水滴落到产品上。

车间门窗有防虫、防尘及防鼠设施，所用材料应耐腐蚀易清洗。窗台离地面不少于1m，并有45°斜面。

4. 供水与排水设施

车间内生产用水的供水管应采用不易生锈的管材，供水方向应逆加工进程方向，即由清洁工作区流向非清洁工作区。车间内的供水管路应尽量统一走向，冷水管要避免从操作台上方通过，以免冷凝水凝集滴落到产品上。为了防止水管外不洁的水被虹吸和倒流入管路内，须在水管适当的位置安装真空消除器。

车间的排水沟应该用表面光滑、不渗水的材料铺砌，不得出现凹凸不平和裂缝，并形成3%的倾斜度，以保证车间排水的通畅，排水的方向也是从清洁区向非清洁区方向排放。

排水沟上应加不生锈材料制成的活动篦子。排水沟的出口要有防鼠网罩，车间的地漏或排水沟的出口应使用U形或P形、S形等有存水弯的水封，以便防虫防臭。

5. 通风与采光

车间应该拥有良好的通风条件，如果是采用自然通风，通风的面积与车间地面面积之比应不小于1∶16。若采用机械通风，则换气量应不小于3次/h，采用机械通风，车间的气流方向应该是从清洁区向非清洁区流动。

靠自然采光的车间，窗户面积与车间面积之比应不小于1∶4。车间内加工操作台的照度应不低于220lx，车间其他区域不低于110lx，检验工作场所工作台面的照度应不低于540lx，瓶装液体产品的灯检工作点照度应达到1000lx，并且光线不应改变被加工物的本色。车间灯具须装有防护罩。

6. 控温设施及工具器、设备

加工易腐易变质产品的车间应具备空调设施，肉类和水产品加工车间的温度在夏季应不超过15～18℃，肉制品的腌制间温度应不超过4℃。

加工过程使用的设备和工器具，尤其是接触食品的机械设备、操作台、输送带、管道等设备和篮筐、托盘、刀具等工器具的制作材料应符合以下条件：无毒，不会对产品造成污染；耐腐蚀、不易生锈、不易老化变形；易于清洗消毒；车间使用的软管，材质要符合有关食品卫生标准（GB 4806.1《食品用橡胶制品卫生标准》）要求。

车间内生产设备的安装，一方面要符合整个生产工艺布局的要求，另一方面则要便于生产过程的卫生管理，同时还要便于对设备进行日常维护和清洁。在安放较大型设备的时候，要在设备与墙壁、设备与顶面之间保留有一定的距离和空间，以便设备维护人员和清洁人员的出入。

7. 人员卫生设施

（1）更衣室　车间要设有与加工人员数量相适宜的更衣室，更衣室要与车间相连，必要时，要为在清洁区和非清洁区作业的加工人员分别设置更衣间，并将其出入各自工作区的通道分开。个人衣物、鞋要与工作服、靴分开放置。挂衣架应使挂上去的工作服与墙壁保持一定的距离，不与墙壁贴碰。更衣室要保持良好的通风和采光，室内可以通过安装紫外灯或臭氧发生器对室内的空气进行灭菌消毒。

（2）淋浴间　食品生产车间，如肉类食品（包括肉类罐头）的加工车间，要设有与车间相连的淋浴间，淋浴间的大小要与车间内的加工人员数量相适应，淋浴喷头可以按照每10人1个的比例进行配置。淋浴间内要通风良好，地面和墙裙应采用浅色、易清洁，耐腐蚀，不渗水的材料建造，地板要防滑，墙裙以上部分和顶面要涂刷防霉涂料，地面要排水通畅，通风良好，有冷热水供应。

（3）洗手消毒设施　车间入口处要设置洗手消毒设施，洗手龙头配置比例应该为每10人1个，200人以上每增加20人增设1个。洗手龙头必须为非手动开关，洗手处须有皂液器（注意不用带香味的洗手液，以免影响食品风味），并有热水供应，出水为温水。盛放手消毒液的容器在数量上也要与使用人数相适应，并合理放置，以方便使用。

干手用具必须是不会导致交叉污染的物品，如一次性纸巾、消毒毛巾等。在车间内适当的位置，应安装足够数量的洗手、消毒设施和配备相应的干手用品，以便工人在生产操作过程中定时洗手、消毒，或在弄脏手后能及时和方便地洗手。从洗手处排出的水不能直接流淌在地面上，要经过水封导入排水管。

（4）卫生间　为了便于生产卫生管理，与车间相连的卫生间不应设在加工作业区内，可以设在更衣区内。卫生间的门窗不能直接开向加工作业区，卫生间的墙面、地面和门窗应该用浅色、易清洗消毒、耐腐蚀、不渗水的材料建造，并配有冲水、洗手消毒设施，窗口有防虫防蝇装置。

8. 仓贮设施

（1）原、辅料库　原、辅料的存贮设施应能保证。为生产加工所准备的原料和辅助用料在贮存过程中，品质不会出现影响生产使用的变化和产生新的安全卫生危害。清洁、卫生、防止鼠虫危害是对各类食品加工用原料/辅料存贮设施的基本要求。

果蔬类原料存放的场所还应具备遮阳挡雨条件，而且通风良好，在气温较高的地区，应设有专用的保鲜库。

（2）包装材料库　食品工厂应该为包装材料的存放、保管设置专用的存贮库房。库房应清洁、干燥，有防蝇虫和防鼠设施，内外包装材料应分开放置，材料堆垛与地面、墙面要保持一定的距离，并应加盖有防尘罩。

（3）成品库　食品工厂成品存贮设施的规模和容量要与工厂的生产相适应，并应保证成品在存放过程中品质保持稳定、不受污染。成品贮存库内应安装自动温度记录仪，安装有防止昆虫、鼠类及鸟类进入的设施。冷库内应设报警装置，以利于一旦冷库门关闭后出现紧急情况时，向外报警求助。

三、生产过程的卫生控制

生产过程的卫生控制主要包括原辅料、加工用水（冰）、包装材料、废弃物等的卫生要求。如加工用水（冰）必须符合国家生活饮用水卫生标准；食品生产必须符合安全、卫生的原则，对关键工序的监控必须有记录（监控记录、纠正记录）；原料、半成品、成品以及生、熟品应分别存放。废弃物设有专用容器；不合格产品及落地产品应设固定点分别收集处理；班前班后必须进行卫生清洁工作及消毒工作等。具体要求如下。

1. 生产用水（冰）的卫生控制

生产用水（冰）必须符合国家 GB 5749《生活饮用水卫生标准》的指标要求。某些食品，如啤酒、饮料等。用水还应在生活饮用水的基础上，再经反渗透（RO）等处理，达到净化水，甚至纯化水的要求。

对达不到卫生质量要求的水源，工厂要采取相应的消毒处理措施，工厂内饮用水的供水管路和非饮用水供水管路必须严格分开，生产现场的各个供水口应按顺序编号。工厂应保存供水网络图，以便日常对生产供水系统的管理和维护。

有蓄水池的工厂，水池要有完善的防尘、防虫、防鼠措施，并定期对水池进行清洗、消毒。工厂的检验部门应每天监测余氯含量和水的 pH，至少每月应该对水的微生物指标进行一次化验。工厂每年至少要对 GB 5749《生活饮用水卫生标准》所规定的水质指标进行两次全项目检测。

2. 原辅料的卫生控制

对原辅料进行卫生控制，分析可能存在危害，制定控制方法。生产过程中使用的食品添加剂必须符合国家卫生标准，并是由取得相应的、合法的生产经营资格的厂家生产的产品。对向不同国家出口的产品还要符合进口国的规定。

3. 防止交叉污染

在加工区内划定清洁作业区和非清洁作业区。工序间的半成品传递通过传递窗进行，限制这些区域间人员和物品的交叉流动。

对加工过程使用的工器具、与产品接触的容器等都不得直接与地面接触；不同工序、不同用途的器具用不同的颜色加以区别，以免混用。

4. 车间、设备及工器具的卫生控制

严格日常对生产车间、加工设备和工器具的清洗、消毒工作。加工易腐易变质食品，如水产品、肉类食品、乳制品的设备和工器具还应在加工过程中定时进行清洗、消毒，如禽肉加工车间宰杀用的刀每使用3min就要清洗、消毒一次。

生产期间，车间的地面和墙裙应每天都要进行清洁，车间的顶面、门窗、通风排气（汽）孔道上的网罩等应定期进行清洁。车间的空气消毒可采用紫外线照射法、臭氧消毒法或药物熏蒸法，并在车间内无人的情况下进行。

车间要专门设置化学药品，即洗涤剂、消毒剂的可上锁存贮间或存贮柜，并制定相应的管理制度，由专人负责保管，领用必须登记。药品要用明显的标志加以标识。

5. 储存与运输卫生控制

定期对储存食品仓库进行清洁，保持仓库卫生，必要时进行消毒处理。相互串味的产品、原料与成品不得同库存放。

库内产品要堆放整齐、批次清楚，堆垛与地面的距离应不少于10cm，与墙面、顶面之间要留有30～50cm的距离。为便于仓储货物的识别，各堆垛应挂牌标明本堆产品的品名、规格、产期、批号、数量等情况。存放产品较多的仓库，管理人员可借助仓储平面图来帮助管理。

存放水产、肉类食品的冷库要安装自动温度记录仪，自动温度记录仪在库内的探头，应安放在库内温度最高和最易波动的位置，如库门旁侧。同时要在库内安装已经校准的水银温度计，以便与自动温度记录仪进行校对，确保对库内温度监测的准确。冷库管理人员要定时对库内温度进行观测记录。

食品的运输车、船必须保持良好的清洁卫生状况，冷冻产品要用制冷或保温条件符合要求的车、船运输。要为运输工具的清洗、消毒配备必要的场地、设施和设备。

装运过有碍食品安全卫生的货物，如化肥、农药和各种有毒化工产品的运输工具，在装运食品前必须经过严格的清洗，必要时需经过检验检疫部门的检验，合格后方可装运食品。

四、人员的卫生控制

1. 人与环境卫生

人是食品生产中最大污染源之一。人的自然活动，每分钟能产生千百万个大于0.3μm的粒子。粒子大部分是皮屑，其大小为10～300μm。在24h内人体能剥落5～15g粒子，详见表10－1和表10－2。

表10-1 人体所带的细菌和皮屑数

名 称	部 位	数 量
细菌	手	100~1000个/cm^2
	前额	1000~100000个/cm^2
	头皮	约100万个/cm^2
	腋窝	1~1000万个/cm^2
	鼻内分泌物	约1000万个/g
	唾液	约10亿个/g
	粪便	约700亿个/g
皮屑	皮肤表面	约1.75m^2
	皮肤更替	约5d/次
	粒子脱落	约7亿/d

表10-2 人体所散发的粒子数（≥0.3μm）

体 态	散发粒子数/（个/min）	体 态	散发粒子数/（个/min）
站	10万	走	500万~1000万
坐	50万	爬楼梯	1000万
坐，站起	100万~250万	运动	1500万~3000万

人的活动会影响生产环境。人的移动会产生气流甚至湍流，这会引起尘埃的飞扬，减慢粒子的沉淀。人的机体也会给微生物的生长繁殖创造一个良好的环境。人的体表、鼻孔、喉咙、口腔以及肠道里面生长着各类微生物，在很多情况下，人的手经常会有意识或无意识地靠近鼻子，然而约50%人的鼻孔内有金黄色葡萄球菌，见表10-3。

表10-3 人体各部位的微生物

部位	常见的微生物
皮肤	葡萄球菌、枯草杆菌、类白喉杆菌、大肠杆菌、非致病性抗酸杆菌、真菌
口腔	葡萄球菌、绿色链球菌、奈氏菌属、类白喉杆菌、乳酸杆菌、梭形杆菌、放线菌、拟杆菌、螺旋体、真菌
肠道	葡萄球菌、类链球菌、大肠杆菌、变形杆菌、绿脓杆菌、乳酸杆菌、产气荚膜杆菌、破伤风杆菌、拟杆菌、双歧杆菌、真菌、腺病毒
鼻咽腔	葡萄球菌、链球菌、肺炎球菌、奈氏菌属、绿脓杆菌、大肠杆菌、变形杆菌、真菌、腺病毒
外耳道	葡萄球菌、类白喉杆菌、绿脓杆菌
眼结膜	葡萄球菌、结膜干燥菌
尿道	男尿道口：葡萄球菌、大肠杆菌、拟杆菌、耻垢杆菌 女尿道口：革兰阳性球菌、大肠杆菌、变形杆菌等
阴道	葡萄球菌、乳酸杆菌、阴道杆菌、拟杆菌、双歧杆菌、类白喉杆菌、大肠杆菌、白色念珠菌、支原体

由于人体带有微生物，因此，在食品生产的各个阶段，都可能发生由人造成食品污染的危险。有的通过未消毒的手直接接触食品使其污染；有的则经其他途径的接触而引起食品的污染。

皮肤上各种不同部位的微生物可从每1cm^2几个到几百万个不等。微生物最多的部位是头、胯、腋窝、膝盖、手和脚。由于呼吸、头发、皮肤等，使得人体不断地向周围环境散发污染。通常，这样的污染对于我们的日常生活来说是无害的，但对于管理状态下生产的食品却是不能容许的，甚至有可能还是致命的。要防止这种危险，食品生产人员的身体健康状况一定要符合卫生要求。

有碍食品卫生的疾病主要有：病毒性肝炎；活动性肺结核；肠伤寒和肠伤寒带菌者；细菌性疾病和疾病带菌者；化脓性或渗出性脱屑性皮肤病；手有开放性创伤尚未愈合者。

2. 个人健康

食品加工和检验人员每年至少要进行一次健康检查，必要时还要做临时健康检查，新进厂的人员必须体检合格后持健康证方可上岗。生产、检验人员必须经过必要的培训，经考核合格后方可上岗。生产、检验人员必须保持个人卫生，进车间不携带任何与生产无关的物品。进车间必须穿着清洁的工作服、帽、鞋。

凡患有有碍食品卫生疾病者，必须调离加工、检验岗位，痊愈后经体检合格方可重新上岗。

3. 手的卫生

手是我们工作的最重要的器官。只要你触摸被污染的东西，微生物就会沾到手上，并随你的手传到下一个接触的东西上去。因而，在食品加工过程中须保持手的清洁，在下列情况之一时要洗手：工作前；饭前与饭后；大小便后；吸烟喝茶休息后；打电话后；接触生肉、蛋、蔬菜等以及不干净的餐具、容器之后。表10－4列出了各种洗手方法除菌效果的比较，无论采取哪种洗手方式，结果均含有细菌。

表10－4　洗手效果的比较

介质	方法		细菌数/（cfu/mL）		残存率/%
			洗手前	洗手后	
井水	备用水		2400	1500	62.5
	流水		>30000	6400	>21.3
自来水	简单	备用水	4400	1600	36.3
		流水	>40000	4800	<12.0
	仔细	备用水	10000	1300	13.0
		流水	>60000	1100	<1.83
温水（35℃）	备用水		5700	750	13.1
	流水		3500	58	1.65
肥皂	简单		849	54	6.4
	仔细		3500	8	0.22
肥皂水/3%煤酚溶液	简单		>40000	2100	<5.25
	仔细		8500	13	0.15

正确的洗手程序：用水湿润双手后擦肥皂，充分起泡，用刷子刷指甲剔除污秽；用流水充分冲洗手上的肥皂；在0.3%的漂白粉液中浸泡2min，然后用水冲洗干净或用75%的酒精消毒；最后，用一次性餐巾或用经消毒的毛巾擦干，或用暖风吹干。

4. 生产人员卫生要求

关于生产人员卫生要求主要有以下几点。

（1）保持衣帽整洁 进入车间前，必须穿戴整洁的工作服、帽、靴（鞋）等。工作衣（裤）、帽应尽量选用白色，能较容易发现污垢，可经常保持清洁。工作服帽应每天更换，不得由工人自行保管，要由工厂统一清洗消毒，统一发放。接触直接入口的食品还应戴口罩。头发不得露于帽外，以防零乱的头发或头皮屑落入食品中。还应注意不要穿着工作服、鞋进入厕所或离开生产加工场所。在车间入口处，工人穿着的鞋（靴）要蹬过消毒池进行消毒。

（2）重视操作卫生 直接与食品原料、半成品和成品接触的人员不允许戴手表、戒指、手镯、项链和耳环。进入车间前不宜浓艳化妆、涂抹指甲油、喷洒香水。上班前不许酗酒。工作时不得吸烟、饮酒、吃零食，不抓头发、揩鼻涕、挖耳、挠腮，不要用勺直接尝味或用手抓食品销售。不接触不洁物品。操作人员手部受到外伤，不得接触食品或原料，经过包扎治疗戴上防护手套后，方可参加不直接接触食品的工作。生产车间不得带入或存放个人生活用品，如衣服、食品、烟酒、药品、化妆品等。进入生产加工车间的其他人员（包括参观人员）均应遵守各项规定。

（3）培养良好的卫生习惯 从业人员应养成“四勤”习惯，做到勤洗手和剪指甲、勤洗澡和理发、勤洗衣服和被褥、勤换工作服。经常保持个人卫生。努力克服一些不好的习惯，如随地吐痰等。应养成一天工作结束后，及时冲洗、清扫、消毒工作场所的习惯，以保持清洁的环境，有利于提高产品的质量。

五、出口食品生产企业卫生要求

加入WTO以后，世界食品市场一体化的进程加快，各国以提高关税为手段来保护本国企业利益的可能性已越来越小，目前纷纷采取逐步提高进口产品技术标准的方式，也就是加大技术壁垒的方法来实现这一目的。例如，日本和欧盟提高我国出口茶叶中铅的控制指标，又如，韩国提高我国出口海产品中SO_2的控制指标等。不过，我国相关企业以此为动力，加大了技术改造和生产卫生管理的力度，提高了产品品质，满足了出口的需要。然而这些事件为我国所警觉，国家质量监督检验检疫总局于2002年发布了《出口食品生产企业卫生注册登记管理规定》，规定中对出口食品生产企业卫生提出了具体的要求。主要内容如下。

1. 出口食品生产企业的生产、质量管理人员

（1）与食品生产有接触的人员经体检合格后方可上岗。

（2）生产、质量管理人员每年进行一次健康检查，必要时做临时健康检查；凡患有影响食品卫生的疾病者，必须调离食品生产岗位。

（3）生产、质量管理人员保持个人清洁，不得将与生产无关的物品带入车间；工作时不得戴首饰、手表，不得化妆；进入车间时洗手、消毒并穿着工作服、帽、鞋，工作服、帽、鞋应当定期消毒。

（4）生产、质量管理人员经过培训并考核合格后方可上岗。

（5）配备足够数量的，具备相应资格的专业人员从事卫生质量管理工作。

2. 出口食品生产企业的环境卫生

（1）出口食品生产企业不得建在有碍食品卫生的区域，厂区内不得兼营、生产、存放有碍食品卫生的其他产品。

（2）厂区路面平整、无积水，厂区无裸露地面。

（3）厂区卫生间应当有冲水、洗手、防蝇、防虫、防鼠设施，墙裙以浅色、平滑、不透水、无毒、耐腐蚀的材料修建，并保持清洁。

（4）生产中产生的废水、废料的排放或者处理符合国家有关规定。

（5）厂区建有与生产能力相适应的符合卫生要求的原料、辅料、化学物品、包装物料储存等辅助设施和废物、垃圾暂存设施。

（6）生产区与生活区隔离。

3. 食品生产车间及设施的卫生

（1）车间面积与生产能力相适应，布局合理，排水畅通；车间地面用防滑、坚固、不透水、耐腐蚀的无毒材料修建，平坦、无积水并保持清洁；车间出口及与外界相连的排水、通风处应当安装防鼠、防蝇、防虫等设施。

（2）车间内墙壁、屋顶或者天花板要使用无毒、浅色、防水、防霉、不脱落、易于清洗的材料修建，墙角、地角、顶角具有弧度。

（3）车间窗户有内窗台的，内窗台下斜约45°；车间门窗用浅色、平滑、易清洗、不透水、耐腐蚀的坚固材料制作，结构严密。

（4）车间内位于食品生产线上方的照明设施装有防护罩，工作场所以及检验台的照度符合生产、检验的要求，光线以不改变被加工物的本色为宜。

（5）有温度要求的工序和场所安装温度显示装置，车间温度按照产品工艺要求控制在规定的范围内，并保持良好通风。

（6）车间供电、供气、供水满足生产需要。

（7）在适当的地点设足够数量的洗手、清洁消毒、烘干手的设备或者用品，洗手水龙头为非手动开关。

（8）根据产品加工需要，车间入口处设有鞋靴和车轮消毒设施。

（9）设有与车间相连接的更衣室，不同清洁程度要求的区域设有单独的更衣室，视需要设立与更衣室相连接的卫生间和淋浴室，更衣室、卫生间、淋浴室应当保持清洁卫生，其设施和布局不得对车间造成潜在的污染风险。

（10）车间内的设备、设施和工器具用无毒、耐腐蚀、不生锈、易清洗消毒、坚固的材料制作，其构造易于清洗消毒。

4. 生产用原辅料的卫生

（1）生产用原辅料应当符合安全卫生规定要求，避免来自空气、土壤、水、饲料、肥料中的农药、兽药或者其他有害物质的污染。

（2）作为生产原料的动物，应当来自于非疫区，并经检疫合格。

（3）生产用原辅料有检验、检疫合格证，经进厂验收合格后方准使用。

（4）超过保质期的原辅料不得用于食品生产。

（5）加工用水（冰）应当符合国家《生活饮用水卫生标准》等必要的标准，对水质的公共卫生防疫卫生检测每年不得少于两次，自备水源应当具备有效的卫生保障设施。

5. 食品生产加工过程

（1）生产设备布局合理，并保持清洁和完好。

（2）生产设备、工具、容器、场地等严格执行清洗消毒制度，盛放食品的容器不得直接接触地面。

（3）班前班后进行卫生清洁工作，专人负责检查，并做检查记录。

（4）原辅料、半成品、成品以及生、熟品分别存放在不会受到污染的区域。

（5）按照生产工艺的先后次序和产品特点，将原料处理、半成品处理和加工、工器具的清洗消毒、成品内包装、成品外包装、成品检验和成品储存等不同清洁卫生要求的区域分开设置，防止交叉污染。

（6）对加工过程中产生的不合格品、跌落地面的产品和废弃物，在固定地点用有明显标志的专用容器分别收集盛装，并在检验人员监督下及时处理，其容器和运输工具及时消毒。

（7）对不合格品产生的原因进行分析，并及时采取纠正措施。

6. 出口食品的包装、储存、运输过程

（1）用于包装食品的物料符合卫生标准并且保持清洁卫生，不得含有有毒有害物质，不易褪色。

（2）包装物料间干燥通风，内、外包装物料分别存放，不得有污染。

（3）运输工具符合卫生要求，并根据产品特点配备防雨、防尘、冷藏、保温等设施。

（4）冷包间和预冷库、速冻库、冷藏库等仓库的温度、湿度符合产品工艺要求，并配备温度显示装置，必要时配备湿度计；预冷库、速冻库、冷藏库要配备自动温度记录装置并定期校准，库内保持清洁，定期消毒，有防霉、防鼠、防虫设施，库内物品与墙壁、地面保持一定距离，库内不得存放有碍卫生的物品；同一库内不得存放可能造成相互污染的食品。

7. 严格执行有毒有害物品的储存和使用管理规定

确保厂区、车间和化验室使用的洗涤剂、消毒剂、杀虫剂、燃油、润滑油和化学试剂等有毒有害物品得到有效控制，避免对食品、食品接触表面和食品包装物料造成污染。

8. 产品的卫生质量检验

（1）企业有与生产能力相适应的内设检验机构和具备相应资格的检验人员。

（2）企业内设检验机构具备检验工作所需要的标准资料、检验设施和仪器设备，检验仪器按规定进行计量检定，检验要有检测记录。

（3）使用社会实验室承担企业卫生质量检验工作的，该实验室应当具有相应的资格，并签订合同。

9. 出口食品生产企业应当保证卫生质量体系能够有效运行

（1）制定并有效执行原辅料、半成品、成品及生产过程卫生操作程序，做好记录。

（2）建立并执行卫生标准操作程序并做好记录，确保加工用水（冰）、食品接触表面、有毒有害物质、虫害防治等处于受控状态。

（3）对影响食品卫生的关键工序，要制定明确的操作规程并得到连续地监控，同时必须有监控记录。

（4）制定并执行对不合格品的控制制度，包括不合格品的标识、记录、评价、隔离处置和可追溯性等内容。

（5）制定产品标识、质量追踪和产品召回制度，确保出厂产品在出现安全卫生质量问题时能够及时召回。

（6）制定并执行加工设备、设施的维护程序，保证加工设备、设施满足生产加工的需要。

（7）制定并实施职工培训计划并做好培训记录，保证不同岗位的人员熟练完成本职工作。

（8）建立内部审核制度，一般每半年进行一次内部审核，每年进行一次管理评审，并做好记录。

（9）对反映产品卫生质量情况的有关记录，应当制定并执行标记、收集、编目、归纳、存储、保管和处理等管理规定。所有质量记录必须真实、准确、规范并具有卫生质量的可追溯性，保存期不少于 2 年。

第三节　QS 基本内容

食品生产许可证是从事食品生产经营依法取得行政许可的凭证。食品生产许可证是工业产品许可证制度的一个组成部分，是为保证食品的质量安全，由国家主管食品生产领域质量监督工作的行政部门制定并实施的一项旨在控制食品生产加工企业生产条件的监控制度。要求从事食品生产加工的公民、法人或其他组织，必须具备保证产品质量安全的基本生产条件，按规定程序获得食品生产许可证，方可从事食品生产，任何企业和个人不得销售无证食品。

许可机关受理申请后，组织 2～4 名核查人员对申请的资料和生产场所进行核查，符合要求的，许可机关依法向申请人颁发食品生产企业食品生产许可证书。证书编号由 12 位阿拉伯数字组成，前 4 位为受理机关编号，中间 4 位为产品类别编号，后 4 位为获证企业序号。食品生产许可证的有效期为 3 年，期满后需要继续生产的，应提前 6 个月，向原许可机关提出换证申请，准予换证的，食品生产许可编号不变。否则逾期者视为无证，应重新申领，重新编号，有效期自许可之日重新算起。

一、概　　述

食品市场准入制度核心内容包括 3 项制度，即食品生产许可证制度、强制检验制度和市场准入标识制度。

1. 实行生产许可证管理

对食品生产加工企业实行生产许可证管理。实行生产许可证管理是指对食品生产加工企业的环境条件、生产设备、加工工艺过程、原材料把关、执行产品标准、人员资质、储运条件、检测能力、质量管理制度和包装要求等条件进行审查，并对其产品进行抽样检验。对符合条件且产品经全部项目检验合格的企业，颁发食品质量安全生产许可证，允许其从事食品生产加工。

2. 食品出厂实行强制检验

对食品出厂实行强制检验。其具体要求有两个：一是那些取得食品质量安全生产许可证并经食品药品监督部门核准，具有产品出厂检验能力的企业，可以自行检验其出厂的食品。实行自行检验的企业，应当定期将样品送到指定的法定检验机构进行定期检验；二是已经取得食品质量安全生产许可证，但不具备产品出厂检验能力的企业，按照就近就便的原则，委托指定的法定检验机构进行食品出厂检验；三是承担食品检验工作的检验机构，必须具备法定资格和条件，经省级以上（含省级）食品药品监督管理部门审查核准，统一公布承担食品检验工作的检验机构名录。

3. 食品质量安全市场准入标识管理

QS 是生产许可（Qiyeshipin Shengchanxuke）的缩写，获得食品质量安全生产许可证的企业，生产加工的食品经出厂检验合格的，在出厂销售之前，须在最小销售单元的食品包装上标注由国家统一制定的食品质量安全生产许可证编号并加印或者加贴食品生产许可标志“QS”。食品生产许可标志的式样和使用办法由国家质检总局（现为国家食品药品监督管理总局）统一制定，该标志由“QS”和“生产许可”中文字样组成。标志主色调为蓝色，字母“Q”与“生产许可”四个中文字样为蓝色，字母“S”为白色（详见图 10－1），使用时可根据需要按比例放大或缩小，但不得变形、变色。加贴（印）有“QS”标志的食品，即意味着该食品符合了食品生产许可的基本要求。

二、申请程序

1. 准备资料

（1）加盖企业公章（新设立未刻公章的企业除外）的《食品生产许可证申请书》，同时提供电子版，电子版的录入格式可从相关网站下载。

（2）企业营业执照复印件或者工商行政管理部门出具的《企业名称预先核准通知书》（新设立企业）。延续换证的企业，还应提供原食品生产许可证复印件；扩项、生产场所变更的企业还应提供变更申请表、食品生产许可证复印件。

（3）企业代码证（无须办理代码证的企业及新设立的企业除外）和企业负责人（法定代表人）身份证复印件。

（4）食品生产加工场所所有权或使用权证明材料复印件。

（5）生产场所布局图（应标明面积、设备布局、人流物流、卫生防护设施等），周围 25m 内对食品安全有影响的环境平面图及相邻企业类型。

（6）生产工艺流程图（应标明关键控制工序及其参数和设备）。

（7）根据申证单元提供所申报产品配方（不同配方的产品均需提供）、标签实物（暂无标签实物的，可提供设计稿），必要时提供产品样品。

（8）如产品执行企业标准，还应提供已备案的企业产品标准。

（9）企业质量管理文件。

（10）申请表中规定应当提供的其他资料。

2. 申请

食品生产加工企业按照地域管辖和分级管理的原则，到所在地的市（地）级食品药品监督管理部门提出办理食品生产许可的申请，提交申请材料。

管理部门在接到企业申请材料后组成审查组，完成对申请书和资料等文件的审查。企业材料符合要求后，发给《食品生产许可证受理通知书》。

企业申报材料不符合要求的，企业将在接到食品药品监督管理部门的通知后补正。

3. 审查

企业的书面材料合格后，按照食品生产许可证审查规则，企业要接受审查组对企业必备条件和出厂检验能力的现场审查。

现场审查合格的企业，由审查组现场抽封样品。

审查组或申请取证企业将样品送达指定的检验机构进行检验。经必备条件审查和发证检验合格而符合发证条件的，地方食品药品监督管理部门对审查报告进行审核，确认无误后，由地市级食品药品监督管理部门审核批准，部分风险较高的食品（如乳制品、肉制品、酒类等）需要省级食品药品监管部门或国家食品药品监督管理部门审核批准。

4. 发证

经审核批准后，符合发证条件的生产企业由相应审核批准的部门发放食品生产许可及其副本。食品生产许可的有效期一般为 3 年，不同食品其生产许可的有效期限在相应的规范文件中规定。在食品生产许可有效期满前 6 个月内，企业应向原受理食品生产许可证申请的管理部门提出换证申请。

食品生产许可实行年审制度。取得食品生产许可的企业，应当在证书有效期内，每满 1 年前的 1 个月内向所在地的市（地）级以上食品药品监督管理部门提出年审申请。

食品生产加工企业在食品原材料、生产工艺、生产设备等生产条件发生重大变化，或者开发生产新种类食品的，应当在变化发生后的 3 个月内，向原受理食品生产许可证申请的食品药品监督管理部门提出食品生产许可变更申请。企业名称发生变化时，应当在变更名称后 3 个月内向原受理食品生产许可证申请的食品药品监督管理部门提出食品生产许可证更名申请。

三、生 产 要 求

食品生产许可对企业生产必备条件的要求按照 GB 14881—2013《食品安全国家标准 食品生产通用卫生规范》执行。

1. 选址

（1）厂区不应选择对食品有显著污染的区域。如某地对食品安全和食品宜食用性存在明显的不利影响，且无法通过采取措施加以改善，应避免在该地址建厂。

（2）厂区不应选择有害废弃物以及粉尘、有害气体、放射性物质和其他扩散性污染源不能有效清除的地址。

（3）厂区不宜选择易发生洪涝灾害的地区，难以避开时应设计必要的防范措施。

（4）厂区周围不宜有虫害大量滋生的潜在场所，难以避开时应设计必要的防范措施。

2. 厂区环境

（1）应考虑环境给食品生产带来的潜在污染风险，并采取适当的措施将其降至最低水平。

（2）厂区应合理布局，各功能区域划分明显，并有适当的分离或分隔措施，防止交叉污染。

（3）厂区内的道路应铺设混凝土、沥青或者其他硬质材料；空地应采取必要措施，如铺设水泥、地砖或草坪等方式，保持环境清洁，防止正常天气下扬尘和积水等现象的发生。

（4）厂区绿化应与生产车间保持适当距离，植被应定期维护，以防止虫害的滋生。

（5）厂区应有适当的排水系统。

（6）宿舍、食堂、职工娱乐设施等生活区应与生产区保持适当距离或分隔。

3. 厂房车间的设计和布局

（1）厂房和车间的内部设计和布局应满足食品卫生操作要求，避免食品生产中发生交叉污染。

（2）厂房和车间的设计应根据生产工艺合理布局，预防和降低产品受污染的风险。

（3）厂房和车间应根据产品特点、生产工艺、生产特性以及生产过程对清洁程度的要求合理划分作业区，并采取有效分离或分隔措施。如通常可划分为清洁作业区、准清洁作业区和一般作业区；或清洁作业区和一般作业区等。一般作业区应与其他作业区域分隔。

（4）厂房内设置的检验室应与生产区域分隔。

（5）厂房的面积和空间应与生产能力相适应，便于设备安置、清洁消毒、物料存储及人员操作。

4. 厂房车间的建筑内部结构与材料

（1）内部结构　建筑内部结构应易于维护、清洁或消毒。应采用适当的耐用材料建造。

（2）顶棚　应使用无毒、无味、与生产需求相适应、易于观察清洁状况的材料建造，若直接在屋顶内层喷涂涂料作为顶棚，应使用无毒、无味、防霉、不易脱落、易于清洁的涂料；顶棚应易于清洁、消毒，在结构上不利于冷凝水垂直滴下，防止虫害和霉菌滋生；蒸汽、水、电等配件管路应避免设置于暴露食品的上方，如确需设置，应有能防止灰尘散落及水滴掉落的装置或措施。

（3）墙壁　墙面、隔断应使用无毒、无味的防渗透材料建造，在操作高度范围内的墙面应光滑、不易积累污垢且易于清洁，若使用涂料，应无毒、无味、防霉、不易脱落、易于清洁；墙壁、隔断和地面交界处应结构合理、易于清洁，能有效避免污垢积存，例如设置漫弯形交界面等。

（4）门窗　应闭合严密，门的表面应平滑、防吸附、不渗透，并易于清洁、消毒，应使用不透水、坚固、不变形的材料制成；清洁作业区和准清洁作业区与其他区域之间的门应能及时关闭；窗户玻璃应使用不易碎材料，若使用普通玻璃，应采取必要的措施防止玻璃破碎后对原料、包装材料及食品造成污染；窗户如设置窗台，其结构应能避免灰尘积存且易于清洁，可开启的窗户应装有易于清洁的防虫设施，如纱窗等。

（5）地面　应使用无毒、无味、不渗透、耐腐蚀的材料建造，地面的结构应有利于排污和清洗的需要；地面应平坦防滑、无裂缝、并易于清洁、消毒，并有适当的措施防止积水。

5. 设施

（1）供水设施　应能保证水质、水压、水量及其他要求符合生产需要；食品加工用水的水质应符合 GB 5749 的规定，对加工用水水质有特殊要求的食品应符合相应规定；间接冷却水、锅炉用水等食品生产用水的水质应符合生产需要；食品加工用水与其他不与食品接触的用水（如间接冷却水、污水或废水等）应以完全分离的管路输送，避免交叉污染，各管路系统应明确标识以便区分；自备水源及供水设施应符合有关规定。供水设施中使用的涉及饮用水卫生安全产品还应符合国家相关规定。

（2）排水设施　排水系统的设计和建造应保证排水畅通、便于清洁维护；应适应食品生产的需要，保证食品及生产、清洁用水不受污染。排水系统入口应安装带水封的地漏等装置，以防止固体废弃物进入及浊气逸出。排水系统出口应有适当措施以降低虫害风险。室内排水的流向应由清洁程度要求高的区域流向清洁程度要求低的区域，且应有防止逆流的设计。污水在排放前应经适当方式处理，以符合国家污水排放的相关规定。

（3）清洁消毒设施　应配备足够的食品、工器具和设备的专用清洁设施，必要时应配备适宜的消毒设施。应采取措施避免清洁、消毒工器具带来的交叉污染。

（4）废弃物存放设施　应配备设计合理、防止渗漏、易于清洁的存放废弃物的专用设施；车间内存放废弃物的设施和容器应标识清晰。必要时应在适当地点设置废弃物临时存放设施，并依废弃物特性分类存放。

（5）个人卫生设施　生产场所或生产车间入口处应设置更衣室；必要时特定的作业区入口处可按需要设置更衣室。更衣室应保证工作服与个人服装及其他物品分开放置。生产车间入口及车间内必要处，应按需设置换鞋（穿戴鞋套）设施或工作鞋靴消毒设施，如设置工作鞋靴消毒设施，其规格尺寸应能满足消毒需要。

应根据需要设置卫生间，卫生间的结构、设施与内部材质应易于保持清洁；卫生间内的适当位置应设置洗手设施。卫生间不得与食品生产、包装或储存等区域直接连通。

应在清洁作业区入口设置洗手、干手和消毒设施；如有需要，应在作业区内适当位置加设洗手和（或）消毒设施；与消毒设施配套的水龙头其开关应为非手动式。洗手设施的水龙头数量应与同班次食品加工人员数量相匹配，必要时应设置冷热水混合器。洗手池应采用光滑、不透水、易清洁的材质制成，其设计及构造应易于清洁消毒。应在临近洗手设施的显著位置标示简明易懂的洗手方法。根据对食品加工人员清洁程度的要求，必要时应设置风淋室、淋浴室等设施。

（6）通风设施　应具有适宜的自然通风或人工通风措施；必要时应通过自然通风或机械设施有效控制生产环境的温度和湿度，通风设施应避免空气从清洁度要求低的作业区域流向清洁度要求高的作业区域。

应合理设置进气口位置，进气口与排气口和户外垃圾存放装置等污染源保持适宜的距离和角度。进、排气口应装有防止虫害侵入的网罩等设施。通风排气设施应易于清洁、维修或更换。若生产过程需要对空气进行过滤净化处理，应加装空气过滤装置并定期清洁。根据生产需要，必要时应安装除尘设施。

（7）照明设施　厂房内应有充足的自然采光或人工照明，光泽和亮度应能满足生产和操作需要；光源应使食品呈现真实的颜色。如需在暴露食品和原料的正上方安装照明设施，应使用安全型照明设施或采取防护措施。

（8）仓储设施　应具有与所生产产品的数量、储存要求相适应的仓储设施。仓库应以无毒、坚固的材料建成；仓库地面应平整，便于通风换气。仓库的设计应能易于维护和清洁，防止虫害藏匿，并应有防止虫害侵入的装置。

原料、半成品、成品、包装材料等应依据性质的不同分设储存场所，或分区域码放，并有明确标识，防止交叉污染。必要时仓库应设有温、湿度控制设施。储存物品应与墙壁、地面保持适当距离，以利于空气流通及物品搬运。

清洁剂、消毒剂、杀虫剂、润滑剂、燃料等物质应分别安全包装，明确标识，并应与原料、半成品、成品、包装材料等分隔放置。

（9）温控设施　应根据食品生产的特点，配备适宜的加热、冷却、冷冻等设施，以及用于监测温度的设施。根据生产需要，可设置控制室温的设施。

6. 设备

（1）生产设备　应配备与生产能力相适应的生产设备，并按工艺流程有序排列，避免引起交叉污染。与原料、半成品、成品接触的设备与用具，应使用无毒、无味、抗腐蚀、不易脱落的材料制作，并应易于清洁和保养。设备、工器具等与食品接触的表面应使用光滑、无吸收性、易于清洁保养和消毒的材料制成，在正常生产条件下不会与食品、清洁剂和消毒剂发生反应，并应保持完好无损，如不锈钢材料。

所有生产设备应从设计和结构上避免零件、金属碎屑、润滑油或其他污染因素混入食品，并应易于清洁消毒、易于检查和维护。设备应不留空隙地固定在墙壁或地板上，或在安装时与地面和墙壁间保留足够空间，以便清洁和维护。

（2）监控设备　用于监测、控制、记录的设备，如压力表、温度计、记录仪等，应定期校准、维护。

（3）设备的保养和维修　应建立设备保养和维修制度，加强设备的日常维护和保养，定期检修，及时记录。

7. 卫生管理

（1）卫生管理制度　应制定食品加工人员和食品生产卫生管理制度以及相应的考核标准，明确岗位职责，实行岗位责任制。根据食品的特点以及生产、储存过程的卫生要求，建立对保证食品安全具有显著意义的关键控制环节的监控制度，良好实施并定期检查，发现问题及时纠正。

应制定针对生产环境、食品加工人员、设备及设施等的卫生监控制度，确立内部监控的范围、对象和频率。记录并存档监控结果，定期对执行情况和效果进行检查，发现问题及时整改。

应建立清洁消毒制度和清洁消毒用具管理制度。清洁消毒前后的设备和工器具应分开放置妥善保管，避免交叉污染。

（2）厂房及设施卫生管理　厂房内各项设施应保持清洁，出现问题及时维修或更新；厂房地面、屋顶、天花板及墙壁有破损时，应及时修补。

生产、包装、储存等设备及工器具、生产用管道、裸露食品接触表面等应定期清洁消毒。

（3）食品加工人员健康管理与卫生要求　应建立并执行食品加工人员健康管理制度。食品加工人员每年应进行健康检查，取得健康证明；上岗前应接受卫生培训。食品加工人员如患有痢疾、伤寒、甲型病毒性肝炎、戊型病毒性肝炎等消化道传染病，以及患有活动性肺结核、化脓性或者渗出性皮肤病等有碍食品安全的疾病，或有明显皮肤损伤未愈合的，应当调整到其他不影响食品安全的工作岗位。

食品加工人员进入食品生产场所前应整理个人卫生，防止污染食品。进入作业区域应规范穿着洁净的工作服，并按要求洗手、消毒；头发应藏于工作帽内或使用发网约束。进入作业区域不应佩戴饰物、手表，不应化妆、染指甲、喷洒香水；不得携带或存放与食品生产无关的个人用品。使用卫生间、接触可能污染食品的物品或从事与食品生产无关的其他活动后，再次从事接触食品、食品工器具、食品设备等与食品生产相关的活动前应洗手消毒。

非食品加工人员不得进入食品生产场所，特殊情况下进入时应遵守和食品加工人员同样的卫生要求。

（4）虫鼠害控制　应保持建筑物完好、环境整洁，防止虫害侵入及滋生。应制定和执行虫害控制措施，并定期检查。生产车间及仓库应采取有效措施（如纱帘、纱网、防鼠板、防蝇灯、风幕等），防止鼠类昆虫等侵入。若发现有虫鼠害痕迹时，应追查来源，消除隐患。应准确绘制虫害控制平面图，标明捕鼠器、粘鼠板、灭蝇灯、室外诱饵投放点、生化信息素捕杀装置等放置的位置。

厂区应定期进行除虫灭害工作。采用物理、化学或生物制剂进行处理时，不应影响食品安全和食品应有的品质、不应污染食品接触表面、设备、工器具及包装材料。除虫灭害工作应有相应的记录。使用各类杀虫剂或其他药剂前，应做好预防措施避免对人身、食品、设备工具造成污染；不慎污染时，应及时将被污染的设备、工具彻底清洁，消除污染。

（5）废弃物处理　应制定废弃物存放和清除制度，有特殊要求的废弃物其处理方式应符合有关规定。废弃物应定期清除；易腐败的废弃物应尽快清除；必要时应及时清除废弃物。车间外废弃物放置场所应与食品加工场所隔离，防止污染；应防止不良气味或有害有毒气体溢出；应防止虫害滋生。

（6）工作服管理　进入作业区域应穿着工作服。应根据食品的特点及生产工艺的要求配备专用工作服，如衣、裤、鞋（靴）、帽和发网等，必要时还可配备口罩、围裙、套袖、手套等。应制定工作服的清洗保洁制度，必要时应及时更换；生产中应注意保持工作服干净完好。

工作服的设计、选材和制作应适应不同作业区的要求，降低交叉污染食品的风险；应合理选择工作服口袋的位置、使用的连接扣件等，降低内容物或扣件掉落污染食品的风险。

8. 食品原料、食品添加剂和食品相关产品

（1）一般要求　应建立食品原料、食品添加剂和食品相关产品的采购、验收、运输和储存管理制度，确保所使用的食品原料、食品添加剂和食品相关产品符合国家有关要求。不得将任何危害人体健康和生命安全的物质添加到食品中。

（2）食品原料　采购的食品原料应当查验供货者的许可证和产品合格证明文件；对无法提供合格证明文件的食品原料，应当依照食品安全标准进行检验。食品原料必须经过验收合格后方可使用。经验收不合格的食品原料应在指定区域与合格品分开放置并明显标记，并应及时进行退、换货等处理。

加工前宜进行感官检验，必要时应进行实验室检验；检验发现涉及食品安全项目指标

异常的，不得使用；只应使用确定适用的食品原料。

食品原料运输及储存中应避免日光直射、备有防雨防尘设施；根据食品原料的特点和卫生需要，必要时还应具备保温、冷藏、保鲜等设施。食品原料运输工具和容器应保持清洁、维护良好，必要时应进行消毒。食品原料不得与有毒、有害物品同时装运，避免污染食品原料。

食品原料仓库应设专人管理，建立管理制度，定期检查质量和卫生情况，及时清理变质或超过保质期的食品原料。仓库出货顺序应遵循先进先出的原则，必要时应根据不同食品原料的特性确定出货顺序。

（3）食品添加剂　采购食品添加剂应当查验供货者的许可证和产品合格证明文件。食品添加剂必须经过验收合格后方可使用。

运输食品添加剂的工具和容器应保持清洁、维护良好，并能提供必要的保护，避免污染食品添加剂。食品添加剂的贮藏应有专人管理，定期检查质量和卫生情况，及时清理变质或超过保质期的食品添加剂。仓库出货顺序应遵循先进先出的原则，必要时应根据食品添加剂的特性确定出货顺序。

（4）食品相关产品　采购食品包装材料、容器、洗涤剂、消毒剂等食品相关产品应当查验产品的合格证明文件，实行许可管理的食品相关产品还应查验供货者的许可证。食品包装材料等食品相关产品必须经过验收合格后方可使用。

运输食品相关产品的工具和容器应保持清洁、维护良好，并能提供必要的保护，避免污染食品原料和交叉污染。食品相关产品的贮藏应有专人管理，定期检查质量和卫生情况，及时清理变质或超过保质期的食品相关产品。仓库出货顺序应遵循先进先出的原则。

（5）其他　盛装食品原料、食品添加剂、直接接触食品的包装材料的包装或容器，其材质应稳定、无毒无害，不易受污染，符合卫生要求。食品原料、食品添加剂和食品包装材料等进入生产区域时应有一定的缓冲区域或外包装清洁措施，以降低污染风险。

9. 生产过程的食品安全控制

（1）产品污染风险控制　应通过危害分析方法明确生产过程中的食品安全关键环节，并设立食品安全关键环节的控制措施。在关键环节所在区域，应配备相关的文件以落实控制措施，如配料（投料）表、岗位操作规程等。鼓励采用危害分析与关键控制点体系（HACCP）对生产过程进行食品安全控制。

（2）生物污染的控制

①清洁和消毒：应根据原料、产品和工艺的特点，针对生产设备和环境制定有效的清洁消毒制度，降低微生物污染的风险。清洁消毒制度应包括以下内容：清洁消毒的区域、设备或器具名称；清洁消毒工作的职责；使用的洗涤、消毒剂；清洁消毒方法和频率；清洁消毒效果的验证及不符合消毒规定的处理；清洁消毒工作及监控记录。应确保实施清洁消毒制度，如实记录；及时验证消毒效果，发现问题及时纠正。

②食品加工过程的微生物监控：根据产品特点确定关键控制环节进行微生物监控；必要时应建立食品加工过程的微生物监控程序，包括生产环境的微生物监控和过程产品的微生物监控。食品加工过程的微生物监控程序应包括：微生物监控指标、取样点、监控频率、取样和检测方法、评判原则和整改措施等，结合生产工艺及产品特点制定。

微生物监控应包括致病菌监控和指示菌监控，食品加工过程的微生物监控结果应能反映食品加工过程中对微生物污染的控制水平。

（3）化学污染的控制　应建立防止化学污染的管理制度，分析可能的污染源和污染途径，制定适当的控制计划和控制程序。应当建立食品添加剂和食品工业用加工助剂的使用制度，按照 GB 2760 的要求使用食品添加剂。不得在食品加工中添加食品添加剂以外的非食用化学物质和其他可能危害人体健康的物质。

生产设备上可能直接或间接接触食品的活动部件若需润滑，应当使用食用油脂或能保证食品安全要求的其他油脂。建立清洁剂、消毒剂等化学品的使用制度。除清洁消毒必需和工艺需要，不应在生产场所使用和存放可能污染食品的化学制剂。食品添加剂、清洁剂、消毒剂等均应采用适宜的容器妥善保存，且应明显标示、分类储存；领用时应准确计量、作好使用记录。

应当关注食品在加工过程中可能产生有害物质的情况，鼓励采取有效措施降低其风险。

（4）物理污染的控制　应建立防止异物污染的管理制度，分析可能的污染源和污染途径，并制定相应的控制计划和控制程序。

应通过采取设备维护、卫生管理、现场管理、外来人员管理及加工过程监督等措施，最大程度地降低食品受到玻璃、金属、塑胶等异物污染的风险。应采取设置筛网、捕集器、磁铁、金属检查器等有效措施降低金属或其他异物污染食品的风险。当进行现场维修、维护及施工等工作时，应采取适当措施避免异物、异味、碎屑等污染食品。

（5）包装　食品包装应能在正常的储存、运输、销售条件下最大限度地保护食品的安全性和食品品质。使用包装材料时应核对标识，避免误用；应如实记录包装材料的使用情况。

10. 检验

（1）应通过自行检验或委托具备相应资质的食品检验机构对原料和产品进行检验，建立食品出厂检验记录制度。

（2）自行检验应具备与所检项目适应的检验室和检验能力；由具有相应资质的检验人员按规定的检验方法检验；检验仪器设备应按期检定。

（3）检验室应有完善的管理制度，妥善保存各项检验的原始记录和检验报告。应建立产品留样制度，及时保留样品。

（4）应综合考虑产品特性、工艺特点、原料控制情况等因素合理确定检验项目和检验频次以有效验证生产过程中的控制措施。净含量、感官要求以及其他容易受生产过程影响而变化的检验项目的检验频次应大于其他检验项目。

（5）同一品种不同包装的产品，不受包装规格和包装形式影响的检验项目可以一并检验。

11. 食品的储存和运输

（1）根据食品的特点和卫生需要选择适宜的储存和运输条件，必要时应配备保温、冷藏、保鲜等设施。不得将食品与有毒、有害或有异味的物品一同储存运输。

（2）应建立和执行适当的仓储制度，发现异常应及时处理。

（3）储存、运输和装卸食品的容器、工器具和设备应当安全、无害，保持清洁，降低食品污染的风险。

（4）储存和运输过程中应避免日光直射、雨淋、显著的温湿度变化和剧烈撞击等，防止食品受到不良影响。

12. 产品召回管理

（1）应根据国家有关规定建立产品召回制度。

（2）当发现生产的食品不符合食品安全标准或存在其他不适于食用的情况时，应当立即停止生产，召回已经上市销售的食品，通知相关生产经营者和消费者，并记录召回和通知情况。

（3）对被召回的食品，应当进行无害化处理或者予以销毁，防止其再次流入市场。对因标签、标识或者说明书不符合食品安全标准而被召回的食品，应采取能保证食品安全、且便于重新销售时向消费者明示的补救措施。

（4）应合理划分记录生产批次，采用产品批号等方式进行标识，便于产品追溯。

13. 培训

（1）应建立食品生产相关岗位的培训制度，对食品加工人员以及相关岗位的从业人员进行相应的食品安全知识培训。

（2）应通过培训促进各岗位从业人员遵守食品安全相关法律法规标准和执行各项食品安全管理制度的意识和责任，提高相应的知识水平。

（3）应根据食品生产不同岗位的实际需求，制定和实施食品安全年度培训计划并进行考核，做好培训记录。

（4）当食品安全相关的法律法规标准更新时，应及时开展培训。

（5）应定期审核和修订培训计划，评估培训效果，并进行常规检查，以确保培训计划的有效实施。

14. 管理制度和人员

（1）应配备食品安全专业技术人员、管理人员，并建立保障食品安全的管理制度。

（2）食品安全管理制度应与生产规模、工艺技术水平和食品的种类特性相适应，应根据生产实际和实施经验不断完善食品安全管理制度。

（3）管理人员应了解食品安全的基本原则和操作规范，能够判断潜在的危险，采取适当的预防和纠正措施，确保有效管理。

15. 记录和文件管理

（1）记录管理　应建立记录制度，对食品生产中采购、加工、储存、检验、销售等环节详细记录。记录内容应完整、真实，确保对产品从原料采购到产品销售的所有环节都可进行有效追溯。应如实记录食品原料、食品添加剂和食品包装材料等食品相关产品的名称、规格、数量、供货者名称及联系方式、进货日期等内容。应如实记录食品的加工过程（包括工艺参数、环境监测等）、产品储存情况及产品的检验批号、检验日期、检验人员、检验方法、检验结果等内容。应如实记录出厂产品的名称、规格、数量、生产日期、生产批号、购货者名称及联系方式、检验合格单、销售日期等内容。应如实记录发生召回的食品名称、批次、规格、数量、发生召回的原因及后续整改方案等内容。

食品原料、食品添加剂和食品包装材料等食品相关产品进货查验记录、食品出厂检验记录应由记录和审核人员复核签名，记录内容应完整。保存期限不得少于 2 年。应建立客户投诉处理机制。对客户提出的书面或口头意见、投诉，企业相关管理部门应作记录并查找原因，妥善处理。

（2）应建立文件的管理制度，对文件进行有效管理，确保各相关场所使用的文件均为有效版本。

（3）鼓励采用先进技术手段（如电子计算机信息系统），进行记录和文件管理。

以上内容为食品生产许可通用要求，除此之外，生产不同产品的食品，还应有更为具体的要求，如生产瓶装饮用水的厂房，其内包装间还需有空气洁净度的要求。各个生产企业应根据实际情况，在通用要求的基础上，制定各自的生产条件要求和相应的管理制度，并做好完善的生产、管理记录。

四、认证范围

目前，实行生产许可的食品共有28大类，见表10－5。

表10－5　实行生产许可的28大类食品

序号	产品名称	发证产品
1	粮食加工品	小麦粉、大米、挂面、其他粮食加工品
2	食用油、油脂及其制品	食用植物油、食用油脂制品、食用动物油脂
3	调味品	酱油、食醋、味精、鸡精调味料、酱类、调味料产品
4	肉制品	肉制品
5	乳制品	乳制品、婴幼儿配方乳粉
6	饮料	饮料
7	方便食品	方便食品
8	饼干	饼干
9	罐头	罐头
10	冷冻饮品	冷冻饮品
11	速冻食品	速冻面米食品、速冻其他食品
12	薯类和膨化食品	膨化食品、薯类食品
13	糖果制品（含巧克力及其制品）	糖果制品、果冻
14	茶叶及相关制品	茶叶、含茶制品和代用茶
15	酒类	白酒、葡萄酒及果酒、啤酒、黄酒、食用酒精、其他酒
16	蔬菜制品	蔬菜制品
17	水果制品	蜜饯、水果制品
18	炒货食品及坚果制品	炒货食品及坚果制品
19	蛋制品	蛋制品
20	可可及焙烤咖啡产品	可可制品、焙炒咖啡
21	食糖	糖
22	水产制品	水产加工品、其他水产加工品
23	淀粉及淀粉制品	淀粉及淀粉制品、淀粉糖

续表

序号	产品名称	发证产品
24	糕点	糕点食品
25	豆制品	豆制品、其他豆制品
26	蜂产品	蜂产品、蜂花粉及蜂产品制品
27	特殊膳食食品	婴幼儿及其他配方谷粉产品
28	其他食品	

五、认证其他资料

（1）生产用水使用自备水源的，应提供一年内符合《生活饮用水卫生标准》（GB 5749）的相关验证材料。

（2）食品从业人员健康检查合格证明、培训证明（可提供持有健康证人员的名单、健康证号和培训情况）。

（3）执行企业标准的，应提供备案有效的企业标准文本复印件 1 份。

（4）管理文件复印件 1 份，内容应涵盖下列管理要求：原辅材料进货查验、生产过程管理、卫生管理、设备管理、储存运输管理、不合格产品管理、从业人员健康检查及健康档案管理、出厂检验管理、食品添加剂使用管理、食品安全事故处置方案、召回管理、员工培训管理等。

（5）已获得 HACCP 认证证书、出口食品卫生注册（登记）证的，提供证书复印件。

（6）《承诺书》。

（7）国家相关法律、法规及食品生产许可证审查细则规定应当提交的其他材料。

第四节　SSOP 基本要求

为确保食品在卫生状态下加工，充分保证达到 GMP 的要求，加工厂应针对产品或生产场所制订并且实施一个书面的 SSOP 或类似的文件。SSOP 最重要的是具有八个卫生方面（且不限于这八个方面）的内容，加工者根据这八个主要卫生控制方面加以实施，以消除与卫生有关的危害。实施过程中还必须有检查、监控，如果实施不力，还要进行纠正和记录保持。这些卫生方面适用于所有种类的食品零售商、批发商、仓库和生产操作。

一、水（冰）的安全

生产用水（冰）的卫生质量是影响食品卫生的关键因素。对于任何食品加工，首要的一点就是要保证水的安全。食品加工企业一个完整的 SSOP 计划，首先要考虑与食品接触或与食品表面接触用水（冰）的来源与处理应符合有关规定，并要考虑非生产用水及污水处理的交叉污染问题。水（冰）的安全问题，是国家食品药品监督管理总局（CFDA）关注的八个关键卫生条件的第一个关键。

1. 生产加工用水的要求

食品加工中包括食品配料、清洗、设施、设备、工器具的清洗和消毒等都离不开安全卫生的水。安全卫生的水是指符合国家 GB 5749《生活饮用水卫生标准》的水。水产品加工中原料冲洗使用的海水应符合国家 GB 3097《海水水质要求》。就安全卫生而言，应重点关注生产用水的细菌学指标。

（1）欧盟饮用水指标　80/778/EEC（共 62 项），其中细菌学指标：细菌总数 37℃培养 48h，10cfu/mL；或 22℃培养 72h < 100cfu/mL；总大肠菌群 MPN < 1/100mL；粪大肠菌群 MPN < 1/100mL；粪链球菌 MPN < 1/100mL；致病菌不得检出。

（2）美国饮用水微生物的规定　总大肠菌（包括粪大肠菌和大肠杆菌）目标为 0。最大污染水平 5%，即一个月中总大肠菌呈阳性水样不超过 5%，呈阳性的水样必须进行粪大肠菌分析。不允许存在病毒，目标为 0。最大污染水平为 99.9%，杀死或不活动。

（3）我国标准 GB 5749《生活饮用水卫生标准》中微生物规定　总大肠菌群、耐热大肠菌群和大肠杆菌均为不得检出；菌落总数 < 100cfu/mL。

2. 生产加工用水可能被污染的因素

水环境中常发现大肠菌群，对于饮用水或直接接触食品的水必须进行去除大肠菌群的处理。饮用水中大肠菌群的存在不但表明水受到了污染，还表明实际上存在着如大肠杆菌等细菌。

（1）自来水（城市供水）　自来水是食品加工中最常用的水源，具有安全、优质、可靠的优点。自来水经过处理，使用前经过检验，一般不会有安全卫生方面的问题。如果出现卫生方面的问题，多数情况是由于交叉连接、压力回流、虹吸管回流造成的。当管道中饮用水与其他任何非饮用水（特别是污水或其他液体）混合时，会产生交叉污染。交叉污染可以是水源间的直接污染或污染水源吸入或进入饮用水源的非直接污染。非直接污染的例子包括位置低于厕所池或洗手槽的浸入水中的出水口。

水输送系统中因压力不同而产生回流，致使污染物进入饮用水管道。当饮用水管道中的水压力低于空气压力（负压）时，可导致“回压”将污染物推入饮用水管道或“虹吸管回流”。管道的尺寸、水流速率和水的高度不同，会产生这些现象。

（2）自供水　来自不同的地表水源，最常用的是井水。井水比城市供水含有更多的可溶性矿物质、不溶性固体、有机物质、可溶性气体及微生物。井水易受化学和微生物的污染，污水可通过洪水或由于井与污水池、粪池或灌溉田距离太近而进入井水中。还有地下水本身，由于没有充分的过滤和渗透除去杂质而导致的污染。井水的化学污染是由于油罐的泄漏，农田、农业化学品的使用及工业废物。因此采用自供水应注意：一是水井应选择在当地地下水流的上方，周围环境无污染；二是蓄水池、蓄水塔应保持卫生、安全、防鼠、与外界相对封闭；三是井口应离地面 1m 以上，防止地面污水倒流井中；四是根据官方实验室的微生物检测报告决定是否使用化学消毒剂，如需使用，常采用加氯消毒处理，一般浓度达 10mg/kg 即可达到消毒效果，但应对余氯进行监测，游离余氯含量应符合 GB 5749 的要求。

（3）海水　直接与食品或与食品接触面接触的海水应符合与城市供水相似的饮用水要求。根据饮用水的要求，海水在加工操作前应进行监测和去除微生物的处理。但因受每日天气、季节状况、环境污染的影响，海水的安全性和质量很难得到保证，一般情况下仅限用于海产品的初加工，且加工中使用的海水必须符合国家 GB 3097《海水水质标准》。

3. 水源监测

无论是城市供水还是自备水源或海水，都必须以足够的频率进行监测，确保生产用水可安全地用于食品。城市供水每年应至少两次经当地防疫部门进行全项目检测，并有检测报告。企业实验室应每月进行一次微生物指标检测。自供水在工厂投产前必须经当地防疫部门进行全项目检测，以后每年不少于两次。企业实验室应每周进行一次微生物指标检测，每天对余氯进行检测。海水检测的频率应比陆地城市供水或自供水更频繁。

对管道的检测也是非常重要的，一般每月一次对饮用水管道和非饮用水管道及污水管道的硬（永久性）管道之间可能出现问题的交叉连接进行检查。

除了对水源的安全性和相连的管道进行监测外，用这些水制成的冰也必须进行周期性的检测。冰及冰的储存、处理状况可能会引起致病菌的传播，主要是由于不卫生的储藏、运输、铲运或与地面接触造成了冰的污染。

二、食品接触表面的清洁

食品加工过程中的食品接触面包括加工过程中使用的所有设备、工器具和设施，以及工作服、手和包装材料等。

1. 食品接触面的材料要求

食品接触面的选材应适当，设计应合理，有利于防止潜在的食品污染。应选用安全、无腐蚀、易于清洁和消毒的材料。安全的材料是指无毒、不吸水、抗腐蚀，不与清洁剂和消毒剂产生化学反应，在设计制造方面要求表面光滑（包括缝、角和边在内），易于清洗和消毒。目前，不锈钢是最常用的比较好的食品接触面材料。某些食品接触面的一般特征见表 10－6。我国出口食品生产企业卫生要求规定，车间内禁止使用竹木器具、易生锈材料。对于手套、围裙、工作服等应根据用途采用耐用材料合理设计和制造，禁止使用布手套。手套、围裙、工作服等要定期清洗、消毒，存放于干净和干燥的场所。

表 10－6　某些食品接触面的一般特性

表面材料	内　容	推　荐
黑铁或铸铁	接触酸或氯清洁剂时生锈，缺乏强度	不推荐在食品加工中使用
玻璃	能被强腐蚀性的清洁化合物腐蚀	使用弱碱性或中性清洁剂
塑料	有些易被玷污，现有的材料不能在很高或很低的加工温度使用	最好根据用途（例如生的和蒸煮的）采用相应的材料，并且选择在一定温度下不会变形或裂开的塑料
橡胶	可被某些溶剂破坏，整理板可能弯曲，表面可能使刀锋变钝	避免使用可存水或食品碎屑的有孔或海绵状的类型
不锈钢	昂贵，某些等级可被氯或其他氧化剂作用产生小凹坑	食品加工中最佳的金属表面，考虑使用 300 系列等级
木材	能吸收水和油/油脂，能被碱和其他的腐蚀剂软化，经常难以清洗	木材的处理必须符合 21CFR 178、380 木材防腐剂标准的规定，限制用于食品接触面
镀锌金属	被锌腐蚀可产生白色粉末物质，导致污染产品	避免用于食品接触面，不能用于酸性食品的加工

2. 设备的设计、安装要求

食品接触面的制造和设计应本着便于清洗和消毒的原则，制作要精细、无缝隙、无粗糙焊接、无凹陷、无破裂、表面平滑等。固定的设备安装时应离墙一定的距离，并高于地面，以便于清洗、消毒和维修。

3. 食品接触面的清洁和消毒

食品接触面的清洁和消毒是控制病原微生物污染的基础，良好的清洗和消毒通常包括以下步骤。

（1）清扫　用刷子、扫帚等清除设备、工器具表面的食品颗粒和污物。

（2）预冲洗　用洁净水冲洗被清洗器具的表面，除去清扫后遗留的微小颗粒。

（3）使用清洁剂　清洁剂类型主要有普通清洁剂、碱、含氯清洁剂、酸、酶。根据清洁对象的不同，选用不同类型的清洁剂。目前多数工厂使用普通清洁剂（手）和含氯清洁剂（器具）。一般清洁剂与被清洁对象接触时间越长，温度越高，清洁对象表面擦洗得越干净，水中 Ca^{2+}、Mg^{2+} 含量越低，清洁效果越好。

（4）冲洗　用流动的洁净的水冲去食品接触面上清洁剂和污物，要求接触面要冲洗干净，不残留清洁剂和污物，为消毒提供良好的表面。

（5）消毒　应用允许使用的消毒剂，杀死和清除物品上存在的病原微生物。在食品接触面清洁以后，必须进行消毒除去或至少抑制潜在的病原微生物。消毒剂的种类很多，有含氯消毒剂、过氧乙酸、醋酸、乳酸、臭氧等。目前，食品加工厂常用的是臭氧、含氯消毒剂，如次氯酸钠溶液。食品厂通常使用的消毒剂及浓度见表 10－7。

表 10－7　食品工厂中通常使用的消毒剂及浓度　　单位：mg/kg

消毒剂	食品接触面	非食品接触面	工厂用水
氯	100～200①	100	3～10
碘	25①	25	—
季铵盐化合物	200①	400～800	
二氧化氯	100～200①②	100～200②	1～3②
过氧乙酸	200～315①	200～315	

注：①为允许浓度的上限值；

②为含氯、含氧化合物。

（6）清洗　消毒结束后，应用符合卫生要求的水对被消毒对象进行清洗，尽可能减少消毒剂的残留。

一般清洗（CIP）程序和要求如下。

①洗涤工序：3～5min，常温水或 60℃以下温水。

②酸性工序：20min，1%～2%溶液，常温水。

③中间洗涤工序：5～10min，常温。

④碱性工序：5～10min，1%～2%溶液，60～80℃。

⑤最后洗涤工序：5～10min，常温或 60℃以下温水。

⑥杀菌工序：10～20min，90℃以上热水。

4. 工作服、手套、车间空气的消毒

对工作服、手套等集中由洗衣房清洗消毒，需要注意的是不同清洁区的工作服应分别清洗消毒。清洁工作服与脏工作服要分区域存放，存放工作服的房间应设臭氧消毒器，定期对工作服进行消毒。

车间空气一般用臭氧发生器产生的臭氧进行消毒。紫外线灯由于所产生的紫外线穿透能力差，车间内一般不使用。

5. 食品接触表面的监测

为确保食品接触面（包括手套、外衣）的设计、安装、便于卫生操作，维护、保养符合卫生要求，以及能及时充分地进行清洁和消毒，必须对食品接触面进行监测。

（1）监测的方法

①视觉检查：感观检查接触表面是否清洁卫生，有无残留物，工作服是否清洁卫生，有无卫生死角等；

②化学检查：主要检查消毒剂的浓度，消毒后的残留浓度等；

③表面微生物检查：推荐使用平板计数，一般检查时间较长，可用来对消毒效果进行检查和评估。

（2）监测的频率 取决于被监测的对象，如设备是否锈蚀、设计是否合理，应每月检查一次。消毒剂的浓度应在使用前进行检查，视觉检查应在每天班前（工作服、手套）、班后清洗消毒后进行。

三、有毒化学物质的保存和处理

有毒化学物质不正确的使用是导致产品外部污染的一个常见原因。大多数的食品加工企业使用的化学物质包括清洁剂、灭鼠剂、杀虫剂、机械润滑剂、食品添加剂等，没有它们工厂设施无法运转，但在使用这些化学物质时必须小心谨慎，按产品说明书使用，做到正确标记、安全储藏，否则会导致企业加工的食品有被污染的风险。

1. 食品加工厂有毒化学物质的种类、标记

（1）清洗剂、消毒剂 如洗洁净、次氯酸钠、95%酒精、过氧乙酸等。

（2）灭鼠剂、杀虫剂 如灭害灵、“一步倒”等。

（3）润滑剂 润滑油。

（4）化验室用药 甲醇、氰化钾。

（5）添加剂 亚锰酸钠、咖啡因等。

以上所列化学物质的原包装容器的标签必须标明制造商、使用说明和批准文号、容器中的试剂或溶液名称。工作容器标签必须标明容器中试剂或溶液名称、浓度、使用说明，并注明有效期。

2. 有毒化学物质的储存和使用

工厂要编写本企业有毒化学物质一览表，列出所使用化合物的名称、主要成分、毒性、使用浓度、进出库时间和注意事项等，附有主管部门批准生产、销售、使用的证明文件。有毒化学药品的购买、储存、领用、配制、使用记录，使全过程处在受控状态。

有毒化学物品的储存要设单独的区域、带锁的柜子，储存于不易接近的场所，食品级

化合物应与非食品级化合物分开存放，有毒化学物品应远离食品设备、工器具和其他易接触食品的地方。

需特别说明的是，严禁使用曾存放过清洁剂、消毒剂的容器再存放食品。

3. 有毒化学物品的监测

监测的目的是确保有毒化合物的标记、储藏和使用，使食品免遭污染。监测的区域主要包括食品接触面、包装材料、用于加工过程和包含在成品内的辅料。每天至少检查一次，全天都应注意观察实施情况。

四、职工健康状况的控制

职工的健康状况涉及患病、有外伤或其他身体不适的员工，他们可能会成为食品的微生物的污染源。某些致病菌经常通过患病的员工污染食品而传播，如患有痢疾、呕吐、皮肤创伤、烫伤、发烧、尿色加深或黄疸症等疾病的员工经常会将致病菌污染食品而传播。一些员工虽没表现出任何症状，但也可能是某些病原体（如伤寒沙门菌、志贺菌属、大肠杆菌 O157 : H7）的携带者。如果在洗手（如上厕所后、接触生肉后、清扫脏水或拿了垃圾后等）、戴干净手套、使用干净的工器具方面做的不够，也会造成这些病原体的食源性传播。而非食源性，比如人与人之间的传播，也是病菌传播的一个主要途径（图 10 - 2）。

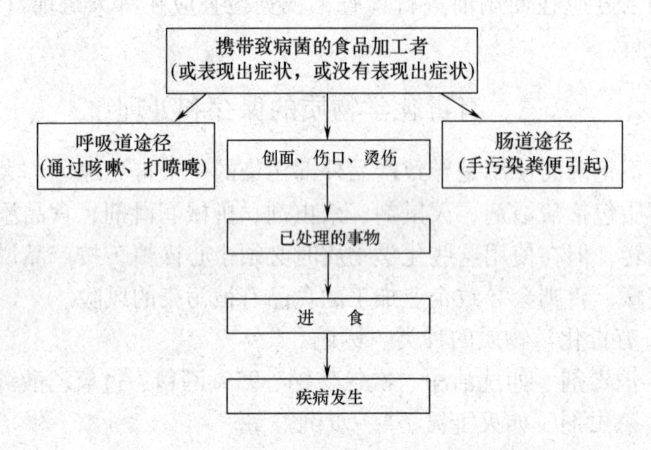

图 10 - 2　由食品加工者引起的疾病传播路线

由此可知，食品企业的生产人员是直接接触食品或食品接触面的人，其身体健康及卫生状况直接影响产品卫生质量，甚至可能造成疾病的流行。我国食品安全法规定，凡从事食品生产的人员必须经体检合格获有健康证方能上岗，并且每年要进行一次体检。

1. 食品加工人员的健康卫生要求

食品生产企业应制定员工健康体检计划，并设有健康档案，凡患有下列疾病的不得从事食品加工或接触食品接触面：病毒性肝炎、活动性肺结核、肠伤寒及其带菌者、化脓性或渗出性脱屑、皮肤病患者，手外伤未愈合者。

生产人员要养成良好的卫生习惯，如有疾病应及时向领导汇报，进入车间要更换清洁的工作服、帽、口罩、鞋等，不得化妆、戴首饰、手表等。尽量避免咳嗽、打喷嚏等会污染食品的行为。

2. 员工健康状况的监测

监测员工健康的主要目的是控制可能导致食品、食品包装和食品接触面的微生物污染状况。应在上班前或换班时观察员工是否患病或有外伤感染的情况，可疑的应立即报告处理。

在食品加工企业建立卫生标准操作程序，并进行监测和监控之后，还必须进一步进行检查、纠正措施和记录。对检查结果不合格者还必须采取措施予以纠正。对以上所有的监控行动、检查结果和纠正措施都要记录，通过这些记录说明企业不仅遵守了SSOP，而且实施了适当的卫生控制。食品加工企业日常的卫生监控记录是工厂重要的质量记录和管理资料，应使用统一的表格，并归档保存。

五、卫生标准操作程序评价

SSOP是正确实施清洁和卫生活动必须遵守的程序，是由食品加工企业帮助完成在食品生产中维护GMP的全面目标而使用的过程。一项SSOP程序通常包括：操作的名称；实施操作的部位；实施操作所需的设备及条件；实施操作的频次；实施操作所需的时间；操作人员的责任；实施操作每一个步骤及程序。

SSOP是实施HACCP系统的必备条件之一，如果没有对食品生产环境的卫生控制，仍将会导致食品的不安全。美国21 CFR part 110 GMP中指出："在不适合生产食品的条件下或在不卫生条件下加工的食品为掺假食品，这样的食品不适于人类食用"。无论是从人类健康的角度来看，还是食品国际贸易要求来看，都需要食品的生产者在良好的卫生条件下生产食品。

1. SSOP应用评价的基本内容及要求

一个食品生产企业是否实施SSOP管理，可以从以下五个方面进行评价。

（1）确认食品生产企业是否有书面的SSOP计划，是否清晰描述了本企业每日在生产经营前和生产经营过程中，为了保证食品不被污染或掺假而必须采取的清洁和卫生措施及程序。食品生产经营企业可以根据本企业的规模、性质、产品的用途等因素，制定切合实际的SSOP计划书，并规定一旦某些食品卫生措施不起作用后，所应当采取的应急纠正或处理方法，绝对保证食品的安全。

（2）确认食品生产企业的SSOP计划书是否是由上层且具有权威领导签发的。作为企业的SSOP计划书，只有是本企业具有权威的人士签发的，才能保证其在本企业的有效执行；如果SSOP计划书执行时发生变动或改变，还应由原签发人审定并签字。

（3）确认食品生产企业的SSOP计划书是否明确了每日生产经营之前的卫生标准操作，并与生产经营过程中的卫生标准操作有所区别。生产经营之前的卫生标准操作程序必须规定每日生产经营之前，应对食品接触的物面、设备、用具等进行清洗。每日生产食品之前，对食品接触的物面、设备、用具等进行清洗，不仅可以洗除灰尘，还可以消除鼠和昆虫活动造成的污染。

（4）确认食品生产企业承包的SSOP是否规定了负责每一项SSOP操作的工作人员，并有验证其履行工作职责的程序。企业在确定每一项SSOP操作的工作人员，应根据岗位、职务或具体人而定，可以为一个人，也可以为多个人，关键是要保证每一项SSOP能有效到位。

（5）确认食品生产是否有实施SSOP计划的记录，包括应急措施的记录。记录可以是表格，也可以是计算机的电子硬件或软件。SSOP实施的记录是证明SSOP计划执行情况的重要资料，一般应当保存2年以上。

2. SSOP评价后果的处理

美国农业部食品安全监督局（FSIS）对所管辖的食品企业进行SSOP评价后，若发现未达到要求，要求及时改正；对拒不改正的，可以吊销许可以及采取其他严厉的行政措施。因此，FSIS在做决定之前，要反复地与下级监督人员商讨，与企业沟通，审查证据，以保证所做出决定的正确性。

建立、维护和实施一个良好的SSOP卫生计划是实施HACCP计划的基础和前提条件，如果没有对食品生产环境的卫生控制，仍将会导致食品的不安全，实施HACCP计划将成为一句空话。如美国FDA颁布的“果蔬汁HACCP法规”中提出“食品加工企业必须制定书面的SSOP”。这充分说明SSOP的制定和实施对HACCP计划是至关重要的。

第五节　食品企业应用GMP的生产案例

选用饮料厂的良好生产规范作为案例，具体实施如下。

1 范围

1.1 本标准规定了饮料厂生产设计与设施、原料、生产过程、品质管理、生产人员、成品贮存与运输等方面的卫生要求。

1.2 本标准适用于以水、水果、蔬菜（包括可食的根、茎、花、叶、果实，食用菌，食用藻类及蕨类）、果肉、糖类、香精香料、液体二氧化碳以及其他食品添加剂为原料，生产碳酸饮料、果汁及果汁饮料、蔬菜汁及蔬菜汁饮料、含乳饮料、乳酸菌饮料、植物蛋白饮料、茶饮料、固体饮料、特殊用途饮料和其他饮料的工厂。

2 引用标准

GB 1917《液体二氧化碳标准》

GBJ 73《洁净厂房设计规范》

GB 9683《复合食品包装袋卫生标准》

GB 10789《软饮料的分类》

GB 11673《含乳饮料卫生标准》

GB 7718《预包装食品标签通则》

GB 7101《固体饮料卫生标准》

GB 2760《食品添加剂使用卫生标准》

GB 16321《乳酸菌饮料卫生标准》

GB 2759.2《碳酸饮料卫生标准》

GB 16330《饮用天然矿泉水厂卫生规范》

GB 14881《食品生产通用卫生规范》

GB 12695《饮料企业良好生产规范》

GB 13432《特殊营养食品标签》

GB 5749《生活饮用水卫生标准》

3 定义和种类

3.1 碳酸饮料（品）（汽水）类 Carbonated Drinks

3.1.1 定义

在一定条件下充入二氧化碳气的制品，不包括由发酵法自身产生的二氧化碳气体的饮料。成品中二氧化碳气的含量（20℃时体积倍数）不低于2.0倍。

3.1.2 种类

包括果汁型、果味型、可乐型、低热量型和其他型。

3.2 果汁（浆）及果汁饮料（品）类 Fruit Juices（Pulps）and Drinks

3.2.1 定义

用新鲜或冷藏水果为原料，经加工制成的制品。

3.2.2 种类

包括果汁、果浆、浓缩果汁、浓缩果浆、果肉饮料、果汁饮料、果粒果汁饮料、水果饮料浓浆、水果饮料。

3.3 蔬菜汁及蔬菜汁饮料（品）类 Vegetable Juices and Drinks

3.3.1 定义

用新鲜或冷藏蔬菜（包括可食的根、茎、叶、花、果实、食用菌、食用藻类及蕨类）等为原料，经加工制成的制品。

3.3.2 种类

包括蔬菜汁、蔬菜汁饮料、复合果蔬汁、发酵蔬菜汁饮料、食用菌饮料、藻类饮料、蕨类饮料。

3.4 含乳饮料（品）类 Drinks Containing Milk

3.4.1 定义

以鲜乳或乳制品为原料（经发酵或未经发酵），经加工制成的制品。

3.4.2 种类

包括配制型含乳饮料、发酵型含乳饮料。

3.5 植物蛋白饮料（品）类 Vegetable Protein Drinks

3.5.1 定义

用蛋白质含量较高的植物果实、种子或核果类、坚果类的果仁等为原料，经加工制成的制品。成品中蛋白质含量不低于0.5g/L。

3.5.2 种类

包括豆乳类饮料、椰子乳（汁）饮料、杏仁乳（露）饮料和其他植物蛋白饮料。

3.6 茶饮料（品）类 Tea Drinks

3.6.1 定义

用水浸泡茶叶，经抽提、过滤、澄清等工艺制成的茶汤或在茶汤中加入水、糖液、酸味剂、食用香精、果汁或植（谷）物抽提液等调制加工而成的制品。

3.6.2 种类

包括茶汤饮料、果汁茶饮料、果味茶饮料和其他饮料。

3.7 固体饮料（品）类 Powdered Drinks

3.7.1 定义

以糖、食品添加剂、果汁或植物抽提取物等为原料，加工制成粉末状、颗粒状或块状的制品。成品水分不高于5%（质量分数）。

3.7.2 种类

包括果香型固体饮料、蛋白型固体饮料和其他型固体饮料

3.8 特殊用途饮料（品）类 Drinks for Specialuse

3.8.1 定义

通过调整饮料中天然营养素的成分和含量比例，以适应某些特殊人群营养需要的制品。

3.8.2 种类

包括运动饮料、营养素饮料和其他特殊用途饮料。

3.9 其他饮料（品）类 Other Drinks

3.9.1 定义

除上述8种类型以外的软饮料。

3.9.2 种类

包括果味饮料、非果蔬类的植物饮料类、其他水饮料等。

4 厂区环境

4.1 设计

4.1.1 凡新建、扩建、改建工程中有关食品卫生部分均应按本规范和GB 14881的有关规定进行设计施工。

4.1.2 饮料厂应将本厂的总平面布置图、建筑物平面图、立体图、剖面图；生产工艺流程、原辅材料、半成品、成品的质量标准和卫生标准以及其他有关资料报至本地区卫生行政部门备案。

4.1.3 其设计审查和工程验收必须有卫生行政部门参加，验收合格后方可使用。

4.2 选址

4.2.1 厂址要选择地势干燥、交通方便、有充足水源并不会受洪水侵害的地区。

4.2.2 厂区周围不得有粉尘、烟雾、灰沙、有害气体、放射性物质及其他扩散性污染源，不得有潜在的昆虫滋生地，与污染源的距离以不影响该厂的卫生状况为准。

4.2.3 生产区建筑物与外缘公路或道路之间应有不少于25m的防护带。

4.3 绿化

4.3.1 厂房之间、厂房与公路或道路之间应设绿化带。

4.3.2 厂区内的裸露地面应进行绿化。

4.4 道路

厂区道路应采用便于清洗的混凝土、沥青及其他硬质材料铺设，路面平坦，无积水。

4.5 布局

4.5.1 建筑物、设备的布局要与工艺流程衔接合理，建筑结构完善，能满足生产工艺和卫生质量要求。

4.5.2 划分生产区和生活区，且二者应分开。

5 厂房及设施

5.1 厂房及车间配置

5.1.1 厂房及车间应按照工艺流程需要及卫生质量要求有序地配置。

5.1.2 生产加工和储存场所的配置及使用面积应不低于 GB 14881 的要求，并与产品品种数量相适应。

5.1.3 生产车间内、设备之间、设备与墙壁之间有适当的通道或工作空间，该空间的大小是以生产经营人员完成生产作业（包括清洗消毒），且不致因衣服或身体的接触而污染食品、食品接触面或内包装材料为原则，一般其宽度不少于 100cm。

5.1.4 各生产车间应依其清洁要求程度，分为一般作业区、准清洁作业区、清洁作业区及非食品处理区，各区之间应视清洁程度给予有效隔离，防止交叉污染。

5.1.4.1 食品生产辅助区：办公室、配电、动力装备等。

5.1.4.2 一般作业区：品质实验室、原料处理、仓库、外包装等。

5.1.4.3 准清洁区：杀菌工序、配料工序、预包装清洗消毒等。

5.1.4.4 清洁作业区：灌装工序、乳酸菌发酵工序、菌种培养间。

5.2 厂房建筑要求

5.2.1 厂房的各项建筑物应坚固耐用、易于维修、易于清洁，并有能防止食品、食品接触面及内包装材料遭受污染（如有害动物的侵入、栖息、繁殖等）的结构。

5.2.2 为防止交叉污染，应分别设置人员通道及物料运输通道，各通道应装有空气幕（即风幕）或双向弹簧门及电子灭蝇（蚊）器等防虫设施。

5.2.3 须将通向外界的管路、门窗和通风道四周的空隙完全充填，所有窗户、通风口和风机开口均应装上防护网。

5.2.4 生产厂房的高度应能满足工艺、卫生要求，以及设备安装、维护、保养的需要。

5.3 地面与排水

5.3.1 地面应使用无毒、不渗水、不吸水、防滑、无裂隙且易于清洗消毒的建筑材料铺砌（如耐酸砖、水磨石、混凝土等），地面应有适当坡度（以1.0%~1.5%为宜）。

5.3.2 每$50m^2$地面至少要设置一个排水口，排水口不得直接设在生产设备的下方。所有排水口均应设置存水弯头，并配有相应大小的滤网，以防产生异味及固体废弃物堵塞排水管道。

5.3.3 排水沟的设计应为圆弧形，其流向应由高清洗区流向低清洗区，并须有防止逆流的设计。

5.4 屋顶与天花板

5.4.1 屋顶和天花板应选用不吸水、表面光洁、无毒、防霉、耐腐蚀、易清洁的浅色材料覆涂或装修，在结构上能起到减少结露滴水的效果。

5.4.2 食品及食品接触面暴露的上方不应设有蒸汽、水、电气等辅助管道，以防止灰尘或冷凝水等落入。

5.5 墙壁与门窗

5.5.1 生产车间的墙壁应采用无毒、不吸水、不渗水、防霉、平滑、易清洗的浅色材料构筑，用此材料装修高度应直至屋顶。

5.5.2 墙壁与墙壁之间、墙壁与天花板之间、墙壁与地面之间的连接应有适当弧度（曲率半径应在 3cm 以上）。

5.5.3 所有门窗结构应采用防锈、防潮、易清洗的密封框架。

5.5.4 准清洁区及清洁区的窗户不得打开，其他车间的门窗应有防蚊蝇、防尘设施，若安装纱门、纱窗，应装设易拆下清洗的不生锈纱网。

5.5.5 生产车间所有窗台要设于地面1m以上，内侧要下斜45°角。

5.6 采光、照明设施

5.6.1 车间应有充足的自然采光或人工照明，加工场所工作面的混合照度不应低于300lx，配料及灌装车间不应低于800lx。

5.6.2 照明设施的安装应与天花板齐平，并装上防护罩，不得采用水银灯泡或含水银的设施。

5.7 空气处理净化设施

5.7.1 车间必须安装有效的通风设备，其空气流向应从清洁区域流向非清洁区域，采用机械通风时，换气量应大于3次/h。

5.7.2 通风口必须安装易于清洗、更换的耐腐蚀防护罩，进气口必须距地面2m以上，并远离污染源和排气口。

5.7.3 准清洁区及清洁区应相对密闭，并设有空气处理装置和空气消毒设施。

5.7.4 清洁区应为10万级洁净厂房。

5.7.5 洁净厂房的设计与建造应符合GBJ 73—1984《洁净厂房设计规范》的要求。

5.7.6 洁净车间温度应控制在15~27℃之间，湿度以控制在50%以下为宜。

5.7.7 洁净车间入口处应分别设有人员和物料的净化设施。

5.8 供水设施

5.8.1 供水设施应能提供工厂各部所需的充足水量，并有足够的压力，必要时应设储水设备。

5.8.2 食品直接接触及用来调配饮料的用水必须用单独管道输送，必须经过合乎卫生要求的过滤设备的过滤并与其他生产用水的管道用颜色加以醒目区别。

5.8.3 储水设备（储水槽、储水塔、储水池等）应以无毒、不导致水质污染的材料构筑，并有防污染设备，应定期清洗消毒。

5.8.4 过滤器必须安全卫生，符合国家相应的卫生要求。

5.8.5 供水设施出入口应增设安全卫生设施，防止有害动物或其他有害物质进入导致食品污染。

5.9 污水排放及废弃物处理设施

5.9.1 必须设有废水、废气排放及废弃物处理系统。

5.9.2 所有废水排放管道（包括下水道）必须能适应排放高峰的需要，建造方式应避免对饮料用水的污染。

5.9.3 应设有密闭式废弃物储存设施，该设施能防止有害动物的侵入、不良气味或有毒、有害气体溢出，便于清洗消毒。

5.10 清洗消毒设施

5.10.1 洗手设施应以不锈钢或陶瓷等不透水材料构筑，并易于清洗消毒。

5.10.2 洗手设施应设置在车间进口处和车间内适当的地点，采用非手动式开关（包括按压式自动关水开关）。水龙头数量以每班人数在200人以内者，按每10人一个，200

人以上者每增加20人增设一个为参考标准设置。

5.10.3 洗手设施中应包括免关式洗涤剂和消毒液的分配器、干手器或擦手纸巾等，纸巾使用后应丢入脚踏开盖的垃圾桶内。

5.10.4 生产车间进口处应设有工作靴（鞋）消毒池或备有防污染鞋套。消毒池壁内侧与墙体成45°角坡形，其规格应按生产经营人员必须经过消毒池方能进入车间来设计。

5.11 更衣室

5.11.1 更衣室应设于生产车间进口处，并靠近洗手设施，其大小与生产人员数量相适应。进口处设向里开的单向弹簧门。

5.11.2 更衣室内应有与生产人员数相适应的储衣柜、鞋架，并有供生产人员自检用的穿衣镜。

5.12 仓库

5.12.1 工厂应设置与生产能力相适应的仓库，仓库内应设置足够数量的货架，并使储存的物品隔墙离地各10～15cm。

5.12.2 冷藏（冻）库应有温、湿度指示计，还应设置自动报警器，以提示异常变动。

5.12.3 贮存包装容器的仓库必须清洁，并有防尘、防污染设施。新包装容器、回收包装容器应分类堆放。

5.12.4 工厂还应设置辅助储存区，配置通风系统，如储存危险品、水处理用化学品、洗消剂、酸碱等，储存危险品的区域应远离生产车间及食品仓库。

5.13 厕所

5.13.1 厕所设置应有利于生产和卫生，其数量和便池坑位应根据生产需要和人员情况适当设置。

5.13.2 生产车间的厕所应设置在车间外侧，并一律采用水冲式厕所，备有洗手设施，出入口不得正对车间门，要避开通道，厕所门应设自动关闭装置，要有良好的排风及照明设施。

5.13.3 厕所的地面、墙壁、天花板、隔板和门要用易清洗、不透气的材料构筑。

6 设备

6.1 生产设备

6.1.1 所有生产设备应排列有序，使生产作业能顺利进行，并避免引起交叉污染，而各种设备的生产能力应相互匹配。

6.1.2 生产车间内应配置设备及工器具的消毒设施，设备及管道的清洗消毒建议使用就地清洗（CIP）系统。

6.1.3 设计和材质

6.1.3.1 用于饮料制造、调配、加工、包装、储存的机器设备，其设计和构造应能防止危害食品卫生、易于清洗消毒、易于检查，并能避免机器润滑油、金属碎屑、污水或其他污染物混入食品。

6.1.3.2 生产设备及容器与食品接触的表面应平滑，无凹陷或裂隙，不受洗涤剂及消毒剂的影响，耐腐蚀、无毒。蒸煮锅、调配桶、贮存槽（桶）及其他类似的容器设备应无死角。

6.1.3.3 设备、管路、器皿及有关材料（密封圈、垫片等）应能承受所采用的热消毒温度。

6.1.3.4 所有悬空的传送带、电动机或齿轮箱均应安装滴油盘，并确保泵和搅拌器的密封结构能防止润滑剂、齿轮油或密封水渗入或漏入食品及食品接触面。

6.2 品质管理设备

6.2.1 工厂必须设有与生产能力相适应的卫生质量检验室，检验室应具备产品标准所规定的检验项目所需要的场所和仪器设备。未开展检测的项目，可委托当地卫生行政部门认可的食品卫生检测机构进行检测。检验室应配备的仪器设备包括：

6.2.1.1 化学分析天平。

6.2.1.2 pH 测定计。

6.2.1.3 折射糖度计。

6.2.1.4 保温箱。

6.2.1.5 显微镜（倍率应不小于 1500 倍）。

6.2.1.6 微生物检验设备。

6.2.1.7 余氯测定器。

6.2.1.8 灰化炉（果蔬汁饮料厂必备）。

6.2.1.9 离心机（果蔬汁饮料厂必备）。

6.2.1.10 真空测定器（金属罐装果蔬汁饮料厂必备）。

6.2.1.11 压力或气体容积测定器（碳酸饮料厂必备）。

6.2.1.12 氨基态氮测定装置（含蛋白类产品饮料厂必备）。

6.2.1.13 浊度及色度测定设备。

6.2.2 生产过程中的品质管理设备（如温度计、压力计、称量器、糖度计、密度计等）应定期校正，与食品卫生安全有密切关系的加热杀菌设备所装置的温度计与压力计，每年至少应委托权威机构校正一次。

7 机构与人员

7.1 机构与职责

7.1.1 工厂必须建立全面卫生质量管理组织，并设有品质管理部门，由总经理（厂长）直接负责，对本单位的食品卫生工作进行全面管理。

7.1.2 品质管理部门负责制定《质量管理手册》，宣传贯彻食品卫生法律、法规和有关规章制度，并监督、检查执行情况，定期向卫生监督部门报告；组织卫生宣传教育工作；培训生产经营人员，定期组织生产经营人员健康检查，并做好记录工作。

7.2 人员与资格

7.2.1 品质管理部门应配备掌握专业知识的专职食品卫生管理人员。

7.2.2 品质管理人员应经过培训，并具备两年以上食品卫生管理经验，熟悉掌握食品卫生法律、法规和规章。

7.2.3 质量检验员应毕业于检验专业，上岗前应取得有关部门核发的检验资格证书。

7.3 教育与培训

工厂应对新上岗人员进行卫生安全教育，定期对全厂职工进行《食品安全法》、本规范及相关法律法规的宣传教育，技术人员应学习掌握最新的技术信息，做到教育有计划、考核有标准、卫生培训制度化和规范化。

8 卫生管理

8.1 卫生制度

8.1.1 工厂各部门应按本规范内容制定相应的卫生制度，由品质管理部门审核并监督执行。

8.1.2 品质管理部门制定检查方案并负责实施。

8.1.2.1 每日由班组卫生管理人员对本岗位的卫生制度执行情况进行检查。

8.1.2.2 品质管理部门组织相关的卫生管理人员，至少每月进行一次卫生检查。

8.1.3 每次检查应有记录，并存档备案。

8.2 环境卫生

8.2.1 厂区内应保持清洁，不得有坑洼积水、蚊蝇及其他有害动物滋生，禁止饲养家畜、家禽。

8.2.2 应保证生产过程中产生的有毒有害气体、废水、废弃物等不污染环境。

8.2.3 废弃物存放设施应符合本规范5.9的要求。

8.2.4 污水排放管道应保持通畅，不得有淤泥蓄积及污水外溢。

8.3 厂房设施卫生

8.3.1 厂房设施应按规定使用，定期检修，保持良好的使用状态。

8.3.2 天花板、墙壁的材料或涂料若有脱落，应及时清理并及时修补。

8.3.3 地下排水管道应定期清理，保持通畅。

8.3.4 洗手用的水龙头、干手设施应保持正常使用，消毒用药水必须由专人按消毒剂说明书配制和使用。

8.3.5 班后应进行车间清洁及空气消毒。

8.3.6 车间内通风设备、空调、空气净化器进气口及滤网应保持清洁。

8.4 机器设备卫生

8.4.1 各种机器设备应定期检修，保持良好的工作状态。

8.4.2 机器运转所用的润滑油不得滴漏而污染食品。

8.4.3 每日生产结束后，所有使用过的设备、管道及各种生产用具均应进行清洗消毒。

8.4.4 已清洗消毒的机器设备及各种生产用具应妥善保管，避免再次污染。

8.4.5 车间内的架空构件及滑槽等必须定期清洗，防止积尘、凝水和霉菌生长。

8.5 人员卫生

8.5.1 生产人员必须保持良好的个人卫生，不得留长指甲，勤理发、勤洗澡、勤更衣。工作时，不得涂指甲油，不得佩戴饰物，不得将与生产无关的个人用品带入车间。

8.5.2 进入车间前，必须穿戴整洁的工作服、工作帽、工作靴（鞋），工作服应遮住外衣，头发不外露，并洗手消毒。

8.5.3 上岗后，若处理被污染的物品或从事与生产无关的活动，应重新洗手消毒，必要时更换工作服方能重新上岗。不得穿工作服、工作靴（鞋）进入厕所或离开车间。

8.5.4 严禁在车间内吸烟、吃食物及从事其他有碍食品卫生的活动。

8.5.5 进入加工车间的其他人员均应遵守上述规定。

8.6 健康管理

8.6.1 生产经营人员每年必须进行健康检查，新参加工作和临时参加工作的生产经营人员必须进行检查，取得健康证明后方可参加工作。患有痢疾、伤寒、病毒性肝炎等消化道传染病（包括病原携带者）、活动性肺结核、化脓性或者渗出性皮肤病以及其他有碍食品卫生的疾病的，不得从事饮料生产工作。

8.6.2 卫生管理人员要密切注意生产经营人员的健康状况，上班前应对皮肤裸露部分进行检查，对有身体不适及疑似传染病的生产经营人员应及时进行询问或检查，对“五病”患者应及时通知卫生监督机构复查，证实后应及时调离生产岗位。

8.6.3 检瓶人员的视力，两眼必须在5.0以上（含矫正），并不得有色盲。

8.6.4 工厂应设立生产经营人员个人健康档案。

8.7 清洗和消毒

8.7.1 工厂应建立和实施有效的清洗消毒方法和制度，以保证生产场所清洁，防止污染食品。

8.7.2 清洗消毒方法必须安全、卫生、有效，采用的清洗消毒剂必须符合其质量标准，并经省级以上卫生行政部门批准。

8.7.3 洁净厂房班前应启动空气净化系统，对车间内空气进行净化。

8.8 除虫灭害

8.8.1 厂区及厂周围应定期进行除虫灭害工作，防止害虫滋生。

8.8.2 只有在其他防治措施无效的情况下，方可使用杀虫剂，使用时，不得污染生产用水源、生产设备、管道、工具及容器，用药后，将所有设备、管道、工具及容器彻底清洗。

8.8.3 生产车间除虫灭害工作不能在生产过程中进行，各种原辅料、成品必须有保护措施，以免被药物污染。

8.9 有毒有害物管理

8.9.1 杀虫剂及其他有毒有害物品应在其外包装的明显处标注“有毒”字样，并存放于专用仓库内，设专人保管。

8.9.2 各种有毒有害物的采购及使用应有详细记录，包括使用人、使用目的、使用区域、使用量、使用及购买时间、配制浓度等。

8.10 污水污物管理

8.10.1 对生产过程中产生的污水、污物要加强管理，并进行无害化处理，不得污染周围环境。

8.10.2 污物应在专用场所密闭保管，并及时清理，清理后，对污物的存放场所及设施及时清洗消毒。

9 生产过程管理

9.1《生产作业指导书》的制定与执行

9.1.1 工厂应制定《生产作业指导书》。生产作业中的任何操作程序不得对食品加工过程有污染。

9.1.2《生产作业指导书》应包括如下内容：

9.1.2.1 产品配方

9.1.2.2 产品标准生产作业程序

9.1.2.3 生产管理规定（至少应包括生产作业流程、管理对象、监控项目、监控标准值及注意事项等）。

9.1.2.4 原辅料采购标准及机器设备操作与维护标准。

9.1.3 应教育培训生产人员按照《生产作业指导书》进行操作，并能符合卫生及质量管理要求。

9.2 原辅料管理

9.2.1 原辅料的采购需符合采购标准，投产前的原辅料应做感官检查并经过严格检验，不合格或过期的原辅料不得使用。

9.2.2 应按照生产能力与生产计划制定进货品种和数量，避免造成积压。

9.2.3 易腐败变质的原料应及时加工处理，未处理的原料应冷藏（冻），置于原料贮存场所妥善管理，防止污染或腐败变质。

9.2.4 检验不合格的原料，应明确标示“检验不合格”并做隔离处理。

9.2.5 原辅料储存场所应有有效的防治有害生物滋生、繁殖的措施，并应防止其外包装破损而造成污染。

9.2.6 需冷冻的原辅料，贮存温度应保持 -18℃以下，需冷藏的原辅料，贮存温度应保持0～4℃。

9.2.7 启封后的原辅料，未用尽时必须密封，存放于适当场所，防止污染，并在保质期内尽快使用，干原料在进入投料间前，应剥去外包装。

9.2.8 新鲜原料应予以清洗，清洗用水须符合生活饮用水卫生标准。

9.2.9 加入饮料中的二氧化碳应符合 GB 1917 的规定。

9.2.10 饮料用水应符合《生活饮用水卫生标准》的规定，储水设施应有防污染措施，并应定期清洗消毒。

9.2.11 食品添加剂的使用应符合 GB 2760 的规定。

9.2.12 溶解后的糖浆应过滤去除杂质，调好的糖浆必须尽快罐装完毕，不得使用变质、不合格的糖浆。剩余的糖浆必须从管道和混合器中全部排除。

9.3 生产作业

9.3.1 所有食品生产作业应符合安全卫生的原则，并尽可能减少微生物生长及食品受到污染。

9.3.2 应严格控制时间、温度、水活性、pH、压力、流速等物理条件，确保冷冻、脱水、热处理、酸化及冷藏等工艺按规程进行。

9.3.3 因故而延缓生产时，对已调配好的半成品应及时作有效处理，防止污染或腐败变质，恢复生产时，应对其进行检验，不符合标准的应予以废弃。

9.3.4 半成品的储存，应严格控制温度和时间，配制好的半成品应立即使用，常温下保存不应超过4h。

9.3.5 配料应有复核，防止投料种类和数量有误。

9.3.6 灌装饮料前的空瓶、瓶盖均应清洗干净。工厂应制订洗瓶、盖操作工艺规程，规定碱度、浓度、温度和浸瓶时间，并定时检查、化验。洗净后的空瓶、盖必须抽样作细菌检验，菌落总数不得超过50个/瓶（罐或盖），大肠菌群不得检出。

9.3.7 洗净的空瓶（罐）应有专人负责检瓶，并经过最短的距离输送到罐装机。

9.3.8 应设专人检查封口的密闭性，灌装后杀菌处理和不杀菌处理的产品，其卫生指标均应符合相应的国家卫生标准的规定。

9.3.9 通过控制 pH 来防止有害微生物生长的食品，如酸性或酸化食品等，应调节并维持 pH 值在 4.6 以下。

9.4 设备维修与保养

9.4.1 生产设备、排水系统，废水、废汽排放系统和其他机械设施，必须保持良好状态，并定期进行拆除检修。

9.4.2 混合机、灌注机、管道阀门、过滤器应定期拆开清洗。

9.4.3 每日生产结束后，糖液过滤机、榨汁机等均应拆开清洗。

9.4.4 过滤器应定期更换滤膜、滤棒、滤芯等。

9.4.5 封盖机于生产结束后应彻底清洗轧头、卷轮、托罐盘等易受饮料污染的部位。

9.5 菌种的管理（乳酸菌饮料厂适用）

9.5.1 使用的菌种必须经国家级有关技术部门鉴定，不得使用变异或杂化的菌种。

9.5.2 菌种在投入生产使用前，必须严格检验其各项特性，确保其活性和未受其他杂菌污染。

9.5.3 乳酸菌饮料生产厂应有鉴别、分离、选育、纯化所使用菌株的设备和技术能力，并应作好菌种保存工作。

9.6 杀菌

各种饮料的杀菌根据原辅料、工艺不同而采用不同的技术，确保成品卫生质量符合相应国家卫生标准的要求。

10 品质管理

10.1《质量管理手册》的制定与执行

10.1.1 工厂应由品质管理部门制定《质量管理手册》，经生产部门认可后实施，应包括本规范 10.2、10.3、10.4、10.5 的内容。

10.2 原料的品质管理

10.2.1 应详细制定原料及其包装材料的品质、规格、检验项目、验收标准、抽样计划及检验方法等内容。

10.2.2 每批原料及其包装材料都应有生产经营者提供的检验合格证或者化验单。

10.2.3 生产用水水质除应有主管部门定期检验外，工厂应定期自检。

10.3 加工中的品质管理

10.3.1 应找出各类饮料加工过程中的关键控制点，并制定检验项目、检验标准、抽样及检验方法，并进行实施。

10.3.2 原料洗涤用水的余氯应定时检测，并做好记录。

10.3.3 热烫及过氧化物酶灭活的温度、时间应定时核查，并做好记录。

10.3.4 应检查设备、工器具、容器在使用前是否保持清洁、适用状态。

10.3.5 调配使用的原汁、糖液、水及其他配料和食品添加剂，应确认其感官性状无异常后方可使用。

10.3.6 应对调配后半成品的感官性状、糖度、酸度等进行检验，确认无异常后方可继续使用。

10.3.7 饮料用水需脱氯时，应检验其余氯是否去除完全。

10.3.8 有经加热后再灌装工序时，应检验其灌装温度是否达到规定要求。

10.3.9 杀菌工序应有温度、时间、压力的记录或图表，并定时检查是否达到规定要求。

10.3.10 加工中的质控结果发现异常时，应迅速查明原因并及时纠正。

10.4 包装材料的品质管理

10.4.1 饮料的包装材料应符合相应的卫生标准，采购时应索证。

10.4.2 空瓶（罐）及瓶盖经清洗消毒、检验合格后方可使用。

10.5 成品的品质管理

10.5.1 应规定成品的品质、规格、检验项目、检验标准、抽样及检验方法等内容。

10.5.2 成品检验

产品出厂前应抽取具有代表性的样品，依照规定的检验项目进行检验，做到检验合格后出厂。

10.5.3 每批成品应有留样。

10.6 贮存、运输的管理

10.6.1 原料及成品不得露天存放，应分库贮存。

10.6.2 各种原材料的贮存要求应符合本规范9.2的规定。

10.6.3 成品应按品种、包装形式、生产日期分别贮存，以先进先出为原则。

10.6.4 需冷藏保存的成品应贮存在0～4℃冷藏库内。

10.6.5 贮存期间，应定期检查产品质量，保证成品的安全性。

10.6.6 各种运输工具、车辆应随时清洗、定期消毒，保证清洁卫生。

10.6.7 运输时，不得与有毒、有害、有腐蚀性的物品混装。

10.6.8 非厢式运输工具、车辆应配有防止日晒、雨淋的帆布、塑胶布等遮盖物。

10.6.9 需冷藏的饮料其运输应配备装有冷藏设备的车辆，并保证所需温度。

10.6.10 原材料及成品的出入库和运输应有详细记录。

10.7 成品售后意见处理

10.7.1 工厂应建立受理消费者举报制度，对消费者投诉的质量问题，品质管理部门应立即查明原因，妥善解决。

10.7.2 建立消费者举报及成品回收处理制度。

10.8 记录处理

10.8.1 记录

10.8.1.1 品质管理人员除记录定期检查结果外，还应填写卫生管理日记，内容包括当日执行的清洗消毒工作及生产经营人员的卫生状况等。

10.8.1.2 品质管理部门对原材料、加工、成品所实施的品质管理结果应有详细记录。

10.8.1.3 生产部门应填报生产记录及生产过程的管理记录。

10.8.1.4 各项记录的填写需符合档案管理的要求，并由执行人员和有关负责人签字。

10.8.2 核对

所有生产和品质管理记录应分别由生产和品质管理部门审核，以确定全部作业是否符合本规范，发现异常应及时处理。

10.8.3 保存

工厂对本规范规定的有关记录至少应保存至该批成品保质期限后一年。

11 标识

产品标签及说明书应符合《食品安全法》、GB 7718 和 GB 13432 的规定。

思考题

1. 什么是 GMP？食品 GMP 的管理要素是什么？
2. 实施 GMP 有哪些重要意义？
3. GMP 对环境卫生的要求有哪些？
4. GMP 对食品生产车间的卫生要求有哪些？
5. QS 的主要内容是什么？
6. QS 申请认证需要提交哪些材料？
7. 什么是 SSOP？SSOP 的主要内容是什么？
8. 卫生标准操作程序（SSOP）应用评价的基本内容是什么？
9. 生产人员为何须保持手的卫生，洗手程序有哪些？
10. 食品接触面的消毒目的和主要消毒剂有哪些？消毒后清洗程序是什么？
11. 实施 SSOP 有哪些重要意义？
12. SSOP 应用评价的基本内容及要求是什么？

参考文献

1. 樊恩健．食品安全管理体系审核员培训教程．北京：中国计量出版社，2006
2. 包大跃．食品安全危害与控制．北京：化学工业出版社，2006
3. 钟耀广．食品安全学．北京：化学工业出版社，2005
4. 孟凡乔．食品安全性．北京：中国农业大学出版社，2005
5. 田惠光．食品安全控制关键技术．北京：科学出版社，2005
6. 中国食品发酵工业研究院，江南大学等．食品工程全书（第三卷）食品工业工程．北京：中国轻工业出版社，2005
7. 夏延斌，钱和．食品加工中的安全控制．北京：中国轻工业出版社，2005
8. 浙江省地方标准．食品企业良好作业规范．DB33/T456，2003
9. 佛山出入境检验检疫局．谈 HACCP 与 SSOP 的关系以及 CCP 的判定．北京：中国标准化，2002（3）：44～46
10. 中国国家认证认可监督管理委员会．食品安全控制与卫生注册评审．北京：知识产权出版社，2002
11. 美国水产品 HACCP 培训与教育联盟编著．食品加工的卫生控制程序．济南：济南出版社，2001

第十一章　危害分析与关键控制点（HACCP）

第一节　概　　述

HACCP 的全称是 Hazard Analysis and Critical Control Point，即危害分析与关键控制点。它是一种以食品安全预防为基础的，简便、合理、专业性又很强的，先进的食品安全质量控制体系，由食品的危害分析（Hazard Analysis，HA）和关键控制点（CCPs，Critical Control Points）两部分组成。设计这种体系是为了保证食品生产系统中任何可能出现危害或有危害危险的地方得到控制，以防止危害公众健康的问题发生。该体系强调企业本身的作用，而不是依靠对最终产品的检测或政府部门取样分析来确定产品的质量。与一般传统的监督方法相比较，HACCP 注重的是食品卫生安全的预防性，具有较高的经济效益和社会效益，在国际上被认可为控制由食品引起疾病的最有效的方法，获得了 FAO/WHO 联合食品法典委员会（CAC）的认同，被世界上越来越多的国家认为是预防食品污染、确保食品安全的有效措施。例如，美国食品药品管理局的统计数据表明，在水产加工企业中，实施 HACCP 体系的企业比没实施的企业食品污染的概率降低了 20% ~60%。

一、HACCP 的起源和发展

1. HACCP 起因

（1）多年的食品制作，发现传统的生产和卫生管理方法有诸多不足。例如，对已生产的食品采取抽样检验来反映食品质量是不全面的，事实上食品质量的缺陷已经形成了；检验时发现的食品缺陷，并不能完全正确代表全部食品的质量，相对来说准确度较低；对众多的食品生产商家，需要大量的检验技术人员及经费，且抽样越多，损失越大。

（2）消费者对食品的质量及安全卫生的关注度，也就是担心程度，随工业化发展而不断提高。例如，农、兽药使用的副作用造成食品的残留，危及人类的健康。又如各种添加剂的违规或违法使用、核爆或核事故发生（核辐射）、生物毒素产生等都会造成食品的污染。

为了保护自身健康，消费者会对食品安全提出更严格的要求，也就是既能克服以上不足，又能达到控制食品质量和维护食品安全的目的。但由于单靠成品检验不能做到这一点，因此需要一种全新的管理理念和方法。

2. HACCP 起源

HACCP 概念起源于美国太空食品的研制。1959 年，由美国皮尔斯柏利（Pillsbury）公司、美国国家航空航天管理局（NASA）以及美国陆军纳蒂克（Natick）实验室共同研制太空食品。开始时实行 100% 抽样，结果无产品；后引用 NASA 管理局的零缺陷方案，发现只能测试硬件物品，对食品不适用。研究得出结论，食品质量安全不是靠最终检验出来，应以预防为主。为此，Pillsbury 公司引用日本的“全面质量管理（TQC）原则”，于 1971 年，在第一届美国国家食品保护会议上提出了 HACCP 体系管理概念，专门用于控制生产过程中可能出现危害的位置或加工点，而这个控制过程应包括原材料、生产、储运过程直至食品消费。这一新的概念被 Natick 实验室采用及修改后，用于太空食品生产，HACCP 体系由此而诞生。

3. HACCP 体系的发展

1960 年，美国太空食品生产与研究促使危害分析与关键控制点的提出。

1971 年，美国食品药品管理局（FDA）开始研究 HACCP 体系在食品企业中的应用，并在美国国家食品保护会议上首次公布于众。

20 世纪 80 年代中期，美国食品卫生药典委员会（CCFH）和国家食品微生物规范委员会（NACMCF）共同发文，对 HACCP 下了科学的定义，并于 1992 年提出以致病菌为控制目标的 HACCP 体系的七个基本原理。

1995 年，美国 FDA 颁布 21CFR Part 123 水产品 HACCP 体系联邦法规，使危害、关键控制点、关键限值、纠偏、验证有了统一的定义。

1995 年 12 月起，欧盟规定对各类食品进出口强制性执行这一体系。

美国要求凡在美国生产和销售食品的企业，1998 年 3 月前实施 HACCP。

2002 年，中国国家认证监管委员会发布了 HACCP 体系认证管理规定，对规范 HACCP 体系认证行为，促进 HACCP 体系在中国的应用，具有重要的意义。

2005 年 9 月 1 日，食品法典委员会（CAC）颁布了 ISO 22000：2005《食品安全管理体系——适用于食品链中各类组织的要求》（HACCP 体系）标准。该标准是全球协调一致的自愿性管理标准，适用于食品链内的各类组织，从饲料生产者、初级生产者到食品制造者、运输和仓储经营者，直至零售商和餐饮经营者，以及与其相关联的组织，如设备、包装材料、清洁剂、添加剂和辅料的生产者，是目前被公认为最有效、最经济的食品安全控制体系。

2006 年 7 月 1 日起，该标准被我国等同采用，转化为 GB/T 22000：2006/ISO 22000：2005，IDT《食品安全管理体系——食品链中各类组织的要求》，并开始实施。目前，我国在出口食品企业中已强制执行 HACCP，其他企业也已开始自愿执行。

二、HACCP 体系特点

HACCP 是一种控制食品安全危害的预防体系，但不是一种零风险体系，是用来使食品安全危害的风险降低到最小或可接受的水平。它的概念是：以认可的原理为基础，以体系的方法进行食品安全管理，目的是要确定有可能发生在食品供应链内任何环节的危害，并施以控制，防止危害发生。其特点如下。

（1）相关性　HACCP 不是一个孤立的体系，而是建立在企业良好的食品卫生管理系统基础上的管理体系，如 GMP、QS、SSOP 等。

（2）预防性　建立在过程控制的基础上，着重对所有潜在的生物性、物理性、化学性危害进行分析，确定预防措施，防止危害发生，而不是主要依赖于对成品的检验。

（3）过程控制　HACCP 体系是根据不同食品加工过程来确定的，从原料到成品、从加工厂到加工设施、从加工人员到消费者方式等的全过程控制。

（4）利于自行控制　促使加工者具有自检、自控、自纠能力。

（5）可追溯性　可以追溯加工及控制记录，使政府检查或产品出现问题时有据可查。

（6）经济性　降低了对成品的检测费用，食品安全系数增加。

（7）动态性　可及时修订，适应发展和变化。

（8）科学性　HACCP体系是基于科学分析建立的体系，需要强有力的技术支持，当然也可寻找外援。

三、实施HACCP意义

随着市场经济的繁荣、国际贸易的增长，特别是人民物质生活水平的提高，对食品的质量和安全卫生的要求也更加严格。一般而言，顾客对食品的安全性、质量的稳定性和物有所值等三方面的要求十分严格。

由于我们所赖以生存的陆地、海洋、江湖等大环境的不断恶化，食品受到的危害可用“四面楚歌”来形容。这些危害有微生物的、化学的、物理的等。工业和科技的发展使得食品加工已由过去简单的鲜、冻、干制、盐腌的几种初加工产品发展到适合现代生活方式的多种多样的深加工产品，工艺更复杂、设备与包装更加现代和完善，对产品安全卫生要求也就越来越重要。

为了把好食品的安全和质量关，直到20世纪80年代人们惯常采用的还是监测生产设施运行与人员操作的情况，并对成品进行抽样检验（理化、微生物、感官等）。然而，这种传统的监控方式往往存在成品抽样误判风险高，检验费用大、周期长、反馈慢等许多不足之处。为此，对食品从原料到餐桌全过程可能出现的危害进行分析，并根据危害情况设立关键控制点重点加以控制，建立一种基于全面分析普遍情况的预防战略体系——HACCP体系就显得尤为重要。食品中的危害存在于包括原料种植、收购、加工、储运、销售等许多环节上，预先采取措施来防止这些危害和确定控制点是HACCP的关键因素。该体系提供了一种科学逻辑的、预防性的控制食品危害的方法，避免了单纯依靠检验进行控制的方法的许多不足。一旦建立HACCP体系，质量保证主要是针对各关键控制点（CCP）而避免了无尽无休的成品检验，以较低的成本保证较高的安全性，使食品生产最大限度的接近于“零缺陷”。因此，这种理性化、系统性强、约束性强、适用性强的管理体系，对政府监督机构、消费者和生产商都有利。简单地讲，实施HACCP的理由如下。

（1）HACCP是保证食品安全和防止食源性疾病传播的质量管理体系。

（2）HACCP已逐渐成为一个全球性的食品安全管理体系，将加工企业对原料的要求传递给原料供应商，确保原料安全性，减少食品的原始危害。

（3）HACCP是一种体系化的控制体系，能够及时识别生物、化学、物理等所有可能发生的危害，建立预防性措施，提高食品安全性。

（4）HACCP的应用可以弥补传统的质量检测与监督方法的不足，因为HACCP实行的是过程管理，是预防性的。根据危害分析，找出生产过程中影响食品卫生和安全性的关键部分，实施预防措施，减少不合格率和不安全食品的风险。不但提高了产品品质，延长了产品货架寿命，而且还大大降低了生产成本，是保证食品安全最有效、最经济的方法。

（5）HACCP控制程序通过预测潜在的危害物，提出控制措施，为采用新工艺和新设备提供依据。

（6）HACCP已被政府监督机构、媒介和消费者公认为目前最有效的食品安全性与卫生质量控制体系。企业可通过实施HACCP提高在消费者中的信誉度，促进产品的销售。

四、HACCP 与食品 GMP、QS、SSOP 和 ISO 9000 的关系

1. HACCP 与食品 GMP、QS、SSOP

GMP 和 QS 是政府部门以法规或标准形式，对食品生产、加工、包装、储存、运输和销售提出规范性要求，强调是工厂设施和环境的建设及其规范化，是原则性和强制性的，也是食品加工企业必须达到的基本条件着重的是企业的硬件建设，是基础性的。

SSOP 是食品加工企业为保证达到 GMP 和 QS 所规定的要求，保证加工过程中消除不良的人为因素，使其所加工食品符合卫生要求而制定的，指导食品生产加工过程中如何实施清洗、消毒和卫生保持的作业指导文件，是具体和非强制性的，着重强调的是企业的软件建设，是食品企业生产的卫生管理体系。

HACCP 是指导食品企业建立食品安全体系的基本原则，强调是生产过程中的质量管理，是保证食品安全的预防性管理体系，为企业的软件建设。

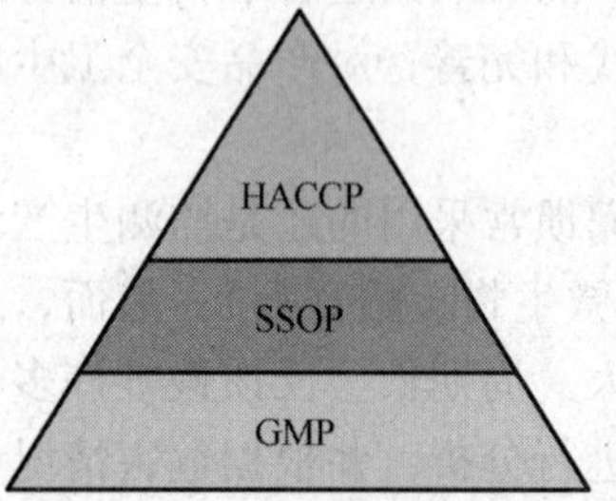

GMP 和 QS 是 SSOP 的依据和法律基础，SSOP 是具体的卫生操作和管理指导。SSOP 支持 GMP 和 QS，但没 GMP 和 QS 的强制性。GMP、QS 和 SSOP 共同构成 HACCP 的基础，是 HACCP 计划有效实施的基础和前提条件。其关系见图 11－1。

HACCP
SSOP
GMP

图 11－1　HACCP、GMP 与 SSOP 的关系

HACCP 体系是确保 GMP、QS 和 SSOP 贯彻执行的有效管理方法。实施 SSOP 可简化 HACCP 计划，使 HACCP 计划重点解决最突出的安全问题。

2. HACCP 与 ISO9000

ISO9000 是一个非强制性的质量保证体系，强调是整个生产过程的质量保证和控制。HACCP 体系是在整个生产过程质量保证和控制的前提下，强调对食品安全的危害分析，确定关键控制点，进行重点控制。两者虽都为体系，但不能简单等同或取代，ISO9000 可以帮助促进验证、记录程序，但不能取代 HACCP 的危害分析和关键控制点，两者为互补关系。

第二节　HACCP 七项基本原理

一、HACCP 的有关概念

HACCP 的有关概念如下。

（1）危害（Hazard）　可以引起食物不安全消费的生物性、化学性或物理性的因素。

（2）显著危害（Significant Hazard）　指可能发生的危害，一旦发生即对消费者导致不可接受的健康风险。

（3）危害分析（HA）　根据加工过程的每个工序分析是否产生了显著的危害，并叙述相应的控制措施。

（4）控制（Control）　使操作条件符合规定的标准或使生产按正确的程序进行，并满

足标准的各项要求。

（5）控制点（CP）　能控制生物、化学或物理性危害的任何点、步骤或过程。在工艺过程中没有被确定 CCP 的其他许多点可以认为是控制点（如预热、均质），这些点可以记录质量因素的控制。

（6）关键控制点（CCP）　是可以被控制的点、步骤和过程，经过控制可以使食品潜在的危害得以防止、排除或降至可接受水平。

（7）关键限值（CL）　在关键控制点上，为防止危害发生所制定的物理或化学的控制参数。

（8）操作限值（OL）　在充分考虑产品的消费安全性和最大限度地减少经济损失基础上，制定的比 CL 稍严格的物理或化学的控制参数。

（9）监控（M）　执行有计划、有顺序的观察或测定，以判断 CCP 是否在控制中。

（10）偏离（Deviation）　不能满足关键限值的要求。

（11）确认（Validation）　验证的要素包括信息的收集和评估，以决定当 HACCP 计划正常实施时，是否能有效的控制显著的食品安全危害。

（12）CCP 判断树（CCP Decision Tree）　是用一系列问题来判断一个控制点是否是生产流程中的关键控制点的问答图。

（13）纠偏措施（CA）　当关键控制点从一个关键限值发生偏离时，应采取的措施。

（14）调整（Adjustment）　当关键控制点超出一操作限值，但未偏离关键限值时，应采取的措施。

（15）控制措施（CM）　是指那些用来消除危害或将危害发生率降低至可接受水平的行为或活动。

（16）预防措施（PM）　用来防止或消灭食品危害或使其降低至可接受水平的行为或活动。

（17）验证（R）　除监控的那些方法外，用来确定 HACCP 计划运作或计划是否需要修改及再被确认生效所使用的方法、程序或检测及审核手段。

（18）HACCP 计划（HACCP Plan）　为确保对一特定产品/工艺进行控制而在 HACCP 原理的基础上编制的文件。

（19）HACCP 小组（HACCP Team）　由进行 HACCP 研究的人员组成的多学科小组。

HACCP 是一种对某一特定食品生产工序或操作的有关风险（发生的可能性及严重性）进行鉴定、评估，以及对其中的生物、化学、物理危害进行控制的预防体系性方法，其基本原理包括：进行危害分析（HA）；确定关键控制点（CCP）；建立关键限值（CL）；建立 CCP 监控程序（M）；建立纠偏行动（CA）；建立有效的记录保持程序（V）；建立验证程序（R）。

二、进行危害分析和预防措施

食品受到的各种危害，包括有损于消费者身体健康的生物、化学、物理等方面的风险，可能存在于原料、收购、加工制造、储存、销售与消费等有关的某些或全部环节上。对这些危害进行分析有两个最基本的要素，第一，是鉴别可损害消费者的有害物质或引起产品腐败的致病菌或任何病源；第二，是详细了解这些危害是如何得以产生的。因此，危害分析不仅需要全面的食品微生物学知识及流行病学专业与技术的资料。还需要微生物、毒理学、食品工程、环境化学污染等多方面的专业知识。

严格意义上，危害分析不仅仅是简单分析其可能发生的危害及危害的程度，还要涉及到有何防护措施来控制这种危害。根据产品生产工艺流程图进行危害分析，列出加工过程中可能发生显著危害的步骤，并描述预防措施。HACCP 的重点是控制显著危害。

1. 危害分析

根据各种危害发生的可能风险（可能性和严重性）来确定一种危害的潜在显著性。严重性就是危害的严重程度。有害物质对食品的污染种类繁多、性质各异，污染的方式和程度也是多种多样的。对食品造成的危害主要是生物性、化学性和物理性的等，因种类和数量不同，对人体造成的危害也有很大的不同。概括起来主要有以下几种。

急性中毒：食品被大量的微生物及其产生的毒素或化学性物质的污染，进入人体后可引起急性中毒。

慢性中毒：食物被某些有害物质污染，其含量虽少，但由于长期连续地通过食物进入人体，可引起机体的慢性中毒。

致突变作用：食品中的某些污染物能引起生殖细胞和体细胞的突变，不论其突变的性质如何，一般都是这种化学物质毒性的一种表现。

致畸作用：某些食品污染物在动物胚胎的细胞分化和器官形成过程中，可使胚胎发育异常。

致癌作用：目前具有或怀疑有致癌作用的物质有数百种，常见污染食品的为数也不少，如多环芳烃、芳香胺类、氧胺类、亚硝胺类化合物、黄曲霉毒素、天然致癌物以及砷、镉、镍、铅等。

（1）生物性危害　食品中的生物性危害主要是指生物（尤其是微生物）本身及其代谢过程、代谢产物（如毒素）对食品原料、加工过程和产品的污染，这种污染会对食品消费者的健康造成损害。食品中的生物性危害按生物的种类主要有以下几类。

①细菌性危害：包括引起食物中毒的细菌及其毒素造成的危害。

②真菌性危害：包括真菌及其毒素和有毒蘑菇造成的危害。

③病毒和立克次氏体：包括甲型肝炎病毒、禽流感病毒等引起的危害。

④寄生虫病：包括原生动物（如鞭毛虫等）和绦虫（如牛猪绦虫和某些吸虫、线虫等）造成的危害。

⑤昆虫：包括蝇类、蟑螂和螨类等小动物造成的危害。

⑥藻类。

（2）化学性危害　食品的化学危害，是指有毒的化学物质污染食物而引起的危害，包括常见的食物中毒。化学性污染食品，通常是指：①被有毒的化学物质污染的食品，如 2011 年 5 月德国蔓延欧洲的毒豆芽事件；②已被误认为是食品、食品添加剂、食品营养强化剂的有毒有害的化学物质污染的食品，如 20 世纪 70 年代英国将动物骨粉添加到动物饲料中，引起疯牛病事件；③非法添加非食品级的或伪造的或禁止使用的食品添加剂、食品营养强化剂的食品，如 2008 年牛乳“三聚氰胺”的重大食品安全事件和 2011 年台湾“塑化剂”事件；④违规超量使用食品添加剂的食品，如 2011 年 4 月上海“染色馒头”事件；⑤营养素发生化学变化的食品，如氧化酸败的油脂类食品。

各种有毒化学物质进入食品并使其具有毒性，主要是由于食品在生产、加工、储存和运输等过程中，受到这些化学物质的严重污染。化学物质污染食品的方式和途径比较复杂。例如，不遵守食品安全制度，把食品装入未经清洗、消毒的曾盛过有害化学物质的容器或运输工具；在食品生产加工过程中，使用化学性质不稳定的材料制作的工具、管道或容器，特别是与酸性较强的食品经过较长时间的接触，有毒金属将更容易大量溶解而移入食品中去；食品制造时使用有毒化学物质污染的原料等都可使食品遭受污染而具有不同程度的毒性。另外，由于误用、滥用食品添加剂或不良生活习惯而引起的化学性食物中毒也比较常见。

化学危害的主要来源如下。

①天然毒素：藻类毒素、贝类毒素、鱼类毒素。

②真菌毒素：黄曲霉毒素（B_1、B_2、G_1、G_2）、蘑菇毒素等。

③农药残留：包括有机氯杀虫剂、有机磷杀虫剂、氨基甲酸酯类杀虫剂、拟除虫菊酯类农药、多菌灵杀菌剂和有机汞、有机砷杀菌剂等农药的残留。

④兽药残留：包括抗生素类、磺胺类、呋喃类等药物的残留。

⑤重金属：包括镉、铅、汞、砷、锌、铬等的超标。

⑥滥用食品添加剂：包括各种食品添加剂的超量、超范围使用等。

⑦食品中的放射性污染：包括各种放射性同位素污染食品原料等造成的危害。

⑧其他：包括亚硝基化合物、多环芳族化合物、多氯联苯等。

（3）物理性危害

物理性危害包括各种称之为外来颗粒或外来物的物质。物理性危害可定义为消费产品过程中可能使人致病或致伤的在食物中发现的任何非正常的物理材料。

成品中的物理性危害有几个来源，如被污染的材料、设计或维护不好的设施和设备，加工过程中错误的操作，及不恰当的人员培训与实践（表11-1）。

表11-1　物理性危害的类型

危害	来源或原因
玻璃	瓶子、罐、灯具、工具、表盘、温度计
金属	螺母、螺栓、螺钉、钢棉丝、挂肉钩
石头	原料
塑料	包装材料、原料
骨头	原料、不当的加工过程
子弹、弹丸、针	野外射击动物、防止感染用的皮下注射针头
珠宝、首饰、笔、纽扣	员工违反工作纪律或工作粗心

2. 预防措施

（1）自由讨论和危害评估　自由讨论应对从原料接收到成品的加工过程（工艺流程图）的每一个操作步骤危害发生的可能性进行讨论。通常根据工作经验、流行病的数据及技术资料的信息来评估其发生的可能性。危害评估是对每一个危害的风险及其严重程度进行分析，以决定食品安全危害的显著性。危害分析要把对安全的关注同对质量的关注分开。

（2）预防措施　根据食品安全危害显著性的分析，制定出相应的预防措施。例如，对易受微生物污染的食品，可适当地控制冷冻和储藏时间，或控制 pH，或降低食品中水分活度，盐或其他防腐剂的添加，减缓病原体的生长，使危害降低到可接受水平。又如，对易受物理污染的食品，可采用磁铁、金属探测器、筛网，甚至用 X 射线等设施来加以控制，使危害得以消除。

三、确定关键控制点

根据国际食品微生物规范委员会的定义，关键控制点（CCP）可能是某个点、步骤或工序，在这里危害能被控制。经过控制可以使食品潜在的危害得以防止、排除或降至可接受的水平。CCP 可以是食品生产制造的任一工序或点，包括原材料及其收购或其生产、收获、运输、产品配方及加工储运等。CCP 点是 HACCP 控制活动将要发生过程中的点。对危害分析期间确定的每一个显著的危害，必须有一个或多个关键控制点来控制。只有这些点作为显著的食品安全卫生危害而被控制时，才认为是关键控制点。如在该点没有预防措施可采取，那么这个点就不是 CCP。

1. CCP 点确定原则

（1）一条加工线上确立的某一产品的关键控制点，可以与另一条加工线上同样产品的关键控制点不同，因为危害及其控制的最佳点可能会随厂区、产品配方、配料选择、加工工艺、设备、卫生和支持程序等因素的变化而变化。

（2）一个关键控制点能用于控制一种以上的危害，例如，冷冻储藏可能是控制病原体和组胺形成的一个关键控制点。同样，一个以上的关键控制点可以用来控制一个危害，例如，在蒸熟的汉堡饼中控制病原体，如果蒸熟时间取决于最大饼的厚度，那蒸熟和成饼的步骤都被认为是关键控制点。又如，二次灭菌产品，第一次杀菌和第二次的灭菌，对微生物控制都至关重要，因此都可设为 CCP 点。

2. CCP 点确定

（1）当危害能被预防时，这些点可以被认为是关键控制点

①能通过控制原辅料等收购来预防病原体或药物残留（例如，对供应商的验证、原料验收等）。

②能通过在配方或添加配料工序中的控制来预防化学危害，或预防病原体在成品中的生长（如 pH 调节或防腐剂的添加）。

③能通过冷冻储藏或冷却的控制来预防病原体的生长。

（2）能将危害消除的点可以确定为是关键控制点

①能将病原体杀死的蒸煮工序。

②能通过金属探测器检出金属碎片的工序。

③能通过在加工线上剔除污染产品而消除危害的工序。

④能通过冷冻杀死寄生虫的工序。

（3）能将危害降低到可接受水平的点可以确定为是关键控制点

①外来物质的发生，可通过人工挑虫和自动收集来减少到最低限度。

②可以通过从已认可海区获得贝类使某些微生物和化学危害被降低到最低限度。

③食品杀菌后，细菌减少到最低限度（标准）。

④过滤、分离，使食品中杂质减少到（残留）最低限度（如农残和兽残限量）。

（4）　CCP 判断树方法

确定 CCP 的方法很多，常用的是“CCP 判断树表”，也可以用危害发生的可能性及严重性来确定。用“CCP 判断树表”来确定 CCP 是通过回答四个问题来判断该点（步骤或过程）是否为 CCP 的（图 11－2）。

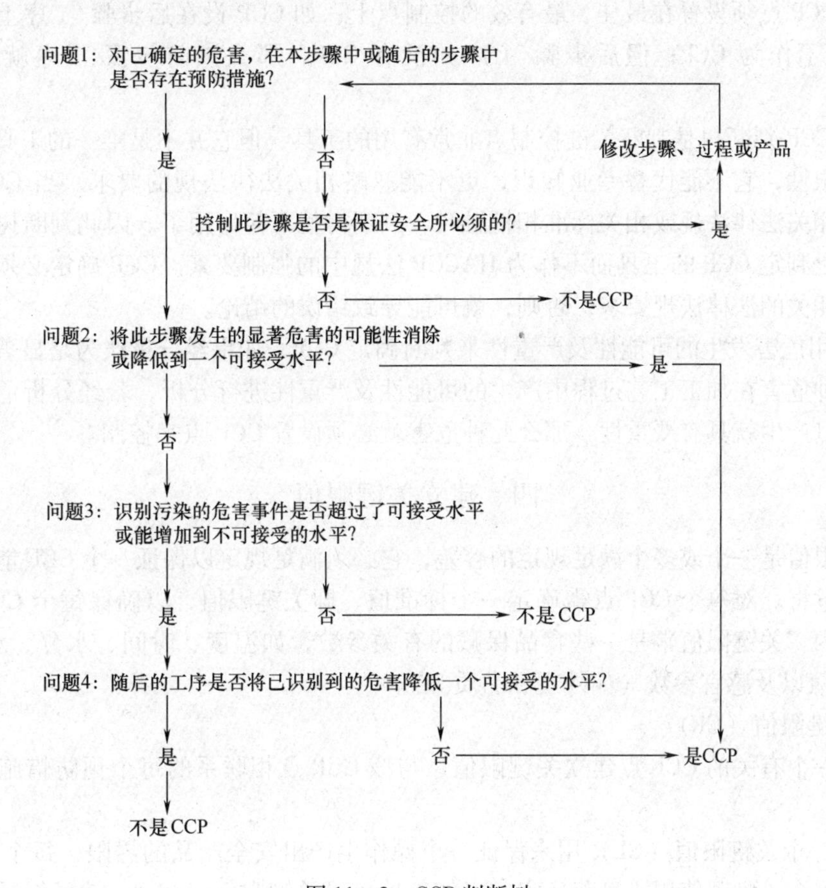

图 11－2　CCP 判断树

CCP 判断树是判断关键控制点的有用工具，判断树中四个互相关连的问题，构成判断的逻辑方法。

①问题 1：对已确定的显著危害，在本步骤/工序或后步骤/工序上是否有预防措施？

如果回答“是（yes）”，继续问题 2；

如果回答“否（no）”，则回答在本步骤/工序上是否有必要实施安全控制？如果回答“否（no）”，则不是 CCP。如果回答“是（yes）”，则说明现有该步骤/工序不足以控制必须控制的显著危害，即产品是不安全的，工厂必须重新调整加工方法或产品，使之包含对该显著危害的预防措施。

②问题 2：该步骤/工序可否把显著危害消除或降低到可接受水平？

回答时，须考虑该步骤/工序是否最佳、最有效的危害控制点，如回答“是（yes）”，则该步骤/工序为 CCP；如回答“否（no）”，继续问题 3。

③问题 3：危害在本步骤/工序上是否超过可接受水平或增加到不可接受水平？

如果回答“否（no）”，则不是 CCP；如果回答“是（yes）”，继续问题 4。

④问题 4：后续步骤/工序可否把显著危害降低到可接受水平？

如果回答“是（yes）”，则不是 CCP；如果回答“否（no）”，则该步骤/工序为 CCP。

判断树的逻辑关系表明：如有显著危害，必须在整个加工过程中用适当 CCP 加以预防和控制；CCP 点须设置在最佳、最有效的控制点上；如 CCP 设在后步骤/工序上，则前步骤/工序就不作为 CCP；但后步骤/工序如没有 CCP，那么该前步骤/工序就必须确定为 CCP。

虽然 CCP 判断树是判断关键控制点非常有用的工具，但它并不是唯一的工具。因判断树有其局限性，它不能代替专业知识，更不能忽略相关法律法规的要求。当 CCP 判断树的结果与相关法律法规或相关标准相抵触时，判断树就不起作用了。因此判断树的应用只能被认为是判定 CCP 的工具而不作为 HACCP 法规中的强制要素。CCP 确定必须结合专业知识以及相关的法律法规要求，否则，就可能导致错误的结论。

（5）用危害发生的可能性及严重性来判断确定 CCP　如果经分析认为是显著危害，则需要对这种危害在加工工艺过程中产生的可能性及严重性进行分析，若经分析危害可能产生，且一旦产生就具有严重性，那么此种危害就必须设置 CCP 点来控制。

四、建立关键限值

关键限值是一个或多个满足规定的容差，它必须满足规定以保证一个 CCP 能有效控制微生物的危害。对每个 CCP 点需确定一个标准值，即关键限值，以确保每个 CCP 限制在安全值以内。关键限值常是一些食品保藏的有关参数，如温度、时间、水分、水分活度、pH、有效氯以及感官参数（如外观和品质等）。

1. 关键限值（CL）

为每一个有关的 CCP 点建立关键限值，与该 CCP 点相联系的每个预防措施都须满足该标准。

（1）一个关键限值（CL）用来保证一个操作生产出安全产品的界限，每个 CCP 必须有一个或多个关键限值用于显著危害，当加工偏离了关键限值（CL），就可能导致产品的不安全，因此必须采取纠偏行动保证食品安全。

（2）合适的关键限值可以从科学刊物、法规性指标、专家及实验室研究等渠道收集信息来确定，也可以通过实验来确定。

（3）建立 CL 应做到合理、适宜、适用、可操作性强。如果过严，会造成即使没有发生影响到食品安全的危害，就去采取纠正措施。如果过松，又会产生不安全的产品。

（4）良好的 CL 值应该是直观、易于监测，仅基于食品安全，能在只出现少量被销毁或处理的产品时就可采取纠正措施，不能违背法规，不能打破常规方式，也不是 GMP 和 QS 要求或 SSOP 措施。

微生物限值很难控制，而且确定偏离限值的试验可能需要几天时间，因此设立微生物关键限值没有必要。可以通过温度、酸度、水分活度、盐度等来控制微生物的污染。

2. 操作限值（OL）

建立比 CL 更严格的限度，为操作人员制定降低偏离风险的要求。比如监控说明 CCP 有失控的趋势，达到 OL 值，操作人员就应采取措施，在未达到关键限值之前，通过 OL 得到控制，（OL 值的确定要考虑失控趋势的惯性，否则控制拐点仍可能超出 CL），操作人员采取这一措施的名称为操作限值（OL）。OL 应当确立在 CL 被违反之前所达到的水平。OL 与 CL 不能混淆或等同。OL 选择依据如下。

（1）从质量方面考虑，例如，提高油温以后既可以改进食品风味，又可控制微生物。

（2）避免超出 CL，如高于 CL 的烹饪温度应当用来提醒操作人员温度已接近 CL，需要进行调整。

（3）考虑正常的误差，如油炸锅温度最小偏差为 3℃，OL 应确定比 CL 差至少大 3℃，否则无法操作。

（4）当加工工序超过 OL 时需进行调整，以避免违反 CL，这些措施称为加工调整。加工人员可以使用加工调整避免失控和采取纠偏行动，及早地发现失控的趋势并采取行动，就可以防止产品返工或造成废品。只有在超出 CL 时才能采取纠偏行动。

五、建立 CCP 监控程序

监控是有计划、有顺序地连续观察或测定，以判断 CCP 是在控制中，并有准确的记录，可用于未来的验证评价。应尽可能通过各种物理及化学方法对 CCP 进行连续的监控，若无法连续监控关键限值，应有足够的间歇频率来观察测定 CCP 的变化特征，以确保 CCP 是在控制中。

监控的目的是跟踪加工过程操作，查明和注意可能，或何时偏离关键限值的趋势，收集数据，然后根据这些信息资料做出判断，为及时采取某些措施提供依据。监控可以提供产品按 HACCP 计划进行生产的记录，这些记录对在原理七中讨论 HACCP 计划的验证是很有用处的。监控也可对失控的加工过程提出预警。精确的监控能说明一个 CCP 点什么时候失控，并在采取纠偏行动前，通过查看符合关键限值的最后监控记录，来确定问题需要纠正的范围。即使是在加工完成后，监控也能帮助防止产品的损耗或使损耗减少到最低限度。当加工完成而加工或处理发生偏离要求时，监控还可帮助指出失控的原因，没有有效的监控和数据或信息的记录就没有 HACCP 体系。监控计划包括四个部分。

1. 监控什么（W）——对象（What）

HACCP 计划中，监控对象是指生产过程中各加工或关键控制点，可通过观察和测量来完成。一般来说，观察可获得定性的指标，而测量可得定量的指标。理想状态下，监控应该达到 100% 的水平。监控测量对象包括物理、化学或微生物的指标。CCP 点上的大多数监控需迅速完成，因其涉及现场操作，没有时间进行长时间的分析试验。由于费时较多，微生物试验几乎对监控 CCP 无效，可通过包括温度、时间、pH、水分活度、电导率等物理或化学的方法来连续监控，因受控食品中微生物的变化会引起这些数据的变化，从而达到控制目的。

2. 怎么监控（H）——方法（How）

对 CCP 点进行监控时，须能提供快速结果，不可能等长时间的分析实验，因为生产线上关键限值的偏差必须要快速地判定，以确保产品在销售之前已开始采取适当的纠偏行动，所以通常的监控方法是物理或化学的测量或观察方法，要求迅速和准确。由于 pH、时间、温度常常与微生物控制联系起来，因此常用来测量监控一个 CCP 点。

（1）时间（t）和温度（T） 这种测量的组合常用来监控时间和温度的变化，监控杀死或控制病原体生长的有效程度，在规定的温度和时间加工食品，病原体可以被杀死。

（2）水分活度（A_W） 监控水分活度高低，可以通过限制水分活度（微生物赖以生长的水分量）来控制病原体的生长。

（3）酸度（pH） 监控 pH 变化，可以通过在食品中加酸调节 pH 至 4.6 及以下，控制肉毒梭状芽孢杆菌的产生。

3. 监控频率（F）——何时（频率）（When）

（1）如果监控可以是间断的，也可以是连续的，应尽可能采用连续监控。因为，当发现偏离关键限值时，通过连续监控仪器检查记录间隔的时间长度，就可判断受影响并需返工和受损产品的数量。在所有情况下，检查必须及时进行，以确保不正常产品出厂前被分离出来。

（2）当不可能连续监控一个 CCP 时，应增加监控频率，及时发现可能发生的关键限值和操作限值的偏离。

（3）非连续性监控的频率应根据生产和加工的经验来确定，包括：加工数据变化一般有多大？如果考虑数据变化较大，监控检查的时间应缩短。通常的数值距关键限值多近？如果二者很接近，监控检查的时间应缩短。如果超过关键限值，准备冒多少产品作废的危险？

4. 谁监控（W）——人员（Who）

负责监控 CCP 的人员必须：接受有关 CCP 监控技术的培训；完全理解 CCP 监控的重要性；能及时进行监控活动；准确报告每次监控工作；随时报告违反关键限值的情况，以便及时采取纠偏活动。

实施 HACCP 计划时，应明确负责监控的责任人，可以是：流水线上的人员、设备操作者、维修人员、质量保证人员等。一般来说，由流水线上人员和设备操作者进行监控是比较合适的，因为这些人连续观察产品和设备，容易从一般情况中发现发生的变化。而且，也可通过此过程使流水线上的人员对 HACCP 计划加深理解。

监控人员的任务是随时报告所有不正常的突发事件和违反关键限值的情况，以便校正和合理地实施纠偏行动。所有的有关 CCP 监控的记录和文件必须由实施监控的人员签字。

六、建立纠偏行动

当监控显示出现偏离关键限值时，HACCP 系统要采取措施，而且须在偏离导致安全危害之前采取措施。由于不同食品 CCP 上的变化和可能出现的偏离差异，HACCP 中的每一个 CCP 必须建立专门的纠正措施。

1. CCP 关键限值 CL 被超过时，须采取纠偏行动

纠偏行动应制订在 HACCP 计划中，不过有时会有一些预料不到的情况发生，也可有些没预先制订的纠偏行动计划。

2. CCP 发生偏离关键限值 CL 时，应采取纠偏行动并记录

纠偏行动应列出重建加工控制程序和确定被影响的产品安全和得到处理。

3. 有效的纠偏行动计划必须：纠正和消除不符合项原因，确保关键控制点重新回到控制下；隔离，评估和确定不符合要求的产品的处理方法。

4. 纠偏措施的活动包括：利用监控结果纠正和消除不符合要求的原因，调整加工方法，以保持控制；如果失控，须处理不符合要求的产品；须确定或改正不符合要求的原因；保留纠正措施的记录。

5. 纠偏行动选择

（1）隔离和保存要进行安全评估的产品。

（2）转移受影响的产品或分到另一条没偏离的生产线上。

（3）重新加工。

（4）退回原料（拒收原料）。

（5）销毁产品。

6. 纠偏行动的组成

（1）纠正和消除偏离的起因，重建对加工的控制　纠偏行动必须把关键控制点带回到控制之下，一个纠偏行动应该注意随时发生的（短期的）问题并提供长期的解决方法。目的是实现短期处理以便尽可能恢复控制，在不发生进一步加工偏离的基础上尽可能快的重新开始加工。

确定偏离的起因，防止以后再次发生。对没有预料的关键限值的失败，或再次发生的偏差，应该调整加工工艺或重新评估 HACCP 计划。重新评估的结果可以是作出修改 HACCP 计划的决定。如果有必要，应彻底消除使加工出现偏差的原因或使这些原因尽可能减到最小。工厂的工人必须得到纠偏行动的明确指示，而且这些指示应当成为 HACCP 计划的一部分，并记录在案。

（2）确定出现偏差时所生产的产品，确定这些产品的处理方法　当出现偏差时，确定有问题的产品。有四个步骤可用于判断该产品的处理方法和制订一个纠偏行动计划。

第一步：确定产品是否存在安全的危害。①根据专家评估；②根据物理的、化学的或微生物的测试。

第二步：如果以第一步评估为基础不存在危害，产品可被通过。

第三步：如果存在潜在的危害（以第一步评估为基础），确定产品是否能被：①重造或重加工；②转为安全使用。

第四步：如果潜在的有危害的产品不能像第三步那样被处理，产品必须被销毁。这是最昂贵的选择，并且通常被认为是最后的“处理”方式。

七、建立有效的记录保持程序

建立科学完整的记录体系是 HACCP 成功的关键之一，食品机构的 HACCP 计划必须存档，“建立有效的记录保持程序，以文件证明 HACCP 体系”。一句话，“没有记录就等于没有发生”。俗话也说“好记性，不如烂笔头”，说明记录的重要性。企业在实行 HACCP 体系的全过程中需有大量的技术文件和日常的监控工作记录，监控等方面的记录表格应是全面和严谨的。在我国由于产品和企业的情况千差万别，因此很难由主管机构设计规定一套各方面都可适用的记录格式。美国食品药品管理局（FDA）也不主张加工企业使用统一和标准化的监控、纠偏、验证或者卫生记录格式，大企业可根据已有的记录模式自行设计，中小企业也可直接引用。无论如何，在进行记录时都应考虑到“5W”原则，即何时（When）、何地（Where）、何事（What）、为何发生（Why）、谁负责（Who）。另外，HACCP 监控记录表格的格式还应包含：表头、公司名称、时间和日期、产品确认（包括产品型号、包装规格、加工线和产品编码，可适用范围）、实际观察或测量情况、关键限值、操作者的签名、复查者的签名、复查的日期等。

HACCP 体系的有效记录内容应包括：制订 HACCP 计划的各种信息和资料等支持性文件记录、监控记录、纠偏行动记录、验证记录等，还有雇员培训、化验等一些附加记录。

1. 支持性文件记录

已批准的 HACCP 计划方案和有关记录应存档。HACCP 各阶段上的程序都应形成文件和记录（例如，HACCP 小组及工作计划和程序，HA 和建立 CCP 点，确定关键限值等），应当明确负责保存记录的各级责任人员。所有文件和记录均应装订成册以便法制机构的检查。支持性文件包括以下内容。

（1）制订 HACCP 计划信息和资料　例如，书面危害分析工作单，用于进行危害分析和建立关键限值的任何信息记录。

（2）各种有关数据　例如，建立商品安全货架寿命所使用的数据；制定抑制病原体生长方法时所使用的足够数据；确定杀死病原体细菌加热强度时所使用的数据等。

（3）有关顾问和其他专家进行咨询的信件。

（4）HACCP 小组名单和小组职责。

（5）制订 HACCP 计划必须具备的程序及采取预期步骤概要。

2. 监控记录

HACCP 监控记录是用于证明对 CCPs 实施了控制而保存。通过追踪记录，特别是监控记录上的值，操作者和管理人员可以确定该工序加工是否符合其关键限值。通过记录复查可以发现加工控制趋向，可及时进行必要的调整。如果在违反关键限值之前进行调整，则可减少或者消除由于采取纠偏行动而消耗的人力和物力，保证关键控制点受控于 HACCP 计划。监控记录也可为外部审核或执法人员提供判断依据。

3. 纠偏行动记录

所有采取的纠偏行动都应加以记录，记录可帮助确认是否是再发生的问题，直至修改 HACCP 计划。另外，纠偏行动记录还可提供产品处理的证明。纠偏行动记录应该包含以下内容：

（1）产品确认（如产品描述、持有产品的数量）；

（2）偏离的描述；

（3）采取的纠偏行动，包括受影响产品的最终处理；

（4）采取纠偏行动的负责人的姓名；

（5）必要时要有评估的结果。

4. 验证记录

验证记录应包括以下内容。

（1）HACCP 计划的修改（如配料的改变，配方，加工、包装和销售的改变）；

（2）加工者审核记录以确保供货商的证书及保函的有效性；

（3）验证准确性，校准所有的监控仪器；

（4）微生物质疑、检测的结果，表面样品微生物检测结果，定期生产线上的产品和成品微生物的、化学的和物理的试验结果；

（5）室内、现场的检查结果；

（6）设备评估试验的结果。

5. 附加记录

除了以上四项记录，还应配有一些附加记录，例如：

（1）雇员培训记录　在HACCP体系中应有培训计划，实施了培训计划，就应有培训记录。

（2）化验记录　记录成品实验室分析细菌总数，大肠菌群、大肠杆菌、金黄色葡萄球菌、沙门菌等的化验分析结果，以及其他需要分析的检测结果。

（3）设备的校准和确认书　记录所使用设备的校准情况，确认设备是否正常运转，以便使监控结果有效。

八、建立验证程序

建立验证程序以确认HACCP体系有效性，可以采用包括随机抽样和分析在内的验证和审核方法、程序和检测，确定HACCP体系是否正确地运行。HACCP程序应文件化，建立相关适用程序和记录的文件系统，并有效、准确地保存记录，保证HACCP计划正常执行。审核的记录文件应反映不管在任何点上执行计划的情况，同时可以验证体系与计划的一致性。

验证是最复杂的HACCP计划原理之一。验证原理的正确制订和执行是HACCP计划成功实施的基础，“验证才足以置信”。验证除监控方法之外，还可以用来确定HACCP体系是否按HACCP计划运作、计划是否需要修改及再确认，以及所使用的方法、程序或检测及审核手段是否符合要求。HACCP计划的宗旨是防止食品安全的危害，验证的目的是提高置信水平。

1. 验证要素

（1）确认

①确认是获取能表明HACCP计划诸要素行之有效的证据：确认的宗旨是提供客观的依据，这些依据能表明HACCP计划的所有要素（危害分析、CCP点确定、CL建立、监控计划、纠偏行动、记录等）都有科学的基础。

②确认是验证的必要内容：证实须是有根据的，若能有效地执行HACCP计划，就足以控制那些可能出现的、影响食品安全的危害。

③确认方法：结合基本的科学原则；科学数据的运用；依靠专家意见；进行生产观察或检测。

④执行HACCP计划的确认人：HACCP小组；受过适当的培训或经验丰富的人员，如内审员或外审员。

⑤确认涉及什么：对HACCP计划各个组成部分的基本原理，从危害分析到CCP验证、对策措施等作科学及技术上的复查。

⑥确认时机：最初的确认，在HACCP计划执行之前；当原料、产品或加工的改变、验证数据出现相反结果、重复出现的偏差、有关危害或控制手段的新信息、生产中的观

察、新的销售或消费者处理行为等因素发生变化时，可采取确认行动。

（2）CCP 点验证

①监控设备的校准：CCP 监控设备的校准是 HACCP 计划成功执行和运作的基础。如果设备没有校准，监控经过就将是不可靠的。如果此情况发生了，那么就可以认为从记录中最后一次可接受的校准开始，CCP 就失去了控制。校准的频率受设备灵敏度的影响。

②校准记录的复查：复查设备的校准记录，包括检查日期、校准方法和试验结果（如设备是否准确）。校准的记录应保存和加以复查。这种复查可作为验证的一部分来进行。

③针对性的取样检测：CCP 点的验证也包括针对性的取样检测。例如，当原料的接受是 CCP，CL 为供应商的证明，监控供应商提供的证明。为检查供应商是否言行一致，应通过针对性的取样来检查。

④CCP 记录的复查：在每一个 CCP 至少有两种记录类型，即监控记录和纠偏记录。由这两种记录书面提供 CCP 是在安全参数范围内运行，以安全和合适的方式处理了发生的偏差的文献资料，单独的记录是毫无意义的。

（3）HACCP 系统验证　HACCP 系统的验证是指检查 HACCP 计划所规定的各种控制措施是否被贯彻执行。验证活动审核的主要内容：检查产品说明和生产流程图的准确性；检查 CCP 是否按 HACCP 计划的要求被监控；检查工艺过程在既定的关键限值内操作；检查记录是否准确地和按要求的时间间隔来完成。

①HACCP 系统的验证频率为每年一次，或系统发生故障，或产品、加工等显著改变后，验证活动频率会随时间的推移而变。

②审核是收集验证的一种有组织的过程，它是有系统的评价，此评价包括现场的观察和记录复查。审核通常是由一位无偏见的、不负责执行监控活动的人员来完成。

2. 验证程序

①制定适当的审核检查日程表；

②复审 HACCP 计划；

③复审关键控制点记录；

④复审偏离和处理情况；

⑤检查操作现场以考评关键控制点是否处于控制状态；

⑥随机抽样分析；

⑦复核关键限制指标以证实其适合于控制危害；

⑧复核审核检查的书面记录，这些审核检查证明按 HACCP 计划进行，或是偏离计划但采取了纠正措施；

⑨核对 HACCP 计划，包括现场复核生产流程图和关键控制点；

⑩复核 HACCP 计划的修改情况。

3. 审核报告

①有 HACCP 计划并有人负责其实施和修订；

②关键控制点的监视记录的情况；

③运行中的关键控制点的直接监视数据；

④监视仪器正常地校准并处于工作状态的证明；

⑤偏离及采取的纠正措施；

⑥证实关键控制点受控的抽样分析，包括使用理化、微生物和感官检验方法；
⑦HACCP 计划的修订；
⑧培训情况和对监视关键控制点的各个岗位责任的理解程度。

一般情况下，审核检查人员只须评价关键控制点的监视结果和所采取的有关措施，企业所专有的有关生产技术的资料则不必去审核。工厂企业也应以自查方式核实自己的HACCP 计划运行的情况，可由企业总经理或质量负责人按一定时间间隔（三个月或半年）进行一次。核查时样品的检验分析方法应采用国家或行业所规定的方法或官方机构认可的方法。若目前尚无上述方法，企业自定的方法应由企业技术主管批准并形成书面文件。

第三节　HACCP 计划制定步骤

HACCP 计划是由食品企业自己制定的。由于产品特性不同，加工条件、生产工艺、人员素质等也有差异，因此其 HACCP 计划也不相同。在制定 HACCP 计划过程可参照常规的基本实施步骤（见图 11－3），但企业制定的 HACCP 计划必须得到政府有关部门的认可。

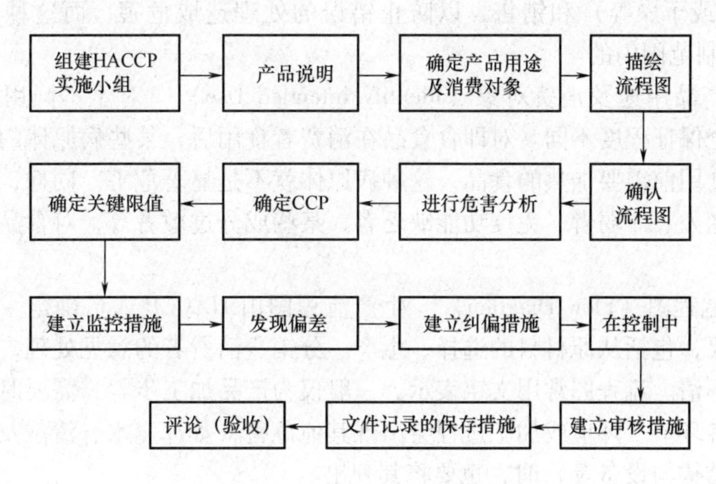

图 11－3　HACCP 计划的基本实施步骤

一、制定 HACCP 计划的预先步骤和前期条件

1. 前期条件

HACCP 体系必须建立在现行的良好生产规范（GMP）、生产许可（QS）和卫生标准操作程序（SSOP）基础上。GMP、QS 和 SSOP 是对食品加工环境的控制，是 HACCP 的前期条件，是实施 HACCP 的基础。GMP 和 QS 包含了工厂和个人许多方面的操作规范，SSOP 是食品生产中为保证达到 GMP 和 QS 的目标而使用的过程。

在某些情况下，SSOP 可以减少在 HACCP 计划中关键控制点的数量，实际上，危害是通过 SSOP 和 HACCP 关键控制点的组合来有效地控制的。例如，食品工厂的杀菌工序，在HACCP 计划中大多确定为关键控制点，但实际上，生产操作人员和环境的卫生，以及严格操作程序（SSOP）对杀菌效果的影响也很大。

2. 预先步骤

（1）组建HACCP实施小组（HACCP Team） HACCP小组的职责是制订HACCP计划，修改、验证HACCP计划，监督HACCP计划实施，撰写SSOP文本，对全体人员的培训等。HACCP实施小组的任务是使HACCP计划的每个环节能顺利执行，其人员常由技术人员及对生产工艺、产品有深入了解的人员构成，包括微生物专家、质量保证及质量控制专家、工艺技术人员、采购人员、生产操作人员、部门经理，也可邀请了解潜在微生物危害、熟悉公共卫生健康的外来专家，但不能仅依赖外来专家顾问。

实施小组人员必须熟悉公司情况，对工作认真负责，有对产品、工艺及研究HACCP有关危害性的知识与经验，能确认潜在的不安全因素及其危害程度，提出控制方法、监督程序和补救措施，在HACCP计划的重要信息不详的情况下，能提出解决办法。另外，公司选择的实施小组人员需获得主管部门的批准或委任，并经过严格的训练。

（2）产品说明（Describe Product） HACCP小组建立后，首先要对产品进行描述，说明产品的特性、规格及分销办法，如产品名称、成分表、重要产品性质（如A_W、pH、含盐量等）、计划用途（主要消费对象、分销方法等）、包装、销售点、标签说明、特殊储运要求（如干湿要求、冷却要求等）等。描述销售和储存方法是确定产品如何储存（如冷冻、冷藏或干燥等）和销售，以防止错误的处理造成危害，而这种危害是不属于HACCP计划控制范围内的。

（3）确定产品用途及消费对象（Identify Intended Use） 对于不同用途和不同消费者，食品的安全保证程度不同。对即食食品在消费者食用后，某些病原体的存在可能是显著危害，而对食用前需要加热的食品，这种病原体就不是显著危害。同样，对于不同消费者，如婴儿、老人、体弱者、免疫功能缺乏者、某些成分过敏者等，对食品的安全要求也不一样。

（4）描绘流程图（Flow Diagram） 生产流程图由HACCP人员确定。流程图中每个步骤要简明扼要，包括从原材料的选择、生产、分销、消费者的意见处理，都需按顺序标明，防止含糊不清。流程图常用文字表示，一般仅为产品加工步骤，需要时也可包括加工前后的食品链各环节。环境或加工过程会出现其他危害（如冰、水、清洗及消毒过程、工作人员、厂房结构与设备等）时，也要将其列出。

（5）确认流程图（Confirm Flow Diagram） 流程图包括所有原（辅）料的接收、加工直到储存步骤，应该足够清楚和完全，覆盖进行加工过程的所有步骤。流程图的精确性对进行危害分析是关键，因此须对流程图进行验证、确认，要和实际加工流程完全吻合。所有HACCP实施人员都要参与该流程图的确认工作。若有必要，对流程图进行调整，以确保流程图的准确性和完整性。

3. 管理层的承诺

一个HACCP计划的制订及运转，特别重要的是要得到公司（或工厂）最高领导的支持和重视，同时最高领导如经理和主管者对HACCP体系应有所了解认识。如果没有这些支持和认识，HACCP不会在公司（或工厂）有效地实施，食品的安全危害也不会得到最好的预防。

二、危害分析

1. 进行危害分析（HA）

危害分析是HACCP最重要的一环，根据对食品安全造成的危害来源与性质，常划分为生物性危害、化学性危害和物理性危害。HACCP要求在危害分析中不仅要确定潜在的危害及其发生点，并且要对危害程度进行评价。

确认加工过程可能出现的每一危害（生物、化学及物理性危害），并说明可以排除或减少危害出现，使其达到可接受水平的办法。有时可以用几个关键点来控制某一危害，或者几种危害能用一个关键点来控制。通常危害分析主要是分析危害的种类、程度及改进条件、安全措施，常以提问形式进行。

（1）原材料　多来自动植物原料，主要危害有来自微生物（各种致病菌等）、化学物（抗生素、杀虫剂、农药兽药等）和物理性杂质（小石子、玻璃、金属等）。生产过程的用水及其他辅料的卫生状况也需引起重视。

（2）加工过程和加工后，食品的物理特性与组成变化　加工过程有哪些有害微生物会存在、繁殖，有哪些毒素可能形成，上述有害成分是否可能在流通、储藏时形成对人体健康不安全的因素，另外对食品的pH、酸性种类、可发酵营养物、A_W、防腐剂等在加工过程与加工后的变化、稳定性应清楚。

（3）生产设备及车间内设施　工艺流程布置是否将原材料与成品分开，人流、物流是否有交叉感染存在，包装区域是否具备正压条件，设备及各种仪表（如温度、时间）运行是否稳定，是否产生不安全因素（碎玻璃、碎金属、机油渗漏等），设备清洗消毒是否有效，是否存在不安全因素，是否需要安装辅助设备以保证产品安全（如金属探测器、吸铁石、过滤网、温度计、紫外杀菌灯）等。

（4）操作人员的健康、卫生及教育　操作人员的健康、个人卫生是否会影响加工产品的安全性，生产人员是否理解采取的控制手段、方法及其重要性，是否理解食品安全操作的必要性和重要性，操作人员是否清楚如何处理各种问题或报告有关人员处理问题。

（5）包装　包装材料、包装方式能否防止微生物感染（如细菌侵袭）及毒素物质形成（有氧或无氧包装），包装过程是否存在安全保证措施，是否有合适的包装标签。

（6）食品的储运及消费　食品在储运过程中是否容易被存放在不当的温度环境条件下，不当储运是否会导致危害发生或加重，消费者是否在加热后食用，消费对象是否有易于生病的群体（婴儿、老人、体弱者、免疫功能缺乏者），食物吃后是否剩余并再食用。

美国食品微生物标准咨询委员会（NACMCF）曾将食品的潜在危害程度分为六类。

a类：专门用于非杀菌产品和专门用于特殊人群（如婴儿、老人、体弱和免疫缺陷者）消费的食品。

b类：产品含有对微生物敏感的成分，如牛乳、鲜肉等含水分高的新鲜食物。

c类：生产过程缺乏可控制的步骤，不能有效地杀灭有害的微生物，如碎肉过程、分割、破碎等无热处理过程。

d类：产品在加工后，包装前会遭受污染的食品，如大批量杀菌后再包装的食品。

e类：在运输、批发和消费过程中，易造成消费者操作不当而存在潜在危害的产品，如应冷藏的食品却在常温或高温下放置。

f类：包装后或在家里食用时不再加热处理的食品（如即食食品等）。

根据危害分析，评价食品危害程度，习惯上将微生物造成的危害程度分为七级，最高潜在危害性食品为a类特殊性食品；其次为含b~f类所有特征的食品；含b~f类所有特征中四项的食品；含b~f类所有特征中三项的食品；两项；一项和不含b~f任何特征的食品。

2. 确定关键控制点（CCP）

CCP是使食品安全危害可以被防止、排除或减少到可接受水平的点、步骤和过程。CCP的数量取决于产品或生产工艺的复杂性、性质和研究的范围等。采用关键控制点判断树（CCP Decision Tree）找出生产流程中的关键控制点。

（1）建立危害分析工作单　进行危害分析记录方式有多种，可以由HACCP小组讨论分析危害后，记录备案。美国FDA推荐的表格《危害分析工作单》是一份较为适用的危害分析记录表格（表11-2）。可以通过填写这份工作单进行危害分析，确定关键控制点。在表格纵行（1）中将流程图的每一步骤顺序填写上。

表11-2　　危害分析工作单

工厂名称：__________　工厂地址：__________　产品描述：__________

销售和贮存方法：__________　预期用途和消费者：__________

(1)	(2)	(3)	(4)	(5)	(6)
配料/加工步骤	确定在这步中引入的、控制的或增加的潜在危害	潜在的食品安全危害是显著的吗？（是/否）	对第3列的判断提出依据	应用什么预防措施来防止显著危害	这步是关键控制点吗？（是/否）
	生物的				
	化学的				
	物理的				
	生物的				
	化学的				
	物理的				

（2）确定潜在的危害　在表中纵行（2）对每一流程的步骤进行分析，确定在这一步骤的操作引入的或可能增加的生物的、化学的或物理的潜在危害。例如，罐头食品巴氏杀菌温度不够、时间不当造成病原体残存的潜在危害。

（3）分析潜在危害是否显著危害　根据以上确定的潜在危害，分析其是否显著的危害，填入纵行（3），因为HACCP预防的重点是显著危害，一旦显著危害发生，会给消费者造成不可接受的健康风险。例如，含贝毒的双壳贝类被消费者食用后，可能致病，贝毒是显著危害。

（4）判断是否显著危害的依据　对纵行（3）中，判断是否显著危害提出的科学依据，填入纵行（4）中。例如，在收购工序，双壳贝类的贝毒是显著危害，判断依据为双壳贝类原料可能来自污染的海区。

（5）显著危害的预防措施　对此工序确定的显著危害，采取什么预防措施予以预防，填入纵行（5）。例如，拒收污染海区的双壳贝类原料，以防贝毒危害；又如控制加热温度、时间，预防病原体的残存；再如采用消毒方式防止病原体的污染等。

（6）确定这些步骤是否为关键点（CCP）　根据以上的分析，按 HACCP 原理来确定这一步骤是不是关键控制点，填入纵行（6）。如果分析是显著危害，在这一步骤可以被控制、被预防、消除或降低到可接受水平，那么这一步骤就是关键控制点。

三、HACCP 计划表

HACCP 计划表中包括需要制定关键控制点的：关键限值、监控程序、纠偏行动、记录及验证。

1. 填写 HACCP 计划表格

可以通过填写 HACCP 计划表格（表 11－3），完成 HACCP 计划的制订。将“危害分析工作单”上确定的关键控制点和显著危害逐一填写在“HACCP 计划表格”纵行 1、2 栏中。

表 11－3　　HACCP 计划表

工厂名称：＿＿＿＿＿＿工厂地址：＿＿＿＿＿＿产品描述：

销售和贮存方法：＿＿＿＿＿＿预期使用和消费者：＿＿＿＿＿＿

1	2	3	4	5	6	7	8	9	10
关键控制点（CCP）	显著危害	关键限值	监　控				纠偏措施	记录	验证
			对象	内容	频率	人员			

工厂管理员签字：＿＿＿＿＿＿日期：＿＿＿＿＿＿页数：＿＿＿＿＿＿

2. 确定每个关键控制点的关键限值（Establish CL for Each CCP）

对每一个关键控制点 CCP 要控制的危害必须确定控制加工工艺的最大或最小值，即设置关键值，一旦偏离就可能会导致不安全产品出现。关键值限（CL）要求合理、有效，须经试验后方可确定，否则过严会导致损失，过松会产生不安全的食品。

3. 确定每个关键控制点的监控系统（Establish M System for Each CCP）

监控程序应包括：监控什么（What）？怎样监控（How）？监控频率（When）？谁来监控（Who）？

监控过程应该直接测量已经建立的 CL。监控频率应能及时发现所测量的特征值的变化。如果这些值非常接近 CL，那就更应加强监测。另外测量时间间隔越长，便可能会有更多的产品在测量时被发现偏离了 CL。监控可由操作人员执行，或由生产监督人员，或由质检人员，或任何其他能理解监控仪器和 CL 的人执行。

4. 建立纠偏措施（Establish CA Plan）

当监控显示 CL 不能满足时，就应采取纠偏措施，包括：采用的纠偏动作能保证 CCP

已经在控制限值以内；纠偏动作受到权威部门确认；有缺陷产品能及时处理；纠偏措施实行后，CCP 一旦恢复控制，有必要对这系统进行审核，防止再出现偏差；授权给操作者，当出现偏差时停止生产，保留所有不合格产品，并通知工厂质量控制人员；在特定的 CCP 失去控制时，使用经批准的可替代原工艺的备用工艺（如生产线某处出现故障，可按 GMP 法，用手工控制）。具体的纠偏动作有拒收、返回、隔偏离产品、重新评估产品等。

为了消除实际存在的或潜在的不能满足 HACCP 计划指标（关键限值）要求的可能性，需在 HACCP 中建立补救的措施，即在所有 CCP 上都有具体的补救措施，并以文件形式表达。

无论采用什么纠偏措施，均应保存记录：被确定的偏差、保留产品的原因、保留的时间和日期、涉及的产量、产品的处理和隔离、做出处理决定的人、防止偏离再发生的措施。

5. 建立记录保存系统（Establish Documentation）

文件记录的保存是有效地执行 HACCP 的基础，以书面文件证明 HACCP 系统是有效的。一般在此的记录有监控记录，纠偏记录，仪器校正记录等。

6. 建立验证程序（Establish V Procedure）

验证程序是为了确保 HACCP 系统处于正常工作状态中。验证的目的明确；HACCP 系统是否按 HACCP 计划进行；原制订的 HACCP 计划是否适合目前实际生产过程并且是有效的。验证程序应确保 CCP 的确定、监控措施和关键限值是适当的，纠偏措施是有效的。验证工作由 HACCP 执行小组负责，应特别重视监督中的频率、方法、手段或试验法的可靠性。

在 HACCP 计划表格中的验证程序是复查记录。制订复查记录时间，按规定复查记录时间不能超过一周。复查记录是确认 CCP 点按 HACCP 计划规定的监控程序在监控，CCP 点在 CL 内运行，当超过 CL 时采取了纠偏行动，按纠偏行动程序进行纠偏，记录按规定真实地记录。

四、验证报告

企业（工厂）的 HACCP 计划制订完毕并实际运行至少一个月以后，由 HACCP 小组成员，对 HACCP 体系的运行情况进行定期或不定期的验证。目的是确定实施的 HACCP 计划是否适合本工厂，该 HACCP 是否有效执行，HACCP 执行后是否减少了与产品有关的风险，并以书面形式附在 HACCP 计划的后面。

验证活动可按规定的程序进行，验证的重点如下。

（1）已颁布实施的 HACCP 计划的适用性　当加工原料或原料来源、加工方法或科技等发生变化时要重新评价，发现问题应及时予以修改。

（2）检查关键控制点的监控记录、纠正措施记录、监控仪器校正记录及成品、半成品的检验记录，这些记录是否完整规范，是否可靠。

（3）卫生标准操作规范（SSOP）的执行情况。

对验证发现的问题，需采取纠正措施，并按规定真实地记录和保存。

五、HACCP 计划手册内容

（1）封面（名称、版次、制订时间）；
（2）目录；
（3）手册颁布令（总经理手签）；
（4）公司概况（包括厂名、厂址、简介等工厂背景材料，附厂区平面图）；
（5）食品安全卫生方针、目标批准令；
（6）公司组织结构图；
（7）HACCP 小组名单及职责；
（8）产品加工说明（包括范围、目的、引用文件、术语和定义等）；
（9）产品加工工艺流程图；
（10）HACCP 计划前提方案（包括 GMP、SSOP、人员培训、设备维护等计划）；
（11）危害分析工作单；
（12）HACCP 计划表；
（13）验证报告；
（14）附录（包括程序文件、支持文件、记录表格等）。

第四节　食品企业应用 HACCP 的生产案例

HACCP 体系是保证食品安全的基石，我国大部分食品企业都十分重视，因此 HACCP 体系已经广泛应用于我国食品工业中。本节选取山东省荣成市某农副水产品生产加工和出口企业作为典型案例，以此为示范，探讨 HACCP 在食品加工行业中的应用。该企业为集团公司，始建于 1994 年，是以农副水产品为主要原料进行精深加工的食品企业，产品有水产类、面类、肉类、蛋类、蔬菜类等 200 多个品种，产品 90% 出口到日本、韩国、欧美等国家和地区。1997 年获得输美水产品的 HACCP 认可证书；1998 年通过出口欧盟水产品注册认可；2001 年通过 ISO9001：2000 质量管理体系认证。

1. HACCP 体系的建立

该公司于 1997 年建立了 HACCP 计划，同时制订了 SSOP 计划，并开始实施，1997 年底获得 HACCP 验证证书。检验检疫机构每年对公司进行一次官方验证，对公司的 HACCP 体系有效实施给予监督与指导，使公司的 HACCP 体系逐渐完善。2005 年作为国家科技部“十五”重大科技专项“食品安全关键技术”13 课题研究的试点工厂，于当年 8 月份该公司又有两个工厂通过认证机构的 HACCP 认证。

最高管理者的管理过程是实现食品安全管理的前提和保证。公司最高管理者充分认识到国家法律法规对食品生产企业的要求以及在保证食品安全方面的重要责任，最高管理者按照以上食品安全管理过程调整以下几个方面的工作，以加强食品安全的管理。

①审核了企业的质量方针，增加了食品安全的要求：“××食品 = 安全”，作为企业食品生产的宗旨和方向，由最高管理者正式发布。

②成立“食品安全部”，主管公司有关食品安全的事务，授予一定的权限、职责、任务。

③聘请食品专家作为公司“安全管理顾问”及“培训教师”。

④制定完整的培训计划，开展全员培训。为提高公司高层和管理人员的管理水平，曾多次选送领导和管理人员参加 HACCP、ISO9000、ISO14000 培训班。为提高公司全员素质，公司组成了一支全员培训的教师队伍，并制定了全员培训计划，分批分期对员工进行培训。

⑤积极参加有关“食品安全”方面的科研，成为地方检验检疫局的科研基地。

2. HACCP 计划的策划、实施、验证和更新

下面以“蘸面包粉猪肉圆葱串”为例介绍 HACCP 体系。

（1）组成 HACCP 小组　公司 HACCP 小组由相关学科或专业的人员（采购、生产加工、卫生、质量保证和食品微生物学研究等）组成。小组成员具备了产品生产过程、专业技术知识、生产技能和经验、质量检验、质量检验等方面的能力，并经最高管理者批准。

HACCP 的主要职能就是建立和实施 HACCP 计划。

（2）产品描述　“蘸面包粉猪肉圆葱串”是用经过蒸煮的猪肉块和经烫漂的圆葱串后蘸小麦面糊，裹面粉后速冻，冷冻储藏、销售。

（3）识别预期用途　产品供出口用，消费者为一般公众，经油炸后食用。

（4）工艺简述和流程图及现场验证　“蘸面包粉猪肉圆葱串”工艺：

原辅料接收 → 解冻 → 清洗 → 加热（烫漂）→ 制串 → 蘸面糊 → 裹面包粉 → 速冻 → 包装 → 冷冻冷藏

（5）危害分析和预防措施　HACCP 小组对“蘸面包粉猪肉圆葱串”的每个工序或加工步骤都进行了危害分析，认为存在的危害有生物性危害：致病菌（沙门菌、金黄色葡萄球菌等）、寄生虫（旋毛虫）、病毒（猪丹毒、口蹄疫）等，化学性危害：兽药残留、农药残留、过量使用的食品添加剂残留，物理性危害：针头及加工设备损坏混入金属碎片等。以此建立了危害分析工作单（见表 11－4）。

表 11－4　“蘸面包粉猪肉圆葱串”危害分析工作单

工厂名称：＿＿＿＿＿＿　工厂地址：＿＿＿＿＿＿　产品描述：

销售和贮存方法：＿＿＿＿＿＿　预期用途和消费者：＿＿＿＿＿＿

(1)		(2)	(3)	(4)	(5)	(6)
配料/加工步骤		确定在这步中引入的、控制的或增加的潜在危害	潜在的食品安全危害是显著的吗？（是/否）	对第 3 列的判断提出依据	应用什么预防措施来防止显著危害	这步是关键控制点吗？（是/否）
原辅料	猪肉	生物性：带有致病菌，病毒（猪丹毒、口蹄疫）	是	可能带有致病菌等病原体，加热后食用；畜禽饲养过程中可能兽药使用不当或使用违禁药物所致；可能混入金属或非金属异物，对人体有害	控制原料来源，选择经过 HACCP 体系认证的工厂屠宰的猪的肉，并经官方检验验证合格	是 CCP1
		化学性：兽药残留	是			
		物理性：异物混入	是			

续表

<table>
<tr><td colspan="2">（1）</td><td>（2）</td><td>（3）</td><td>（4）</td><td>（5）</td><td>（6）</td></tr>
<tr><td colspan="2">配料/加工步骤</td><td>确定在这步中引入的、控制的或增加的潜在危害</td><td>潜在的食品安全危害是显著的吗？（是/否）</td><td>对第3列的判断提出依据</td><td>应用什么预防措施来防止显著危害</td><td>这步是关键控制点吗？（是/否）</td></tr>
<tr><td rowspan="6">原辅料</td><td rowspan="3">圆葱</td><td>生物性：带有致病菌</td><td>是</td><td rowspan="3">种植条件可能引起致病菌污染，加热后食用；种植过程中的药物残留或水、土、环境污染造成；原料本身夹带或运输混入金属等异物</td><td rowspan="3">选择对使用农药进行控制的“种植基地”生产的圆葱</td><td rowspan="6">是
CCP1</td></tr>
<tr><td>化学性：农药残留</td><td>是</td></tr>
<tr><td>物理性：异物混入</td><td>是</td></tr>
<tr><td rowspan="3">面粉</td><td>生物性：带有致病菌；</td><td>是</td><td rowspan="3">面粉加工过程可能带入，加热后食用；种植中的药物残留或水、土、环境污染造成，漂白剂的过量使用，面粉的霉变导致；原料本身夹带或运输混入金属等异物</td><td rowspan="3">选择合格面粉供应商出具符合国家卫生标准的证明</td></tr>
<tr><td>化学性：农药残留，黄曲霉毒素</td><td>是</td></tr>
<tr><td>物理性：异物混入</td><td>是</td></tr>
<tr><td colspan="2" rowspan="3">原料预处理</td><td>生物性：致病菌污染</td><td>否</td><td rowspan="3"></td><td rowspan="3">由SSOP控制、加热后食用</td><td rowspan="3">否</td></tr>
<tr><td>化学性：无</td><td>否</td></tr>
<tr><td>物理性：无</td><td>否</td></tr>
<tr><td colspan="2" rowspan="3">加热</td><td>生物性：微生物</td><td>是</td><td rowspan="3">杀菌温度及时间不到位、造微生物繁殖</td><td rowspan="3">控制加热温度和时间</td><td rowspan="3">是
CCP2</td></tr>
<tr><td>化学性：无</td><td>是</td></tr>
<tr><td>物理性：无</td><td>是</td></tr>
<tr><td colspan="2" rowspan="3">面糊制作</td><td>生物性：金黄色葡萄球菌、肠毒素</td><td>是</td><td rowspan="3">当食品暴露在21℃以上3小时或者10～21℃间12小时以上，金黄色葡萄球菌就会产生肠毒素</td><td rowspan="3">面糊的制作控制在21℃以下存放3小时以下</td><td rowspan="3">是
CCP3</td></tr>
<tr><td>化学性：无</td><td>否</td></tr>
<tr><td>物理性：无</td><td>否</td></tr>
<tr><td colspan="2" rowspan="3">速冻</td><td>生物性：无</td><td>否</td><td rowspan="3"></td><td rowspan="3">由SSOP控制、加热后食用</td><td rowspan="3">否</td></tr>
<tr><td>化学性：无</td><td>否</td></tr>
<tr><td>物理性：无</td><td>否</td></tr>
</table>

续表

(1)	(2)	(3)	(4)	(5)	(6)
配料/加工步骤	确定在这步中引入的、控制的或增加的潜在危害	潜在的食品安全危害是显著的吗？（是/否）	对第3列的判断提出依据	应用什么预防措施来防止显著危害	这步是关键控制点吗？（是/否）
包装封口	生物性：致病菌污染 化学性：无 物理性：无	否 否 否		由SSOP控制、加热后食用	否
金属探测	生物性：无 化学性：无	否 否	金属杂质未经剔除将对人体造成危害	用金属探测仪对每包产品进行探测，按照顾客合同要求	是 CCP4
	物理性：金属异物残存	是			

从危害分析工作单中可看出，这些危害主要来源于原料，“蘸面包粉猪肉圆葱串”的主要原料为猪肉，可能存在沙门菌等、旋毛虫、丹毒、口蹄疫病毒、兽药残留、针头等显著危害；辅料圆葱可能存在致病菌、农药残留等显著危害；面包可能存在过量使用增白剂、农药残留、金属异物等显著危害。这些来自原料的危害预防措施是控制原料来源，选择经过HACCP体系认证的工厂屠宰的猪的肉，并经官方检验验证合格。选择对使用农药进行控制的“种植基地”生产的圆葱。选择合格面粉供应商出具符合国家卫生标准的证明。由于加工过程对圆葱、猪肉都要经过加热处理，可杀死部分致病菌，针头及加工设备混入金属碎片等可用金属探测器检出，对可能由环境或加工人员污染金黄色葡萄球菌可通过SSOP计划和温度控制金黄色葡萄球菌肠毒素。

（6）确定关键控制点（CCP）和关键限值（CL）的策划　根据分析的危害，以及结合公司多年生产经验，HACCP小组采用CAC/RCP1－1969，Rev.3（1997）附录《HACCP体系及其应用准则》介绍的“判断树”（图11－2）方法，分别将原辅料验收、加热（烫漂）、面糊制作和金属探测等四个工序确定为关键控制点CCP1、CCP2、CCP3和CCP4。

关键控制点的关键限值（CL）确定依据为国家有关的食品卫生法规和标准（出口还需要考虑国外关键限值）、顾客合同要求、科技资料介绍及经验。例如，原辅料的验收作为关键控制点CCP1时，危害控制是选择合格的供应商，关键限值则为供应商提供的证明和原料化验单。又如，面糊制作是关键控制点CCP3，关键是控制金黄色葡萄球菌及其产生肠毒素，据有关资料表明，当食品暴露在21℃以上3h，或者10～21℃间12h以上，金黄色葡萄球菌就会产生肠毒素，因此面糊制作的关键限值可定为21℃以下存放3h以下。

（7）监控程序建立的策划与实施　对关键控制点的监控是运用美国的21CFR part123.1240《水产品HACCP法规》，2006年后按照GB/T 22000—2006/ISO22000：2005，IDT《食品安全管理体系——食品链中各类组织的要求》介绍的监控程序进行，即“监控什么、怎样监控、监控频率、谁监控”。

①监控什么：是根据关键控制点的CL来监控，CCP1监控合格的供应商证明和原料化

验结果，CCP2 监控温度和时间，CCP3 监控温度和时间，CCP4 监控金属碎片。

②怎样监控：采用目测或温度计、钟表，金属探测器等仪器设备。

③监控频率：原辅料按批监控，加热按每锅监控，面糊制作按每槽监控，金属探测为连续监控。

④监控人员：授权专门的监控人员对各关键控制点实施监控。公司规定监控人员是与生产操作相关的人员，监控人员经过培训，考试合格方可上岗。

当监控发现关键限值发生偏离时，受影响的产品可能含有显著危害，监控人员立即停止相应关键控制点所在操作步骤的运行，并及时通过纠偏人员采取纠偏行动，确保将显著危害控制在组织的特定操作之内，对不能尽职的监控人员，公司将根据其失职造成的影响给予处理。2005 年有一监控人员未按 CL 规定的温度和时间监控，在随后的验证中发现后，给予除名处理。

（8）纠偏行动建立及不合格品处理的策划与实施　对监控结果发现不符合 CL 时就要采取纠偏行动，即找出不符合 CL 的原因，及时解决，并对偏离 CL 的产品隔离，评价后处理。

监控 CCP1 结果发现无“合格的供应商证明和原料化验结果单”，纠偏结果对原辅料“拒收”。

监控 CCP2 结果发现温度、时间偏离 CL，纠偏行动应继续加热，直至温度和时间符合 CL 规定，并检查设备，找出原因并解决。

监控 CCP3 结果发现温度、时间偏离 CL，丢弃面糊，找出原因并解决。

监控 CCP4 结果发现金属探测器发出报警信号，停止工作，检查设备是否正常，需要时进行维修、校正调试证明正常后，对产品重新过金属探测器，如仍然发出报警信号，则查产品内金属碎片及其来源，产品作不合格处理。

不合格产品按前提计划“不合格产品处理计划”处理。

纠偏行动应由车间质检人员负责监督。

（9）验证程序策划与实施　公司制定的验证程序是按美国的 21CFR part123.1240《水产品 HACCP 法规》和我国的 GB/T 22000：2006/ISO22000：2005，IDT《食品安全管理体系—食品链中各类组织的要求》中要求的验证程序所包括的四个要素中三个进行的，即在 HACCP 计划制订好，实施之前进行“确认”；在 HACCP 计划实施之后一年进行“CCP 验证”和“HACCP 体系认证”。2005 年作为国家科技部“十五”重大科技专项“食品安全关键技术”13 课题研究的试点工厂，公司重新策划了验证程序，规定了验证频率、验证内容、验证人员以及职责，并对 HACCP 计划进行了确认，编写了“HACCP 计划确认报告”、“CCP 验证和 HACCP 体系验证报告”。正常情况下每年进行一次全面验证，但经内审、管理评审、CIQ 认证机构认证或者从客户获得新信息，对 HACCP 计划作了修改或更新后，需再重新验证。

对原辅料、包装物料、CCP 控制后的产品、最终产品的验证由公司化验室执行。化验室制定质量手册，规定了验证频率、验证项目，检测方法按 CIQ 提供的 SN 标准执行。对公司不具备化验条件的检测项目一般委托 CIQ 化验室检测。

（10）文件与记录保持程序的策划与实施　文件与记录保持程序的实施是按照公司 ISO9000 认证的《质量手册》规定进行的。记录保持时间是按质检总局 2002 年 20 号令中

《出口食品生产企业卫生要求》规定保持2年。公司HACCP体系记录包括：CCP监控、纠偏、验证记录，SSOP计划执行、检查、纠正记录，化验记录等三类。记录归档是按每日装订，按月份保存在质检部。

（11）制定HACCP计划　在上述危害分析、确定关键控制点等程序建立和实施的基础上，公司制定了“蘸面包粉猪肉圆葱串”产品的HACCP计划表（见表11－5）。

表11－5　　蘸面包粉猪肉圆葱串HACCP计划表

工厂名称：＿＿＿＿＿工厂地址：＿＿＿＿＿产品描述：

销售和储存方法：＿＿＿＿＿预期使用和消费者：＿＿＿＿＿

1	2	3	4	5	6	7	8	9	10
关键控制点（CCP）	显著危害	关键限值	对象	监控			纠偏措施	记录	验证
				内容	频率	人员			
原辅料验收CCP1	农兽药等化学残留；添加剂超标	合格的供应商证明和原料化验结果单	供方证明；供应商为合格供应商	查验	每批	验收人员	发现无“合格的供应商证明和原料化验结果单”，纠偏结果对原辅料“拒收”	供方证明记录；纠偏记录	复查每一批次的验收证明记录；每年进行一次化学残留项目的检测
加热CCP2	微生物、致病菌残留	加热的温度和灭菌时间	加热的温度和时间	监测	每10min	操作工	温度过低则调整温度，相应延长时间	加热工作记录	车间主任每天至少一次检查当天的加热操作记录
面糊制作CCP3	金黄色葡萄球菌肠毒素	21℃以下存放3h以下	制作面糊温度和时间	检测	每批	操作工	发现温度、时间偏离CL，丢弃面糊，找出原因并解决	面糊制作时间和温度记录	车间主任每天至少一次检查当天的加热操作记录
金属探测CCP4	金属异物	按照顾客合同要求	产品中的金属异物	金属探测仪探测	连续每包	操作员	对不合格的产品进行隔离，分解，拣出异物，对该产品返工或销毁；查找来源，及时反馈相关部门	金属探测情况记录表，检出物分析处理记录表	2h/次金属控测仪灵敏度测试；每日检查金属探测仪使用记录

工厂管理员签字：＿＿＿＿＿日期：＿＿＿＿＿页数：＿＿＿＿＿

3. 实施HACCP体系管理的体会

公司实施了HACCP体系管理之后，食品安全质量逐渐提高，客户反映有关食品安全方面的问题越来越少，近几年几乎没有了。加上日常检验检疫机构的监管和官方验证，使企业 HACCP 体系管理水平不断提高，同时提高了企业的竞争力。

（1）保持并增强品牌价值；

（2）提高顾客购买产品的信心；

（3）使产品能够满足市场及法规的要求。

公司 HACCP 食品安全管理体系的通过，使公司的软硬件管理又上了一个台阶，在同行业中处于领先地位。公司食品安全管理体系运行至今，能持续满足规定要求，且正在有效运行，这对规范企业管理的各项工作和确保产品，尤其是出口产品的品质和安全起到了很大的促进作用。产品在国家、省级质量抽检中合格率达到 100 %。

目前我国已有许多食品产品生产企业制定并实施了相应产品的 HACCP 体系。这些企业在建立和实施 HACCP 过程中的共同特点是最高管理者对建立 HACCP 体系十分重视，能充分认识到企业遵守国家法律法规的重要性以及在保证食品安全方面的重要责任，支持 HACCP 小组外出参加培训等。值得关注的是，从理论和实践的角度看，有些企业建立的 HACCP 体系还有待于进一步完善。这是因为 HACCP 体系不是一成不变的，而是动态发展的，应随着认识的提高和实际情况的变化持续地进行改进。

思考题

1. 名词解释：关键控制点、控制点、CCP 判断树、验证、关键操作限值、预防措施。
2. HACCP 的基本原理是什么？
3. 何谓制订 HACCP 计划的必备程序和预先步骤？
4. 建立和实施 HACCP 计划的基本步骤是什么？
5. 监控程序主要包括哪些内容？
6. 食品企业实施 HACCP 的意义是什么？
7. 简述 SSOP、HACCP 以及 ISO 三者之间的关系。
8. 何为 CCP 点？确定的原则和方法是什么？
9. 简述 HACCP、SSOP 和 GMP 三者之间的关系。

参 考 文 献

1. 张妍，张甦．食品安全管理体系内审员培训教程．北京：化学工业出版社，2008

2. 美国质量协会食品药品化妆品委员会编，陈世山，李秋等译．注册质量审核员 HACCP 手册．北京：中国标准出版社，2007

3. 包大跃．食品企业 HACCP 实施指南．北京：化学工业出版社，2007

4. GB/T 22000—2006/ISO22000：2005《食品安全管理体系——食品链中各类组织的要求》．北京：中国标准出版社，2006

5. 国家认证认可监督管理委员会．HACCP 认证与百家著名食品企业案例分析．北京：中国农业科技出版社，2006

6. 陈明之．HACCP 在食品安全与质量体系建设中的应用．食品与药品．2006（8）：31～33

7. Ma. Patricia V. Azanza & Myrna Benita V. Zamora－Luna. Barriers of HACCP team members to guideline adherence. *Food Control*，2005，16：15－22

8. 孟凡乔．食品安全性．北京：中国农业大学出版社，2005

9. 中国食品发酵工业研究院，江南大学等．食品工程全书（第三卷）食品工业工程．北京：中国轻工业出版社，2005

10. 袁俊．HACCP 管理体系与食品安全．轻工标准与质量．2005（4）：34～36

11. 张根生．危害分析与关键控制点在现代食品加工企业中的应用．北京：中国计量出版社，2004

12. 姜南，张欣，贺国铭，王冬冬．危害分析和关键控制点（HACCP）及在食品生产中的应用．北京：化学工业出版社，2003

13. 钱和．HACCP 原理与实施．北京：中国轻工业出版社，2003

14. 朱加虹，袁康培，张水志．食品安全现状与 HACCP 的应用前景．食品科学，2003，24（8）：260～264

15. 童西琳．论新贸易壁垒及其对我国外贸的影响．江苏经贸职业技术学院学报．2003，57（1）：24～27

16. 赵丹宇，郑云雁，李晓瑜．国际食品法典应用指南．北京：中国标准出版社，2002

17. 杨永华．食品安全管理体系 HACCP 推行实务．深圳：海天出版社，2002

18. 魏国斌．HACCP 体系中危害分析方法的探讨．中国国境卫生检疫杂志．2002，25（2）：121

19. 曾庆孝，许喜林．食品生产的危害分析与关键控制点（HACCP）原理与应用．2 版．广州：华南理工大学出版社，2001

20. 李玉伟．危害分析及关键控制点的运用．肉类工业，2001（6）：16

21. Mortimore S. E. & Wallace C. A. HACCP：A Practical Approach，2nd edition，Aspen Publishers Inc，Gaithersburg，MD，1998

第十二章　食品安全相关法律法规与标准

第一节　概　　述

美国食品安全法规是目前公认的较为完备的法规体系，法规的制定是以危险性分析和科学性为基础，并拥有预防性措施。美国宪法规定了国家食品安全系统由政府的立法、执法和司法3个部门负责。国会和各州政府议会颁布立法部门制定的法规；执法部门包括农业部（USDA）、食品药品管理局（FDA）、环保署（EPA），各州农业部利用《联邦备忘录》发布法律法规并负责执行和修订，司法部门对强制执法行动、监管工作或一些政策法规产生的争端给出公正的裁决。由美国众议院制定公布的《美国法典》共50卷，与食品有关的主要是第7卷（农业）、第9卷（动物与植物产品）和第21卷（食品与药品）。美国食品药品管理局和美国农业部依据有关法规，在科学性与实用性的基础上，负责制定《食品法典》，以指导食品管理机构监控食品服务机构的食品安全状况以及零售业（如餐馆、超市）和疗养院等机构预防食源性疾病。地方、州和联邦的食品法规以《食品法典》为基础。约100万家零售食品厂商在其运作中应用《食品法典》。

我国食品安全法律体系是《食品安全法》《农产品质量安全法》两法并行的模式。两个法加起来就是从农场到餐桌全程管理。《农产品质量安全法》主要是强调源头，农田、养殖场的管理问题。《食品安全法》是源头之后，加工、流通、餐饮等过程的管理问题。目前，我国已形成了以《食品安全法》《农产品质量安全法》《产品质量法》《标准化法》《进出口商品检验法》等法律为基础，以《食品生产加工企业质量安全监督管理办法》《食品标签标注规定》《食品添加剂管理规定》以及涉及食品安全要求的大量技术标准等法规为主体，以各省及地方政府关于食品安全的规章为补充的食品法规体系。此外，我国还有大量与食品安全密切相关的法律，如《动物防疫法》《进出境动植物检疫法》《卫生检疫法》《环境保护法》和《消费者权益保护法》。

在当前国际贸易中，标准已成为交易双方游戏规则的重要组成部分。发达国家在享受贸易自由化带来便利的同时，凭借其在技术、管理、环保等方面的优势，不断设置以技术标准、法规、合格评定程序、产品检疫、检验制度等为主要内容的技术性贸易壁垒。在WTO规则下，各国之间关税壁垒逐渐淡化，但同时，非关税壁垒已成为贸易双方市场垄断的“合法武器”，这其中尤以技术标准和技术法规最为广泛。另外，目前在国际贸易中又出现了“技术专利化，专利标准化、标准全球化”的发展趋势，发达国家将专利与标准相结合实现国际市场的技术垄断。

因此，为了适应入世后的国际贸易形势与我国国民经济的快速发展，2001年由科技部提出实施中国标准化战略。目前，我国将大力推广技术创新，以此来推动国家标准化工作的跨越式发展，工作重点是包括食品安全标准化在内的12个重要领域，其中“食品安全标准化”被列为标准化工作的“重中之重”。

一、标准的概念

1. 标准

我国国家标准 GB/T 20000.1—2002《标准化工作指南 第1部分：标准化和相关活动的通用词汇》对“标准”所下的定义是“为了在一定范围内获得最佳秩序，经协商一致制定并由公认机构批准，共同使用和重复使用的一种规范性文件（注：标准宜以科学、技术的综合成果为基础，以促进最佳的共同效益为目的）”。标准可以是文件形式的文本，也可以是实物标准形式，如标准模具、食品标准样品等。

食品安全标准是指：以在一定的范围内获得最佳食品安全秩序、促进最佳社会效益为目的，以科学、技术和经验的综合成果为基础，经各有关方协商一致并经一个公认机构批准的，对食品的安全性能规定共同的和重复使用的规则、导则或特性的文件。这里公认的权威机构在我国是中国国家标准化委员会，在国际上如国际标准化组织（International Organization for Standardization，即 ISO），食品方面是食品法典委员会（Codex Alimentarius Commission，即 CAC）等。

但值得注意的是：WTO 贸易技术壁垒（Technical Barriers to Trade，TBT）协定规定“在涉及国家安全问题、防止欺骗行为、保护人类健康和安全、保护生命和健康以及保护环境等情况下，允许各成员方实施与国际标准、导则或建议不尽一致的技术法规、标准和合格评定程序”。即 WTO 的《TBT 协议》承认：为了合法目标可以采取技术性贸易保护壁垒。因此，在今后相当长的时间内，技术和安全卫生标准将作为很多国家贸易保护的重要手段。例如，2006 起日本对从我国进口的蔬菜等实施“肯定列表制度”，为此对我国一些蔬菜出口企业产生了强烈的冲击。据了解，日本对本国同类产品的要求要大大低于“肯定列表制度”中的要求，这就是典型的贸易技术壁垒的案例。

2. 标准化

我国国家标准 GB/T 20000.1—2002《标准化工作指南第1部分：标准化和相关活动的通用词汇》对“标准化”所下的定义是：“为在一定范围内获得最佳秩序，对现实问题或潜在问题制定共同使用和重复使用的条款的活动”，它的基本功能是总结实践经验，并把这些经验规范化、普及化。

标准化的活动过程一般包括：

（1）标准的制定　指标准制定部门对需要制定标准的项目编制计划、起草标准、征求意见、审查、批准发布等，另外还包括标准的复审、废止或修订等活动。

（2）标准的实施　一般包括标准的宣传、贯彻执行和监督检查等。

（3）标准的更新　是新经验取代旧经验的过程。标准化过程是根据客观情况的变化，不断循环、螺旋式上升的动态过程。

“食品安全标准化”是解决我国目前所面临严峻食品安全问题的根本措施，切实将食品安全标准体系建设贯穿到种养殖、生产加工和流通的全过程，真正实现“从农田到餐桌”全过程的标准化管理。例如，对同一产品，要求统一原料（包括原料的产地、生产管理过程、采收情况等）、统一配方、统一生产过程、统一包装、统一贮运方式、统一检验方法，使相同或不同批次的产品在标准范围内尽可能成分指标一致，外观和口感一致。标准化的实施，既可保障食品的安全，又可使食品企业生产规模化，极大地提高劳动生产率和资源转化率，达到增加企业的经济效益之目的。因此，可以说标准化工作是国民经济和社会发展的技术基础，是科技成果转化为生产力的桥梁，是企业现代化、集约化生产的重要条件。

二、标准的主要分类

标准是为了适应不同的要求而制定的，目前世界各国标准种类繁多。按照标准的等级，从世界范围来看，可分为国际标准、区域性标准、国家标准、行业标准、地方标准与企业标准。我国目前将标准分为国家标准、行业标准、地方标准和企业标准四级。按照标准化对象，通常把标准分为技术标准、管理标准和工作标准三大类。按照标准的法律属性，可把标准分为强制性标准、推荐性标准和指导性标准。

1. 按标准等级划分

（1）国际范围　按标准制定的主体等级标准分为国际标准、区域标准、国家标准、行业标准、地方标准和企业标准。

国际标准是指国际标准化组织（ISO）、国际电工委员会（IEC）和国际电信联盟（ITU）制定的标准，以及国际标准化组织确认并公布的其他国际组织制定（如 CAC 食品法典委员会）的标准。

区域标准是指由区域标准化组织或区域标准组织通过并公开发布的标准。目前有影响的区域标准如欧洲标准化委员会（CEN）标准、亚太经济合作组织/贸易与投资委员会/标准与合格评定分委员会（APEC/CTI/SCSC）标准等。

（2）国内范围　根据《中华人民共和国标准化法》规定，我国标准分为 4 级：国家标准、行业标准、地方标准、企业标准。

①国家标准　国家标准是指由国家标准机构通过并公开发布的标准。

②行业标准　行业标准是指由行业组织通过并公开发布的标准。

③地方标准　地方标准是在国家的某个地区通过并公开发布的标准。

④企业标准　企业标准是由企业制定并由企业法人代表或其授权人批准、发布的标准。

以法律级别看，国家标准最高，行业标准次之，企业标准最低。从标准的内容严格程度看，企业标准要严于地方标准、行业标准和国家标准。

在食品行业，基础性的安全标准一般均为国家标准，产品标准多以行业标准和企业标准为主。

2. 按标准化对象的属性划分

（1）技术标准　技术标准是指对标准化领域中需要协调统一的技术事项所制定的标准，其形式可以是标准、技术规范、规程等文件，以及标准样品实物等。技术标准包括基础标准、产品标准、方法标准、安全卫生标准等。

①基础标准：是具有广泛的适用范围或包含一个特定领域的通用条款的标准，可以直接应用，也可以作为其他标准的基础。主要包括食品名词术语、图形符号、代号标准，如 GB/T 15091—1994《食品工业基本术语》；食品分类标准，如 GB 10789—2007《饮料通则》；食品包装与标签标准，如 GB 7718—2011《食品安全国家标准　预包装食品标签通则》和 GB 13432—2013《食品安全国家标准　预包装特殊膳食用食品标签》；食品检验标

准，如 GB 4789. 3—2010《食品安全国家标准　食品微生物学检验 大肠菌群计数》等。

②产品标准：是规定产品应满足的要求以确保其适用性的标准。食品产品标准是为保证食品的食用价值，对食品必须达到的某些或全部要求所做的规定。主要内容包括：产品分类、技术要求、试验方法、检验规则以及标签与标志、包装、储存、运输等方面的要求。另外，产品标准还可以规定产品的等级。

我国食品产品标准可以分为普通食品标准和特殊食品标准，其中特殊食品标准如绿色食品标准、有机食品标准、无公害食品标准等。

在我国除了稻谷、小麦、食用盐、食用动植物油类、婴幼儿食品类、天然矿泉水、瓶装饮用纯净水、保健（功能）食品通用标准等关系到国计民生的产品标准为强制性的食品安全国家标准外，其余食品绝大部分为行业标准。

③检验和试验标准：食品检验标准是对食品的质量要素进行检测、试验、计量所作的统一规定，包括感官、物理、化学、微生物学、生物化学分析等。如 GB/T 5009. 1—2003《食品卫生检验方法 理化部分 总则》、GB/T 5750. 1—2006《生活饮用水标准检验方法　总则》、GB/T 19495—2004《转基因产品检测》等。

④信息标识、包装与标签标准：我国食品包装标准规定了食品包装的包装容器、包装材料、包装材质的卫生指标及检验方法等内容。如：GB 9685—2008《食品容器、包装材料用添加剂使用卫生标准》等。目前，我国食品包装行业强制推行“CQC”标准，CQC 即中国质量认证中心（China Quality Certification Centre）。CQC/RY 570—2005 为食品包装/容器类产品——纸、塑料及复合材料 CQC 标志产品认证特殊规则。

食品标签是对食品质量特性、安全特性、食用、饮用特性的说明，内容应包括“食品名称、配料表、净含量及固形物含量、厂名、批号、日期标志”等。GB 7718—2011《预包装食品标签通则》和 2015 年 7 月 1 日起实施的 GB 13432 — 2013《食品安全国家标准　预包装特殊膳食用食品标签》是目前我国最重要的食品标签标准。

⑤安全卫生标准：食品安全卫生标准是为了消除、限制或预防食品生产、运输、储存、食用或销售等活动过程中潜在的危害因素，保障人类食品安全而制定的标准。主要包括：食品安全管理体系标准，食品企业生产、操作（卫生）规范，食品中污染物限量、农（兽）药残留限量、食品中激素（植物生长素）及抗菌素的限量、有害微生物和生物毒素限量等有毒有害物质限量标准；食物中毒诊断标准，食品原料与终产品（乳制品、肉制品、蛋制品、水产品、饮料等各类食品）卫生标准，食品添加剂（营养强化剂）使用卫生标准，食品流通安全卫生标准，食品检验检疫标准等。如 GB 14881—2013《食品生产通用卫生规范》，GB 5749—2006《生活饮用水卫生标准》，GB 2760—2014《食品添加剂使用标准》等。

（2）管理标准　管理标准是指对标准化领域中需要协调统一的管理事项所制定的标准。如 GB/T 19001—2008（ISO9001：2008，IDT）《质量管理体系 要求》、GB/T 22000—2006（ISO22000：2005，IDT）《食品安全管理体系——食品链中各类组织的要求》（也就是 HACCP 体系）等，以及 GB 12693—2010《食品安全国家标准　乳制品良好生产规范》、GB 17405—1998《保健食品良好生产规范》等 GMP 管理体系和要求，均为食品行业最主要的生产管理标准。

（3）工作标准　工作标准是为实现整个工作过程的协调，提高工作质量和工作效率，对工作的责任、权利、范围、质量要求、程序、效果、检查方法、考核办法所制定的标准。工作标准一般包括部门工作标准和岗位（个人）工作标准，如企业针对某特定岗位制定的操作规程、岗位责任等文件。

3. 按标准实施的法律属性划分

根据标准实施的约束力，我国标准分为强制性标准、推荐性标准和指导性标准。

（1）强制性标准　我国标准化法规定，强制性标准是指：国家标准和行业标准中保障人体健康和人身、财产安全的标准，以及法律、行政法规规定强制执行的标准。强制性标准是由法律规定必须遵照执行的标准，包括强制性的国家标准、行业标准和地方标准。对违反强制性标准的，国家将依法追究当事人的法律责任。

强制性国家标准编号为：GB ××××—××××，如 GB 12695—2003《饮料企业良好生产规范》。根据《标准化法》规定，在我国国家、行业和地方食品卫生标准中除了部分方法标准属推荐性标准外，其余均为强制性标准，如食品卫生标准，食品添加剂、营养强化剂的使用卫生标准，食品的标签标准等涉及食品安全的标准均为强制性标准，且此类标准近年修订时，名前均注明“食品安全国家标准”，如 GB 10765—2010《食品安全国家标准 婴儿配方食品》。我国《食品安全法》也明确规定“食品安全标准是强制执行的标准。除食品安全标准外，不得制定其他食品强制性标准。”

（2）推荐性标准　推荐性标准是国家鼓励自愿采用的具有指导作用而又不宜强制执行的标准，即标准所规定的技术内容和要求具有普遍指导作用，允许使用单位结合自己的实际情况，灵活加以选用。在我国，推荐性标准指强制性标准以外的标准，又称为非强制性标准或自愿性标准。然而有些推荐性标准中含有强制性条款，却往往被人忽视，应引起注意。

值得指出的是，推荐性标准虽不要求有关各方必须遵守，不具有强制性，但国家鼓励企业自愿采用。推荐性国标一经企业接受并采用，或被行政法规、规章所引用，或被合同协议所引用及被使用者声明其产品符合某项标准时，就成为各方必须共同遵守的技术依据，具有法律上的约束性，也即转化为强制性标准。我国一般食品的产品质量标准，检验方法标准、术语，分类编码等基础标准，多为推荐性标准，编号为 GB/T ××××—××××，如 GB/T 4928—2008《啤酒分析方法》、GB/T 15691—2008《香辛料调味品通用技术条件》、GB/T 31273—2014《速冻水果和速冻蔬菜生产管理规范》等。

（3）指导性标准　是指生产、交换、使用等方面，由组织（企业）自愿采用的国家标准，不具有强制性，也不具有法律上的约束性，只是相关方约定参照的技术依据，起指导和规范某项活动的作用。编号为 GB/Z ××××—××××，如 GB/Z 1—2010《工业企业设计卫生标准》、GB/Z 21722—2008《出口茶叶质量安全控制规范》、GB/Z 26583—2011《辣椒生产技术规范》等。由于此类标准总量少，现行有效的标准才 50 余项，在国家标准中占比很小；又缺强制性，仅为指导性，因此不受重视，以至于在一些标准资料中都不作专门介绍。其实此类标准对制定企业标准很有参考价值，也利于一些基础概念、专业术语、工艺技术和表述方法全国范围内的统一。

4. 按标准信息载体划分

根据信息载体的不同，标准分为标准文件和标准样品。其中标准样品指作为质量检验、鉴定对比依据、测量设备检定、校准的依据、以及作为判断测试数据准确性和精确度依据的实物。如化学或仪器分析中，已经标定，供检测用的标样。

第二节　国际食品安全标准体系

目前国际食品标准分属两大系统：FAO/WHO 的食品法典委员会（CAC）标准和国际标准化组织（ISO）系统的食品标准。

一、食品法典委员会

食品法典委员会（Codex Alimentarius Commission，CAC）成立于 1963 年，隶属联合国粮农组织（Food and Agriculture Organization of United Nations，FAO）和世界卫生组织（World Health Organization，WHO），是政府间有关食品管理法规、标准的协调机构，现有包括中国在内的 173 个成员国，覆盖全球 98% 的人口。

1. 国际食品法典委员会机构组成

CAC 是由 FAO 及 WHO 总干事直接领导，通过设在罗马的 CAC 秘书处总体协调，每两年在罗马（FAO）或日内瓦（WHO）举行一次会议。自 2001 年起，大会开始采用阿拉伯语、汉语、英语、法语和西班牙语五种语言作为工作语言。

目前，CAC 有 6 个地区性协调分法典委员会、9 个一般专题委员会和 13 个商品委员会及 3 个政府间特别工作组。世界各地区协调委员会主要包括：亚洲地区、欧洲地区、非洲地区、拉丁美洲和加勒比地区、近东地区和北美及西南太平洋地区等；一般专题委员会，主要涉及如食品卫生、农药残留及分析和采样方法等；商品委员会，主要涉及鱼和鱼制品、新鲜水果和蔬菜、乳和乳制品等。

在各委员会之下又设专业分委员会，如食品卫生分委员会等。每一个专业委员会由一个成员国政府作为主席和东道主，并支付会议费用，主持国可以委派代表担任委员会主席（少部分是例外）。目前，CAC 共下设 21 个委员会，如美国目前担任四个委员会的主席，即食品卫生、加工水果和蔬菜、食品中兽药残留及谷类和豆类。2006 年 7 月 5 日，在瑞士日内瓦举行的 CAC 第 29 届会议上，我国成功当选为国际食品添加剂法典委员会（Codex Committee on Food Additives，CCFA）主持国和农药残留专业委员会（Codex Committee on Pesticide Residues，CCPR）的主持国，这是自 1963 年国际食品法典委员会成立以来，我国首次担任其附属委员会的主持国。

2. CAC 食品法典标准体系简介

《食品法典》（Codex Alimentarius）是 CAC 为解决国际食品贸易争端和保护消费者健康而制定的一套食品安全和质量的国际标准、食品加工规范和准则。目前，CAC 已被世界贸易组织（WTO）确认为三个农产品及食品国际标准化机构之一，食品法典标准被认可为国际农产品及食品贸易仲裁的唯一依据，在裁决国际贸易争端中发挥着重要的作用。

《食品法典》汇集了 CAC 已经批准的国际食品标准。标准分为通用标准和专用标准两大类。通用标准包括通用的技术标准、法规和良好规范等，由一般专题委员会负责制定；专用标准是针对某一特定或某一类别食品的标准，由各商品委员会负责制定。《食品法典》标准内容包括了食品标签、食品添加剂、污染物、取样和分析方法、食品卫生、特殊饮食的食品营养、进出口食品检验和出证系统、食品中的兽药残留、食品中的农药残留等方面。

目前《食品法典》共有237个商品的食品标准、41个卫生法规和技术规程、185个农药评估标准、3274个农药残余限量标准、25个污染物限量标准、1005个食品添加剂评估标准和54个兽药评估标准。

委员会及其下属机构负责法典标准及相关内容的修订。同时，委员会每位成员都有责任向委员会提议对现有法典标准或相关内容进行修订更新，并提供充分的科学依据和相关信息，以确保食品法典与科学技术同步发展的需要。在经济全球化趋势的推动下，法典标准在国际贸易中已成为当下最重要的国际参考标准。

二、国际标准化组织

国际标准化组织（International Organization for Standardization，ISO），是一个全球性的非政府组织，是世界上最大的国际标准化专门机构，成立于1946年，现有148个成员国。我国于2008年10月16日继美、德、日、英、法后也正式成为ISO常任理事国。2013年9月20日，国家质检总局、国家标准委提名的中国标准化专家委员会委员、国际钢铁协会副主席、鞍钢集团公司总经理张晓刚成功当选新一届ISO主席，任期自2015年1月1日至2017年12月31日。这是自1947年ISO成立以来，中国人首次担任这一国际组织的最高领导职务。中国国家标准化管理委员会（SAC）代表我国参加该组织的活动。

ISO总部设在瑞士的日内瓦。ISO的宗旨是"在全世界促进标准化及有关活动的发展，以便于国际物资交流和相互服务，并扩大知识、科学、技术和经济领域中的合作"。它的工作领域涉及除了电工、电子标准以外的所有学科，其活动主要是制定国际标准，直辖世界范围内的标准化工作，组织各成员国和各技术委员会进行情报交流，以及与其他国际组织合作，共同研究有关标准化问题。

1. ISO系统的食品标准

国际标准化组织在食品标准化领域的活动，包括术语、分析方法和取样方法、产品质量和分级、操作、运输和储存要求等方面。

ISO系统的食品标准主要由国际标准化组织中农产品、食品技术委员会（TC34）及其下设的14个分技术委员会（TC）和4个相关的技术委员会（TC），及若干ISO指南组成的其他与食品实验室工作有关的标准分委员会组成。其中，与食品相关的绝大部分标准是由ISO/TC34制定的。

TC34农产品、食品技术委员会下设的14个分支标准委员会分别是：①TC34/SC2油料种子和果实；②TC34/SC3水果和蔬菜制品；③TC34/SC4谷物和豆类；④TC34/SC5乳和乳制品；⑤TC34/SC6肉和肉制品；⑥TC34/SC7香料和调味品；⑦TC34/SC8茶；⑧TC34/SC9微生物；⑨TC34/SC10动物饲料；⑩TC34/SC11动物和植物油脂；⑪TC34/SC12感官分析；⑫TC34/SC13脱水和干制水果和蔬菜；⑬TC34/SC14新鲜水果和蔬菜；⑭TC34/SC15咖啡。

几个其他相关技术委员会：①ISO/TC93淀粉（包括衍生物及其制品）委员会，制定淀粉水解产品的分析和取样方法；②ISO/TC147水质技术委员会，制定化学和微生物的分析方法和取样程序；③ISO/TC47化学技术委员会，制定食用盐分析标准方法、食品工业用加工助剂产品规格等；④ISO/TC54精油技术委员会，制定调味品产品规格和分析方法标准。

ISO 农产品、食品 TC34 标准是 TBT 协议所指定的国际标准，而且 ISO/TC34 的分技术委员会与食品法典委员会（CAC）分支机构在以下领域存在密切合作：分析方法和取样方法；果汁、加工水果和蔬菜，谷物、豆类；植物蛋白；乳和乳制品；肉和肉制品；食品卫生（特别是微生物学）；动植物油脂等。

2. ISO 系统标准的特点

（1）自愿性　ISO 本身既不制定规章也不立法，其标准是自愿的，不强制执行。因此，一些国家采用 ISO 标准并将其作为其法规框架的组成部分，或在立法中作为技术基础加以引用的行为完全是该国家规章制定当局或政府独立自主的决定。

（2）应用广泛性　ISO 标准是应市场的需求、在利益相关各方意见一致的基础上制定的，从而保证了标准的广泛使用。例如，目前 140 个以上国家的成千上万的工商企业在执行 ISO9000 标准，拥有 ISO9000 证书。这些标准为贯穿客户生产、提供产品和服务全过程的质量管理提供了框架。

（3）为合格评定方提供导则和标准　ISO 标准的合格评定不是 ISO 的职责，即 ISO 本身不进行质量标准的认证，也不出具 ISO 系统标准证书。但 ISO 制定了为进行合格评定活动机构所使用的 ISO/IEC 导则和标准。这些导则和标准的使用为世界范围内的合格评定提供了一致性和相关性。

值得一提的是，目前除上述两大国际食品标准系统外，一些国际组织、专业组织和跨国公司制定的标准在国际经济活动中客观上起着国际标准的作用，即“事实上的国际标准”。例如，美国提出的 HACCP 食品危害分析和关键控制点标准已经发展成为国际食品行业普遍采用的食品安全管理标准，作为食品企业质量安全体系认证的依据。

第三节　我国食品安全的标准体系

2009 年《食品安全法》公布实施前，我国共发布食品、食品添加剂和食品相关产品等国家标准 2000 余项，行业标准 2900 余项，地方标准 1200 余项。《食品安全法》公布实施后，又制定公布了 269 项食品安全国家标准。基本建立了以国家标准为核心，行业标准、地方标准和企业标准相互补充，同时将强制性标准、推荐性标准和指导性标准相结合的较完整标准体系。

一、我国食品安全标准体系

1. 国家标准

我国的国家标准是指对在全国范围内需要统一的技术要求，由国务院标准化行政主管部门制定并在全国范围内实施的标准。其他各级标准不得与之相抵触。根据我国《食品安全法》和《标准化法》的规定，食品安全国家标准由国务院卫生行政部门会同国务院食品药品监督管理部门制定、公布，国务院标准化行政部门提供国家标准编号。国家食品药品监督管理总局负责对食品生产经营活动实施监督管理。国家食品安全标准的技术审查由国务院卫生行政部门组织的食品安全国家标准审评委员会负责。食品安全国家标准审评委员会由医学、农业、食品、营养等方面的专家以及国务院有关部门、食品行业协会、消费者协会的代表组成。食品安全国家标准审评委员会负责对食品安全国家标准草案的科学性和实用性等进行审查。国家标准的年限一般为5年，过了年限后，国家标准就要被修订或重新制定。

我国标准分为强制性国家标准、推荐性国家标准和指导性标准。强制性国家标准的代号为“GB”，读音为汉语拼音中的“guo biao”；推荐性国家标准的代号为“GB/T”，“T”是推荐的意思，读音为汉语拼音中的“tui”；指导性国家标准的代号为“GB/Z”，“Z”是指导的意思，读音为汉语拼音中的“zhi”。国家标准编码由国家标准的代号、国家标准发布的顺序号和国家标准发布的年号（即发布年份的4位数字）构成。示例：GB ×××××—××××，如GB 14881—2013《食品安全国家标准 食品生产通用卫生规范》；GB/T ×××××—××××，如GB/T 17590—2008《铝易开盖三片罐》；GB/Z ×××××—××××，如GB/Z 26576—2011《茶叶生产技术规范》。

我国国家标准中将食品技术标准分为食品加工产品标准、食品工业基础及相关标准、食品检验方法标准、食品及加工产品卫生标准、食品包装材料及容器标准、食品添加剂标准等六大类。

2. 行业标准

行业发达国家的行业协会属于民间组织，它们制定的标准种类繁多、数量庞大，通常称为行业协会标准。我国的行业标准是指由国家有关行业行政主管部门公开发布的标准。根据我国现行《标准化法》规定，对没有国家标准而又需要在全国某个行业范围内统一的技术要求，可以制定行业标准；行业标准由国务院有关行政主管部门制定。

行业标准编码方式与国家标准编码方式一致。例如，QB 2583—2003《纤维素酶制剂》，为轻工行业强制性标准；SB/T 10412—2007《速冻面米食品》，为商业行业推荐性标准。目前，新制（修）订的行业标准大多为推荐性标准。各行业标准代号见表12-1。

表12-1　我国部分行业标准类别

行业标准代号	行业标准类别	行业标准代号	行业标准类别
HG	化工	BB	包装
QB	轻工	SN	商检
NY	农业	WM	外经贸
SC	水产	WS	卫生
SB	商业	YY	医药

行业标准是对国家标准的补充，是专业性、技术性较强的标准。行业标准的制定不得与国家标准相抵触，相应的国家标准公布实施后，相应的行业标准即行废止。我国行业标准中将食品技术标准分为食品加工产品标准、食品工业基础及相关标准、食品检验方法标准、食品添加剂标准四大类。

3. 地方标准

我国的地方标准是指由省、自治区、直辖市标准化行政主管部门公开发布的标准。根据我国现行《标准化法》的规定，对没有国家标准和行业标准而又需要在省、自治区、直辖市范围内统一的工业产品的安全、卫生要求，可以制定地方标准，管理部门为省级食品药品监督管理局。地方标准须报卫生和计划生育委员会、国家食品药品监督管理总局备案。

地方标准在本行政区域内适用，不得与国家标准和行业标准相抵触。国家标准、行业标准公布实施后，相应的地方标准即行废止。

DB××和DB××/T分别为强制性地方标准代号和推荐性地方标准代号，其中*表示省级行政区划代码前两位。我国部分省级行政区划代码见表12-2。例：浙江省地方推荐性标准DB33/T 456—2003《食品企业良好作业规范》。

表12-2　我国部分省级行政区划代码

代码	省（自治区、直辖市）	代码	省（自治区、直辖市）
110000	北京市	320000	江苏省
130000	河北省	330000	浙江省
230000	黑龙江省	440000	广东省
310000	上海市	810000	香港特别行政区

4. 企业标准

在没有相应的国家或行业标准或地方标准的情况下，企业可以为其生产的产品制定企业标准，即使已有国家或行业标准的，《食品安全法》明确规定"国家鼓励食品生产企业制定严于食品安全国家标准或者地方标准的企业标准，在本企业适用，并报省、自治区、直辖市人民政府卫生行政部门备案。"企业标准是企业独占的无形资产；企业标准如何制定，在遵守法律的前提下，完全由企业自己决定；企业标准采取什么形式、规定什么内容，以及标准制定的时机等，完全依据企业本身的需要和市场及客户的要求，由企业自己决定。企业标准是企业组织生产、经营活动的依据，不分强制性和推荐性，均为强制性。

根据国家质量监督检验检疫总局发布的《企业标准化管理办法》规定，企业标准的审批权限属于企业内部的高层主管，但食品卫生监督管理机构应对企业标准中涉及安全、营养与保健的内容进行技术审查。另外，企业标准还须报当地卫生行政部门备案。

企业产品标准的代号、编号方法如下：Q/×××××—××××。"—"后面的4位为年号。例：浙江贝因美科工贸股份有限公司产品标准Q/HBS 029—2006《婴儿配方奶粉》。企业标准的复审周期一般不超过3年。

二、我国食品安全标准体系存在的问题

随着我国食品工业的发展和社会消费水平的不断提高，食品安全问题越来越受到全社会的普遍关注。近年来，"苏丹红""红心鸭蛋""瘦肉精""三聚氰胺""塑化剂"事件除了为食品安全的市场监管提出了质疑外，还暴露出我国现行的食品安全标准体系还存在亟待解决的问题，主要体现在以下几方面：

1. 标准重叠交叉、不统一，监管部门各自为政

标准的制定与监管涉及农业、卫生、质检、工商、食品药品监督等多个部门，在缺乏统一协调的情况下，各部门制定的食品标准出现了重叠交叉甚至相互矛盾的现象。在我国食品安全标准中，同一食品，多个标准的现象较为突出。例如，国家质检总局颁布了有关农产品安全质量的国家标准，而农业部又颁布了无公害蔬菜、畜禽产品、水产品的生产标

准、生产技术规程、使用标准等行业标准；又如目前国内针对食用植物油，除已有的方法标准和卫生标准外，现行的还有30多个有关食用油质量要求的国家和行业标准。多种标准既相互重叠，又有不同，在市场上形成冲突，客观上造成了生产企业的茫然无措。

其他领域也是如此，几年前我国辽宁、湖南、河南等地陆续被发现二氧化硫残留超标的黄花菜，销量随后急剧下降，菜农及加工企业也因此遭受重大损失。有关部门调查发现，GB 2760—2011明确黄花菜不属于“干菜”，不得使用硫黄等漂白剂，因此不能有二氧化硫残留；而质检、农业部门的标准中规定“干菜”包括黄花菜，且明确二氧化硫的残留限量是0.1g/kg。相关部门标准互相矛盾，各执一词，不仅给黄花菜的种植、初加工、流通造成极大混乱，更使消费者一头雾水，无法消费。最终国务院有关部门迅速行动，重新确定黄花菜属于“干菜”，二氧化硫残留不得超过0.2g/kg，才使问题得以解决。

我国的食品安全标准最高审批和发布机构是原国家卫生部，即现在的国家卫生和计划生育委员会，原则上农业部、国家食品药品监督管理总局、国家质检总局等制定的某些食品行业标准应低于国家食品安全标准，但其制定的标准也带有国家级别的性质，因此，在“政出多门”的监督管理体制下，出现了同一食品不同安全标准的现象。小至一个苹果，既有国家标准，又有农业部颁布的无公害标准、绿色标准、苹果外观等级标准，还有原商业部颁布的苹果销售质量标准。

2. 某些领域重要标准缺失，企业“无标可依”

长期以来，我们的食品监管标准严重滞后。一方面我国的标准太老太少，未与国际接轨，我国食品标准中的各项具体指标大都低于国际标准。在较新发布的酱油行业标准中，三氯丙醇的限量与欧盟比较相差50倍。由此可见，我国在食品质量安全方面与国际上还有差距。另一方面，我国食品标准太多太乱，卫生标准、质量标准、国家标准、企业标准……各标准间重复交叉、层次不清，而且同一个产品甚至有几个互相矛盾的标准，我国现行茶叶质量安全标准的国家标准和行业标准共有12个，这么多标准同时存在，造成标准之间指标混乱，从而导致茶叶生产者、经销者、管理者、消费者在执行标准时无所适从，造成一系列问题和困难，由此可见，我国的食品标准制定工作还应进一步完善。

“苏丹红”“孔雀石绿”“三聚氰胺”“塑化剂”等食品安全事件的发生折射出我国某些食品安全标准的缺失。在某些重要领域我国至今尚未制定国家标准。例如，在农药、兽药残留限量方面，我国目前仅制订了137种农药的477项残留限量标准，98种兽药的658项残留限量标准，还有391种农药、155种兽药没有残留检测方法标准。与2005年日本颁布的食品中农业化学品残留限量“肯定列表制度”相比，仅在“肯定列表制度”的“暂定标准”中，我国尚没有限量标准的农业化学品达492种、33418项，涉及食品、农产品262种。而且在现有国家标准中，采用CAC标准的只有12%，采用ISO标准只有40%，缺乏一些重要食品加工原料的质量标准和分级标准，导致企业在生产中“无标可依”。

3. 部分标准的实施状况较差

目前我国食品标准的实施体系尚不完善，即使一些强制性标准也未能得到很好的实施。例如，安徽（国家）农业标准化与监测中心2001年的抽检报告显示，国内畜禽肉农药残留，以猪肉、猪内脏、鸡肉和鸡蛋为例，六六六的检出率在60%～100%，超标率在3%～8%，超标9倍以内的居多。滴滴涕的检出率在0～100%，超标率在0～74%，超标

6.5倍以内的居多。其主要原因是，食品行业标准信息的发布渠道不畅通，政府、企业、行业协会等部门、组织对标准的修订、监管、监督不力，现行的某些食品安全标准可操作性不强等。

4. 一些食品安全法规已经严重落后于国际标准和现实需要

虽然国家标准的修订周期为5年，但到2013年，我国许多现行的食品安全标准仍沿用2002年版本，甚至是1994年的版本，严重滞后于现实的需要。目前，我国食品安全标准采用国际标准和国外先进标准的比例为23%，远低于我国国家标准采标率44.2%的总体水平，行业标准国际采标率更低。另外，有关资料显示，我国食品标准中的各项具体指标大都低于国际标准和国外标准。例如，欧盟技术法规规定，酱油三氯丙醇限量为0.02mg/kg，而我国《酱油卫生标准》（GB 2717—2003）中并未列入三氯丙醇的项目，在较新发布的酱油行业标准中，三氯丙醇的限量与欧盟比较相差50倍。又如2010年新修订的GB 19301—2010《食品安全国家标准 生乳》，新标准中要求蛋白质含量2.8g/100g以上，不仅低于发达国家3.0g/100g以上的标准，甚至还低于修订前的2.9g/100g；作为安全性指标的菌落总数也是如此，高于美国、欧盟标准的20倍，为此引发了全国性的大争论。我国食品工业基础标准、食品加工产品标准和食品添加剂标准与相应国际标准的符合率分别是13%、21%和44%，而且我国往往是在国际贸易中遭遇技术壁垒后才开始被动地着手建立相关标准。

5. 标准基础研究薄弱

始于20世纪70年代的风险分析原则已经成为制定标准的重要科学依据，风险分析是通过对食品中各种有害因素（如生物、化学及物理等）的健康危害进行研究与评价之后，制定出食品安全卫生标准。而在我国，长久以来由于受经济发展水平的限制，标准基础研究的投入较少，技术力量较薄弱，同时在食品安全某些方面的研究还缺乏基础数据的积累，如对致病性微生物的风险分析刚刚起步。我国现行标准中相当一部分标准没有遵循风险分析程序制定，甚至有的标准仅仅是专家委员会的讨论结果。

三、完善我国食品安全标准体系的对策

1. 加强对WTO协定和国际标准的研究，积极参与国际标准化活动

标准起点低、采标率低、时效性差等问题，制约着我国食品工业的健康发展。食品业的发展，关键在于食品的质量和安全。我国食品质量安全标准与国际组织及发达国家相比可信度还不高。要使我国的食品标准体系与国际接轨，就必须加大采用国际标准和国外先进标准的力度，提高标准水平，这是标准化工作的需要，也是企业的迫切要求。加强对国外先进标准的跟踪和转化研究，就要对国际标准化机构发布的标准、指南等技术文件及时搜集、分析和研究，适合我国国情和发展需要的国际标准和国外先进标准，要尽快转化为我国的国家标准，这样既可避免重复性工作，又可节省人力财力；加大参与国际标准化活动的力度，增强我国对国际标准制定的影响力；积极引导企业实质性参与国际标准化活动，鼓励有条件的企业参与国际标准的制修订工作；鼓励企业大力推行和使用采标标志，提高我国食品标准的整体水平，促成我国食品质量、卫生和安全法规标准能与国际标准更为科学理性地接轨。

中国作为国际标准化组织（ISO）成员，政府应该鼓励食品生产加工企业和学术团体

积极参加国际标准化活动，从中获取发达国家的标准化信息，了解他们的技术动态和运作技巧，并争取使国内的意见和建议能为即将制定或修订的国际标准所采用，这对减少技术贸易壁垒影响是十分有利的。

2. 提高标准的时效性、市场性

国外公司或行业团体与食品技术发展联系紧密，一旦有了技术突破，能够很快制定成标准，供生产直接采用。其标准化工作对设计、生产及使用中出现的变化反应迅速及时。我国也应提高标准的时效性，定时甚至及时修订或制订标准。

另外，国外标准属贸易型标准，是针对市场的适应性而制定的，而我国的标准属生产型，对产品的针对性偏强，对市场的适应性不足。如国际商业活动有明示产品质量的通行做法，而我国在这方面的强制执行力度尚不够。为了增强标签标准的可操作性，提高其市场的适应性，进一步与国际标准接轨，国家卫生和计划生育委员会批准发布了 GB 13432—2013《食品安全国家标准　预包装特殊膳食用食品标签》和 GB 7718—2011《食品安全国家标准　预包装食品标签通则》两项强制性国家标准。另外 GB 10344—2005《预包装饮料酒标签通则》代替了 GB 10344—1989《饮料酒标签标准》。

3. 促进标准实施，监管

要做好标准宣传工作。建立标准公告制度，充分利用互联网络、新闻、报刊等媒体的功能，及时通报国家标准制修订的情况。

要对食品从业者和消费者普及标准知识，建立遵守食品标准的概念，加强企业标准的备案管理工作。促使食品从业人员加强行业自律，树立起标准质量意识，自觉执行食品相关标准。同时提高消费者素质，使消费者参与宣标、贯标工作。建立并加强食品安全检测与执法工作，制定标准实施监督管理办法，规范食品加工制造行为。

4. 加快我国食品安全标准体系建设

提高标准的科学性和合理性，加强标准的基础性研究，依靠科技创新，逐步形成食品质量安全科研与标准研究同步，科技成果转化与标准制定同步，使新产品一投放市场，即有标准可依。进一步完善我国的食品质量安全法律法规，在食品质量安全问题上，变被动为主动，强化预防性手段，能更好地应对可能出现的危害。要研究危险性评估控制技术，及时对食品质量安全事件开展危险性评估，为法律法规以及标准的制定提供必要的依据；要加强与其他国家之间的交流，广泛搜集危险性评价资料，做好国外技术性贸易措施的前瞻性研究，逐步建立起我国的食品质量安全评价体系，促进我国食品出口，防止不安全食品入境。在完善食品质量安全标准体系建设的工作中，应理清政出多门，互为矛盾的乱象，强化从中央到地方的统一领导与责任落实。食品标准的计划立项、起草、审查等全过程要充分听取社会各方面的意见，提高透明度和公众的参与程度，协调一致。

2013 年 1 月，卫生部发布《食品安全国家标准“十二五”规划》和《食品标准清理工作方案》，决定利用三年时间对现行近 5000 项食用农产品质量安全标准、食品卫生标准、食品质量标准以及行业标准强制执行内容进行清理，并完成相关标准的整合工作，促进食品安全监管体系的完善。

在清理已有标准的基础上，要以食品安全标准为重点，组织有关专业人员加快食品标准的制定和修订，重点完善农药、兽药、生物激素、有害重金属元素、有害微生物限量和检验方法标准，重要产品标准等。进一步提高食品质量安全标准的通用性，以便于其他标准引用。加大新旧标准更新率，将食品标准的“标龄”由平均12年降到4年左右，形成较为完备的科学、统一、权威的国家食品质量安全标准体系。

据2014年6月国家卫生计生委新闻发布会上宣布的计划，今后的食品安全标准体系和目录多达1000多项。现在已经新制定颁布400多项，另有400多项纳入食品安全国家标准整合计划，还有200～300项需要新制定。到2015年年底，1000多项标准将基本完成。下一步在食品安全标准方面要通过2014—2015两年的努力，使我国食品安全标准体系框架、原则与国际食品法典标准基本一致，主要食品安全指标设置和控制要求符合国际通行做法并适应中国膳食结构和食品产业国情。我国还将制定公布新的食用植物油、蜂蜜、粮食、包装饮用水、调味品等一批重点食品安全国家标准。

标准制（修）订后，关键是实施，否则纸上谈兵，一切等于零，其作用和效果不能得到体现。要通过宣贯、培训、示范和监督检查等，加大食品质量安全标准的实施。在食品加工领域，积极扩大食品企业“标准化良好行为”的试点；在流通领域，积极推进农产品批发市场的标准化工作。为确保食品质量安全，国家实行了市场准入制度，规定食品企业的生产条件、技术水平以及质量管理等方面必须符合标准要求。要采取严格审查、强制检验、加贴QS标识等措施，对违法活动实施有效的监督管理，严禁不合格食品流入市场。要建立食品安全违规追究制度。对新注册的食品加工企业，不达标者不予注册；对已注册的食品加工企业，要经常进行检查。实行食品加工企业第一责任人制度和食品质量安全违规追究制度，强化企业的责任意识。对无照无标加工、经营不合格食品者予以严厉打击，坚决取缔。

目前全国人大已批准实施《食品安全法》（2015年修正本），所有的食品标准都被统一在该法中。包括了国家食品安全标准体系、食品监测体系、食品信息体系和食品风险评估预防体系等四大体系。该法修订实施后将是国家食品领域的基本大法，其他任何有关食品的法律法规和标准都须以此法为准则，在未来5～10年内国家都将按此法规来监管。

第四节　我国与食品安全相关的主要的法律法规与标准

一、法　律

（1）《中华人民共和国食品安全法》（2015年修正）

（2）《中华人民共和国安全生产法》（2014年修正）

（3）《中华人民共和国进出口商品检验法》（2013年修正）

（4）《中华人民共和国动物防疫法》（2013年修正）

（5）《中华人民共和国消费者权益保护法》（2013年修正）

（6）《中华人民共和国产品质量法》（2009年修正）

（7）《中华人民共和国进出境动植物检疫法》（2009年修正）

（8）《中华人民共和国国境卫生检疫法》（2007年修正）

（9）《中华人民共和国农产品质量安全法》（2006）

（10）《中华人民共和国渔业法》（2004年修正）

（11）《中华人民共和国农业法》（2002年修订）

（12）《中华人民共和国标准化法》（1988）

二、法　　规

（1）《婴幼儿配方乳粉生产许可审查细则（2013 版）》（国家食品药品监督管理总局，2013）

（2）《有机产品认证实施规则》（国家认监委，2012）

（3）《公共场所卫生管理条例实施细则》（卫生部，2011）

（4）《中华人民共和国工业产品生产许可证管理条例实施办法》（质检总局，2010）

（5）《中华人民共和国国境卫生检疫法实施细则》（国务院，2010 修改）

（6）《食品生产许可审查通则（2010 版）》（质检总局，2010）

（7）《生猪屠宰管理条例》（国务院，2008）

（8）《食品生产加工企业质量安全监督管理实施细则（试行）》（质检总局，2005）

（9）《兽药管理条例》（国务院，2004）

（10）《集贸市场食品卫生管理规范》（卫生部 2003）

（11）《中华人民共和国产品质量认证管理条例》（国务院，2003）

（12）《动物性食品中兽药最高残留限量》（农业部，2002）

（13）《关于食物中毒事故处理办法》（卫生部，2000）

（14）《中华人民共和国标准化法实施条例》（国务院，1990）

（15）《禁止食品加药卫生管理办法》（卫生部，1987）

三、标　　准

1. 强制性国家标准

（1）《食品安全国家标准 食品添加剂使用标准》GB 2760—2014

（2）《食品安全国家标准 食品生产通用卫生规范》GB 14881—2013

（3）《食品安全国家标准 预包装特殊膳食用食品标签》GB 13432—2013

（4）《食品安全国家标准 食品中污染物限量》GB 2762—2012

（5）《食品安全国家标准 食品营养强化剂使用标准》GB 14880—2012

（6）《食品安全国家标准 预包装食品标签通则》GB 7718—2011

（7）《食品安全国家标准 乳制品良好生产规范》GB 12693—2010

（8）《月饼》GB 19855—2005

（9）《饮料企业良好生产规范》GB 12695—2003

（10）《食品安全性毒理学评价程序》GB 15193. 1—2003

（11）《农产品安全质量 无公害蔬菜（水果、畜禽肉、水产品）安全要求》GB 18406. 1（. 2，. 3，. 4）—2001

2. 推荐性国家标准

（1）《速冻水果和速冻蔬菜生产管理规范》GB/T 31273—2014

（2）《质量管理体系 要求》GB/T 19001—2008

（3）《食品中还原糖的测定》GB/T 5009. 7—2008

（4）《 动物油脂 熔点测定》GB/T 12766—2008

（5）《啤酒分析方法》GB/T 4928—2008

（6）《食品卫生微生物学检验 鲜乳中抗生素残留检验》GB/T 4789.27—2008

（7）《香辛料调味品通用技术条件》GB/T 15691—2008

（8）《坚果炒货食品通则》GB/T 22165—2008

（9）《食品中八甲磷残留量的测定方法》GB/T 18627—2002

（10）《室内空气中细菌总数卫生标准》GB/T 17093—1997

3. 指导性国家标准

（1）《质量管理 顾客满意 监视和测量指南》GB/Z 27907—2011

（2）《辣椒生产技术规范》GB/Z 26583—2011

（3）《茶叶生产技术规范》GB/Z 26576—2011

（4）《工业企业设计卫生标准》GB/Z 1—2010

（5）《质量管理体系 GB/T 19001 在中小型组织中的应用指南》GB/Z 19036—2009

（6）《预防和降低食品中铅污染的操作规范》GB/Z 23740—2009

（7）《出口茶叶质量安全控制规范》GB/Z 21722—2008

（8）《出口水产品质量安全控制规范》GB/Z 21702—2008

（9）《食品营养成分基本术语》GB/Z 21922—2008

（10）《微生物危险性评估的原则和指南》GB/Z 21235—2007

思考题

1. 什么是标准？什么是标准化？请说明标准化的作用。
2. 技术标准分为几类？请举例说明。
3. 什么是强制性标准？什么是推荐性标准？请以国家标准举例说明。
4. 制定企业标准需要注意什么问题？
5. 食品安全标准主要包括哪些内容？请举例说明。
6. 我国食品安全标准与国外标准有哪些差距，你有何建议？
7. CAC 和 ISO 分别是什么样的组织？它们的性质和地位有何不同？其制定的标准的作用有何区别？
8. 简述我国食品安全标准体系的现状与新进展。

参考文献

1. 张建新. 食品标准与技术法规. 第 2 版. 北京：中国农业出版社，2014

2. 张建新，陈宗道. 食品标准与法规. 北京：中国轻工业出版社，2011

3. 艾志录，鲁茂林. 食品标准与法规. 南京：东南大学出版社，2006

4. 任端平，潘思轶，薛世军等. 论中国食品安全法律体系的完善. 食品科学，2006，27（5）：270～275

5. 钱玲玲，霍增辉，盛敏. 中国食品安全标准的现状、问题与对策. 企业技术开发，2006，25（5）：93～95

6. 国家标准化管理委员会农轻和地方部. 食品标准化. 北京：中国标准出版社，2006

7. 房庆，刘文，王菁. 我国食品安全标准体系的现状与展望. 世界标准化与质量管理，2004（12）：

4 ~ 8

8. 中国食品发酵工业研究院，江南大学等. 食品工程全书（第三卷）食品工业工程. 北京：中国轻工业出版社，2004

9. 史贤明. 食品安全与卫生学. 北京：中国农业出版社，2003

10. 江汉湖，张晓东，郝利平. 食品安全性与质量控制. 北京：中国轻工业出版社，2002